网络综合布线与组网实战指南 第2版

黄治国
李 颖
编著

中国铁道出版社有限公司
CHINA RAILWAY PUBLISHING HOUSE CO., LTD.

内容简介

本书全面、详细、系统地介绍了网络综合布线的标准、网络综合布线材料、网络综合布线系统工程设计、双绞线布线技术、光缆布线技术、设备间与机房环境、综合布线系统的测试、网络布线系统的验收、网络综合布线系统设计实例、局域网规划与组建、无线局域网规划与组建等方面的知识，并通过49个实验案例，帮助读者积累实战经验，缩短从理论到实战的距离。

本书内容翔实、知识全面、由浅入深、循序渐进、重点突出，是一部实用性和实战性都很强的书籍，旨在帮助中小企业中的网络工程技术人员以及网络管理人员全面系统地了解综合布线和组网技术，掌握综合布线的设计理念和实用技巧，提升网络工程规划效率和网络管理能力；同时本书也非常适合职业技术学校相关专业作为教学参考用书使用。

图书在版编目（CIP）数据

网络综合布线与组网实战指南/黄治国，李颖编著. —2版. —北京：中国铁道出版社有限公司，2020.8（2024.3重印）
ISBN 978-7-113-27034-6

Ⅰ. ①网… Ⅱ. ①黄… ②李… Ⅲ. ①计算机网络-布线-指南
Ⅳ. ①TP393.033-62

中国版本图书馆CIP数据核字（2020）第115251号

书　名：网络综合布线与组网实战指南
WANGLUO ZONGHE BUXIAN YU ZUWANG SHIZHAN ZHINAN
作　者：黄治国　李　颖

责任编辑：荆　波　　编辑部电话：（010）51873026　　邮箱：the-tradeoff@qq.com
责任校对：焦桂荣
封面设计：高博越
责任印制：赵星辰

出版发行：中国铁道出版社有限公司（100054，北京市西城区右安门西街8号）
印　刷：天津嘉恒印务有限公司
版　次：2017年6月第1版　2020年8月第2版　2024年3月第7次印刷
开　本：787 mm×1 092 mm　1/16　印张：22.75　字数：595千
书　号：ISBN 978-7-113-27034-6
定　价：59.80元

前　言 Preface

本书站在资深网络综合布线人员的角度，从网络综合布线施工过程中所需要的知识入手，充分考虑到实际用户的需求，集网络综合布线标准和技术以及笔者数十年来在网络综合布线领域中的实战经验于一身，提炼成文。对于从事网络综合布线的读者来说，这是一本较为实用的参考书。

本书内容

本书全面、详细、系统地介绍了网络综合布线的标准、网络综合布线材料、网络综合布线系统工程设计、双绞线布线技术、光缆布线技术、设备间与机房环境、综合布线系统的测试、网络布线系统的验收、网络综合布线系统设计实例、局域网规划与组建、无线局域网规划与组建等方面的知识。

在内容的具体按排上遵循下面的步骤。

首先介绍了网络综合布线的基本知识，如网络综合布线的标准、网络综合布线材料、系统工程设计等，让用户快速入门，打下扎实的基础。

其次介绍线缆布线技术和实施方法，如双绞线布线技术、光缆布线技术、设备间与机房环境、综合布线系统的测试、网络布线系统的验收等。

再次详细介绍了网络综合布线系统设计实例，在设计网络综合布线时，做到有的放矢。

最后重点介绍了网络综合布线与组网技术有机结合的方法和技巧，如局城网规划与组建、无线局域网规划与组建等，让用户领会网络综合布线在组网中具体运用的精髓。

本版更新

为适应《综合布线系统工程设计规范》（GB 50311—2016）标准、《综合布线系统工程验收规范》（GB/T 50312—2016）标准，本书在第1版的基础上进行了一些改动，具体改动有以下几个方面：

（1）删除了与《综合布线系统工程设计规范》（GB 50311—2016）标准、《综合布线系统工程验收规范》（GB/T 50312—2016）标准不相符的内容；

（2）增加了目前常用的综合布线技术，如光纤入户、数据中心设计、制作SC光纤冷接子等；

（3）删除了一些过时的组网技术和软件，如电话线上网、Windows Server 2008、Windows 8等；增加了主流的组网技术和软件，如光猫上网、Windows Server 2008 R2、

Windows 10 等；

（4）梳理并增加了重点实验案例，并融入扫码视频，让用户更加全面地掌握网络综合布线与组网的技能。

本书特色

在写作方面，本书以实战为线，以理论为面，线面结合，让用户在实战中学习相关的理论知识；另外，全书以当前主流技术为载体，如光纤布线等。本书主要有以下几个特点。

（1）内容全面、重点突出

全书共 11 章，从布线基础、材料、设计方案和实例等方面全面解析了综合布线技术。

（2）源自实践、技术主流

本书紧跟网络综合布线的技术发展，介绍了网络综合布线与组网的主流技术软件。同时，本书站在网络综合布线人员的角度上，全面介绍了网络综合布线人员应掌握的知识和技能。

（3）新手入门、逐步精通

内容从零起步，新手可以在没有任何基础的前提下，根据由浅入深的理论、循序渐进的实例，逐步精通网络综合布线的核心技术，帮助用户在较短时间内掌网络综合布线与组网的操作技巧，从新手成为网络综合布线与组网高手。

（4）扫码看视频

书中添加相应的教学视频二维码，读者可根据需求，扫码观看相应的视频进行在线学习。

（5）PPT 讲义

为了帮助读者尽快理清本书的知识脉络，笔者特别制作 PPT 讲义，通过 PPT 讲义可清晰地了解每章的重点和难点。

（6）49 个经典实验

注重现场实战经验的积累，提供了 49 个经典实验，让读者通过实验操作，全面提升网络综合布线与组网实战技能。

读者定位

本书内容翔实、知识全面、由浅入深、循序渐进、重点突出，是一部实用性和实战性都很强的书籍，可供中小企业中的网络工程技术与管理人员使用，也可作为中高等院校和职业技术学院有关专业课程的教学参考用书。

作者团队

本书由笔者和李颖老师共同完成；在写作过程中，陈玉琪、陈志凯、刘术、黄兰娟、刘静、黄丽平、李桂生、向金华、苏风华、许文胜、许昌胜、谭成德、唐小红、魏兆丰、苏晨光、周晓峰、李雅、黄丽娟、吴红利等提供了帮助。由于作者团队水平有限，书中难免存在疏漏与不妥之处，欢迎广大读者不吝指正。

版权声明

黄治国

2022 年 8 月

目 录 Contents

第 1 章 网络综合布线技术概述

第 2 章 网络综合布线材料

第3章 网络综合布线系统方案设计

第 4 章　双绞线布线技术

第 5 章 光缆布线技术

第 6 章 机房环境设计

第 8 章　网络布线系统的验收与鉴定

第 9 章　网络综合布线系统设计实例

第10章 局域网规划与组建

第 11 章 无线局域网规划与组建

第1章 网络综合布线技术概述

综合布线系统是指按标准的、统一的和简单的结构化方式编制和布置各种建筑物（或建筑群）内各种系统的通信线路，包括网络系统、电话系统、监控系统、电源系统和照明系统等。因此，综合布线系统是一种标准通用的信息传输系统。

综合布线系统是智能化办公室建设数字化信息系统的基础设施，是将所有语音、数据等系统进行统一规划设计的结构化布线系统，为办公提供信息化、智能化的物质介质，支持语音、数据、图文、多媒体等的综合应用。

1.1 网络综合布线简介

结构化综合布线系统（Structured Cabling System，SCS）是一种集成化通用传输系统，它采用标准化的铜缆和光纤，为语音、数据和图像传输提供了一套实用、灵活、可扩展的模块化的介质通道。

房屋及建筑群布线（Premises Distribution System，PDS）统一布线设计、安装施工和集中管理维护，为楼宇和园区提供了一套先进、可靠的布线方式，是通信、计算机网络以及智能大厦的基础。

1.1.1 网络综合布线的定义

随着全球社会信息化与经济国际化的深入发展，人们对信息共享的需求日趋迫切，这就需要一个适合信息时代的布线方案。美国电话电报公司（AT&T）的贝尔实验室的专家们经过多年的研究，在办公楼和工厂试验成功的基础上，于1985年率先推出了SYSTIMATMPDS（建筑与建筑群综合布线系统），现已发展成为结构化综合布线系统。综合布线系统在1986年通过了美国电子工业协会（EIA）和通信工业协会（TIA）的认证。1990年，IEEE的l0Base-T星形以太网标准推出后及时制定了相应的综合布线系统标准。随后，一种兼顾数据网络系统和电信系统线路敷设的综合布线系统很快得到全世界的广泛认同，并在全球范围内得到推广。

综合布线系统是一种高速率的输出传输通道，它可以满足建筑物内部及建筑物之间的所有计算机通信以及建筑物自动化系统设备的配线要求。综合布线系统采用积木化、模块式的设计，遵循统一标准，从而使系统的集中管理成为可能，也使单个信息点的故障、改动或者增删不影响其他信息点，安装、维护、升级和扩展都非常方便，并且节省了费用。

结构化综合布线系统，经中华人民共和国国家标准 GB/T50311—2000 命名为 GCS（Generic Cabling System，通用线缆敷设系统）。当然，也有学者将其翻译为PCS（Premises Cabling System，房屋及建筑群线缆敷设系统）或PDS。但是，在国内综合布线系统俨然已经成为众所周知的词汇，基于先入为主的惯例，在本书中也统一使用“综合布线系统”这个名词来作为计算机数据网络线路规划和施工的代名词。

1.1.2 网络综合布线的特点

布线技术是从电话预布线技术发展起来的，经历了非结构化布线系统到结构化布线系统的过程。与传统的布线技术相比，综合布线有着许多传统布线技术所无法比拟的优越性。

1. 兼容性

所谓兼容性，是指与系统应用相对无关的自身独立性。由于综合布线是一套综合的全开放式系统，因此可用于多种系统中。在综合布线系统中，可以使用相同的电缆与配线端子排，以及相同的插头、模块化插孔和适配器，将语音、数据、监控的图像及设备、控制等不同性质的信号综合到一套标准的布线系统中传递，从而满足不同生产厂家终端设备的需要，不会存在设备和电缆的兼容性问题。

在使用时，用户无须定义工作区信息插座的具体应用，只需将某种终端设备（如笔记本电脑、电话、视频设备等）插入信息插座，然后在管理间和设备间的交接设备上进行相应的接线操作，该终端设备即可接入各自的系统中。

2. 开放性

对于传统的布线方式，只要用户选定了某种设备，也就选定了与之相适应的布线方式和传输介质。如果更换另一厂家的设备，那么原来的布线就要全部更换。而综合布线系统采用开放式的结构体系，几乎对所有厂商的产品都是开放的，如IBM、HP、DELL、SUN的计算机设备，AT&T、Cisco、华为等的交换机设备，并对几乎所有的通信协议也是开放的，如Ethernet、FDDI、ISDN、ATM等，无论什么样的网络类型和设备，都可以在综合布线系统中良好地运行。

3. 灵活性

传统的布线方式是封闭的，其体系结构是固定的，因此迁移或增加设备都是相当困难且麻烦的，甚至是不可能的。综合布线系统采用模块化设计、物理星形拓扑结构，所有信息通道都是通用的，可支持电话、传真、多用户终端等。所有设备的开通及更改均无须改变布线系统，只需增减相应的网络设备并进行必要的跳线管理即可。

4. 可靠性

由于各个应用系统互不兼容，因此在传统的布线方式下，一个建筑物中往往要有多种布线方案，比如强电系统、数据系统、语音系统以及其他弱电系统等。因此，系统的可靠性要由所选用线材的可靠性来保证。当各应用系统布线不当时，可能会造成交叉干扰。

综合布线系统采用高品质的材料和组合压接的方式构成一套高标准的信息信道。每条通道都采用专用仪器校核线路衰减、串音、信噪比，以保证其电气性能，不会造成交叉干扰。物理星形拓扑结构的特点，使得任何一条线路故障均不影响其他线路的运行，同时为线路的运行维护及故障检修提供了极大的方便，从而保障了系统的可靠运行。各应用系统往往采用相同的传输媒体，因而可互为备用，提高了备用冗余。

5. 先进性

综合布线系统应用极富弹性的布线概念，采用光纤与超五类或六类双绞线混布方式，合理构成一套完整的布线系统。所有布线均采用世界上新近的通信标准，按八芯双绞线配置。通过六类双绞线，数据最大传输速率可达到1 000 Mbit/s，对于特殊用户需求，可把光纤铺到桌面。干线光缆可设计为 10 000Mbit/s 带宽，为将来的发展提供了足够的余量。通过主干通道可同时多路传输多媒体信息，同时物理星形的布线方式为将来发展交换式网络奠定了坚实的基础。

6．经济性

传统布线改造很费时间，影响日常工作，而综合布线可适应相当长时间的使用需求，即在今后若干年（通常为 15 年）中不增加新投资的情况下仍能保持建筑物的先进性，又具有极高的性能价格比。

1.2　网络综合布线的相关标准

综合布线标准是设计、实施、测试、验收和监理综合布线工程的重要依据。就目前布线市场的情况来看，得以广泛执行的综合布线标准主要有两个：一是 ANTI/TIA/EIA 美国综合布线标准，二是 GB 或 GB/T 中国综合布线标准。在各种网络布线方案设计中，大多执行的仍是美国综合布线标准。

1.2.1　TIA/EIA 标准

美国国家标准委员会（ANSI）是国际标准化组织（ISO）的主要成员，在国际标准化方面扮演着十分重要的角色。ANSI 颁布了如下 7 个标准。

1．ANSI/TIA/EIA568-A

ANSI/TIA/EIA568-A 标准确定了一个可以支持多品种、多厂家的商业建筑的综合布线系统，同时也提供了为商业服务的通信网络产品的设计方向。该标准对于建筑物和建筑群间的综合布线规定了最低的要求，包括介质、拓扑结构、距离等实施参数，并对机器及插头引线间的布置连接作了说明。该标准对布线距离有着严格的规定（水平布线<90m、建筑物主干<500m、园区主干<1 500m），布线距离主要取决于实际工作区域(即建筑物楼层区域)，主干布线距离基于实际应用所限定的距离。

2．ANSI/TIA/EIA568-B

2002 年 6 月，合并和提炼于 ANSI/TIA/EIA568-A、TIA/EIATSB67/72/75/95 以及 TIA/EIA/IS729 等标准的 ANSI/TIA/EIA568-B 标准正式发布，包含了布线系统设计原理、安装准则与现场测试，以及铜缆和双绞线的组件规范、传输性能等相关内容。

3．ANSI/TIA/EIA568-C

2008 年 TIA（通信工业协会）正式发布了 ANSI/TIA/EIA568-标准，用于取代 ANSI/TIA/EIA568-B 标准。新的 TIA/EIA568-C 标准主要分为 4 个部分，分别为 TIA/EIA568-C.0 用户建筑物通信布线标准、TIA/EIA568-C.1 商业楼宇电信布线标准、TIA/EIA568-C.2 平衡双绞线电信布线和连接硬件标准和 TIA/EIA568-C.3 光纤布线和连接硬件标准。

4．ANSI/TIA/EIA 569-B

ANSI/TIA/EIA569-B（商业建筑电信路径和空间标准）主要为所有与电信系统和部件相关的建筑设计提供规范和准则，规定了建筑基础设施的设计和尺寸，以及网络接口的物理规格，用于支持结构化布线，实现建筑群之间的连接。此外，该标准还规定了设备室的设备布线。设备室是布线系统最主要的管理区域，所有楼层的资料都由电缆或光纤电缆传送至此。制定该标准的目的是使电信介质和设备的建筑物内部和建筑物之间设计与施工标准化，尽可能地减少对厂商设备和介质的依赖性。

5．ANSI/TIA/EIA570-A

TIA/EIA570-A 称为住宅和半商业通信布线标准，支持语音、数据、影像、视频、多媒体、家居自动系统、环境管理、保安、音频、电视、探头、警报和对讲机等应用。该标准为住宅通信布线规定了两级信息插座的标准化要求，即基本和多媒体布线。等级系统的建立有助于选择适合每个家居单元不同服务的布线基础结构。

6．ANSI/TIA/EIA606-A

ANSI/TIA/EIA606-A（商业建筑电信基础设施管理标准）用于对布线和硬件进行标识，提供一套独立于系统应用之外的统一管理方案。

对于布线系统而言，标记管理是日渐突出的问题，这个问题会影响到布线系统能否有效地管理，而有效的布线管理对于布线系统和网络的有效运行与维护具有重要意义。与布线系统一样，布线的管理系统必须独立于应用之外。这是因为在建筑物的使用寿命内，应用系统大多会有多次的变化。通过对布线系统进行标记与管理，可以使系统移动、增添设备以及更改更加容易、快捷。对于布线的标记系统来说，标签的材质是关键。标签除了要满足 TIA/EIA606-A 标准要求的标识中的分类规定外，还要通过标准中要求的 UL969 认证。这样的标签可以保证长期不会脱落，而且防水、防撕、防腐，耐低温/高温，可适用于不同环境及特殊恶劣户外环境的应用。

7．ANSI/TIA/EIA 607-A

制定 TIA/EIA607-A（商业建筑物接地和连接规范）标准的目的是便于用户了解在安装电信系统时如何对建筑物内的电信接地系统进行规划、设计和安装，以支持多厂商、多产品环境及可能安装在住宅的工作系统接地。

1.2.2　ISO/IEC11801 国际标准

国际标准化组织（ISO）和国际电工委员会（IEC）颁布了 ISO/IEC11801 国际标准，名为“普通建筑的基本布线”。目前该标准有 3 个版本：ISO/IEC11801—1995、ISO/IEC11801—2000 和 ISO/EEC 11801—2002。

与 TIA/EIA568-A 标准一样，IS0/IEC11801-1995 标准也把信道（Channel）定义为包括跳线（除少数设备跳线外）在内的所有水平布线。此外，ISO 还定义了链路（Link），即从配线架到工作区信息插座的所有部件，而墙内的设备也应考虑在内。链路包括两个连接块之间的跳线，但不包括设备线缆。链路模式通常被定义为性能最低的模式，4 种链路的性能级别被定义为 A、B、C 和 D。其中，D 级具有最高的性能并且规定带宽要达到 100MHz。ISO/IEC11801 标准与 TIA/EIA568-A 标准的差别在于此标准包括了 120Ω UTP 和 100Ω、120ΩFTP（有一个金属屏蔽层的双绞线）及 SFTP（每对线均独立屏蔽的双绞线），另外链路和信道在配置和组件的数目上有所不同。

ISO/IEC11801-2000 把 D 级链路（五类铜缆）系统按照超五类（Cat.5e）重新定义，以确保所有的五类系统均可运行千兆位以太网。更为重要的是，该版本还定义了 E 级链路（六类）和 F 级链路（七类），并考虑了布线系统的电磁兼容性（EMC）问题。

尽管 ISO/IEC11801 国际标准不是首先被颁布的，但它提供了一个全球统一的基准和所有国家或地区在修改标准时应着重参考的标准，包括 ANSI/TIA/EIA568-A 美国国家标准、CELENEC EN 50173 欧洲标准、CSA T529 加拿大标准和 AS/NZS3080-1996 澳大利亚/新西兰标准。

ISO/IEC11801—2002 是 2002 年 9 月正式公布的标准，该标准定义了六类、七类线缆的标准：而美国通信工业协会（TIA）将六类、七类布线标准命名为 ANSI/TIA/EIA568B.2-1—2002。这两个标准的绝大部分内容都是完全一致的，也就是说两个标准越来越趋于一致。

在以后的几次补充和勘误中，ISO/IEC11801-A 修正并加入了对 E 级和 F 级布线电缆和连接硬件的规范，也定义了宽带多模光纤（OM3 和 OM4）的标准化，支持最长 550m 的 10Gbit/s 串行传输，以及 100m 以上的 40/100Gbit/s 传输。

ISO/IEC11801 是根据 ANSI/TIA/EIA568 制定的，因此两个标准非常类似，但是 ISO/IEC11801 标准主要针对欧洲使用的电缆，因此包含一些欧洲特定应用的规范。另外，这两个标准的一些术语也有所区别。

1.2.3　欧洲标准

欧洲电气标准委员会（CELENEC 或 CEN/CELENE）是欧洲最主要的标准制定机构，其主要宗旨是协调欧洲有关国家的标准机构所颁布的标准和消除贸易上的技术障碍。在综合布线领域的标准主要包括 EN50173、EN55014、EN50167、EN50288 等。

Celenec 制定的标准主要有 3 类：EN（欧洲标准）、HD（协调文件）和 ENV（欧洲预备标准），成员国的国家标准必须与 EN 标准保持一致；成员国的国家标准至少应与 HD 标准协调：与 ENV 标准对立的成员国标准允许保留，两者可平行存在。

EN50173（信息技术–综合布线系统）的第一版是 1995 年发布的，至今经历了 1995、2000、2001 3 个版本。该标准定义了支持千兆以太网和 ATM155 的 ELFEXT 及 PSELFEXT，也制定了测试布线系统的规范。一般而言，CELENEC-EN50173 标准与 ISO/IEC11801 标准是一致的，但是 EN50173 比 ISO/IEC11801 严格。

EN50174 是在 EN50173 的基础上产生的工程施工标准，包括布线中平衡双绞线和光纤布线的定义，以及实现和实施等规范，通常作为布线商与用户签署合同的参考。EN50174 不包括某些布线部件的性能、链路设计和安装性能的定义，所以在应用时需要参考 EN50173。

EN50167、EN50168 和 EN50169 分别对水平布线、工作区布线和主干布线做了规定，其主要内容包括原材料与电缆结构、电缆特性、安装与测试要求等。

EN50288 包括 EN50288-5-1—2004 和 EN50288-2～6-1/2 等多个版本，分别对各类线缆的适用环境以及安装做了规定，其中 EN50288-5-1—2004 对六类布线做了规定。EN50289-1/4-1～13 则对电缆的测试验收做出了说明。

1.2.4　国内标准

《综合布线系统工程设计规范》（GB 50311—2016）和《综合布线系统工程验收规范》（GB 50312—2016）于 2017 年 4 月 1 日起实施，《综合布线系统工程设计规范》（GB 50311—2007）和《综合布线系统工程验收规范》（GB 50312—2007）同时废止。

《综合布线系统工程设计规范》（GB 50311—2016）是在《综合布线系统工程设计规范》（GB 50311—2007）内容的基础上，对建筑群与建筑物综合布线系统及通信基础设施工程的设计要求进行了补充与完善，增加了布线系统在弱电系统中的应用相关内容，光纤到用户单元通信设施工程设计要求，并新增有关光纤到用户单元通信设施工程建设的强制性条文。

1.3 综合布线系统的设计等级

对于建筑物的综合布线系统，一般定为3种不同的布线等级。它们分别是：

- 基本型：适用于综合布线中配置标准较低的场合，一般使用铜芯双绞线。
- 增强型：适用于综合布线中配置标准中等的场合，一般使用铜芯双绞线。
- 综合型：适用于综合布线中配置标准较高的场合，使用光缆和双绞线或混合电缆。

这3种系统等级的综合布线都能够支持语音、数据等服务，能随着工程的需要转向更高功能。它们的主要区别在于：支持语音和数据服务所采用的方式不同，在移动和重新布局时实施链路管理的灵活性不同。

1. 基本型综合布线系统

基本型综合布线系统方案，是一个经济有效、有价格竞争力的布线方案。它支持语音或综合型语音/数据产品，并能够全面过渡到数据的异步传输或综合型布线系统。它的基本配置如下：

- 每一个工作区有1个信息插座、1条水平布线的4对UTP电缆。
- 采用交叉连接硬件，并与未来的附加设备兼容。
- 每个工作区的干线电缆至少有2对双绞线。

基本型综合布线系统具有以下特点：

- 能够支持所有语音和数据传输应用，支持众多厂家的产品设备和特殊信息的传输。
- 便于维护人员维护、管理。

2. 增强型综合布线系统

增强型综合布线系统不仅支持语音和数据的应用，还支持图像、影像、影视、视频会议等。它具有为增加功能提供发展的余地，并能够根据需要利用配线盘进行管理，它的基本配置如下：

- 每个工作区有2个以上的信息插座，每个信息插座均有水平布线4对UTP系统。
- 具有交叉连接硬件。
- 每个工作区的电缆至少有8对双绞线。

增强型综合布线系统具有以下特点：

- 每个工作区有2个信息插座，灵活方便、功能齐全。
- 任何一个插座都可以提供语音和高速数据传输。
- 便于管理与维护。

3. 综合型综合布线系统

综合型综合布线系统是将双绞线和光缆纳入建筑物的布线系统。它的特点是引入了光缆，可以用于规模较大的智能大厦。它的基本配置如下：

- 在建筑、建筑群的干线或水平布线子系统中配置62.5μm的光缆。
- 在每个工作区的电缆内配有4对双绞线。
- 每个工作区的电缆中应有2对以上的双绞线。

综合型布线系统具有以下特点：

- 每个工作区有 2 个以上的信息插座，不仅灵活方便而且功能齐全。
- 任何一个信息插座都可供语音和数据高速传输。
- 有一个很好的环境，为客户提供多种服务。

1.4　网络综合布线系统结构

综合布线系统分为 6 个子系统，即建筑群子系统、垂直子系统、水平子系统、设备间子系统、管理子系统和工作区子系统，其系统结构和链路结构分别如图 1-1 和图 1-2 所示。

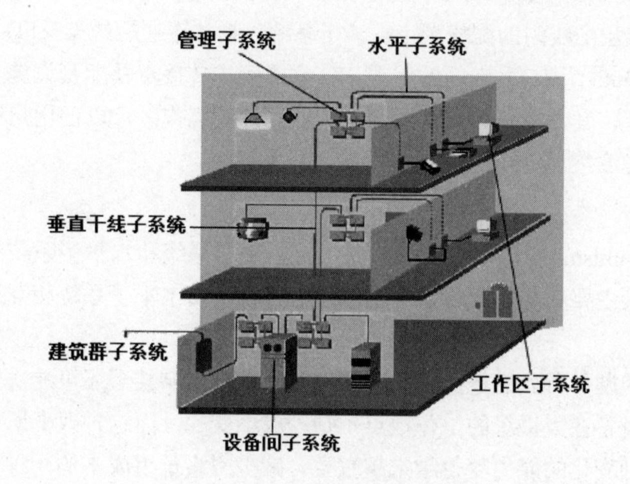

图 1-1　综合布线系统结构

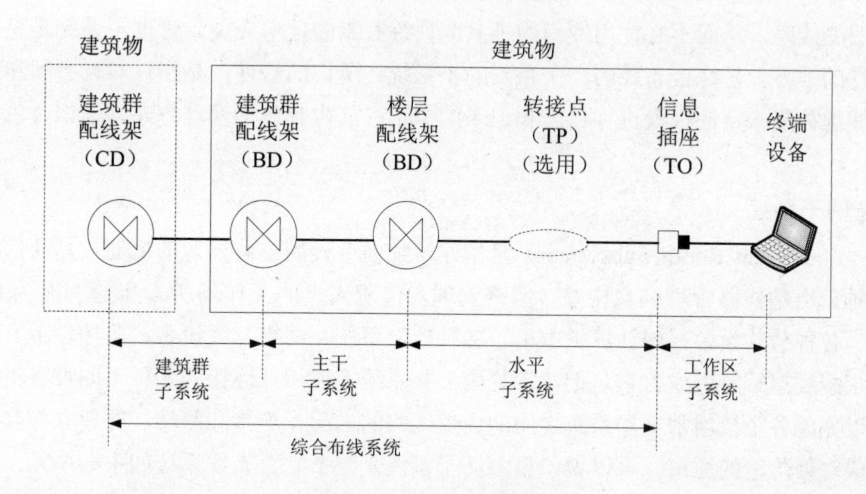

图 1-2　网络链路结构组成

1. 建筑群子系统

建筑群子系统（Campus Backbone Subsystem）是指将两个以上建筑物间的通信信号连接在一起的布线系统，其两端分别安装在设备间子系统的接续设备上，可实现大面积地区建筑物之间的通信连接。建筑群子系统包括建筑物间的主干布线及建筑物中的引入口设施，由楼群配线架

（Campus Distributor，CD）与其他建筑物的楼宇配线架（Building Distributor，BD）之间的线缆及配套设施组成。

2．主干子系统

主干子系统（也称垂直子系统，Riser Backbone Subsystem）是建筑物内综合布线系统的主干部分，指从主配线架（BD）至楼层配线架（Floor Distributor，FD）之间的线缆及配套设施组成的系统。主干子系统通常安装在弱电井中，两端分别敷设到设备间子系统或管理子系统，提供各楼层电信室、设备室和引入口设施之间的互连，实现主配线架与楼层配线架的连接。

3．水平子系统

水平子系统（Horizontal Subsystem）是连接工作区子系统和垂直子系统的部分，其一端接在信息插座，另一端接在楼层配线间的配线架上。该子系统包括各楼层配线架（FD）至工作区信息插座（Telecommunications Outlet，TO）之间的线缆、信息插座、转接点及配套设施。水平子系统是局限于同一楼层的布线系统，其功能是将主干子系统线路延伸到工作区，以便用户通过跳线连接各种终端设备，实现与网络的连接。

4．管理子系统

管理子系统（Administration Subsystem）是连接主干子系统和水平子系统的纽带，通常设置在各楼层的设备间内，其主要功能就是将主干子系统与各楼层的水平子系统相互连接，主要设备是配线架和跳线。

用于构筑交连场的硬件所处的地点、结构和类型将直接影响甚至还可能决定综合布线系统的管理方式。由于人员或设备在大楼里的工作地点不是一成不变的，而这种改变所要花费的成本日益增加，因此灵活适应这种变化的能力变得越来越重要。减少网络重组成本的一种方式是使用超五类或六类双绞线，这样从服务接线间到工作区就不必使用不同类型的传输介质；另一种方法是使客户可以在交连场改变线路，从而不必使用专门的工具或训练有素的技术人员。管理子系统是充分体现综合布线灵活性的地方，是综合布线的一个重要的子系统。所谓的管理，是指针对设备间和工作区的配线设备和线缆按照一定的规模进行标志和记录的规定。其内容包括管理方式、标识、色标和交叉连接等。

5．设备间子系统

设备间（Equipment Room Subsystem）是指建筑物内专设的安装设备的房间，是通信设施、配线设备所在地，也是线路管理的集中点（网络管理和值班人员的工作场所）。设备间子系统由引入建筑的线缆、各种公共设备（如计算机主机、各种控制系统、网络互联设备、监控设备）和其他连接设备（如主配线架）等组成。它是把建筑物内公共系统需要相互连接的各种不同设备集中安装的子系统，可以完成各个楼层水平子系统之间的通信线路的调配、连接和测试，并建立与其他建筑物的连接，形成对外传输的通道。可以说，设备间子系统是整个综合布线系统的中心单元。

6．工作区子系统

工作区是指包括办公室、写字间、作业间、机房等需要电话、计算机或其他终端设备（如网络打印机、网络摄像头等）等设施的区域和相应设备的统称。工作区子系统（Work Area Subsystem）是用户的办公区域，提供工作区的计算机或其他终端设备与信息插座之间的连接，包括从信息插座延伸至终端设备的区域。

工作区子系统处于用户终端设备（如电话、计算机、打印机等）和水平子系统的信息插座（TO）之间起着桥梁的作用。该子系统由终端设备至信息插座的连接器件组成，包括跳线、连接器或适配器等，实现用户终端与网络的有效连接。工作区子系统的布线一般是非永久性的，用户根据工作需要可以随时移动、增加或减少，既便于连接，也易于管理。

1.5　网络综合布线系统的实施

综合布线系统作为一项系统工程，不仅在整个网络施工过程中占有非常重要的地位，决定着网络的连通性和稳定性，而且从设计、施工到验收、测试都非常复杂。因此，只有事先弄清楚综合布线系统的实施步骤和一般要求，才能做到心中有数、成竹在胸，从而最大限度地保证系统布线的质量。

综合布线项目主要划分为设计、施工、测试验收 3 个主要阶段，如图 1-3 所示。“方案论证”前为设计阶段，中间为施工阶段，“指标测试”之后为测试验收阶段。图中带有阴影的部分由网络集成商和工程监理承担，但却与网络布线息息相关。

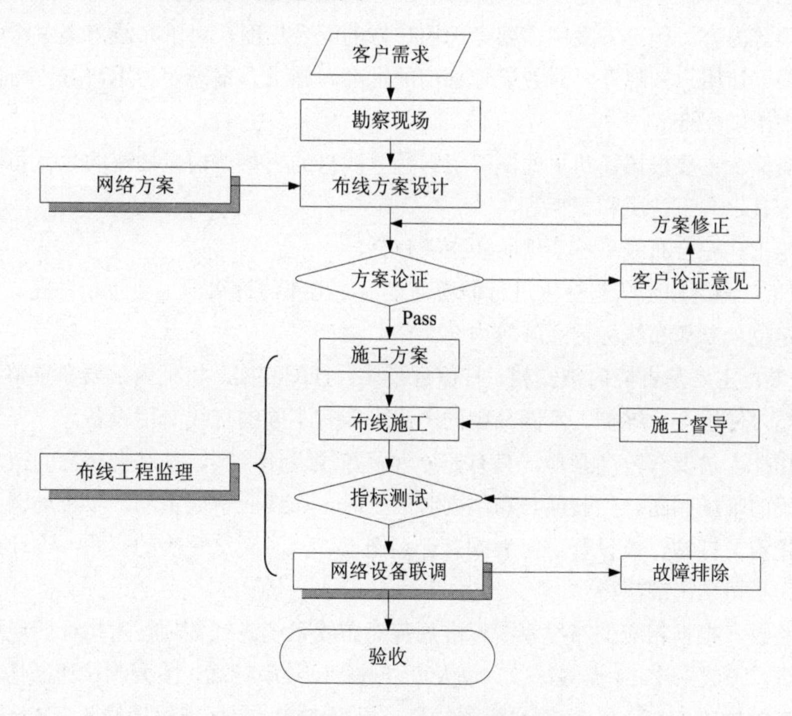

图 1-3　网络综合布线实施步骤流程

1.5.1　网络综合布线施工流程

梳理网络综合布线的施工经验，可以把它分为 8 个步骤。

（1）勘察现场。与客户协商网络需求，现场勘察建筑，根据用户提出的信息点位置和数量要求，参考建筑平面图、装修平面图等资料，结合网络设计方案对布线施工现场进行勘察，初步预定信息点数目与位置，以及主干路由和机柜的初步定位。勘察对象包括建筑结构、机房（设备间）和配线管理间的位置、走线路由、电磁环境、布线设施外观，以及对建筑物破坏（如打过墙眼）等。此外，还要考虑在利用现有空间的同时避开强电及其他线路，做出综合布线调研报告。

（2）规划设计。工程设计将对网络布线全过程产生决定性影响，因此应根据调研结果对费用预算、应用需求、施工进度等进行多方面的综合考虑，并着手做出详细的设计方案。

在综合布线系统相关专业标准和法规的指导下，充分考虑网络设计方案对布线系统的要求，对布线系统总体进行可行性分析，如空间距离、带宽、信息点密度等指标，并对各个子系统进行详细设计。如果楼群正在筹建中，应当及时提出综合布线方案，根据整体布局、走线路由情况对建筑设计提出特定的要求，如楼与楼之间的主干通道连接、楼层之间通道走线规格、管道预埋等，以便后面施工合理、易行。

如果布线系统设计方案存在重大缺陷，一旦施工完成，将造成无法挽回的损失。因此，应当由用户、网络方案设计人员、布线工程人员共同参与方案的评审。如果发现可能存在问题，必须在方案修改后再进行评审，直到最终方案形成。

（3）施工方案。根据布线系统设计方案确定详细施工细节（如布线路由、打过墙洞等），综合考虑工程实施中的管理和操作，指定工程负责人和工程监理人员，规划备料、备工，以及内外协调和施工组织和管理等内容。施工方案中需要考虑用户方的配合程度，对于布线方案对路面和建筑物可能的破坏程度最好让用户知晓并经对方管理部门的批准。施工方案需要与用户方协商认可签字，并指定协调负责人予以配合。

（4）经费概算。主要根据建筑平面图等资料预算线材的用量、信息插座的数目和机柜数量，计算布线材料、工具、人工费用和工期等。

（5）现场施工。综合布线系统实现阶段主要包括：

1）土建施工：协调施工队与业主进行职责商谈，提出布线许可，主要包括钻孔、走线、信息插座定位、机柜定位、制作布线标记系统等内容。

2）技术安装：主要是机柜内部安装，打信息模块、打配线架。机柜内部要布置整齐合理、分块鲜明、标识清楚，便于今后维护。不同品牌的产品可能有不同的打线专用设备。

施工现场指挥人员要有较高素质，只有充分理解布线设计方案，并掌握相应的技术规范，必要时才能做出正确的临场判断。当装潢与布线同时展开时，布线应争取主动，早进场调查，把能做的事先做完，如挖沟、打钻、敷设管道，做到有计划施工。一时无法解决的问题，设计人员必须尽快修改设计方案，早日拿出解决方法。

（6）测试验收。根据相应的布线系统标准规范对布线系统进行各项技术指标的现场认证测试。

信息点测试，一般采用 12 点测试仪，单人可以进行，效率较高，主要测试通断情况，深层测试通常可用 FLUKE DSP-4000 或 DTX 线缆测试仪，根据 TSB-67 标准对接线图（Wire Map）、长度（Length）、衰减量（Attenuation）、近端串扰（NEXT）、传播延迟（Propagation Delay）等多方面数据进行测试，并可联机打印测试报告。

负载试验，即加载网络设备后进行部分网络连通性能抽测。最后是竣工验收审核以及技术文档的移交。

（7）文档管理。工程验收完成后，必须提供给客户验收报告单，内容包括材料实际用量表、测试报告书、机柜配线图、楼层配线图、信息点分布图以及光纤、语音和视频主干路由图等，为日后的维护提供数据依据。

（8）布线维护。当综合布线系统的通信线路和连接硬件出现故障时，应当快速做出响应，提供现场维护，排除故障点，并根据客户需要对现有布线系统进行扩充和修改。

布线系统的平均生命周期一般为 15 年，它与主要建筑物的整修周期是一致的。在这段时间内，系统的计算机硬件、软件和使用方式都将发生重大变化，网络的吞吐量、可靠性和安全性的要求肯定都要增加。

1.5.2　制定网络技术指标应考虑的因素

在网络建设的初期，作为工作的重要组成部分，专业人员还应为网络制定详细的技术指标。为网络和布线制定粗略的技术指标是 IT 管理员常犯的错误。不成熟的网络可能导致系统崩溃，代价将十分惨重。因此，在网络的安装阶段过度地节省资金并非明智的做法。

在制定网络详细技术指标时应考虑以下一些关键因素：

（1）使用方式，包括所有应用的混合数据流流量大小和峰值负载持续时间。

（2）用户的数量和可能的增长速度。

（3）用户的位置及其之间的最长距离。

（4）用户位置发生变化的概率。

（5）与当前和今后计算机及软件的连接。

（6）线缆布线的可用空间。

（7）网络拥有者的总投资。

（8）法规及安全性要求。

（9）防止服务丢失和数据泄密的重要性。

第2章　网络综合布线材料

作为网络中的传输介质，线缆的品质在很大程度上决定着综合布线的性能。因此，了解不同线缆的性能和特点，并有针对性地进行选择，无疑对网络布线工程具有决定性的意义。

此外，信息插座、配线架等其他布线材料的选择与使用，也会对布线系统的整体性能产生决定性的影响。

2.1　双绞线

光缆虽然在技术和成本上已日臻成熟，并在骨干网中大显身手，但是双绞线（Twist-pair）依然是办公环境的首选介质。双绞线的购买成本、安装成本和维护成本相对其他介质是最低的，除非要求比较远的传输距离，否则双绞线是水平布线的不二之选。

2.1.1　双绞线的分类

双绞线是综合布线工程中最常用的一种传输介质，被广泛应用于综合布线系统的水平布线子系统。双绞线布线成本低廉、连接可靠、维护简单，可用于数据传输，还可以用于语音和多媒体传输。

双绞线的绝缘皮内封装有一对或一对以上的双绞线，为了降低干扰，每一对双绞线一般由两根绝缘铜导线相互缠绕而成，每根铜导线的绝缘层上分别涂有不同的颜色，便于接线时区分，如图2-1所示。

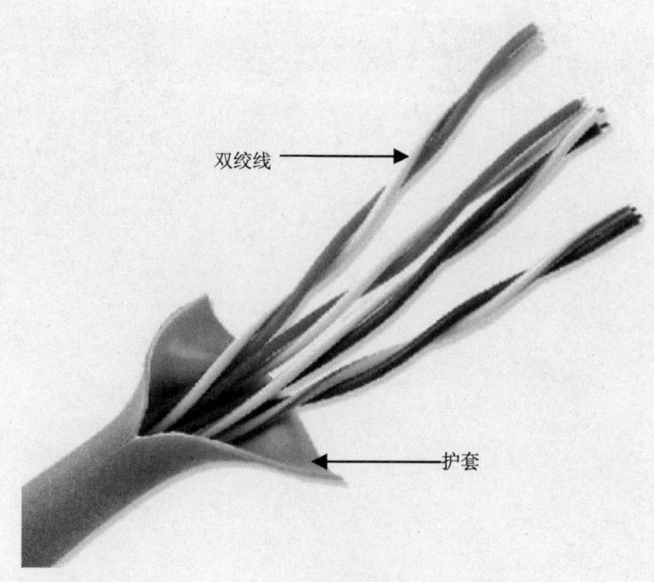

图2-1　双绞线

双绞线的分类有两种方法：一种是按照电气性能的不同进行分类，另一种是按照是否屏蔽进行分类。下面分别介绍这两种分类方法。

1. 按照是否屏蔽

按照绝缘层外部是否拥有金属屏蔽层，可以把双绞线分为屏蔽双绞线和非屏蔽双绞线两种。在区分的时候，可以直观地通过外保护套内是否有铝锡包裹来判断。

（1）非屏蔽双绞线

非屏蔽双绞线（Unshielded Twisted Pair，UTP）由多对双绞线和绝缘材料（如 PVC）护套等直接构成，如图 2-2 和图 2-3 所示，分别为 UTP 电缆外观和横截面图。非屏蔽双绞线由于价格便宜、施工简单，被广泛应用于各种规模网络布线工程的水平布线和工作区布线。

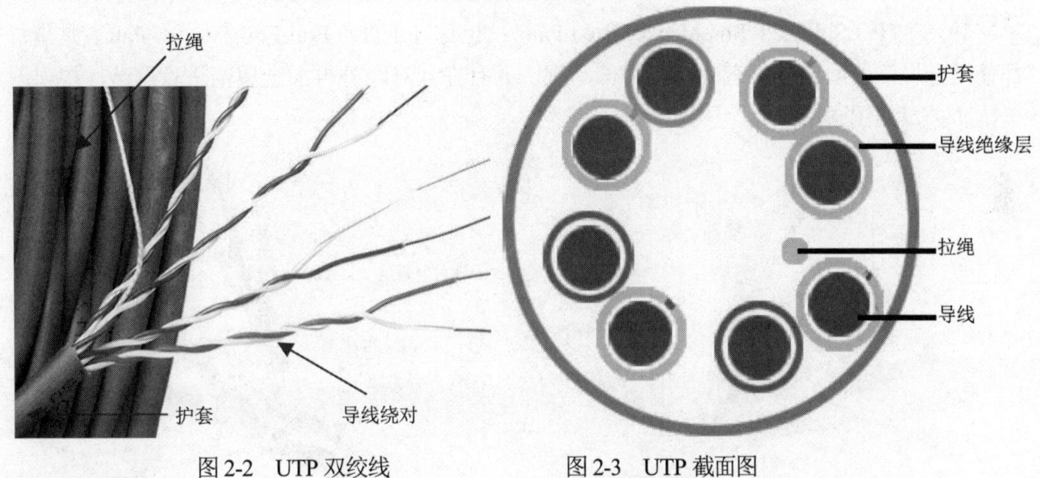

图 2-2　UTP 双绞线　　　　图 2-3　UTP 截面图

（2）屏蔽双绞线

在护套层内甚至在每个线对外增加一层金属屏蔽层，以提高抗电磁干扰能力的双绞线，被称为屏蔽双绞线。屏蔽双绞线又分为 FTP、STP 和 S/STP 三类，下面分别进行介绍。

1）FTP（Foil Twisted Pair）：也称 F/UTP（Foil/ Unshielded Twisted Pair）或 ScTP（Screened Twisted Pair），采用整体屏蔽结构，在多对双绞线外包裹铝箔构成，屏蔽层之外是电缆绝缘护套，如图 2-4 所示。FTP 双绞线通常应用于电磁干扰较为严重或对数据传输安全性要求较高的布线区域。

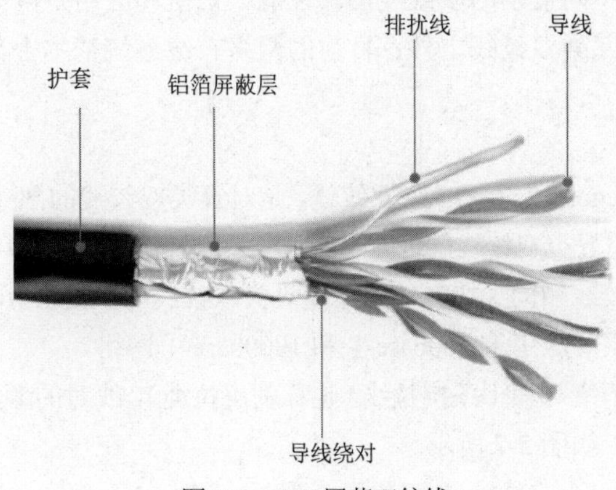

图 2-4　FTP 屏蔽双绞线

提示：屏蔽双绞线使用金属屏蔽层来降低外界的电磁干扰（EMI），当屏蔽层被正确接地后，可将接收到的电磁干扰信号变成电流信号，与双绞线形成的干扰信号电流反向。只要两个电流是对称的即可抵消，从而不给接收端带来噪声。可是，屏蔽层不连续或者屏蔽层电流不对称时，就会降低甚至完全失去屏蔽效果而导致产生噪声。FTP 更适合并易于端接在屏蔽插座上，而金属箔能对孔洞提供更好的覆盖，对高频干扰抑止更有效；缺点是如果操作不当，屏蔽层容易断裂。

2）STP（Shielded Twisted Pair）：也称 S/FTP（Shielded/ Foil Twisted Pair），是指每个线对都有各自的屏蔽层，在每对线对外包裹铝箔后，并在铝箔外包裹铜编织网。该结构不仅可以减少外界的电磁干扰，而且可以有效控制线对之间的综合串扰，如图 2-5 所示。STP 屏蔽双绞线通常应用于电磁干扰非常严重、对数据传输安全性要求很高的布线区域。

3）S/STP（Shielded /Shielded Twisted Pair）：也称 F/FTP（Foil/Foil Twisted Pair）是指每个线对都使用金属箔屏蔽电缆，有效抑止内部串扰，并且在 4 对线外再加金属箔进行屏蔽，提供附加电磁干扰防护，如图 2-6 所示。

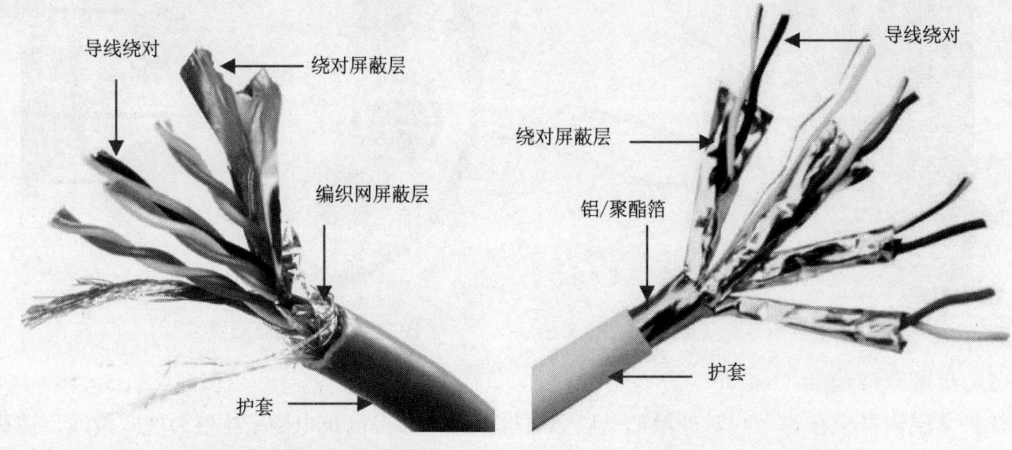

图 2-5　STP 屏蔽双绞线　　　　图 2-6　S/STP 双绞线

2. 按照电气性能的不同

根据电气性能的不同，可以将双绞线分为一类、二类、三类、四类、五类、超五类、六类、超六类、七类、八类等。不同类别的双绞线，其性能、价格和应用范围等都有很大的不同。除了传统的语音系统仍在采用三类双绞线之外，目前的网络布线系统基本上都采用超五类或六类非屏蔽双绞线。

（1）超五类双绞线

超五类（Enhanced Category 5，CAT5e）双绞线，是对五类双绞线的部分性能加以改善后的电缆。相比普通的五类双绞线，超五类双绞线的近端串扰、衰减串扰比、回波损耗等性能参数都有所提高，但其传输带宽仍与五类双绞线相同（100MHz）。超五类双绞线可以提供 100Mbit/s 的通信带宽，并拥有升级至千兆的潜力，主要应用于 100base-T 和 1000base-T 网络。

超五类双绞线采用 4 个绕对和 1 条抗拉线（也称剥皮拉绳），线对的颜色分别为白橙、橙、白绿、绿、白蓝、蓝、白棕和棕，如图 2-7 所示。

（2）六类双绞线

相比超五类非屏蔽双绞线，六类（Category 6）非屏蔽双绞线的各项参数都有了较大的提高，带宽也扩展至 250MHz 或更高。六类双绞线在外形和结构上与五类或超五类双绞线都有一定的差别，增加了绝缘的十字骨架，将双绞线的 4 对线分别置于十字骨架的 4 个凹槽内，如图 2-8 所示。

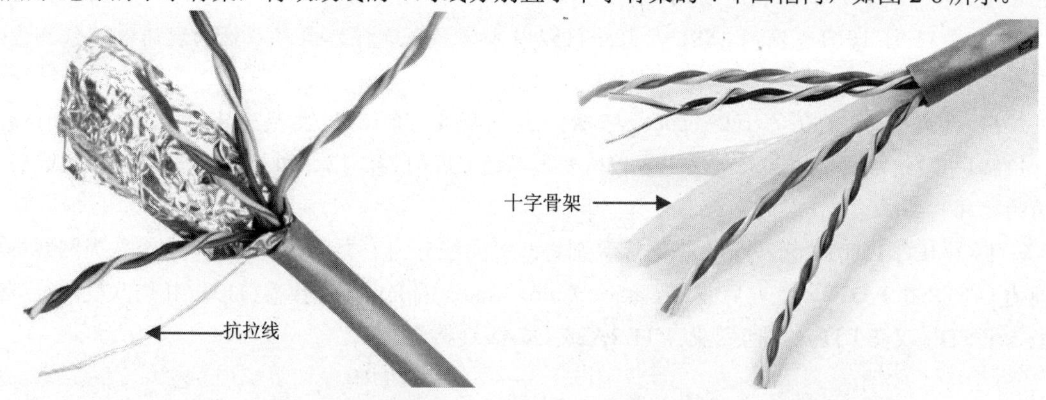

图 2-7　超五类屏蔽双绞线　　　　图 2-8　六类非屏蔽双绞线

（3）七类双绞线

六类和七类布线系统最明显的差别就是带宽：六类信道提供了至少 200MHz 的综合衰减对串扰比以及整体 250MHz 的带宽。而七类布线系统可以提供至少 500MHz 的综合衰减对串扰比和 600MHz 的整体带宽。六类和七类布线系统的另外一个差别在于它们的结构：六类布线系统既可以使用非屏蔽电缆，也可以使用屏蔽电缆；而七类布线系统只基于屏蔽电缆。

在七类线缆中，每一对线都有一个屏蔽层，4 对线合在一起还有一个公共的大屏蔽层，如图 2-9 所示。

图 2-9　七类双绞线

提示：从物理结构上来看，七类线缆具有比六类线缆更大的直径，通常采用 23AWG（美国线缆规格）裸铜线，而六类、超五类、五类和其他类型的线缆，则采用 24AWG 裸铜线。由于 CAT7 网线直径非常粗，布线难度较高，且成本高昂，因此目前的主流方案是以 CAT 6a 实现 100m 传输距离和 10Gbit/s 传输速率。

（4）八类屏蔽双绞线

八类（CAT8）屏蔽双绞线主要用于数据中心支持 2GHz 速率，传输速度可达 40Cbit/s，距离为 30m，由 2 个连接器通道组成，是目前网线的最高标准。

八类双绞线采用屏蔽的连接和 FTP 线缆，4 对双绞线被金属箔包覆着，如图 2-10 所示。金属箔屏蔽可以防止噪声进入电缆或防止电缆中存在噪声。

目前八类双绞线的相关标准如下：

2016 年 9 月 8 日发布的 IEEE 802.3bq 25G/40GBASE-T 标准：此标准规定了双绞线信道上应用的最小传输特性以支持 25G bit/s 和 40G bit/s 的基于双绞线的布线。

2016 年 6 月 30 日发布的 ANSI / TIA-568-C.2-1 标准：规定了八类双绞线的通道和永久链路，并包含电阻不平衡、TCL 和 ELTCTL 的限制。

2016 年 11 月 10 日发布的 ANSI / TIA-1152-A 标准：规定了八类双绞线的现场测试仪测量和精度要求。

2017 年发布的 ISO / IEC-11801 标准：包括规定了 I/II 类通道和永久链路的 ISO / IEC-11801-99-1 以及规定了测试仪测量和精度要求的 IEC61935-1Ed5.0，包括与 ANSI/TIA1152-A 相同的“2G”要求。

在 ISO / IEC-11801 标准里，根据通道级别将八类网线分为Ⅰ类和Ⅱ类，其中Ⅰ类八类网线屏蔽类型为 U/FTP 和 F/UTP，能向后兼容 Cat5e、Cat6、Cat6a 的 RJ-45 连接器接口；Ⅱ类八类网线屏蔽类型为 F/FTP 或 S/FTP，可向后兼容 TERA 或 GG45 连接器接口。

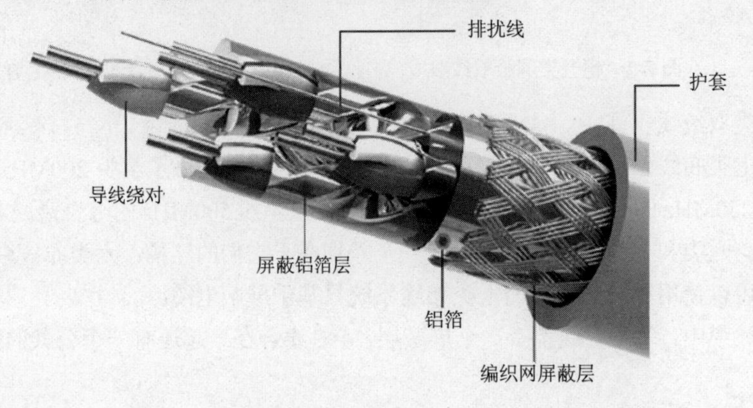

图 2-10　八类双绞线

八类双绞线与超五类、六类、超六类、七类等双绞线的区别如表 2-1 所示。

表 2-1　八类双绞线与超五类、六类、超六类、七类的区别

类　型	超五类双绞线	六类双绞线	超六类双绞线	七类双绞线	八类双绞线
速率	100Mbit/s	1000Mbit/s	10Gbit/s	10Gbit/s	25Gbit/s
频率带宽	100MHz	250MHz	500MHz	600MHz	2000MHz
传输距离	100m	100 m	100 m	100 m	30 m
导体（对）	4	4	4	4	4
线缆类型	屏蔽 非屏蔽	屏蔽 非屏蔽	屏蔽 非屏蔽	双层屏蔽	双层屏蔽
应用环境	小型办公室 家用	中型企业 高速应用	大型企业 高速应用	数据中心 高带宽带环境	数据中心 高速宽带环境

由上表 2-1 可以看出，八类双绞线和七类双绞线一样，都属于双层屏蔽型双绞线，能应用于数据中心、高速带宽的环境，虽然八类双绞线的传输距离不如七类双绞线的远，但是它的速率和频率却是远超于七类双绞线。八类双绞线和超五类双绞线、六类/超六类双绞线之间的区别较大，主要体现在速率、频率、传输距离以及应用等方面。

2.1.2　大对数双绞线

普通的水平布线和工作区布线通常使用 4 对双绞线电缆。当将双绞线用于垂直主干的电缆时，往往采用大对数双绞线电缆。大对数双绞线电缆与普通双绞线在性能上并没有什么区别，只是可以降低布线的复杂性，减少所占用的空间。如图 2-11 所示为 30 对 UTP 电缆外观。

图 2-11　30 对 UTP 电缆

在双绞线护套上通常印刷有各种标记，如图 2-12 所示。认清这些标记，对于我们组建网络、综合布线、正确选择不同类型的双绞线，迅速定位故障会大有帮助。不同生产商的产品标识可能不同，但一般包括双绞线类型、NEC/UL 防火测试和级别、CSA 防火测试、长度标志、生产日期、双绞线的生产商和产品号码等。

图 2-12　双绞线的标识

下面以一个具体实例为例来说明如何识别双绞线的标识和代码。

【实验 2-1】识别双绞线的标识和代码

以下是一条双绞线的标识，我们以此为例来说明不同标识的含义。

AVAYA-C SYSTEIMAX 1061C+ 4/24AWG CM VERIFIED UL CAT5E 31086FEET 09745.0 MeteRS ，这些记号提供了这条双绞线的以下信息：

（1）AVAYA-C SYSTEMIMAX：指的是该双绞线的生产商。

（2）1061C+：指的是该双绞线的产品号。

（3）4/24：说明这条双绞线是由 4 对 24AWG 电线的线对构成。铜电缆的直径通常用 AWG（American Wire Gauge）来衡量。通常 AWG 数值越小，电线直径越大。我们通常使用的双绞线一般都是 24AWG。

（4）CM：是指通信通用电缆，CM 是 NEC（美国国家电气规程）中防火耐烟等级中的一种。

（5）VERIFIED UL：说明双绞线满足 UL（Underwriters Laboratories Inc，保险业者实验室）的标准要求。UL 成立于 1984 年，是一家非营利的独立组织，致力于产品的安全性测试和认证。

（6）CAT 5E：指该双绞线通过 UL 测试，达到超 5 类标准。目前市场上常用的双绞线是 5 类和超 5 类。5 类线主要是针对 100Mbit/s 网络提出的，该标准最为成熟，也是当今市场的主流。后来开发千兆以太网时许多厂商把可以运行千兆以太网的 5 类产品冠以“增强型”Enhanced Cat 5，简称 5E 推向市场。美国的 TIA/EIA 568A-5 是 5E 标准。5E 也被人们称为“超 5 类”或“5 类增强型”。

（7）31086FEET 09745.0 MeteRS：表示生产这条双绞线时的长度点。这个标记对于我们购买双绞线时非常实用。如果你想知道一箱双绞线的长度，可以找到双绞线的头部和尾部的长度标记相减后得出。1 英尺约等于 0.3048 米，有的双绞线以米作为单位。

双绞线通常应用于水平布线子系统，也可应用于投资较少且对传输速率要求不太高的垂直主干子系统。光缆通常应用于建筑群子系统和垂直主干子系统，部分应用于对传输速率和安全性有较高要求的水平布线子系统。

【实验 2-2】双绞线的选购技巧

目前双绞线市场鱼目混珠、以次充好的现象屡见不鲜。用户在选购双绞线时，首先要对其品牌有所了解，而不能只凭经销商的介绍就购买。在选购双绞线时，用户应遵循以下原则：

（1）看包装箱质地和印刷

在选购双绞线时，用户应仔细查看双绞线的箱体包装是否完好，假货在这方面是能省就省。虽然包装精美的未必都是好东西，但包装粗糙的绝对不是真东西。真品双绞线的包装纸箱，从材料质地到文字印刷都相当不错。

（2）看外皮颜色及标识

双绞线绝缘皮上应当印有诸如厂商产地、执行标准、产品类别（如 Categories-5 等）、线长标识之类的字样。如果一无厂名、二无标准、三无类别，那么这种产品的质量根本不会有任何保障。最常见的一种安普（AMP）五类或者超五类双绞线塑料包皮颜色为深灰色，而大多数假货则呈浅灰色。

（3）看导线颜色

剥开双绞线的外层胶皮后，可以看到里面由颜色不同的 4 对 8 根细线，依次为橙、绿、蓝、棕，每对线由 1 根色线和 1 根混色线组成。没有颜色、颜色不清或染色的双绞线，则不是正品的双绞线。

（4）看阻燃情况

为了避免受高温或起火而导致线缆的燃烧和损坏，双绞线最外面的一层包皮除应具有很好的抗拉特性外，还应具有阻燃性。

判断线缆是否阻燃，最简单的方法就是用火烧一下。可以先用剥线刀切取 2cm 左右长度的双绞线外皮，然后用打火机的火焰对着外皮燃烧，正品双绞线的外皮会在焰火的烧烤之下逐步被熔化变形，但外皮肯定不会自己燃烧。如果一点就着，而且燃着了还不灭的，肯定不阻燃，不阻燃的线肯定不是真品。

（5）摸双绞线的外皮

在通常的情况下，用户可以通过手指触摸双绞线的外皮来做最初的判断。假双绞线为节省成本，采用低劣的线材，手感发黏，有一定的停滞感。真品双绞线手感舒服、外皮光滑，用手摸一摸，手感应当饱满。双绞线还应当可以随意弯曲，以方便布线。

考虑到双绞线在布线时经常需要弯曲，因此许多正规厂商在制作双绞线都给外皮留有了一定的延展性，以保证双绞线在弯曲时不受损伤。在购买时，双手用力拉扯一下双绞线时，感受一下线缆的外皮是否具有延展性。

（6）测试双绞线的速度

对双绞线的传输速度进行测试是鉴别双绞线质量真伪的最有效手段之一。测试时为了更贴近实际使用环境，同时减少外界干扰，建议采用双机线缆对接的方式进行。

为了保证测试的准确性，应尽量使用质量好的品牌网卡，保证测试时不会发生硬件瓶颈现象。同时也要保证计算机系统的运行速度足够快，不然计算机本身的运行速度会影响双绞线的传输速度。

2.1.3　水晶头

水晶头是网络连接中重要的接口设备，是一种能沿固定方向插入并自动防止脱落的塑料接头，用于网络通信，因其外观像水晶一样晶莹透亮而得名为“水晶头”。水晶头主要用于连接网卡端口、集线器、交换机、电话等。

1. 水晶头的分类

水晶头作为网络布线的重要部件，其品质对网络传输速率也有很大的影响。根据用途不同，又分为 RJ-45 水晶头和 RJ-11 水晶头，其中 RJ-45 水晶头用于制作双绞线跳线，实现与配线架、信息插座、网卡或其他网络设备的连接，如图 2-13 所示。

RJ-11 水晶头和 RJ-45 水晶头很类似，但只有 2 或 4 根针脚（RJ-45 水晶头为 8 根），RJ-11 水晶头常用于电话线，如图 2-14 所示。

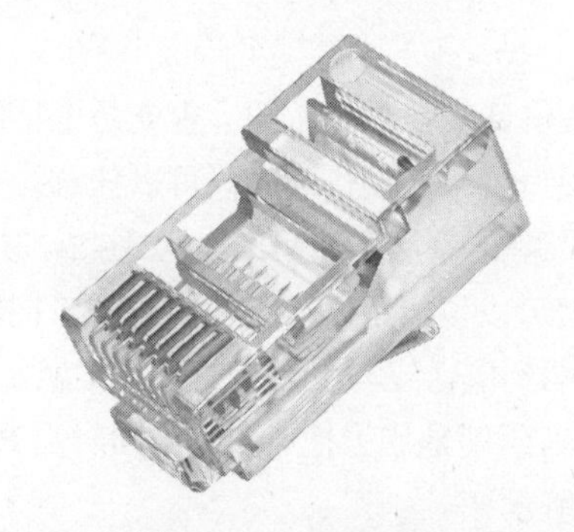

图 2-13　RJ-45 水晶头

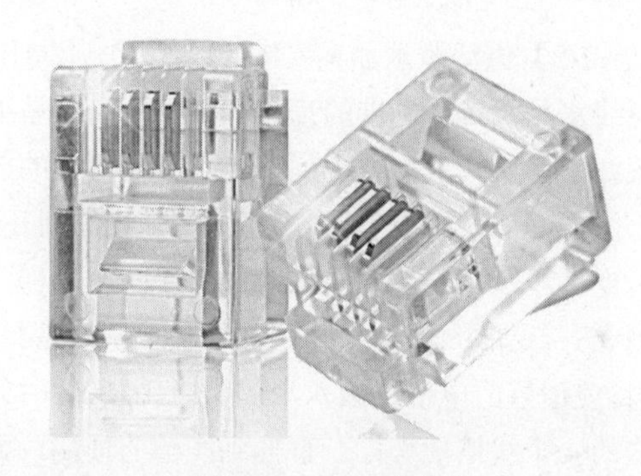

图 2-14　RJ-11 水晶头

为保证屏蔽布线系统的完整性，应用于屏蔽布线系统的 RJ-45 水晶头也必须拥有相应的屏蔽结构。如图 2-15 所示为适用于屏蔽布线系统的水晶头，如图 2-16 所示为连接到屏蔽双绞线的水晶头。

图 2-15　适用于屏蔽布线系统的水晶头

图 2-16　连接到屏蔽双绞线连接的水晶头

提示：与屏蔽双绞线外面包有一层起屏蔽作用的金属层一样，屏蔽水晶头也带有金属屏蔽，与非屏蔽水晶头有着较为明显的区别。应用屏蔽双绞线的系统，其抗干扰性能不一定强于非屏蔽双绞线，只有在整个电缆均有屏蔽装置，并且两端正确接地的情况下才起作用。因此，整个系统最好全部是屏蔽器件，包括电缆、插座、水晶头和配线架等。

2. 水晶头的选购技巧

在选购水晶头时，用户应遵循以下原则：

（1）看清标识。名牌产品在塑料弹片上都有厂商的标注。

（2）查看透明度。好产品晶莹透亮，不过现在假冒产品有的也很透明。

（3）检查可塑性。在压制时可塑性差的水晶头会发生碎裂的现象。

（4）检查弹片弹性。质量好的水晶头用手指拨动弹片会听到铮铮的声音，将弹片向前拨动到90°，弹片也不会折断，而且会恢复原状并且弹性不会改变。将做好的水晶头插入集线器或者网卡中的时候能听到清脆的“咔”的响声。

（5）查看包装。正品的包装应该是彩盒包装，建议购买的时候首选彩盒包装的。

（6）检查铜片颜色。正品的水晶头铜片颜色为深黄色，比较粗厚，假货的铜片颜色为浅黄色，金属接触片比较细薄，并且在压线的时候内部铜片会出现压偏和不对称的现象。

注意：不同类型的双绞线所使用的水晶头也不同，如超五类双绞线所用的水晶头与六类双绞线所用的水晶头不一样，两者不能混用。

【实验 2-3】电话线水晶头（RJ-11 接口）的制作

电话线水晶头目前标准的都是 RJ-11 接口水晶头，而一般电话线都是 4 芯的，也就是电话线内部有 4 根线，但实际只需要用到 2 根，并且对线的放置顺序没有要求，制作的时候可以任意排放。

（1）首先，用压线钳的剪线刀口把电话线的剥开长 3~4cm，剥开后会看到两组线，如图 2-7 所示。

（2）电话线没有线序的要求，只需要两头一样，排列好就可以了。用压线钳的剪线刀口把电话线顶部剪整齐，如图 2-18 所示。如果电话线长度不一，会影响到电话线与水晶头的正常接触。

（3）将整理好的电话线插入水晶头内。插入的时候需要注意，缓缓地用力把 4 条线缆同时沿 RJ-11 水晶头内的 4 个线槽插入，一直插到线槽的顶端，如图 2-19 所示。

（4）然后用压线钳上面的 P6 槽把水晶头上的铜片压下去，如图 2-20 所示。质量好的水晶头在压下去的那一瞬间会听到“咔”的一声。 不好的就没声了。

（5）做好的电话线水晶头，使用测线仪测试，不用管顺序，只要两对灯亮就行，错开也行，如图 2-21 所示。

图 2-17　剥开电话线

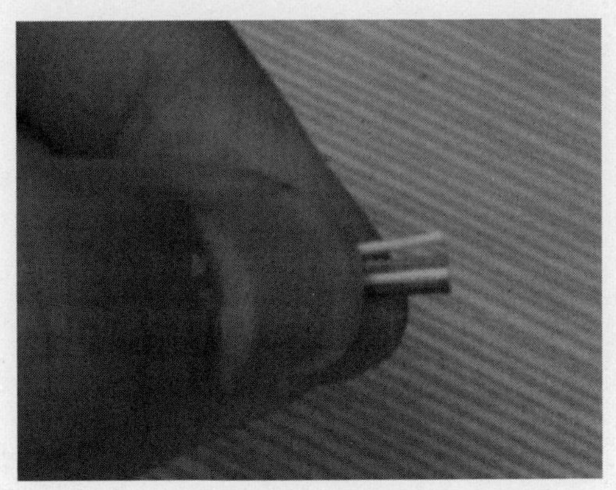

图 2-18　剪整齐

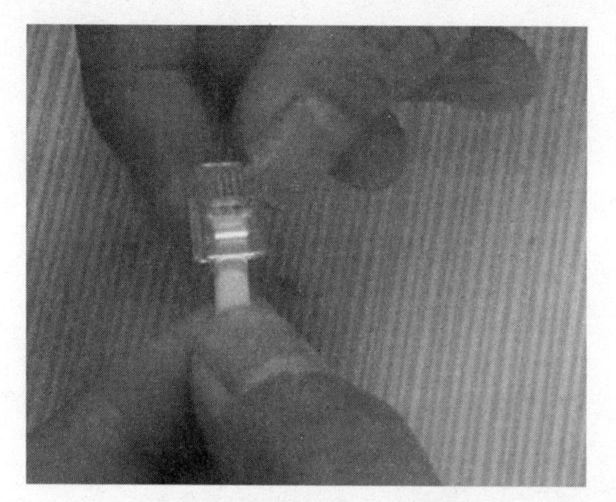

图 2-19　插入 RJ-11 水晶头

图 2-20　压制 RJ-11 水晶头

图 2-21　测试电话线水晶头

【实验 2-4】超五类双绞线水晶头（RJ-45 接口）的制作

（即扫即看）

双绞线的连接按连接硬件设备的不同，可分为连接网卡和集线器（交换机)、连接集线器（交换机）和集线器（交换机)、连接网卡到网卡 3 种情况。在 3 种不同的连接情况下，双绞线两端的 RJ-45 头（俗称水晶头）的线序排列也不一样。

双绞线的连接方式按照适用范围不同，可分为直接连接和交叉连接两种方式。下面分别介绍双绞线的这两种连接方式及线序排列。

（1）直接连接方式

直接连接方式就是将两端 RJ-45 水晶头中的线序排列完全相同，称为直通线（Straight Cable）方式，也称为正常双绞线连接方式。该连接方式只适用于网卡到集线器（交换机)。直接连接方式示意图如图 2-22 所示。

（2）交叉连接方式

交叉连接方式就是将双绞线的一端与水晶头连接好后，在此基础之上，将另一端与水晶头相连接，连接方法与第一端相同，只不过将连接水晶头第 1 脚与第 3 脚、第 2 脚与第 6 脚的网线的位置互换。交叉连接方式适用于连接集线器（交换机）到集线器（交换机)、连接网卡到网卡的情况。交叉连接方式示意图如图 2-23 所示。

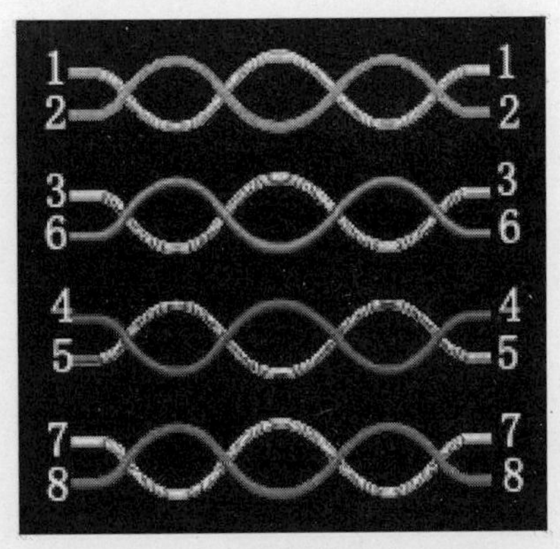

图 2-22　直接连接方式示意

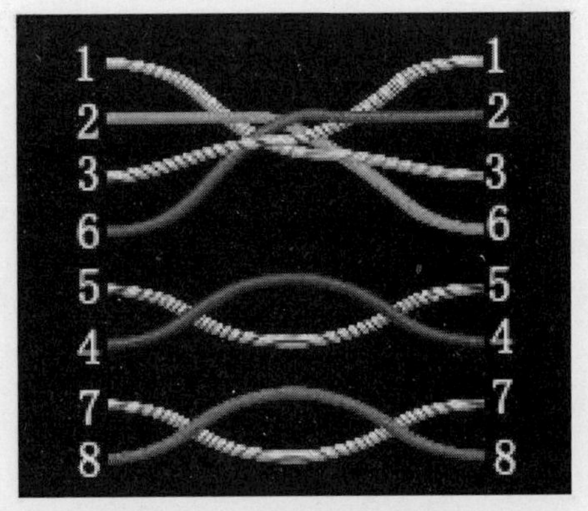

图 2-23　交叉连接方式示意

双绞线的制作标准分为 T568A 和 T568B 两种，如图 2-24 所示，由于双绞线的两种制作标准的区别仅在于线序排列不同而已，其制作方法相同。

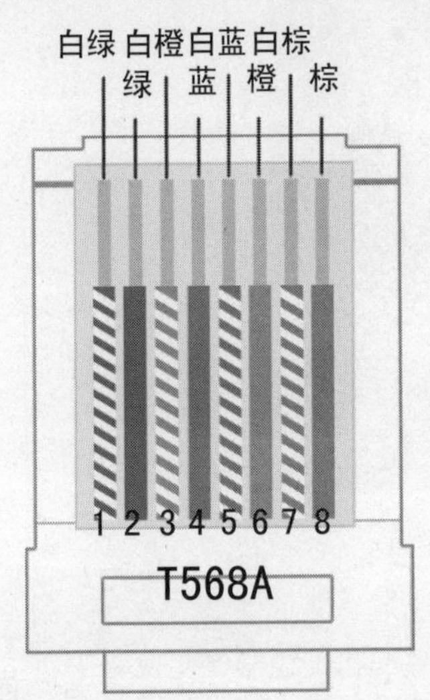

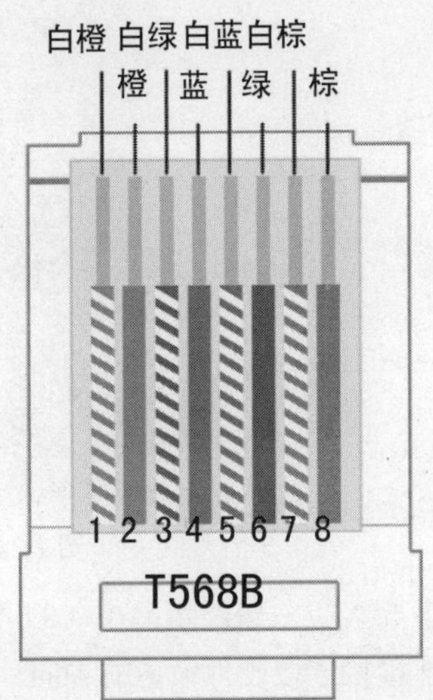

图 2-24　网线制作标准

下面以按照 T568B 标准制作一条直接连接方式的双绞线为例，介绍制作双绞线的方法：

（1）利用压线钳的剪线刀口剪取所需要的双绞线长度，至少 0.6m，最多不超过 100m。

（2）用压线钳的剪线刀口将线头剪齐，再将线头放入剥线刀口，让线头触及挡板，稍微握紧压线钳慢慢地旋转，让刀口划开双绞线的保护胶皮，剥下胶皮，将双绞线的外皮除去 2～3cm。当然也可以使用线缆准备工具剥除双绞线的绝缘胶皮。

（3）将 4 个线对的 8 条细导线一一拆开、理顺、捋直。

（4）小心剥开每一对线，按照 EIA/TIA 568B 的标准排列好网线，如图 2-25 所示。

（5）把线尽量伸直（不要缠绕）、压平（不要重叠）、挤紧理顺（朝一个方向靠紧），然后将裸露出的双绞线用压线钳剪下只剩约 13mm 的长度，并且剪齐。

（6）一只手以拇指和中指捏住水晶头，使有塑料弹片的一侧向下，针脚一方朝向远离自己的方向，并用食指抵住。另一只手捏住双绞线外面的胶皮，缓缓用力将 8 条导线同时沿 RJ-45 头内的 8 个线槽插入，一直插到线槽的顶端，如图 2-26 所示。

（7）确认所有导线都到位，并透过水晶头检查一遍线序无误后，如图 2-27 所示。就可以用压线钳压制 RJ-45 水晶头了。

（8）将 RJ-45 水晶头从无牙一侧推入压线钳夹槽后，用力握紧压线钳将突出在外面的针脚全部压入水晶头内，如图 2-28 所示。

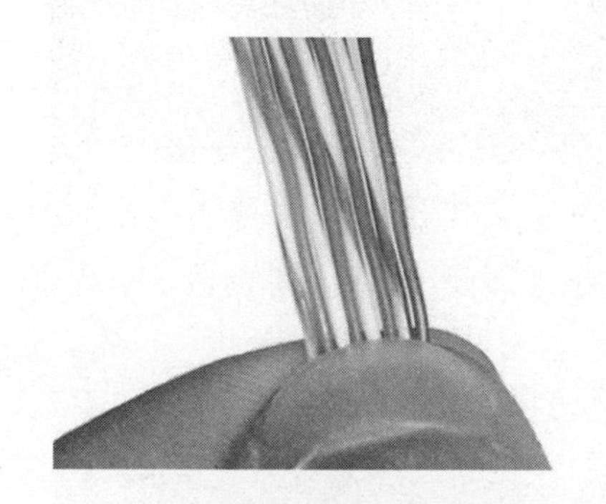

图 2-25　排列好后的网线

图 2-26　插入水晶头

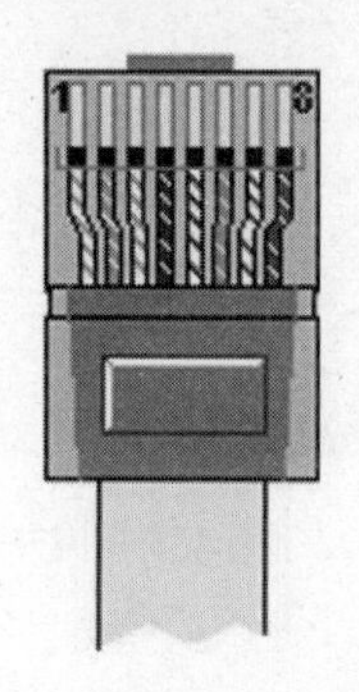

图 2-27　插入网线后的水晶头

图 2-28　压制水晶头

注意：压制水晶头时，一定要用力握紧压线钳，将突出在外面的针脚全部压入水晶头内，否则做成的水晶头因双绞线的导线与水晶头的金属弹片接触不良，可能会造成网络无法通信。

（9）按照前面的操作，制作另一端的 RJ-45 水晶头，这样一条双绞线便制作完成了。

提示：如果制作交叉连接方式的双绞线，则双绞线的一端按照 T568B 标准制作，另一端按照 T568A 标准制作即可。

【实验 2-5】六类双绞线水晶头的制作

六类双绞线水晶头又分为一体式和两件式两种，两件式的水晶头有一个理线槽，而一体式不需要单独的理线槽，内部已经集成。六类双绞线水晶头的制作与超五类双绞线水晶头的制作类似，下面简单介绍一下六类双绞线两件式水晶头的制作方法。

具体操作步骤如下：

（1）将六类非屏蔽双绞线的护套剥掉，同时将中间白色十字骨架剪掉，如图 2-29 所示。

（2）将线缆解开，按照 EIA/TIA 568B 的标准排列好网线，将其穿入水晶头内部的理线槽，如图 2-30 所示，注意穿入的线序。

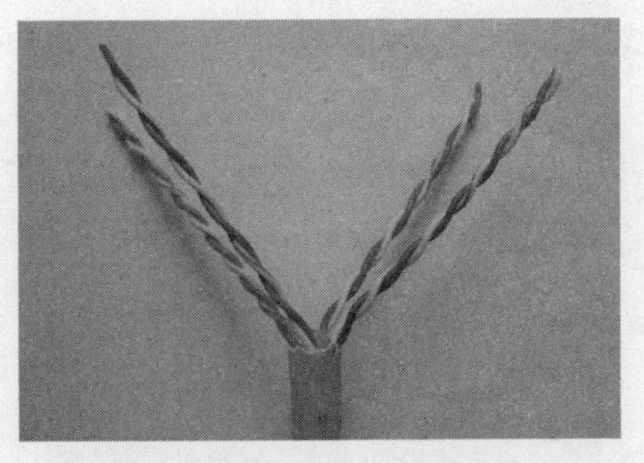

图 2-29　剪掉十字骨架

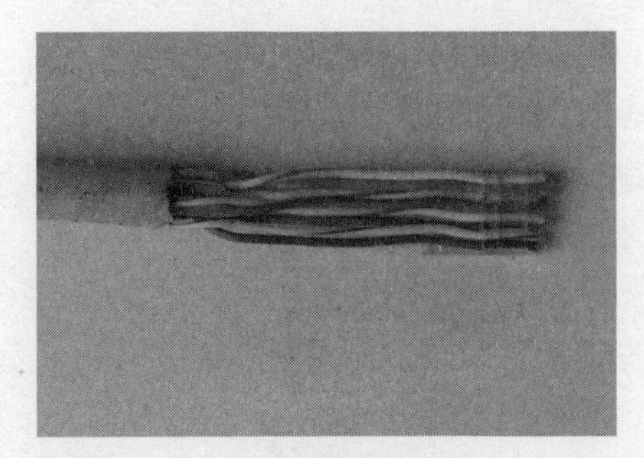

图 2-30　穿入理线槽

（3）水晶头内部理线槽沿导线往下拉，直到未解开的线缆部分，然后剪除前段多余线缆，如图 2-31 所示。

（4）将上一步做好的线缆插入水晶头外壳中，注意插入方向，如图 2-32 所示。

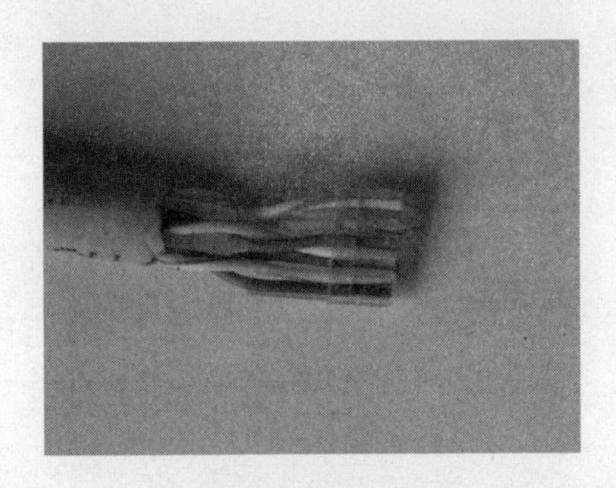

图 2-31　剪除多余线缆

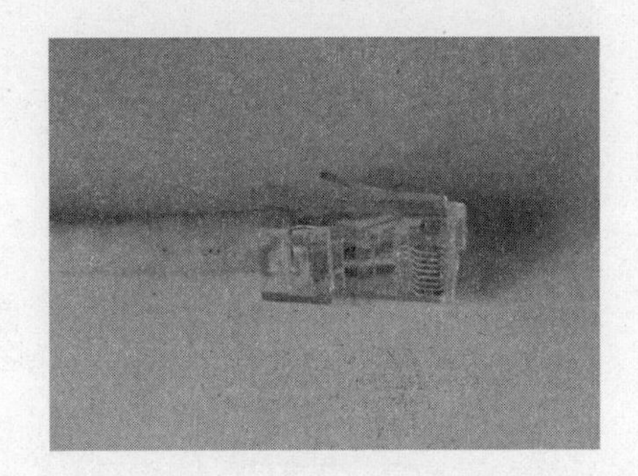

图 2-32　插入水晶头外壳中

（5）将上面做好的水晶头放入压线钳用力压紧，如图 2-33 所示。

（6）压紧之后，六类双绞线两件式水晶头就做好了，如图 2-34 所示。

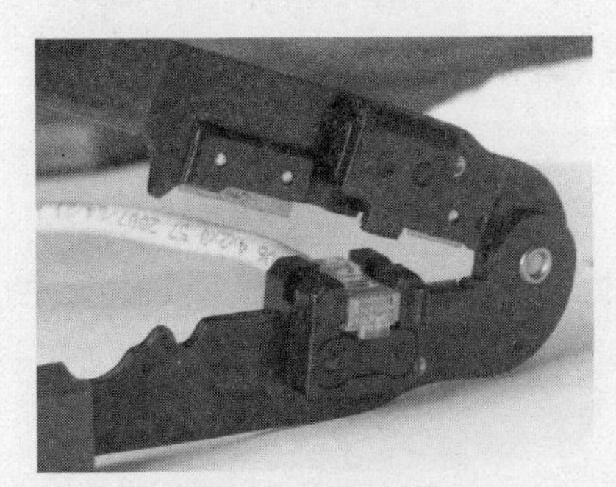

图 2-33　压制水晶头

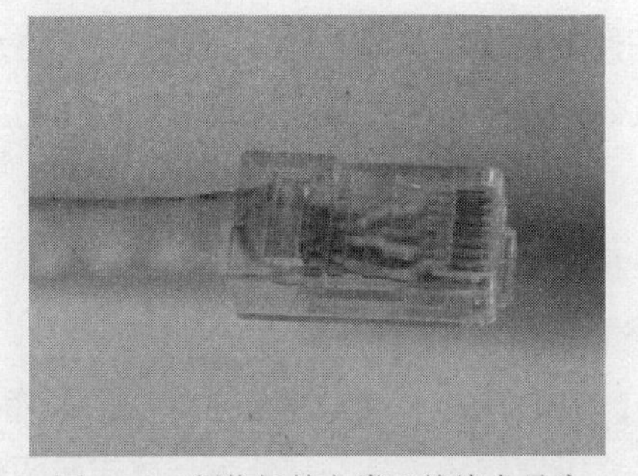

图 2-34　制作好的六类双绞线水晶头

注意：六类双绞线一体式水晶头的制作比较简单，将双绞线理顺、捋直，按 EIA/TIA 568B 的标准排列好双绞线，然后将其从水晶头的一字形的通孔直接穿过，最后使用穿孔水晶头专用网线钳压制，并剪除多余的芯线即可，不必像传统水晶头那样检查芯线是否插到底。

（即扫即看）

【实验 2-6】双绞线的测试

双绞线制作好后，还需对双绞线进行连通性测试。比较好地检测双绞线的连通性的方法是使用双绞线测试仪进行测试。双绞线测试仪如图 2-35 所示。

（1）测试双绞线时，将双绞线两端分别插入双绞线测试仪的信号发射器和信号接收器，打开双绞线测试仪的电源，同一条线的指示灯会同时亮起来，如图 2-36 所示。

（2）例如发射器的第一个指示灯亮时，若接收器第一个灯也亮，则表示两者第一只脚接在同一条线上；若发射器的第一个灯亮时，接收器第 7 个灯亮，则表示线制作错了（因为无论是 T568B 直接连接方式和交叉连接方式，都不可能有 1 对 7 的情况）；若发射器的第 1 个灯亮时，接收器却没有任何灯亮起，那么这只脚与另一端的任一只脚都没有连通，可能是导线中间断了，或者两端至少有一个金属片未接触该条芯线。

（3）如果能够通过双绞线测试仪的检测，则说明制作的双绞线完全正确。双绞线一定要经过测试，否则断路会导致无法通信，短路有可能损坏网卡或集线器。

图 2-35　双绞线测试仪

图 2-36　测试双绞线

提示： 如果没有双绞线测试仪，最简单的测试双绞线的方法是用双绞线把网卡和集线器（交换机）连接起来，如果发现集线器（交换机）的指示灯亮了，一般说明双绞线没有问题。

2.2　光　　纤

光纤即光导纤维的简称，由单根玻璃光纤、紧靠纤芯的包层以及塑料保护涂层组成，如图 2-37 所示。光纤有两项主要特征：损耗和色散。所谓损耗，是指光纤每单位长度上的衰减，单位为 dB/km。光纤损耗的高低直接影响传输距离或中继站间隔距离的远近。光纤色散也称为弥散，是指光纤传输中光信号达到一定距离后必然产生的信号失真。在光纤传输距离一定时，色散越大，带宽就越小。

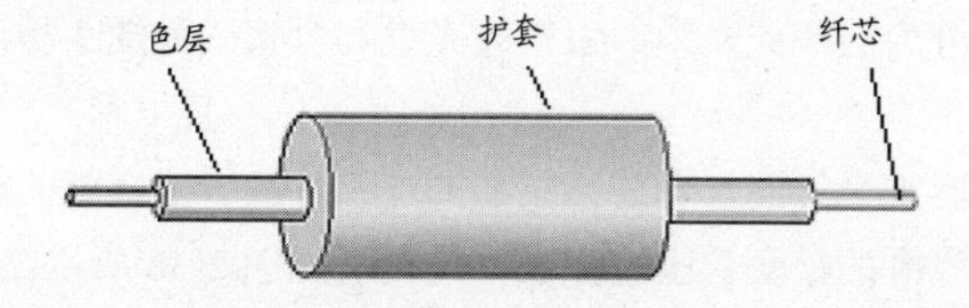

图 2-37　光纤

由于光纤在传输信息时使用的是光信号而不是电信号，因此传输的信息不会受到电磁干扰的影响。此外，光纤功率损失少、传输衰减小、保密性强，并有极大的传输带宽，因此被广泛应用于综合布线的建筑群主干布线子系统和建筑物主干布线子系统。随着光纤和光纤网络设备价格的不断下降，以及对网络带宽需求的不断增长，光纤也逐渐走进水平布线系统。

2.2.1 光纤的分类

根据不同的标准，光纤可作不同的分类。

1．根据光纤传输点模数分类

根据光纤传输点模数的不同，光纤分为单模光纤和多模光纤两种。所谓“模”，是指以一定角速度进入光纤的一束光。

从光源上来看，单模光纤（Single Mode Fiber，SMF）采用激光二极管（Injection Laser Diode，LD）作为光源，而多模光纤（Multi-Mode Fiber，MMF）采用发光二极管（Light-Emitting Diode，LED）作为光源。

提示：网络布线中应用最多的便是单模光纤和多模光纤。其中，单模光纤多应用于楼宇之间的连接，多模光纤则通常应用于交换机之间以及交换机与服务器之间的连接。

2．根据芯径分类

从芯的直径上来看，多模光纤的芯线较粗，直径为15~50μm，粗细与人的头发大致相当。单模光纤的纤芯则相对较细，直径只有4~10nm。常用单模光纤的芯一般为 8.3~10μm，包层均为125μm；多模光纤的芯一般为50μm、62.5μm和100μm，包层分别为 125μm、125μm和 140μm。

3．根据工作波长分类

根据工作波长的不同，可将光纤分为短波长（0.8~0.9μm）光纤、长波长（1.0~1.7μm）光纤和超长波长（>2μm）光纤。波长越长，光纤支持的传输距离也就越长。因此，长距离传输时，应当选择长波长或超长波长光纤。

2.2.2 光缆的分类

光纤中通常是由玻璃制成的芯，芯外面包围着一层折射率比芯低的玻璃封套，以使射入纤芯的光信号经包层界面反射，使光信号在纤芯中传播前进。由于光纤本身非常脆弱，无法直接应用于布线系统，因此通常被扎成束，外面加保护外壳，中间有抗拉线，这就是所谓的光缆，光缆通常包含一根或者多根光纤。

光缆的种类较多，分类方法也多种多样。下面介绍几种常用的分类方法。

1．按照结构划分

按照结构划分，可以分为层绞式光缆、束管式光缆和骨架式光缆3种。

（1）层绞式光缆

层绞式光缆是由多根容纳光纤的松套管绕中心的加强件绞合成圆整的缆芯。金属或非金属加强件位于光缆的中心，容纳光纤的松套管围绕加强件排列，如图2-38所示。

层绞光缆用外径为250μm的紫外光固化一次涂覆光纤直接紧套一层材料制成900μm紧套光纤。以紧套光纤为单元，在单根或多根紧套光纤四周布放适当的抗张力材料，挤制一层阻燃护套料，即可制成单芯或多芯层绞光缆。

（2）束管式光缆

中心束管式的松套管位于光缆的中心位置，金属或非金属加强件围绕松套管排列。束管式光缆将光纤套入由高模量的塑料做成的螺旋空间松套管中，套管内填充防水化合物，套管外施加一层阻水材料和铠装材料，两侧放置两根平行钢丝并挤制聚乙烯护套成缆，如图 2-39 所示。

中心束管式光缆结构简单、制造工艺简洁；对光纤的保护优于其他结构的光缆，耐侧压，因而提高了网络传输的稳定性；光缆截面小，重量轻，特别适宜架空敷设；束管中光纤数量灵活。

（3）骨架式光缆

骨架式光缆在我国仅限于干式光纤带光缆，即将光纤带置于螺旋型骨架槽中，阻水带以绕包方式缠绕在骨架上，阻水带外再纵包双面覆塑钢带，钢带外再挤上聚乙烯外护层， 如图 2-40 所示。

图 2-38　层绞式光缆　　图 2-39　中心束式光缆　　图 2-40　骨架式光缆

2. 按照使用环境不同

按照使用环境不同，可以将光缆分为室内光缆和室外光缆，如图 2-41 所示。

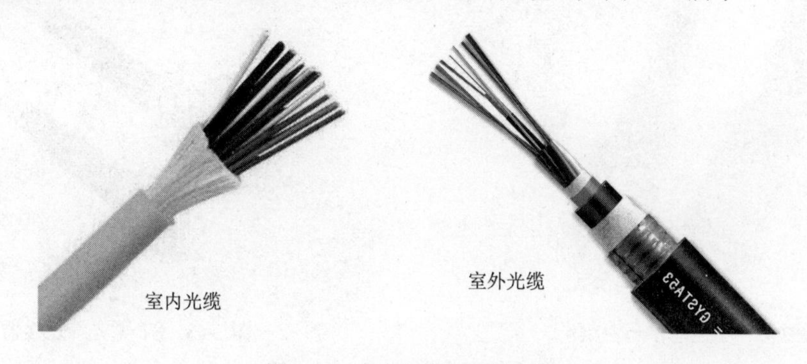

图 2-41　室内光缆和室外光缆

（1）室内光缆的抗拉强度较小，保护层较差，但相对更轻便和经济。室内光缆主要适用于水平布线子系统和垂直主干子系统。

（2）室外光缆的抗拉强度较大，保护层较厚重，并且通常为铠装（即金属皮包裹）。室外光缆多用于建筑群子系统，可用于室外直埋、管道、架空及水底敷设等场合。

提示：根据光纤结构的不同，可将光缆分为单纤光缆和带光缆。另外，还有直埋光缆、管道光缆和自承光缆。

2.2.3　光纤连接器

光纤活动连接器（简称光纤连接器），俗称活接头，是用于连接两根光纤或光缆形成连续光通路的、可以重复使用的无源器件，是目前使用数量最多的光无源器件。

通过光纤连接器，可以连接两根光纤或光缆以及相关的设备，因此被广泛应用在光纤传输线路、光纤配线架、光纤测试仪器和仪表中。虽然光纤的端接和跳线的制作都非常困难，但光纤网络的连接却可以轻松完成。只要连接设备（集线器和网卡）具有光纤连接接口，即可使用一段已制作好的或购买的光纤软跳线进行连接，连接方法和双绞线、网卡及集线器的连接相同。然而，与双绞线不同的是，光纤连接器具有多种不同的类型，不同类型的连接器之间无法直接进行连接。

按照结构的不同，光纤连接器可分为SC（Subscriber Connector）、ST（Straight Tip）、LC（Lucent Connector）、MT-RJ（MT Register Jack）、FC（Fiber Connector）、MU（Miniature Unit）和VF-45型光纤连接器等多种类型。

1. SC型光纤连接器

SC型光纤连接器外壳呈矩形，采用插针与耦合套筒结构，如图2-42所示。紧固方式采用插拔销闩式，不需旋转；多用于连接GBIC（Giga Bitrate Interface Converter，千兆位接口转换器）模块或其他SC型接口。此类连接器价格低廉，插拔操作方便，介入损耗波动小，抗压强度较高，安装密度高。

2. ST型光纤连接器

ST型光纤连接器外壳呈圆形，如图2-43所示。所采用的插针与耦合套筒的结构尺寸与FC型完全相同。其中插针的端面多采用PC或APC型研磨方式；紧固方式为螺丝扣。 此类连接器适用于各种光纤网络，操作简便，且具有良好的互换性。

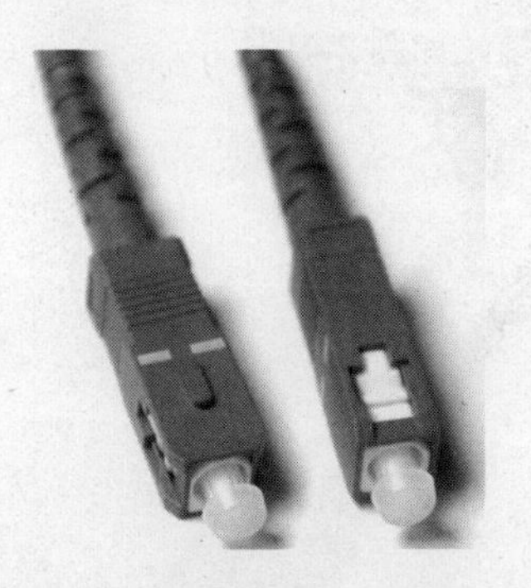

图2-42　SC型光纤连接器

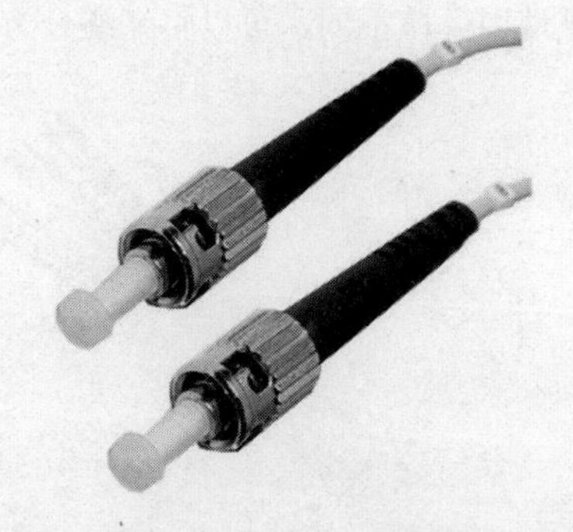

图2-43　ST型光纤连接器

注意：除光纤连接器必须与所连接的光纤端口相匹配外，光纤跳线也必须与所连接光纤端口或光纤模块所支持的传输介质一致。使用多模光纤跳线连接单模光纤模块或端口的结果，只能是导致端口间无法通信。

3. LC型光纤连接器

LC型连接器如图2-44所示。是由著名的Bell研究所研究开发出来的，采用操作方便的模块化插孔闩锁机理制成。该连接器所采用的插针和套筒的尺寸是普通SC、FC型等所用尺寸的一半（1.25mm），提高了光纤配线架中光纤连接器的密度，主要应用于SPF（Small From Pluggable）模块连接。目前，LC型光纤连接器已经占据了市场的主导地位。

4. MT-RJ型光纤连接器

MT-RJ型光纤连接器带有与RJ-45型局域网电缆连接器相同的门锁机构，如图2-45所示。通过安装于小型套管两侧的导向销对准光纤，为便于与光收发信机相连，连接器端面光纤为双芯（间隔0.75mm）排列设计，主要用于数据传输的高密度光纤连接器。

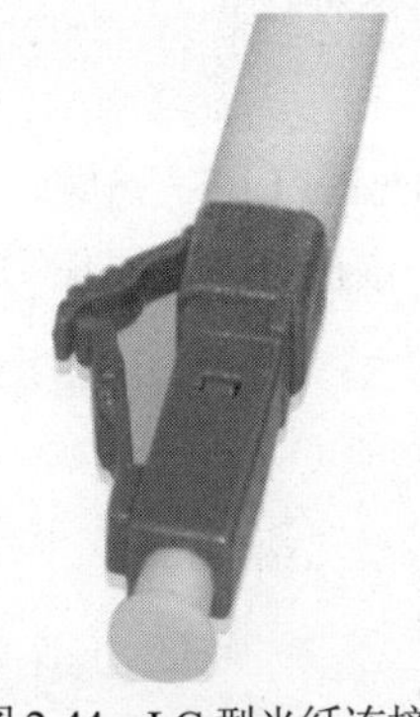

图 2-44　LC 型光纤连接器

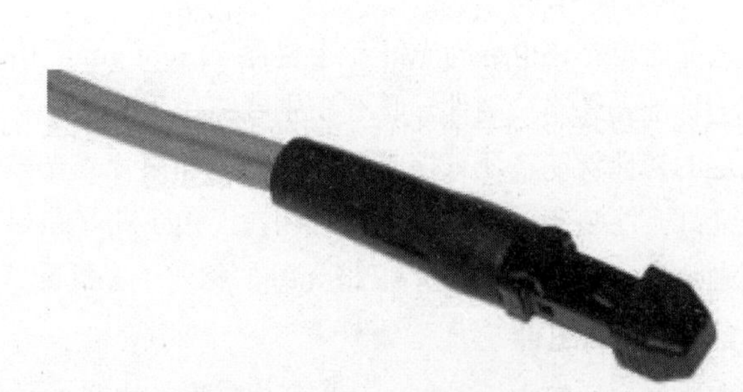

图 2-45　MT-RJ 型光纤连接器

5．FC 型光纤连接器

FC 型光纤连接器结构简单，操作方便，制作容易，多应用于电信光纤网络，如图 2-46 所示。

6．MU 型光纤连接器

MU 型光纤连接器是以 SC 型连接器为基础研发的、世界上最小的单芯光纤连接器，如图 2-47 所示。该连接器采用直径 1.25mm 的套管和自保持机构，其优势在于能实现高密度安装。

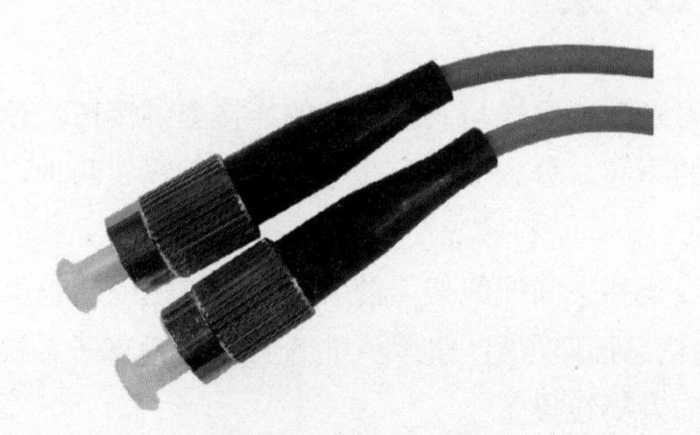

图 2-46　FC 型光纤连接器

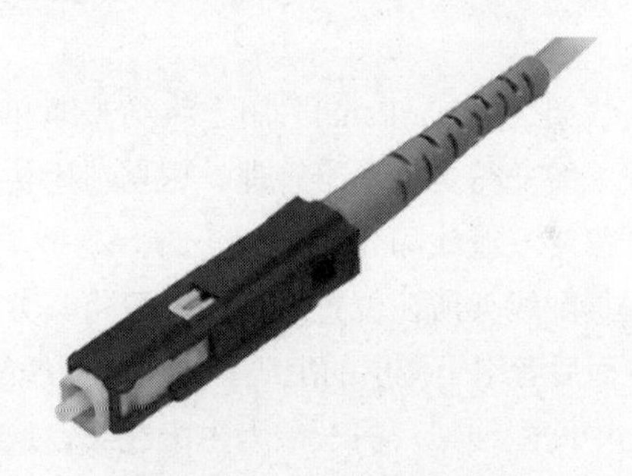

图 2-47　MU 型光纤连接器

7．VF-45 型光纤连接器

在 VF-45 型光纤连接器中，如图 2-48 所示。光纤是通过注塑成型的热塑 V 形槽来进行对准，光纤被悬挂在间隙为 4.5mm 的缝隙中，双芯一体化，由连接器外壳来保护。当插入插座时，光纤稍微弯曲以构成物理接触。

图 2-48　VF-45 型光纤连接器

2.2.4 光纤连接器件

光纤连接器主要包括光纤连接盒和光纤扇出件，下面分别介绍这两种设备。

1．光纤连接盒

光纤连接盒（也称为光纤互连装置，Light guide Interconnection Unit，LIU）是综合布线系统中常用的标准光纤连接硬件，具有识别线路作用的、附有标签的盒子。该设备主要用来实现交叉连接和互连的管理功能，还直接支持带状光缆和束管式光缆的跨接线。

光纤互连装置通常被设计成封闭盒，由工业聚酯材料制成，其容量范围分为12根、24根和48根光纤，相较于光纤配线架更为灵活。

2．光纤扇出件

在光纤配线箱中，还有一个光纤扇出件，如图2-49所示。光纤带光缆扇出跳线与尾纤采用专用的扇出器将光缆中的光纤分开加以保护，再装上连接器头，与光纤互连设备配合使用，实现在光纤配线架上的分纤连接。每根光纤都有结实的缓冲层，以便在操作时得到更好的保护。

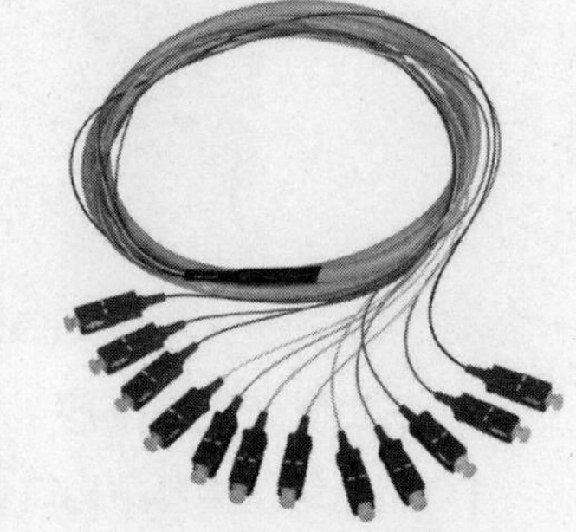

图2-49　光纤扇出件

2.3 配线架

配线架（Patch Panel）用于终结光缆和电缆，为光缆和电缆与其他设备的连接提供接口，使综合布线系统变得更加易于管理。根据适用传输介质的不同，分为电缆配线架和光缆配线架两种，分别用于终结双绞线和光缆。

根据配线架所在位置的不同，可将其分为主配线架和中间配线架，前者用于建筑物或建筑群的配线，而后者用于楼层的配线。水平子系统的一端为信息插座，另一端为中间配线架。垂直子系统的一端为中间配线架，另一端为主配线架，或者两端均为集线设备。

2.3.1 双绞线配线架

双绞线配线架大多被用于水平布线。前面板用于连接集线设备的RJ-45端口，后面板用于连接从信息插座延伸过来的双绞线。双绞线配线架端口主要有24口、48口两种形式，如图2-50所示为24口配线架。

在屏蔽布线系统中，应当选用屏蔽双绞线配线架，以确保屏蔽系统的完整性，如图2-51所示。

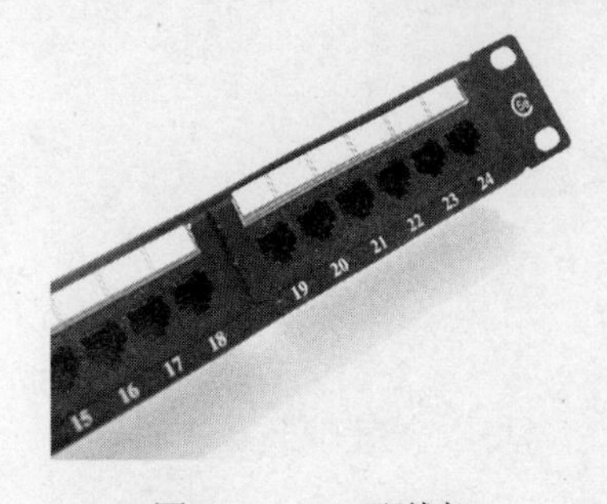

图2-50　24口配线架

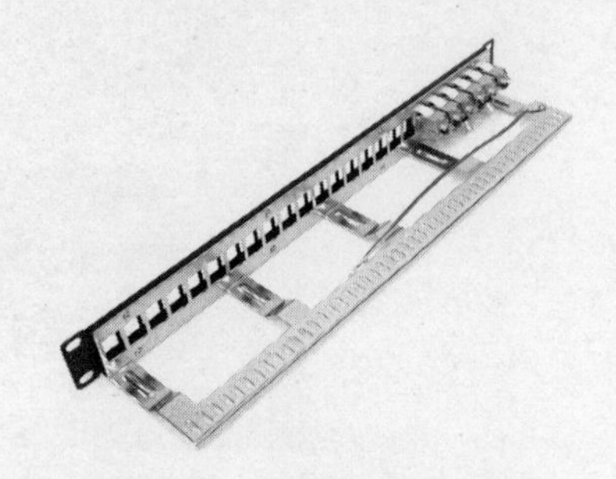

图2-51　屏蔽双绞线配线架

提示：六类配线架应该配备背板理线系统（背板理线器或背板理线环），以起到设置线缆最低弯折度的作用，并且要用专业的扎带，以防止六类线缆内部结构的损坏。对一些小型网络（如家庭网络、SOHO 网络）而言，可以选择壁挂式配线架，无须再将其安装于机柜中，从而节约成本和空间。

2.3.2　光纤终端盒

光纤终端盒用于终结光缆，大多被用于垂直布线和建筑群布线。根据结构的不同，光纤终端盒可分为壁挂式和机架式两种。

（1）壁挂式可直接固定于墙体上，一般为箱体结构，适用于光缆条数和光纤芯数都较少的场所，如图 2-52 所示。

（2）机架式可直接安装在标准机柜中，适用于较大规模的光纤网络。机架式光纤终端盒又可进一步划分为两种，一种是固定配置的终端盒，光纤耦合器被直接固定在机箱上，另一种采用模块化设计，用户可根据光缆的数量和规格选择相对应的模块，以便于网络的调整和扩展，如图 2-53 所示。

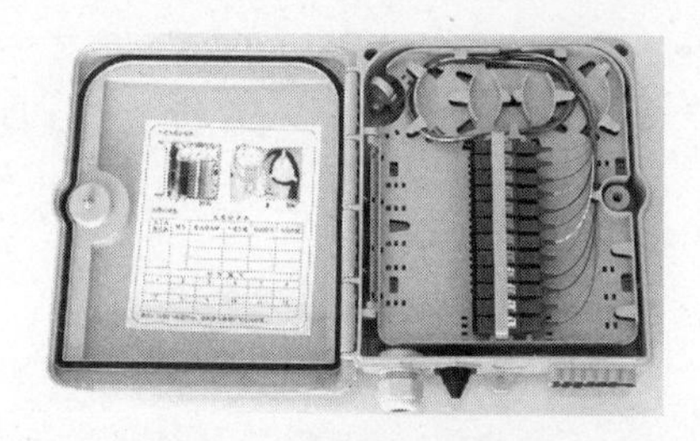

图 2-52　壁挂式光纤终端盒

图 2-53　模块化光纤终端盒

2.3.3　光纤适配器

光纤适配器（也叫光纤法兰或光纤耦合器）被固定于光纤终端盒或信息插座，用于实现光纤连接器之间的连接，并保证光纤之间保持正确的对准角度。如图 2-54 所示为 ST-ST 光纤适配器、SC-SC 光纤适配器。

图 2-54　ST-ST 光纤适配器和 SC-SC 光纤适配器

提示：光纤适配器也经常用于光纤终端盒，可使不同尺寸或类型的插头与信息插座相匹配，从而使光缆所连接的应用系统设备顺利接入网络。在某些情况下，由于终端设备与信息插座间的插头插座不匹配，或线缆阻抗不匹配，无法直接使用信息插座，此时就必须借助于适当的适配器或平衡/非平衡转换器进行转换，从而实现终端设备与信息插座之间的相互兼容。如图 2-55 所示为 ST-SC 光纤适配器和 FC-SC 光纤适配器。

图 2-55 ST-SC 光纤适配器和 FC-SC 光纤适配器

2.4 信息插座

信息插座（Telecommunications Outlet，TO）是终端设备与水平子系统连接的接口设备，同时也是水平布线的终结，为用户提供网络和语音接口。对于 UTP 电缆而言，通常使用 T568A 或 T568B 标准的 8 针模块化信息插座，型号为 RJ-45，采用 8 芯接线，符合 ISDN 标准。对光缆来说，规定使用具有 SC/ST 连接器的信息插座。

本节将从信息插座的分类和组成两个方面展开讲解。

2.4.1 信息插座的类型

一般情况，对信息插座的分类以适应环境的不同和连接线缆的不同为出发点。

（1）根据适用环境的不同，信息插座可分为墙上型、桌上型和地上型 3 种类型。

1）墙上型为内嵌式，适用于与主体建筑同时完成的布线工程，主要安装于墙壁，如图 2-56 所示。

2）桌上型适用于主体建筑完成后进行的布线工程，既可安装于墙壁，也可固定于桌面，如图 2-57 所示。

3）地上型也为内嵌式，大多为铜制，具有防水功能，可根据需要随时打开使用，主要适用于地面或架空地板，如图 2-58 所示。

图 2-56 墙上型信息插座

图 2-57 桌上型信息插座

（2）根据所连接线缆的不同，信息插座又可分为光纤信息插座、双绞线信息插座以及双绞线与光纤混合信息插座，如图 2-59 所示。

2.4.2 信息插座的组成

信息插座主要由信息模块、面板和底盒 3 部分组成。

图 2-58　地上型信息插座

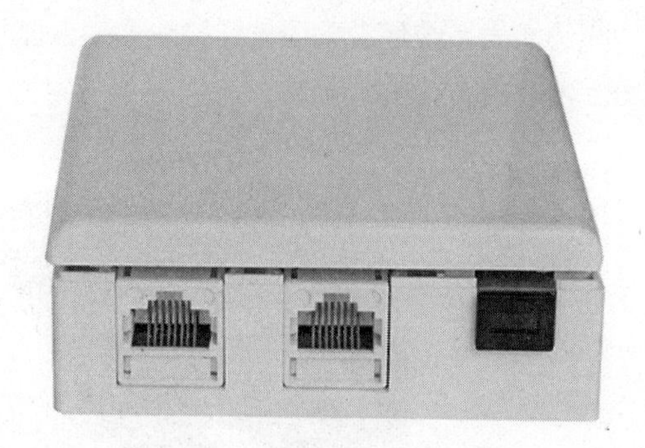

图 2-59　混合型信息插座

（1）信息模块

信息模块所遵循的通信标准，决定着信息插座的适用范围，如超五类模块、六类模块，分别适用于超五类双绞线、六类双绞线。桌上型、墙上型或地上型信息插座的区分，仅在于插座所使用的面板和底盒的不同。如图 2-60 所示为六类双绞线模块，如图 2-61 所示为超五类双绞线模块。六类模块与超五类模块在外观上基本没有什么区别，只是分别有不同的标记。其中，六类模块通常标记有 CAT 6，超五类模块通常标记有 CAT 5E。

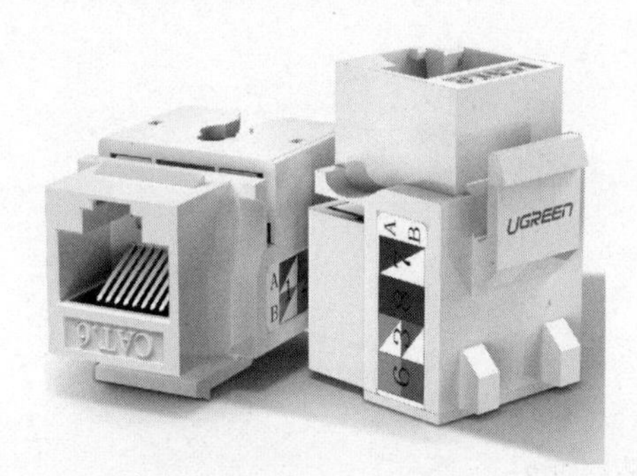

图 2-60　六类双绞线模块

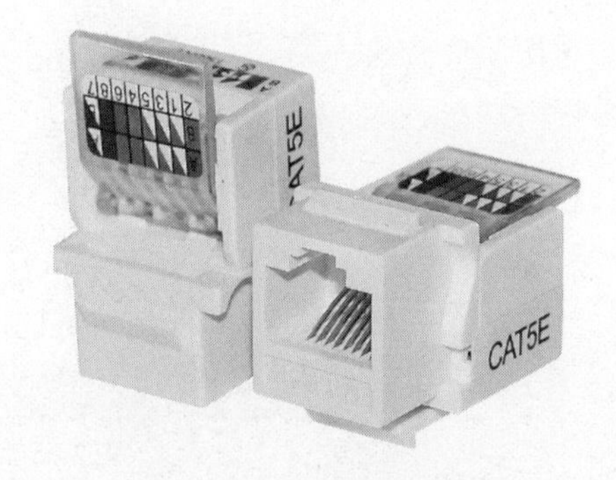

图 2-61　超五类双绞线模块

同样，为了保证屏蔽布线系统中屏蔽的完整性，双绞线信息模块也拥有屏蔽型号。如图 2-62 所示为屏蔽双绞线信息模块。

为了实现快速布线，许多厂商还开发了免工具双绞线信息模块，如图 2-63 所示。无须使用专门的打线工具即可实现信息模块的端接。

图 2-62　屏蔽双绞线信息模块

图 2-63　免工具双绞线信息模块

光缆布线系统通常采用光纤模块实现水平布线光缆与跳线之间的连接。如图 2-64 所示分别为 SC 光纤模块和 ST 光纤模块。

图 2-64　SC 光纤模块和 ST 光纤模块

（2）面板

通常情况下，每个工作区应最少设置两个信息点。对于一些网络用户非常多的工作区，如集中办公地点，应当根据实际需要设置并考虑适当的冗余。面板通常有单口、双口和 4 口几种，当单位面积的用户数量较多时，应考虑使用接口数量较多的面板，以减少插座的数量。如图 2-65 所示分别为 4 口面板和双口面板。

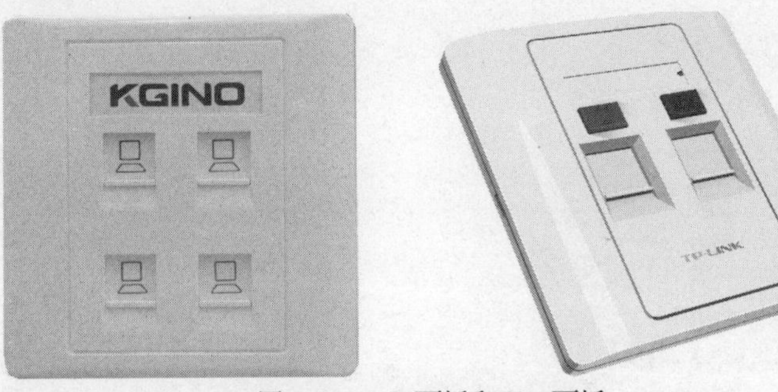

图 2-65　4 口面板和双口面板

（3）底盒

底盒一般分为明装和暗装两种。明装底盒（如图 2-66 所示）用于桌上型信息插座的安装，固定于墙体外部；暗装底盒则用于墙上型信息插座的安装，被埋于墙体内部。如果底盒需要埋入地下，那么还应当根据地面材质的不同，选择相应颜色（不锈钢或黄铜）的金属底盒。

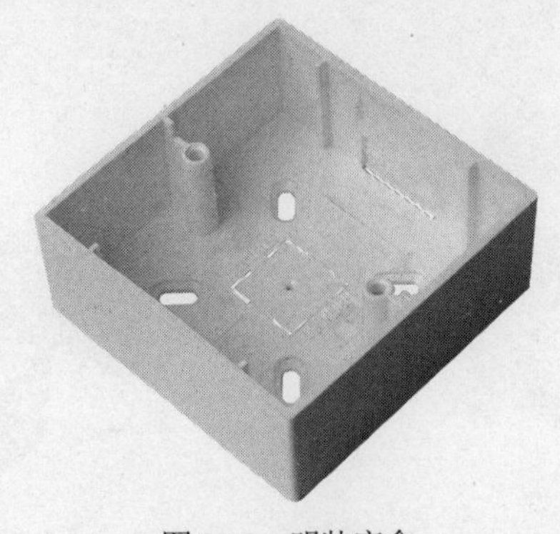

图 2-66　明装底盒

2.5 跳　线

跳线用于实现配线架与集线设备之间、信息插座与计算机之间、集线设备之间，以及集线设备与路由设备之间的连接。跳线主要分为两类，即双绞线跳线和光纤跳线，分别应用于不同的布线系统。

2.5.1 双绞线跳线

通常使用的双绞线跳线为 RJ-45 跳线，即跳线两端均为统一的标准 RJ-45 接口。根据用途不同，又分为直通跳线和交叉跳线；根据是否屏蔽，双绞线跳线又分为屏蔽跳线和非屏蔽跳线。如图 2-67 所示分别为超五类非屏蔽双绞线跳线和六类屏蔽双绞线跳线。

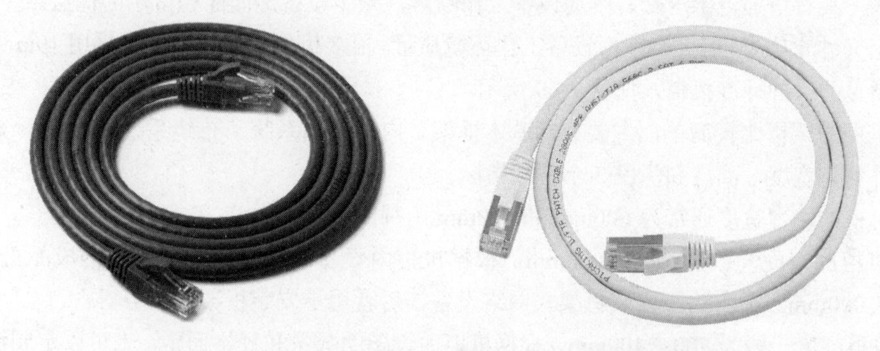

图 2-67　超五类非屏蔽双绞线跳线和六类屏蔽双绞线跳线

提示：为了便于区分和管理不同楼层或 VLAN（VLAN 是一个在物理网络上根据用途、工作组、应用等来逻辑划分的局域网）的计算机，建议采用不同颜色的跳线。

2.5.2 光纤跳线

光纤软跳线主要用于光纤配线架或光纤信息插座到交换机的连接、交换机之间的连接、交换机与计算机之间的连接，以及光纤信息插座到计算机之间的连接，可应用于管理子系统、设备间子系统和工作区子系统。通常情况下，可以根据需要购买成品的光纤跳线或接插软线。下面以一个具体实例来认识光纤跳线。

（1）光纤跳线两端连接器的类型既可以相同，也可以不同，应当根据所连接光纤端口的类型适当选择，从而实现不同类型光纤接口之间的连接。如图 2-68 所示为 FC-SC 光纤跳线和 SC-SC 光纤跳线。

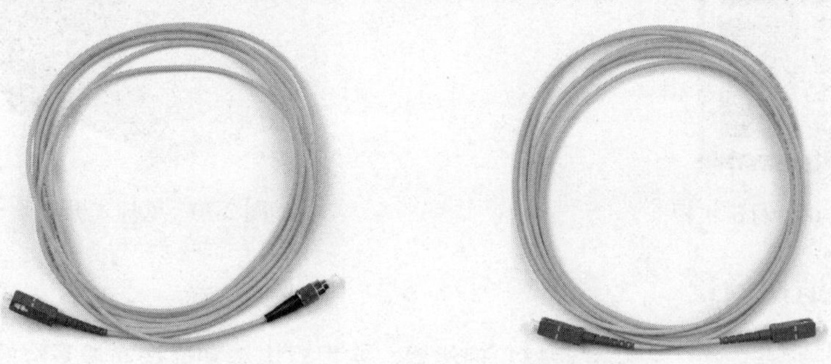

图 2-68　FC-SC 光纤跳线和 SC-SC 光纤跳线

（2）由于光缆传输大多需要两条光纤，因此为了便于使用，通常将两根光纤跳线做成一对。

2.6　配线机柜/机架

机柜和机架一般是用冷轧钢板或合金制成，用来存放与网络设备相关的物件，可以提供对存放设备的保护，起到屏蔽电磁干扰，有序、整齐地排列设备，方便日后维护等作用。

2.6.1　机柜的功能与常规指标

机柜通常用于配线架、网络设备、通信器材和电子设备的叠放等领域。机柜通常采用全封闭或半封闭结构，具有增强电磁屏蔽、削弱设备工作噪声、减少设备地面面积占用的优点。一些高档机柜还具备空气过滤功能，可提高精密设备工作环境质量。很多机柜的面板宽度都采用 19in，所以 19in 机柜是最常见的一种标准机柜，如图 2-69 所示。

标准机柜的结构比较简单，主要包括基本框架、内部支撑系统、布线系统、通风系统等。19in 标准机柜外形有宽度、高度和深度 3 个常规指标。

（1）机柜的物理宽度通常为 600mm 和 800mm 两种。

（2）机柜的深度一般为 600~1000mm，根据机柜内设备的尺寸而定。常见的成品机柜深度为 800mm 和 1000mm，前者用于安装机架式网络设备，后者用于安装机架式服务器。

（3）机柜高度一般为 700~2400mm，根据机柜内设备的数量和规格而定，也可以定制特殊高度。常见的成品高度为 1600mm 和 2000mm，机柜内设备安装所占用高度用一个特殊的单位 u 表示，1u=44.45mm。使用 19in 标准机柜的设备面板一般都是按 nu 型号的规格制造，对于一些非标准设备，大多可以通过附加适配挡板装入 19 in 机箱并固定。常见的机柜规格有 20u、 30u、35u 和 40u 等。

如果信息点数量较少，也可采用壁挂式机柜直接固定在墙壁上，从而减少对地面空间的占用，如图 2-70 所示，非常适用于房间窄小或房租昂贵的环境。

图 2-69　标准机柜

图 2-70　壁挂式机柜

2.6.2　机架的适用场景

机架仅被用于综合布线，安装配线架和理线器，实现对电缆和光缆布线系统的管理。机架的宽度通常也是标准的 19 in，但是深度却大大降低，减少了占地面积，并节省了费用，如图 2-71 所示。

与机柜相比，机架一般为敞开式结构，不像机柜采用全封闭或半封闭结构，所以在空气洁净程度比较差的环境中，设备表面更容易积聚灰尘。因此，机架不适用安装价格昂贵的网络设备。

图 2-71　机架

2.7　线槽、管道和桥架

为了保障线缆不因挤压变形而影响其连通性和电气性能，同时为了阻燃、防火等目的，无论是在墙壁内和地板垫层内布线，还是在墙壁上敷设，都必须将线缆置于线槽和管道内。除此之外，复杂空间中还需要架空式布线会用到桥架。

2.7.1　线槽的分类与作用

线槽是布线系统中不可或缺的辅助设备之一，主要包括金属槽和 PVC 槽两种，如图 2-72 所示。将凌乱的线缆置于线槽内，既可以起到美化布线环境的作用，又可以应用于某些特殊场合，起到阻燃、抗冲击、抗老化、防锈等作用。

金属线槽

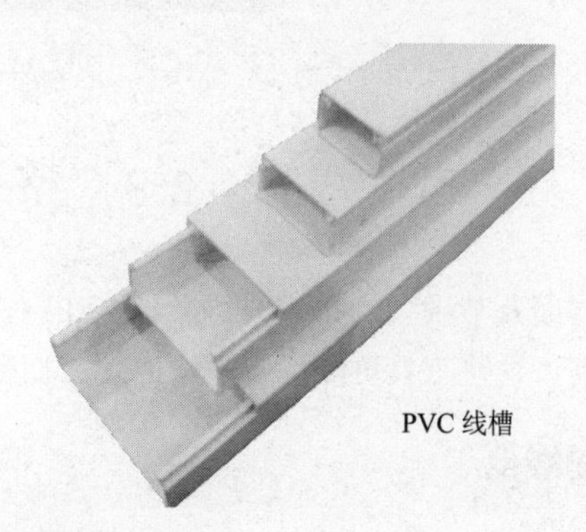

PVC 线槽

图 2-72　线槽

提示：PVC 线槽的品种规格较多，主要从线槽宽度进行区分。金属线槽是由槽底和槽盖组成，一般每根槽长为 2m，槽与槽连接时使用相应尺寸的铁板和螺丝固定（某些新型产品采用了无螺丝接口，避免因拧入螺丝部分损坏造成的损失）。

2.7.2 管道的分类

管道的作用与线槽类似，也是综合布线的重要辅助设备。管道也分为金属管和塑料管两大类。金属管的规格有多种，外径以 mm 为单位。金属管还有一种是软管（俗称蛇皮管），供弯曲的地方使用。塑料管产品分为两大类，即 PE 阻燃管和 PVC 阻燃管。如图 2-73 所示为 PVC 阻燃管。

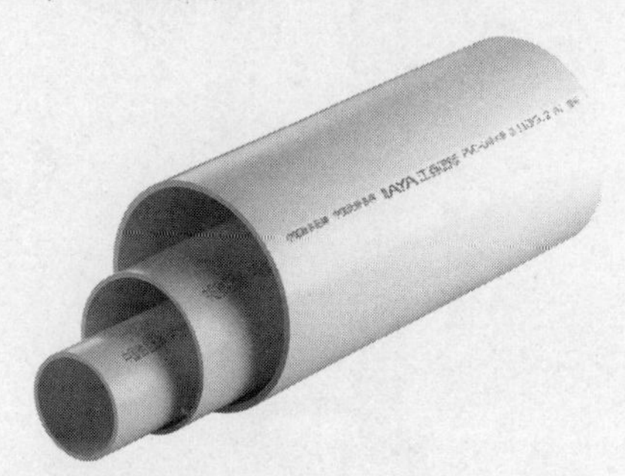

图 2-73 PVC 阻燃管

2.7.3 桥架的适用场景

桥架用于水平和主干的架空式布线，适用于信息点数量较多的布线场合。桥架主要分为两种，即槽式桥架和梯式桥架。其中，槽式桥架为封闭式结构，如图 2-74 所示。

图 2-74 槽式桥架

2.8 整 理 工 具

除了前面几节讲到的布线材料之外，在网络布线施工的过程中还会用到理线器、扎带和标签等整理工具；这些工具可能不起眼，但是它们会让配线环境更整洁，提升我们的管理效率。

2.8.1 理线器

理线器也称为线缆管理器，安装在机柜或机架内，配合网络设备和配线架使用。其作用是固定和整理线缆，使布线系统更加整洁、规范。

从外观结构看，理线器可分为过线环式理线器和墙式理线器，如图 2-75 所示。过线环式理线器是一种流行且经济的方案，为组织管理从小到大的线缆或跳线提供了简洁的方案。墙式理线器由于带有前盖板，可以提供一个洁净的配线环境。

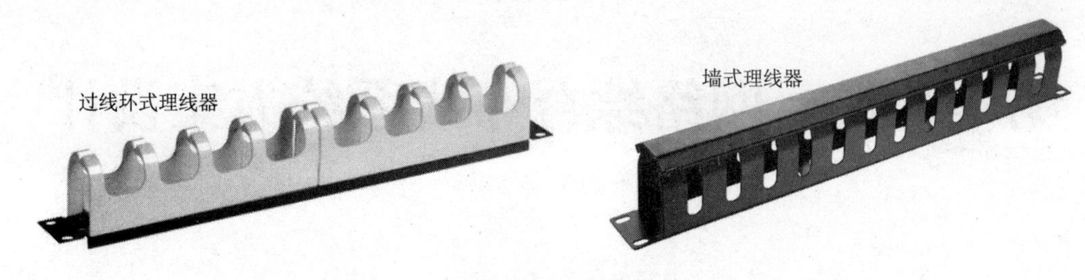

图 2-75　理线器

2.8.2　扎带

扎带（或称为束线带）的作用在于将成束的光缆和双绞线分类绑扎、固定，从而避免布线系统陷于混乱，并便于日后的维护和管理。应当根据线缆功能、用途的不同，将位于室内的双绞线和光缆都进行分类捆扎，并采用不同颜色的扎带以便于识别，同时设置标识牌。扎带分为两大类，即锁扣式扎带和夹贴式扎带，如图 2-76 所示。

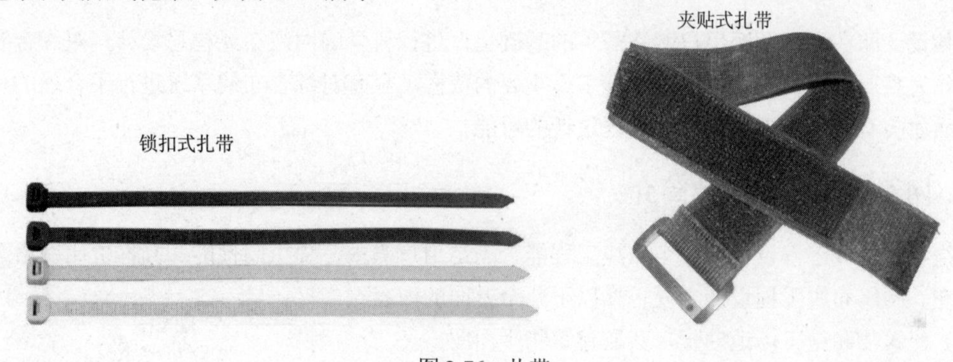

图 2-76　扎带

2.8.3　标签

机柜、配线架、光缆、双绞线、跳线、信息插座等诸多位置都必须贴上相应的标签，使其拥有唯一的标识，从而便于测试、使用和管理。

为了便于识别，标签应当使用不同颜色的专用标签纸，如图 2-77 所示，并且使用标签打印机打印标识。

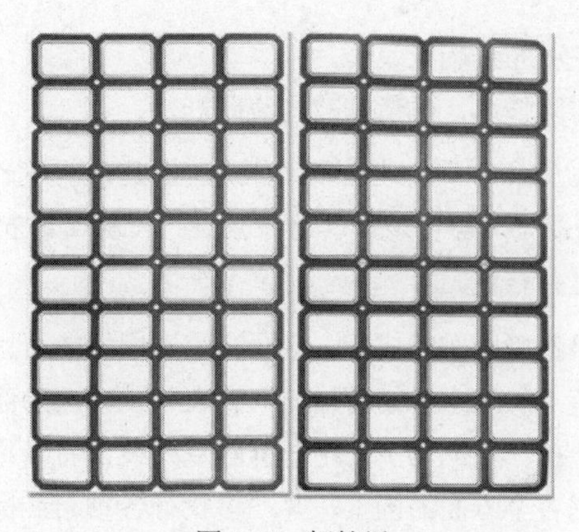

图 2-77　标签纸

第3章 网络综合布线系统方案设计

网络综合布线系统方案设计是整个网络布线工程建设的蓝图和总体框架结构，网络方案的质量将直接影响到网络工程的质量和性价比。

设计网络综合布线系统方案时，应遵循综合布线的设计原则，保证综合布线系统工程的整体性和系统性。

3.1 总 体 设 计

总体设计即在充分了解用户网络需求的基础上，进行科学的网络布线构思设计，对综合布线系统工程作为高屋建瓴的定位，是工程施工最重要的依据，只有对综合布线系统进行了合理的总体设计，进而才会有对各个子系统进行合理设计的可能。

3.1.1 网络布线工程设计简介

网络综合布线工程设计是整个布线工程能否满足用户需求，提供高性能和高性价比网络系统的关键所在。网络布线工程设计主要包括以下几个方面的内容：

（1）建筑物和施工场地勘查，获取建筑物平面图。

（2）分析用户需求。评估用户的网络要求和通信要求，并结合近期发展规划，确定数据、语音的传输介质，确定信息点分布、楼层数量、建筑群数量以及网络系统的等级。

（3）布线路由的选择与设计。确定水平系统、垂直子系统线缆和楼宇之间干线线缆的走向、敷设方式以及管槽系统的材料。

（4）布线方式的选择。

（5）线缆和布线产品的选择。

（6）布线图纸设计。

（7）与用户交换意见并完善布线图纸设计。

（8）针对施工中遇到的实际情况，酌情修改布线图纸。

提示：设计综合布线系统应采用开放式星形拓扑结构，该结构下的每个分支子系统都是相对独立的单元，对每个分支单元的改动都会不影响其他子系统。只要改变节点连接，即可使网络在星形、总线、环形等各种类型之间进行转换。

布线设计不仅决定着网络性能和布线成本，甚至决定着网络能否正常通信。例如，采用超五类非屏蔽双绞线，通常只能支持 100Mbit/s 的传输速率；在相距较远的建筑间采用多模光纤，将导致建筑物间无法通信；在电磁干扰严重的场所采用非屏蔽双绞线，将导致设备通信失败。因此，在设计布线工程时，应当充分考虑各个方面的因素，并严格执行各种布线标准。

3.1.2　信道和线缆长度

综合布线系统双绞线信道应由最长 90m 水平缆线、最长 10m 的跳线和设备缆线及最多 4 个连接器件组成，永久链路则由 90m 水平缆线及 3 个连接器件组成。信道内各组件的连接方式，如图 3-1 所示。

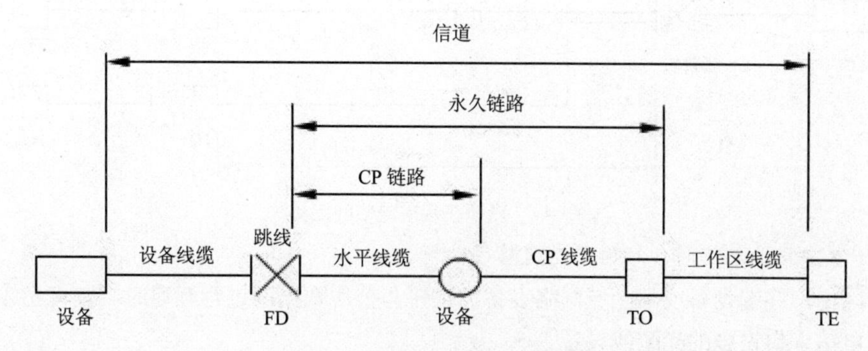

图 3-1　信道内各组件的连接方式

光纤信道分为 OF-300、OF-500 和 OF-20003 个等级，各等级光纤信道支持的应用长度不应小于 300m、500m 及 2000m。

光纤信道构成方式应符合以下要求：

（1）水平光缆和主干光缆至楼层电信间的光纤配线设备应经光纤跳线连接构成，如图 3-2 所示。

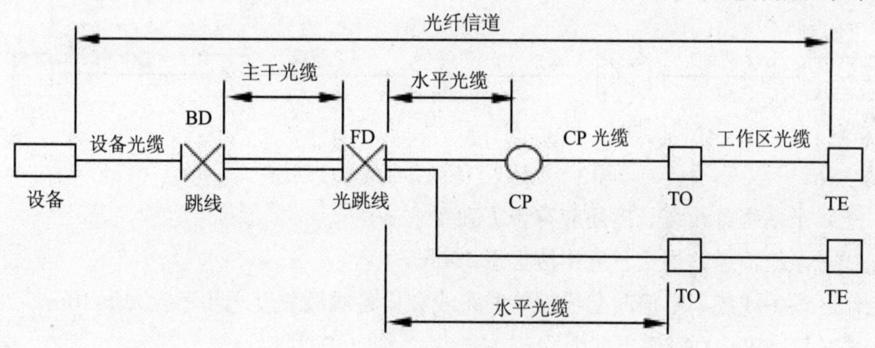

图 3-2　光纤信道

（2）水平光缆和主干光缆在楼层电信间应经端接（熔接或机械连接）构成，如图 3-3 所示。

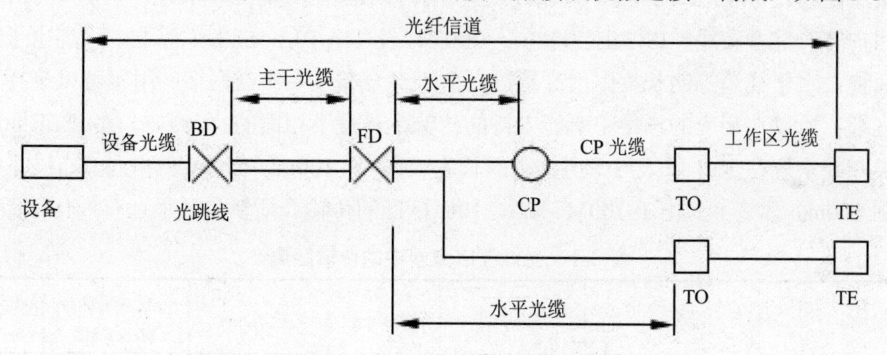

图 3-3　光缆在楼层电信间端接

（3）水平光缆由经过电信间直接连至大楼设备间的光配线设备构成，如图 3-4 所示。

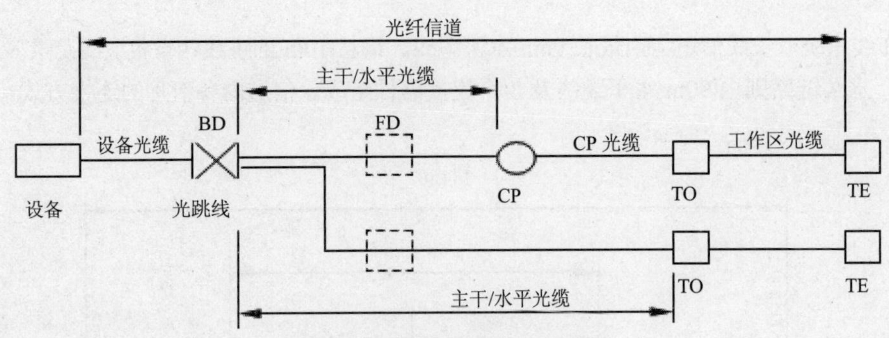

图 3-4　光缆在楼层电信间端接

提示：FD 安装于电信间，只用于光缆路径的场合。

当工作区用户终端设备或某区域网络设备需直接与公用数据网进行互通时，宜将光缆从工作区直接布放至电信入口设施的光配线设备。

综合布线系统水平线缆与建筑物主干线缆及建筑群主干线缆长度之和构成信道的总长度，其值不应大于 2000 m。

配线子系统各线缆长度应符合如图 3-5 所示的划分。

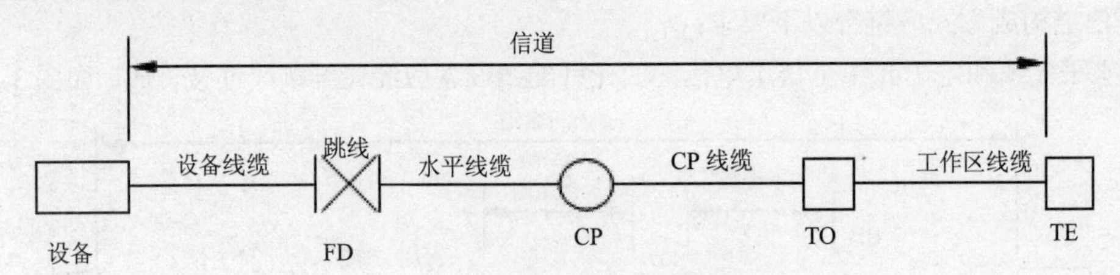

图 3-5　配线子系统各线缆长度划分

此外，配线子系统各线缆长度还应符合下列要求：

（1）配线子系统信道的最大长度不应大于 100m。

（2）工作区设备线缆、电信间配线设备的跳线和设备线缆长度之和不应大于 10m。当大于 10m 时，水平线缆长度（90m）应适当减少。

（3）F 级的永久链路仅包括 90m 水平线缆和 2 个连接器件（不包括 CP 连接器件）。

（4）楼层配线设备（FD）跳线、设备线缆及工作区设备线缆各自的长度不应大于 5m。

在《用户建筑综合布线》ISO/IEC 11801—2007 以及 TIA/EIA 568 B.1 标准中，列出了综合布线系统主干线缆及水平线缆等的长度限值。不过，由于综合布线系统在网络应用中可以选择不同类型的电缆和光缆，所以在相应的网络中所能支持的传输距离是不相同的。 例如，在 IEEE 802.3 an 标准中，六类布线系统在 10G 以太网中所支持的长度应在 55~100m，但 6A 类和七类布线系统支持长度仍可达到 100m。表 3-1 列出了 100M、1G、10G 标准的传输介质质量及最远有效传输距离。

表 3-1　光纤在以太网中的传输距离

应用网络	标　准	光纤类型	波长（nm）	芯径（μm）	模式带宽（MHz/Km）	有效传输距离（m）
百兆以太网	100Base-FX	多模	1310	62.5	n/a	2000
		单模		9	n/a	40000

续表

应用网络	标　准		光纤类型	波长（nm）	芯径（μm）	模式带宽（MHz/Km）	有效传输距离（m）
千兆以太网	1000Base-LX		多模	1310	62.5	500	550
					50	500	1550
			单模	1310	9	n/a	10000
	1000Base-SX		多模	850	62.5	200	275
					50	500	550
	1000Base-LH		多模	1310	62.5	500	550
					50	n/a	1550
			单模	1310	9/10	500	10000
	1000Base-ZX		单模	1550	9/10	n/a	100000
万兆以太网	10GBase-R	10GBase-SR	多模	850	62.5	200	33
					50	20000	300
		10GBase-LR	单模	1310	9	n/a	10000
		10GBase-ER	单模	1550	9	n/a	40000
	10GBase-W	10GBase-SW	多模	850	62.5	500	300
		10GBase-LW	单模	1310	9	n/a	10000
		10GBase-EW	单模	1550	9	n/a	40000
	10GBase-LX4		多模	1310	62.5	500	300
			单模	1310	10	n/a	10000
	10GBase-LRM		多模	1310	62.5	500	220
					50	1500	220
	10GBase-ZR		单模	1550	任何SMF类型	n/a	80000

ISO/IEC11801—2002-09 版中对水平线缆与主干线缆的长度之和做出了规定。依据 TIA/EIA568B.1 标准，针对布线系统各部分线缆长度的关系及要求，在此给出如图 3-6 和表 3-2 所示的数据供工程设计时使用。

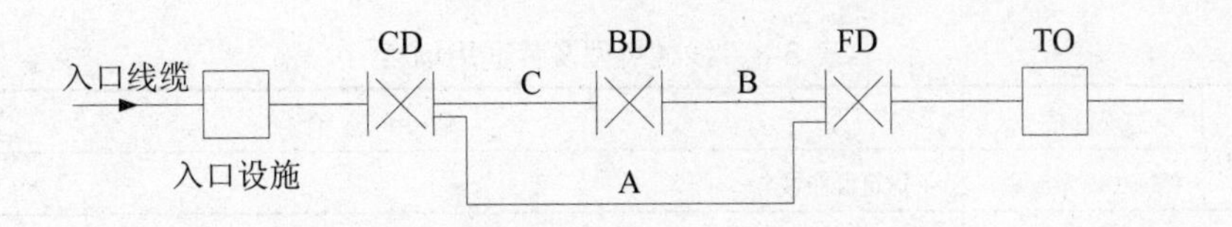

图 3-6　综合布线系统主干线缆的构成

表 3-2　线缆长度限值

线缆类型	各线缆段长度值（m）		
	A	B	C
100Ω 对绞电缆	800	300	500

续表

线缆类型	各线缆段长度值（m）		
	A	B	C
62.5m 多模光缆	2000	300	1700
50m 多模光缆	2000	300	1700
单模光缆	3000	300	2700

说明：

（1）当B段长度小于最大值时，C段为对绞线电缆的长度可相应增加，但A的总长度不能大于800m。

（2）表中100Ω对绞电缆作为语音的传输介质。

（3）800m、2000m和3000m是标准范围规定的极限，而不是介质的极限。

（4）对于电信业务经营者，在主干链路中接入电信设施可满足的传输距离不在本规定之内。

（5）在总距离中可以包括入口设施至CD之间的线缆长度。

（6）建筑群与建筑物配线设备所设置的跳线长度不应大于20m；如超过20m，主干长度应相应减少。

（7）建筑群与建筑物配线设备连至设备的线缆长度不应大于30m；如超过30m，主干长度应相应减少。

3.1.3 选择布线材料

在《商业建筑通信电缆布线标准》TIA/EIA568 B.2.1中仅认可5e类（超五类）与六类的布线系统，并确定六类布线支持带宽为250MHz。在TIA/EIA568C.0标准中又规定了6A类（增强六类）布线系统支持的传输带宽为600MHz。

1．选择线缆

光缆通常应用于建筑群子系统和垂直（主干）子系统，部分应用于对传输速率和安全性有较高要求的水平布线子系统；双绞线则通常应用于水平布线子系统，也可应用于投资较少，且对传输速率要求不太高的垂直（主干）子系统；而同轴电缆很少应用于综合布线系统。线缆类型及其适用场合如表3-3所示。

表3-3 线缆类型及其适用场合

类 别	规 格	适 用 场 合
单模光缆	8～10/125μm	建筑群布线
多模光缆	OM1	垂直主干布线或间距小于500m的建筑群布线
	OM2	垂直主干布线或间距小于200m的建筑群布线
	OM3	垂直主干布线或间距小于300m的建筑群布线
	OM4	对于以太网，需要10Gbit/s传输300～600m时，或者将来需要传输40Gbit/s和100Gbit/s,距离在100～125m时；对于光纤通道，则支持4Gbit/s至400m、8Gbit/s至200m或16Gbit/s至130m

续表

类　别	规　格	适 用 场 合
双绞线	超五类非屏蔽	电磁干扰不严重的普通水平布线和工作区布线
	六类非屏蔽	电磁干扰小的高性能水平布线、工作区布线或垂直主干布线
	屏蔽	电磁干扰较严重的水平布线

随着更高带宽和更高传输速率的需求不断增加，光纤界也在不断开发更高性能的多模光纤。2009 年 8 月 5 日，TIA 标准委员会通过了 OM4 多模光纤标准。多模光纤性能等级按照 ISO/IEC 11801 的标准 OM（Optical Mode）来分级：OM1 和 OM2 分别为传统的 62.5/125μm、50/125μm 多模光纤；OM3 是支持 10Gbit/s 传输 300m 的多模光纤；OM4 则支持 550m 范围内 10Gbit/s、100m 范围内 40Gbit/s 甚至 100Gbit/s 的传输。

2．选择其他布线材料

除线缆外，其他布线材料主要包括信息插座、配线架、适配器与耦合器、跳线和连接器，以及光电收发器和网络设备等。

其他布线材料除了必须满足布线需要外，还应当与线缆的类型相适应。例如，当水平布线选用六类非屏蔽双绞线时，那么与该布线系统相适应的配线架、信息插座、跳线等也应当选择六类非屏蔽布线材料。当垂直布线采用 62.5/125 或 50/125 网多模光纤时，也应当选择与之相适应的光纤终端盒、光纤耦合器、光纤信息模块、光纤跳线等布线材料。

布线辅料（如线槽、管道、支架、机柜、标签等）应当根据工程量的大小和布线场地的实际情况，适当进行选择。

3.1.4　设计系统应用

综合布线系统工程设计应按照近期和远期的通信业务、计算机网络拓扑结构等需要，选用合适的布线器件与设备。选用产品的各项指标应高于系统指标，才能保证系统指标得以满足和长久发展的余地。同时也应考虑工程造价及工程要求，做到物尽其用。

对于综合布线系统，线缆和接插件之间的连接应考虑阻抗匹配及平衡与非平衡的转换适配。在工程（D～F 级）中特性阻抗应符合 100Ω 标准。在系统设计时，应保证布线信道和链路在所支持相应等级应用中的传输性能，如果选用六类布线产品，则线缆、连接硬件、跳线等都应达到六类，才能保证系统为六类。如果采用屏蔽布线系统，则所有部件都应选用带屏蔽的硬件。

提示：同一布线信道及链路的线缆和连接器件应保持系统等级与阻抗的一致性。

综合布线系统工程选用的产品类别及链路、信道等级的确定应综合考虑建筑物的功能、应用网络、业务终端类型、业务的需求及发展、性能价格比、现场安装条件等因素，应符合如表 3-4 所示的要求。

表 3-4　布线系统等级与类别的选用

业务种类	配线子系统		干线子系统		建筑群子系统	
	等级	类别	等级	类别	等级	类别
语音	D/E	5E/六	C	3（大对数）	C	3（室外大对数）

续表

业务种类	配线子系统		干线子系统		建筑群子系统	
	等级	类别	等级	类别	等级	类别
数据	D/E/F	5E/6/7	D/E/F	5E/6/7（4 对）		
	光纤（多模或单模）	62.5μm 多模/ 50μm 多模/ <10μm 单模	光纤	62.5μm 多模/ 50μm 多模/ <10μm 单模	光纤	62.5μm 多模/ 50μm 多模/ <10μm 单模
其他应用	可采用 5E/六类 4 对对绞线电缆和 62.5μm 多模/50μm 多模/<10μm 多模、单模					

其他应用是指数字监控摄像头、楼宇自控现场控制器（DDC）、门禁系统等采用网络端口传送数字信息时的应用。

3.1.5 光纤到用户单元通信设施

光纤到用户（Fiber To The Home，FTTH），从广义上说是指一根光纤直接连到用户。FTTH 是指将光网络单元安装在企业用户或家庭用户处，在光接入系列中除光纤到桌面外，它是最靠近用户的光接入网应用类型。《综合布线系统工程设计规范》（GB50311—2016）制定了相关要求（强制性条文，在工程建设中要求严格执行和审查）。

1. 光纤到用户单元通信设施的规定

（1）在公用电信网络已实现光纤传输的地区，在建筑物内设置用户单元时，通信设施工程必须采用光纤到用户单元的方式建设。

（2）光纤到用户单元通信设施工程的设计必须满足多家电信业务经营者平等接入，且用户单元内的通信业务使用者可自由选择电信业务经营者的要求。

（3）新建光纤到用户单元通信设施工程的地下通信管道、配线管网、电信间、设备间等通信设施时，必须与建筑工程同步建设。

（4）用户接入点应是光纤到用户单元工程特定的一个逻辑点，设置应符合下列规定：

- 每一个光纤配线区应设置一个用户接入点。
- 用户光缆和配线光应在用户接入点进行互连。
- 只有在用户接入点处可进行配线管理。
- 用户接入点处可设置光分路器。

（5）通信设施工程建设应以用户接入点为界面，电信业务经营者和建筑物建设方各自承担相关的工程量。工程实施应符合下列规定：

- 规划红线范围内建筑群通信管道及建筑物内的配线管网应由建筑物建设方负责建设。
- 建筑群及建筑物内通信设施的安装空间及房屋（设备间）应由建筑物建设方负责提供。
- 用户接入点设置的配线设备建设分工应符合下列规定：
  - ➢ 电信业务经营者和建筑物建设方共用配线箱时，由建设方提供箱体并安装，箱体内连接配线光缆的配线模块应由电信业务经营者提供并安装，连接用户光缆的配线模块应由建筑物建设方提供并安装。
  - ➢ 电信业务经营者和建筑物建设方分别设置配线柜时，应各自负责机柜及机柜内光纤配线模块的安装。

- 配线光缆应由电信业务经营者负责建设，用户光缆应由建筑物建设方负责建设，光跳线应由电信业务经营者安装。
- 光分路器及光网络单元应由电信业务经营者提供。
- 用户单元信息配线箱及光纤适配器应由建筑物建设方负责建设。
- 用户单元区域内的配线设备、信息插座、用户缆线应由单元内的用户或房屋建设方负责建设。

（6）地下通信管道的设计应与建筑群及园区其他设施的地下管线进行整体布局，并应符合下列规定：

- 应与光交接箱引上管相衔接。
- 应与公用通信网管道互通的人（手）孔相衔接。
- 应与电力管、热力管、燃气管、给排水管保持安全距离。
- 应避开易受到强烈震动的地段。
- 应敷设在良好的地基上。
- 路由宜以建筑群设备间为中心向外辐射，应选择在人行道、人行道旁绿化带或车行道下。
- 地下通信管道的设计应符合现行国家标准《通信管道与通道工程设计规范》GB50373 的有关规定。

2．用户接入点设置

（1）每一个光纤配线区所辖用户数量宜为 70～300 个用户单元。

（2）光纤用户接入点的设置地点应依据不同类型的建筑形成的配线区以及所辖的用户密度和数量确定，并应符合下列规定：

- 当单栋建筑物作为 1 个独立配线区时，用户接入点应设于本建筑物综合布线系统设备间或通信机房内，但电信业务经营者应有独立的设备安装空间，如图 3-7 所示。

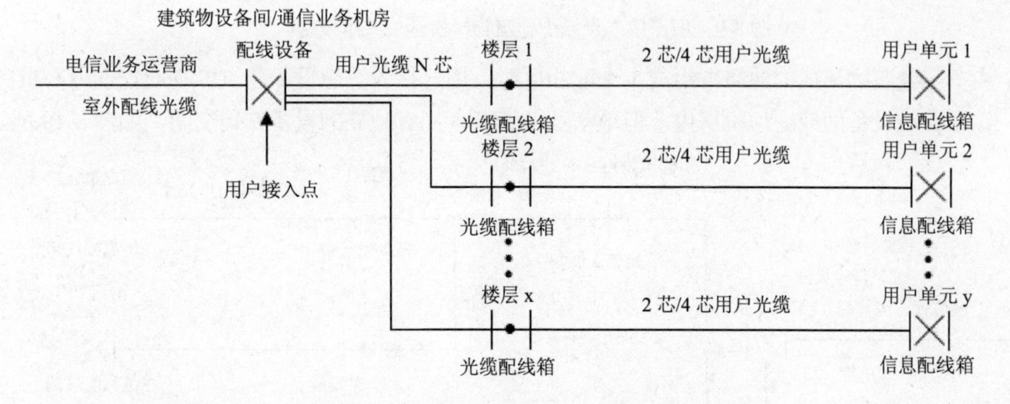

图 3-7　用户接入点设于单栋建筑物内设备间

- 当大型建筑物或超高层建筑物划分为多个光纤配线区时，用户接入点应按照用户单元的分布情况均匀地设于建筑物不同区域的楼层设备间内，如图 3-8 所示。
- 每一栋建筑物形成 1 个光纤配线区，并且用户单元数量不大于 30 个（高配置）或 70 个（低配置）时，用户接入点应设于建筑物的进线间或综合布线设备间或通信机房内，用户接入点应采用设置共用光缆配线箱的方式，但电信业务经营者应有独立的设备安装空间，如图 3-9 所示。

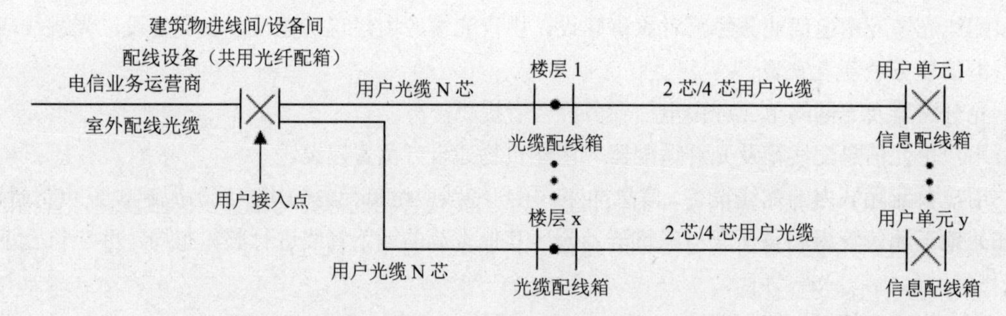

图3-8　用户接入点设于进线间或综合布线

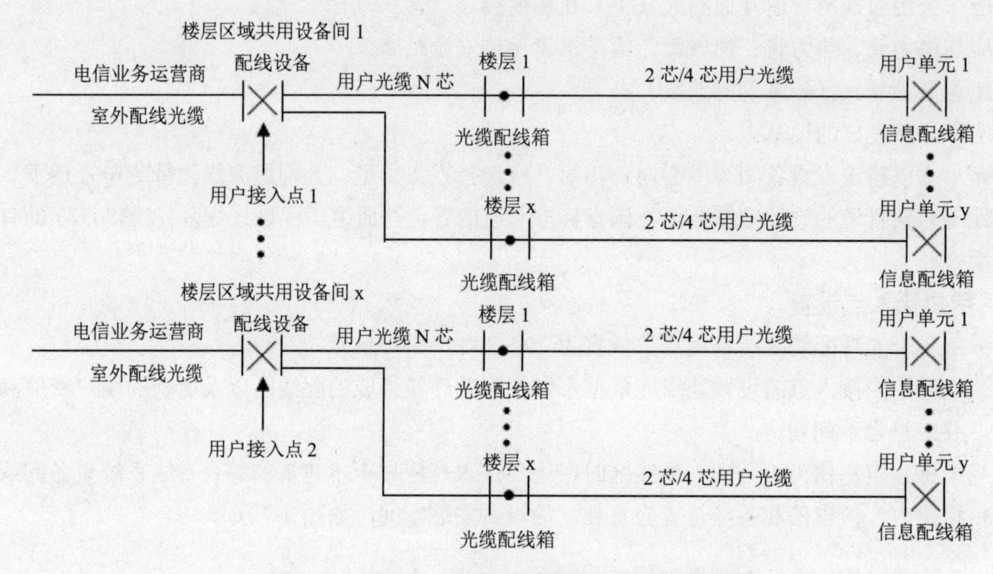

图3-9　用户接入点设于建筑物楼层区域共用设备间

- 当多栋建筑物形成的建筑群组成1个配线区时，用户接入点应设于建筑群物业管理中心机房、综合布线设备间或通信机房内，但电信业务经营者应有独立的设备安装空间，如图3-10所示。

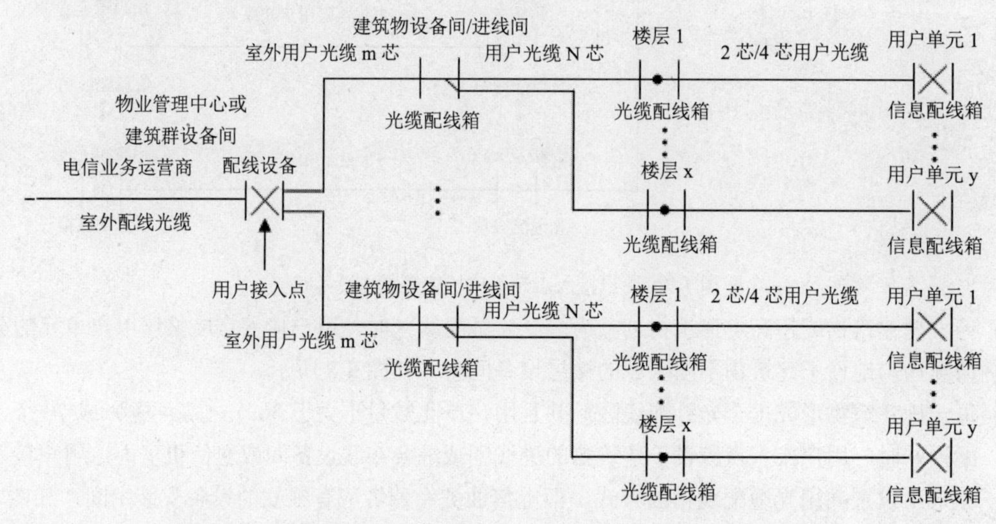

图3-10　用户接入点设于建筑群物业管理中心机房或综合布线设备间

3．用户接入点的配置原则

（1）建筑红线范围内敷设配线光缆所需的室外通信管道管孔与室内管槽的容量、用户接入点处预留的配线设备安装空间及设备间的面积均应满足不少于 3 家电信业务经营者通信业务接入的需要。

（2）光纤到用户单元所需的室外通信管道与室内配线管网的导管与槽盒应单独设置，管槽的总容量与类型应根据光缆敷设方式及终期容量确定，并应符合下列规定：

- 地下通信管道的管孔应根据敷设的光缆种类及数量选用，宜选用单孔管、单孔管内穿放子管及栅格式塑料管。
- 每一条光缆应单独占用多孔管中的一个管孔或单孔管内的一个子管。
- 地下通信管道宜预留不少于 3 个备用管孔。
- 配线管网导管与槽盒尺寸应满足敷设的配线光缆与用户光缆数量及管槽利用率的要求。

（3）用户光缆采用的类型与光纤芯数应根据光缆敷设的位置、方式及所辖用户数计算并应符合下列规定：

- 用户接入点至用户单元信息配线箱的光缆光纤芯数应根据用户单元用户对通信业务的需求及配置等级确定，配置应符合如表 3-5 所示的规定。

表 3-5　光纤与光缆配置

配　置	光纤（芯）	光缆（根）	备　注
高配置	2	2	考虑光纤与光缆的备份
低配置	2	1	考虑光纤的备份

- 楼层光缆配线箱至用户单元信息配线箱之间应采用 2 芯光缆。
- 用户接入点配线设备至楼层光缆配线箱之间应采用单根多芯光缆，光纤容量应满足用户光缆总容量需要，并应根据光缆的规格预留不少于 10%的余量。

（4）用户接入点外侧光纤模块类型与容量应按引入建筑物的配线光缆的类型及光缆的光纤芯数配置。

（5）用户接入点用户侧光纤模块类型与容量应按用户光缆的类型及光缆的光纤芯数的 50%或工程实际需要配置。

（6）设备间面积不应小于 10m^2。

（7）每一个用户单元区域内应设置 1 个信息配线箱，并应安装在柱子或承重墙上不被变更的建筑物部位。

4．用户接入点的缆线与配线设备的选择

（1）光缆光纤选择应符合下列规定：

- 用户接入点至楼层光纤配线箱（分纤箱）之间的室内用户光缆应采用 G.652 光纤。
- 楼层光缆配线箱（分纤箱）至用户单元信息配线箱之间的室内用户光缆应采用 G.657 光纤。

（2）室内外光缆选择应符合下列规定：

- 室内光缆宜采用干式、非延燃外护层结构的光缆。
- 室外管道至室内的光缆宜采用干式、防潮层、非延燃外护层结构的室内外用光缆。

（3）光纤连接器件宜采用 SC 和 LC 类型。

（4）用户接入点应采用机柜或共用光缆配线箱，配置应符合下列规定

- 机柜宜采用 600mm 或 800mm 宽的 19IN 标准机柜。
- 共用光缆配线箱体应满足不少于 144 芯光纤的终接。

（5）用户单元信息配线箱的配置应符合下列规定：

- 配线箱应根据用户单元区域内信息点数量、引入缆线类型、缆线数量、业务功能需求选用。
- 配线箱箱体尺寸应充分满足各种信息通信设备摆放、配线模块安装、光缆终接与盘留、跳线连接、电源设备和接地端子板安装以及业务应用发展的需要。
- 配线箱的选用和安装位置应满足室内用户无线信号覆盖的需求。
- 当超过 50V 的交流电压接入箱体内电源插座时，应采取强弱电安全隔离措施。5 配线箱内应设置接地端子板，并应与楼层局部等电位端子板连接。

5．用户接入点的传输指标

用户接入点用户侧配线设备至用户单元信息配线箱的光纤链路全程衰减限值：在 1310nm 波长窗口时，采用 G.652 光纤时为 0.36dB/km；采用 G.657 光纤时为 0.38～0.4dB/km；光纤接头采用热熔接方式时损耗系数为 0.06dB/个；采用冷接方式时为 0.1dB/个。

3.1.6 网络布线方案的设计准则

方案设计是网络布线的重中之重，没有好的设计，就不可能有好的布线系统。在方案设计前，应当先进行需求分析；在方案设计时，必须遵循那些已久经考验的准则。只有紧紧把握住这两条，才能成功铺就信息高速公路。

1．需求分析

局域网方案的构思与设计非常重要。对于中小型局域网而言，应当考虑的不外乎以下几个方面的问题。

（1）拓扑结构需求分析

在进行网络的总体设计前，应当首先搞清楚哪些建筑物需要布线，每座建筑物中的哪些房间需要布线，每个房间的哪个位置需要预留信息插座，建筑物之间的距离、建筑物的垂直高度和水平长度等，只有事先调查好这些内容，才能合理地设计网络拓扑结构，才能选择适当的位置作为网络管理中心以及放置网络设备的设备间，才能有目的地选择组建网络所使用的通信介质和交换机。

（2）数据传输需求分析

用户对数据传输量的需求决定了网络应当采用何种网络设备和布线产品。就目前的情况来看，多媒体已经成为局域网所必须支持的功能之一。基于这种大传输量的需求，以光纤作为主干和垂直布线，以六类或超五类双绞线作为水平布线，从而实现 100Mbit/s 交换到桌面（并有升级至 l0Gbit/s 的潜力）的网络，已经成为最基本的网络架构。

（3）发展需求分析

作为网络设计者，设计网络时要考虑的不仅是要容纳网络中当前的用户，而且还应当为网络保留至少 3~5 年的可扩展能力，从而使得在用户增加时，网络基本上能够满足增长的需要。这一点非常重要，因为布线工程一旦完毕，就很难再进行扩充性施工。所以，在埋设网线和信息插座时，一

定要有足够的余量。而网连设备，则可以在需要时随时购置。

（4）性能需求分析

不同厂家乃至同一厂家不同型号的交换机在性能和功能上都会有较大的差异，有的安全性高、有的稳定性好、有的转发速度快、有的拥有特殊性能。因此，应当慎重考察和分析网络对性能的根本需求，以便于选择相应品牌和型号的交换机。

2．设计准则

在进行网络设计时，应当注意以下几个方面的问题：

（1）光纤优先

如果资金允许，网络主干和垂直布线系统应当首先选用光纤作为通信介质。原因很简单，光纤不仅能够非常好地支持各种不同类型的网络（如 ATM、FDDI 和 Ether），而且还能够非常好地支持 l0Gbit/s 速率，而这一速率几年内绝不会被淘汰。

（2）适当冗余

网络的发展是不能用平常的眼光去看的，正如计算机的发展一日千里一样，网络用户也会像今天的计算机用户一样，伴随着网络应用的日益广泛而迅速增加，但布线却不可能像计算机那样随时添加或撤除。布线是网络建设中最基础的部分，一旦施工完成便很难再进行扩充和改建。因此，建议在费用预算内，对网络线路部分应一次性充分铺足。至于网络设备部分，以后可随着业务的发展和用户数量的增加，再分期投入逐步扩容。预留至少 30%的冗余线路是十分明智的。

（3）遵循规范

在架设通信线路时，必须遵循最长距离限制的规范，而且在可能的情况下，线缆要尽量最短。一方面可以节约原料费用；另一方面也有利于数据信号顺利地传输。这些规则绝不是儿戏，违反了很可能会导致各种各样的网络故障。另外，遵循规范还表现在必须选用执行相同标准的布线产品，否则，轻则无法实现预期的网络性能，重则将因兼容性的问题而导致网络无法连通。

3．网络布线设计要求

在进行网络总体设计时，主要应当考虑 3 个方面的问题：（1）采用什么线缆；（2）采用什么路由；（3）采用什么敷设方式。对传输距离和传输速率的要求，决定着使用光纤还是双绞线，是单模光纤还是多模光纤；建筑的物理结构以及建筑物的相对位置，决定着线缆敷设路由；对室内外环境破坏程度的承受能力，以及对现有设施的充分利用，决定着线缆的敷设方式。在方案设计时，应针对用户的应用功能和建筑特征，在系统需求分析的基础上，结合用户在未来 15~20 年内业务发展的趋势，提出合理的设计目标。

（1）实用性

布线系统应能适应各种计算机网络体系结构的需要，并能够支持语音、楼宇自控和保安监控等系统的应用；可为用户提供可视图文、电子信箱、中国公用分组交换数据网接口；为用户提供电子数据交换（EDI）等各种服务的传输平台，为实现无纸化办公创造条件；为用户及时传递可靠、准确的各类重要信息，最终实现办公自动化（OA）。

实用性要求为用户提供快捷、开放、易于管理的语音与数据信息基础传输平台。换言之，就是最大限度地满足实际工作要求。为了提高布线系统的实用性，应考虑以下几个方面的问题。

- 系统总体设计要充分考虑用户当前的业务层次、各环节管理中数据处理的便利性和可行性，把满足用户业务管理作为第一要素进行考虑。

- 坚持统一规划、总体设计、分步实施的原则，真正弄清楚自己实现信息化的目的，根据实际情况，确定近期目标和远期目标，而不必一次就将所有项目全部实施。
- 全部人机操作设计均应充分考虑不同用户的实际需要。
- 对于用户接口及界面，应充分考虑人体结构特征及视觉特征进行优化设计，界面尽可能美观大方，操作简便实用。

（2）先进性

布线系统应适应综合布线技术的发展潮流，采用先进的网络技术和网络产品，具备数据以及声音、图像等多媒体信息传输能力，各性能指标满足支持高带的100Mbit/s、1000Mbit/s、l0Gbit/s甚至l00Gbit/s以太网和异步传输（ATM）通信需求，适应信息技术的迅速发展，具有良好的技术先进性，保证较长的使用寿命。同时，网络具有良好的整体性能，保证网络不能成为整个应用系统的瓶颈，并为系统扩展保留一定的空间。

（3）灵活性

布线系统的灵活性主要体现在以下几个方面：

- 系统要具有极大的弹性，以便适应不同的主机系统（如IBM、Apple等）和不同的局域网结构（以太网、令牌环网和ATM网）等。
- 布线系统内任意信息端口均可接驳计算机终端、电话等，其功能可随时通过简单的跳线来改变。
- 系统应支持综合信息传输和连接，实现多种设备配线的兼容，要能使网络拓扑结构方便地在星形、环形和总线型等之间进行转换。
- 当设备升级或网络拓扑发生改变时要有高度的灵活性和管理的方便性，能够实施灵活的线路管理，保证系统很容易扩充和升级，而不必变动整体配线系统。
- 提供有效的工具和手段，以简单、方便地进行线路的分析、检测和故障隔离，当故障发生时，可迅速找到故障点并排除。

（4）可靠性

布线系统对可靠性的要求包括：

- 拥有对环境的良好的适应能力（如防尘、防水、防火等），适应温度、湿度、电磁场以及建筑物的震动等要求。
- 系统可方便地设置雷电、异常电流和电压保护装置，使设备免受破坏。
- 采用可靠的网络结构，选择的网络产品可靠性好、故障率低。
- 有可靠的网络安全设计，包括访问控制机制、电磁辐射屏蔽和数据加密等。

（5）扩展性

适应未来网络发展的需要，系统的扩充、升级容易。也就是说，系统不仅能支持现有常规的计算机、IP电话、网络摄像机、控制设备等网络设备，而且支持未来的语音、视频、数据多网融合的局域网技术和接入网技术，能够适应未来需求，平稳过渡到增强型分布技术的智能型布线系统。

（6）开放性

结构化布线系统能满足任何特定建筑物及通信网络的布线要求，完全开放化，既支持集中式网络系统，又支持分布式网络系统，支持不同厂家、不同类别的网络产品，为用户提供统一的局域网和广域网接口，满足目前要求和未来发展的需要。

（7）标准化

综合布线系统工程所有的网络通道、信息端口系统应遵循统一的标准和规范，性能指标应保证达到《综合布线系统工程设计规范》、《综合布线系统工程验收规范》等标准的要求，并高于 ISO/IEC 11801 的 Class E 和系统分级的应用标准。

（8）经济性

经济性即系统经济、使用简单、维护方便、管理成本低。经济性要求如下：

- 在满足系统需求的前提下，应尽可能选用性价比高的产品。
- 保证合理的系统初期投入，减少系统的管理和维护费用。
- 系统扩展或采用新技术时，能够充分利用前期投资的设备，从而最大限度地保护已有投资。

总之，采用结构化布线系统，可使整个网络系统具有实用性、灵活性、可拓展性以及真正的开放性。优秀的布线工程在 10~20 年内，其系统性能不会下降，功能满足需求，不会因为网络配置的变化重复土木工程，破坏建筑物原有结构，增加不必要的投资，因而能够真正达到一次投资，长期受益。

下面以某单位开放式办公室为例，介绍设计办公室布线方案的技巧。

【实验 3-1】 设计办公室布线方案

对于办公楼、综合楼等商用建筑物或公共区域大开间的场地，由于其使用对象数量的不确定性和流动性等因素，宜按开放办公室综合布线系统要求进行设计，并应符合下列规定。

（1）采用多用户信息插座时，每一个多用户信息插座包括适当的备用量在内，并且能支持 10 个工作区所需的 8 位模块通用插座。开放型办公室布线系统各段线缆的长度，应符合如表 3-6 所示的规定。

表 3-6　各段线缆长度极限

线缆总长度	水平线缆（H）	工作区线缆（W）	交接间跳线和设备线缆（D）
100m	90m	3m	7m
99m	85m	7m	7m
98m	80m	11m	7m
97m	75m	15m	7m
97m	70m	20m	7m

各段线缆长度也可以按照公式计算：C=（102-H）/1.2

$$W=C-7\leqslant 20$$

公式中：

C——工作区线缆、交接间跳线和设备线缆的长度总和，即 C=W+D；

W——工作区线缆的最大长度；

H——水平布线线缆的长度。

（2）采用集合点时，集合点配线设备与 FD 之间水平线缆的长度应大于 15m。集合点配线设备容量宜满足 12 个工作区信息点需求设置。同一个水平线缆路由不允许超过一个集合点（CP）。从集合点引出的 CP 线缆应终接于工作区的信息插座或多用户信息插座上。多用户信息插座和集合点的配线设备应安装于墙体或柱子等建筑物固定的位置。

【实验 3-2】设计工业级布线方案

工业级布线系统应能支持语音、数据、图像、视频、控制等信息的传递，并能应用于高温、潮湿、电磁干扰、撞击、振动、腐蚀气体、灰尘等恶劣环境中。工业级配线设备应根据环境条件确定IP的防护等级。工业级布线系统产品的选用应符合IP（International Protection，国际防护）标准所提出的保护要求，IP等级的格式为IPXX，其中XX为两个阿拉伯数字，第一标记数字表示接触保护和外来物保护等级；第二标记数字表示防水保护等级，如表3-7所示。

表 3-7　国际防护定级

数字	第一位“X”（防尘等级）	第二位“X”（防尘等级）
0	无防护，无特殊的防护	无防护，无特殊的防护
1	防止大于 50mm 的物体侵入	防止垂直滴下的水侵入
2	防止大于 12mm 的物体侵入	倾斜 15o 时仍防止滴水侵入
3	防止大于 2.5mm 的物体侵入	防止雨水，或垂直入夹角小于 50o 方向所喷射水侵入
4	防止大于 1.0mm 的物体侵入	防止各方向飞溅而来的水侵入
5	无法完全防止灰尘侵入，但侵入量不会影响正常运行	防止大浪或喷水孔急速喷出的水侵入
6	防尘，完全防止灰尘侵入	浸入水中，在一定时间或水压的条件下，仍可确保正常运行
7		防水浸水的水侵入，无期限的沉没水中，在一定水压的条件下，可确保正常运行
8		防止沉没的影响

说明：数字越大表示保护等级越佳。

工业级布线系统主要应用于工业环境中具有良好条件的办公区、控制室和生产区之间的交界场所、生产区的信息点，工业级连接器件也可应用于室外环境中。

在工业设备较为集中的区域应设置现场配线设备。工业级布线系统宜采用星形网络拓扑结构。在设计和安装的过程中，应根据光缆应用位置不同（架空、管道和直埋）给予不同的关注，如表3-8所示。

表 3-8　光缆应用位置的考虑

潜在问题	架空安装	管道安装	直埋安装
抗紫外线能力	√		
脆弱性/硬度	√	√	√
渗水	√	√	√
光纤应力	√		
光纤疲劳	√	√	√
摩擦系数		√	
牵引润滑剂的兼容性		√	
霉菌		√	√
耐化学性	√	√	√
耐压性			√

根据工业产品品种规格的不同，其工厂（车间）需配置与之相对应的生产线，通常情况下，工厂（车间）在节能、环保、安全等方面都会采取相应的技术措施，但仍不能够完全摆脱在高温、高粉尘、强腐蚀、强电磁干扰等恶劣环境下的作业条件。在这样的环境下实施综合布线系统工程，必然面对不同程度的挑战。因此，应遵循《综合布线系统工程设计规范》（GB50311—2016）的要求：

（1）工业环境布线系统在高温、潮湿、强磁干扰、撞击、振动、腐蚀气体、灰尘等恶劣环境中，应采用工业环境布线系统，并应支持语音、数据、图像、视频、控制等信息的传递。

（2）工业环境布线系统设置应符合下列规定：

- 工业级连接器件应用于工业环境中的生产区、办公区域控制室与生产区之间的交界场所，也可应用于室外环境。
- 在工业设备较为集中的区域应设置现场配线设备。
- 工业环境中的配线设备应根据环境条件确定防护等级。

（3）工业环境布线系统应由建筑群子系统、主干子系统、配线子系统、中间配线子系统组成，系统构成如图 3-11 所示。

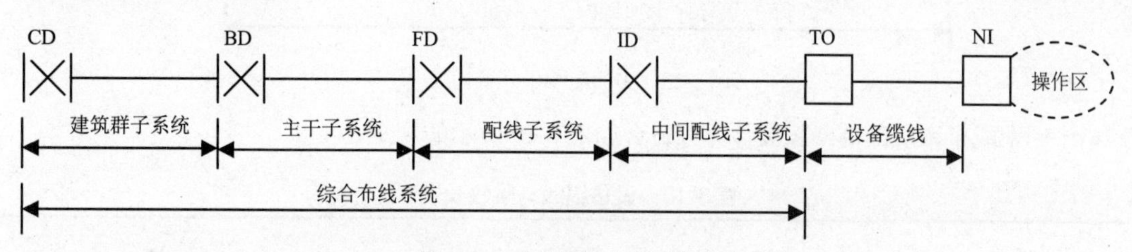

图 3-11　工业环境布线系统构成

（4）工业环境布线系统的各级配线设备之间宜设置备份或互通的路由，并应符合下列规定：

- 建筑群 CD 与每一个建筑物 BD 之间应设置双路由，其中 1 条应为备份路由。
- 不同的建筑物 BD 与 BD、本栋建筑 BD 与另一栋建筑 FD 之间可设置互通的路由。
- 本栋建筑物不同楼层 FD 与 FD、本楼层 FD 与另一楼层 ID 之间可设置互通的路由。

（5）布线信道中含有中间配线子系统时，网络设备与 ID 配线模块之间应采用交叉或互连的连接方式。

（6）在工程应用中，工业环境的布线系统中光纤信道和对绞电缆信道构成如图 3-12 所示。并应符合下列规定：

- 中间配线设备 ID 至工作区 TO 信息点之间对绞电缆信道应采用符合 D、E、EA、F、FA 等级的超 5 类、6 类、超 6 类、7 类、8 类布线产品。
- 光纤信道可分为塑料光纤信道 OF-25、OF-50、OF-100、OF-200，石英多模光纤信道 OF-00、OF-300、OF-500 及单模光纤信道 OF-2000、OF-5000、OF-10000 的信道等级。

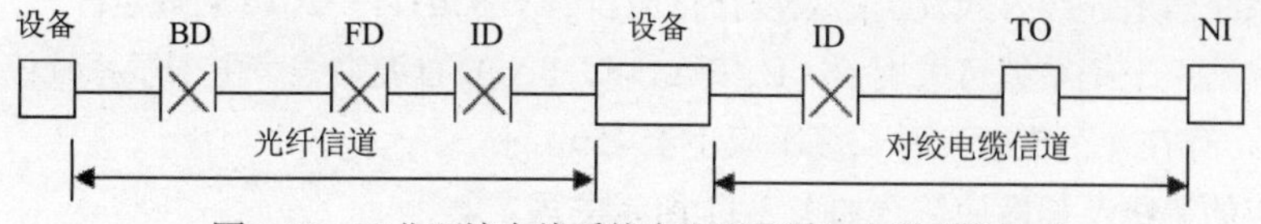

图 3-12　工业环境布线系统中光纤信道与电缆信道构成

（7）中间配线设备 ID 处跳线与设备缆线的长度应符合如表 3-9 所示的规定。

表 3-9　设备缆线与跳线长度

连接模型	最小长度（m）	最大长度（m）
ID-TO	15	90
工作区设备缆线	1	5
配线区跳线	2	—
配线区设备缆线	2	5
跳线、设备缆线总长度	—	10

注：配线区设备缆线处，没有设置跳线时，设备缆线的长度不应小于 1m。

（8）工业环境布线系统的中间配线子系统设计应符合下列规定：

- 中间配线子系统信道应包括水平缆线、跳线和设备缆线，如图 3-13 所示。

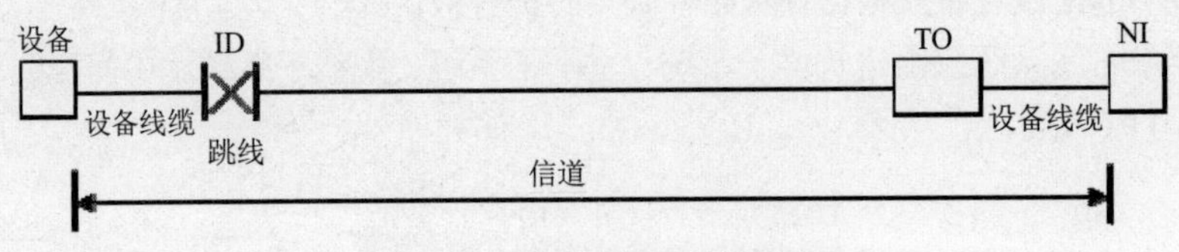

图 3-13　中间配线子系统构成

- 中间配线子系统的链路长度计算应符合如表 3-10 所示的规定。

表 3-10　设备缆线与跳线长度

连接模型	等　级		
	D	E、E_A	F、F_A
ID 互连—TO	H=109-FX	H=107-3-FX	H=107-2-FX
ID 交叉—TO	H=107-FX	H=106-3-FX	H=106-2-FX

注：H 为中间配线子系统电缆的长度（m），F 为工作区设备缆线及 ID 处的设备缆线与跳线总长度（m），X 为设备缆线的插入损耗（dB/m）与水平缆线的插入损耗（dB/m）之比，3 为余量，以适应插入损耗值的偏离。

- 应用长度会受到工作环境温度的影响。当工作环境温度超过 200℃时，屏蔽电缆长度按每摄氏度减少 0.2%计算，非屏蔽电缆长度则按每摄氏度减少 0.4%（20～400℃）和每摄氏度减少 0.6%（>40～600℃）计算。
- 中间配线子系统的信道长度不应大于 100m，中间配线子系统的链路长度不应大于 90m，设备电缆和跳线的总长度不应大于 10m，大于 10m 时，中间配线子系统水平缆线的长度应适当减少，跳线的长度不应大于 5m。

（9）工业环境布线系统主干子系统设计应符合下列规定：

- 主干子系统信道连接方式及链路长度计算应符合 GB50311—2016 的规定。
- 对绞电缆的主干子系统可采用 D、E、EA、F、FA 的布线等线。主干子系统信道长度不应大于 100m，存在 4 个连接点时长度不应小于 15m。
- 光纤信道的等级及长度应符合如表 3-11 所示的规定。

表 3-11　光纤信道长度

光纤类型	光纤等级	信道长度（m）					
		波长（nm）	650	850	1300	1310	1550
OP1 塑料光纤	OF-25、OF-50	双工连接	8.3	—	—	—	—
		接续	—	—	—	—	—
OP2 塑料光纤	OF-100、OF-200	双工连接	15.0	46.0	46.0	—	—
		接续	—	—	—	—	—
OH1 复合塑料光纤	OF-100、OF-200	双工连接		150.0	150.0		
		接续	—	—	—	—	—
OM1、OM2、OM3、OM4 多模光纤	OF-300、OF-500、OF-2000	双工连接	—	214.0	500.0	—	—
		接续	—	86.0	200.0	—	—
OS1 单模光纤	OF-300、OF-500、OF-2000	双工连接	—	—	—	750.0	750.0
		接续	—	—	—	300.0	300.0
OS2 单模光纤	OF-300、OF-500、OF-2000、OF-5000、OF-10000	双工连接	—	—	—	1875.0	1875.0

3.2　设计工作区子系统

工作区子系统的布线一般是非永久性的，用户根据工作需要可以随时移动、增加或减少，这样既便于连接，也易于管理。

3.2.1　工作区子系统简介

工作区是指包括办公室、写字间、作业间、机房等需要电话、计算机或其他终端设备（如网络打印机、网络摄像头）等设施的区域和相应设备的统称。工作区子系统（Work Area Subsystem）是用户的办公区域，提供工作区的计算机或其他终端设备与信息插座之间的连接，包括从信息插座延伸至终端设备的区域。

工作区子系统处于用户终端设备（如电话、计算机、打印机等）和水平子系统的信息插座（TO）之间，起着桥梁的作用。该子系统由终端设备至信息插座的连接器件组成，包括跳线、连接器或适配器等，实现用户终端与网络的有效连接。

3.2.2　工作区子系统设计原则

一个独立的需要设置终端设备的区域宜划分一个工作区，工作区子系统应由水平布线系统的信息插座、延伸到工作站终端设备处的连接线缆（跳线）及适配器组成。一个工作区的服务面积可按 5~10m^2 估算，每个工作区设置一部电话机或计算机终端设备，如图 3-14 所示。或按用户要求设置。

1. 工作区布线的设计要点

工作区应安装足够的信息插座，以满足计算机、电话机、传真机等终端设备的安装，工作区布线设计的要点具体如下：

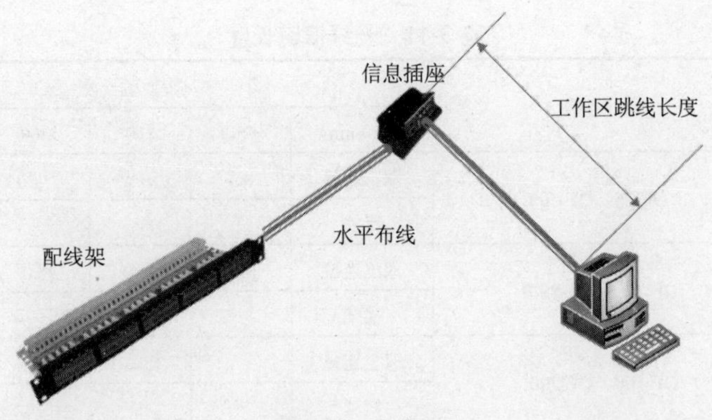

图 3-14　工作区

（1）每个信息插座旁边有一个单相电源插座，以备计算机或其他设备使用。

（2）信息插座与电源插座间距不得小于 20cm。

（3）工作区内线槽应布置合理、美观。

（4）信息插座要设计在距离地面 30cm 以上。

（5）信息插座与计算机设备的距离保持在 5m 以内。

（6）购买的网卡类型、接口要与线缆类型、接口保持一致。

（7）各个工作区所需的信息模块、信息插座、面板的总数量。

2．布线线路的分布及路由

工作区子系统优化主要是根据工作区对信息点的需要，即根据办公设备的合理布置位置进行信息插座的布置。信息插座布置的基本原则是首先尽量满足用户使用的便利性，然后以布线路由最短为指导思想来进行信息插座的布置。此外，还要考虑今后对信息插座数量需求增加的情况。

（1）工作面积划分

如果在设计信息插座时，用户方提不出详细的工作区办公设备布置方案，则按系统配要求级别，对每个工作区的信息插座采取室内均匀布置。

建筑物的功能类型较多，大体上可以分为商业、文化、媒体、体育、医院、学校、交通、住宅、通用工业等类型，因此对工作区面积的划分应根据应用的场合进行具体的分析后确定。对工作区面积的划分与信息点配置数量可以参照表 3-12～表 3-23。

表 3-12　工作区面积的划分

建筑物类型及功能	工作区面积（m^2）
网管中心、呼叫中心、信息中心等终端设备较为密集的场地	3~5
办公区	5~10
会议、会展	10~60
商场、生产机房、娱乐场所	20~60
体育场馆、候机室、办公设施区	20~100
工业生产区	60~200

提示：对于应用场合，如终端设备的安装位置和数量无法确定时或使用场所为客户租用并考虑自己设置计算机网络时，工作区面积可按区域（租用场地）面积确定。

对于 IDC 机房（即数据通信托管业务机房或数据中心机房）可按生产机房每个配线架的设置区域考虑工作区面积。对于此类项目，涉及数据通信设备的安装工程，应单独考虑实施方案。

表 3-13　办公建筑工作区面积的划分与信息点配置

项　目		办公建筑	
		行政办公建筑	通用办公建筑
每一个工作区面积（m^2）		办公：5~10	办公：5~10
每一个用户单元区域面积（m^2）		60~120	60~120
每一个工作区信息插座类型与数量	RJ-45	一般：2 个 政务：2~8 个	2 个
	光纤到工作区为 SC 或 LC	2 个单工或 1 个双工或根据需要设置	2 个单工或 1 个双工或根据需要设置

表 3-14　商店建筑和旅馆建筑工作区面积划分与信息点配置

项　目		商店建筑	旅馆建筑
每一个工作区面积（m^2）		商铺：20~120	办公：5~10 客房：每套房 公共区域：20~50 会议：20~50
每一个用户单元区域面积（m^2）		60~120	每一个客房
每一个工作区信息插座类型与数量	RJ-45	2~4 个	2~4 个
	光纤到工作区为 SC 或 LC	2 个单工或 1 个双工或根据需要设置	2 个单工或 1 个双工或根据需要设置

表 3-15　文化建筑和博物馆工作区面积划分与信息点配置

项　目		文化建筑			博物馆建筑
		图书馆	文化馆	档案馆	
每一个工作区面积（m^2）		办公阅览：5~10	办公室：5~10 展示厅：20~50 公共区域：20~50	办公室：5~10 资料室：20~60	办公室：5~10 展示厅：20~50 公共区域：20~60
每一个用户单元区域面积（m^2）		60~120	60~120	60~120	60~120
每一个工作区信息插座类型与数量	RJ-45	2~4 个	2~4 个	2~4 个	2~4 个
	光纤到工作区为 SC 或 LC	2 个单工或 1 个双工或根据需要设置	2 个单工或 1 个双工或根据需要设置	2 个单工或 1 个双工或根据需要设置	2 个单工或 1 个双工或根据需要设置

表 3-16　观演建筑工作区面积划分与信息点配置

<table>
<tr><td rowspan="2" colspan="2">项　目</td><td colspan="3">观演建筑</td></tr>
<tr><td>剧场</td><td>电影院</td><td>广播电视业务建筑</td></tr>
<tr><td colspan="2">每一个工作区面积（m²）</td><td>办公区：5~10
业务区：50~100</td><td>办公区：5~10
业务区：50~100</td><td>办公区：5~10
业务区：5~50</td></tr>
<tr><td colspan="2">每一个用户单元区域面积（m²）</td><td>60~120</td><td>60~120</td><td>60~120</td></tr>
<tr><td rowspan="2">每一个工作区信息插座类型与数量</td><td>RJ-45</td><td>2 个</td><td>2 个</td><td>2 个</td></tr>
<tr><td>光纤到工作区为 SC 或 LC</td><td>2 个单工或 1 个双工或根据需要设置</td><td>2 个单工或 1 个双工或根据需要设置</td><td>2 个单工或 1 个双工或根据需要设置</td></tr>
</table>

表 3-17　体育建筑和会展建筑工作区面积划分与信息点配置

<table>
<tr><td colspan="2">项　目</td><td>体育建筑</td><td>会展建筑</td></tr>
<tr><td colspan="2">每一个工作区面积（m²）</td><td>办公区：5~10
业务区：每比赛场地（记分、裁判、显示、升旗等）5~50</td><td>办公区：5~10
展览务区：20~100
洽谈区：20~50
公共区域：60~120</td></tr>
<tr><td colspan="2">每一个用户单元区域面积（m²）</td><td>60~120</td><td>60~120</td></tr>
<tr><td rowspan="2">每一个工作区信息插座类型与数量</td><td>RJ-45</td><td>2 个</td><td>2 个</td></tr>
<tr><td>光纤到工作区为 SC 或 LC</td><td>2 个单工或 1 个双工或根据需要设置</td><td>2 个单工或 1 个双工或根据需要设置</td></tr>
</table>

表 3-18　医疗建筑工作区面积划分与信息点配置

<table>
<tr><td rowspan="2" colspan="2">项　目</td><td colspan="2">文化建筑</td></tr>
<tr><td>综合医院</td><td>疗养院</td></tr>
<tr><td colspan="2">每一个工作区面积（m²）</td><td>办公区：5~10
业务区：10~50
手术设备室：3~5
病房：15~60
公共区域：60~120</td><td>办公区：5~10
疗养区：15~60
业务区：10~50
会员活动室：30~50
营养食堂：20~60
公共区域：60~120</td></tr>
<tr><td colspan="2">每一个用户单元区域面积（m²）</td><td>每一个病房</td><td>每一个疗养区域</td></tr>
<tr><td rowspan="2">每一个工作区信息插座类型与数量</td><td>RJ-45</td><td>2 个</td><td>2 个</td></tr>
<tr><td>光纤到工作区为 SC 或 LC</td><td>2 个单工或 1 个双工或根据需要设置</td><td>2 个单工或 1 个双工或根据需要设置</td></tr>
</table>

表 3-19　教育建筑工作区面积划分与信息点配置

<table>
<tr><td rowspan="2">项　目</td><td colspan="3">教育建筑</td></tr>
<tr><td>高等学校</td><td>高级中学</td><td>初级中学和小学</td></tr>
<tr><td>每一个工作区面积（m²）</td><td colspan="2">办公区：5~10
公寓、宿舍：每一套房/每一床位
教室：30~50
多功能教室：20~50
实验室：20~50
公共区域：30~120</td><td>办公区：5~10
教室：30~50
多功能教室：20~50
实验室：20~50
公共区域：30~120</td></tr>
</table>

续表

项　目		教育建筑		
		高等学校	高级中学	初级中学和小学
每一个用户单元区域面积（m^2）		公寓	公寓	—
每一个工作区信息插座类型与数量	RJ-45	2~4 个	2~4 个	2~4 个
	光纤到工作区为 SC 或 LC	2 个单工或 1 个双工或根据需要设置	2 个单工或 1 个双工或根据需要设置	2 个单工或 1 个双工或根据需要设置

表 3-20　交通建筑工作区面积划分与信息点配置

项　目		交通建筑			
		民用机场航站楼	铁路客运站	城市轨道交通站	汽车客运站
每一个工作区面积（m^2）		办公区：5~10 业务区：10~50 公共区域：30~120 服务区：10~300			
每一个用户单元区域面积（m^2）		60~120			
每一个工作区信息插座类型与数量	RJ-45	2 个			
	光纤到工作区为 SC 或 LC	2 个单工或 1 个双工或根据需要设置			

表 3-21　金融建筑工作区面积划分与信息点配置

项　目		金融建筑
每一个工作区面积（m^2）		办公区：5~10 业务区：5~10 客服区：5~20 公共区域：30~120 服务区：10~300
每一个用户单元区域面积（m^2）		60~120
每一个工作区信息插座类型与数量	RJ-45	一般：2~4 个 业务区：2~8 个
	光纤到工作区为 SC 或 LC	2 个单工或 1 个双工或根据需要设置

表 3-22　住宅建筑工作区面积划分与信息点配置

项　目		住宅建筑
每一个房屋信息插座类型与数量	RJ-45	电话：客厅、客厅、主卧、次卧、厨房、卫生间各 1 个，书房 2 个 数据：客厅、餐厅、主卧、次卧、厨房各 1 个，书房 2 个
	同轴	有线电视：客厅、主卧、次卧、厨房各 1 个
	光纤到桌面为 SC 或 LC	（根据需要）客厅、书房：1 个双工
光纤到住宅用户		满足光纤到户要求，每一户配置一个家居配线箱

表 3-23　通用工业建筑工作区面积划分与信息点配置

项　　目		通用工业建筑
每一个工作区面积（m^2）		办公区：5~10 公共区域：60~120 生产区：20~100
每一个用户单元区域面积（m^2）		60~120
每一个工作区信息插座类型与数量	RJ-45	一般：2~4 个
	光纤到工作区为 SC 或 LC	2 个单工或 1 个双工或根据需要设置

（2）布线方式

工作区子系统的布线方式主要有护壁板式和埋入式两种。

所谓护壁板式，是指将布线管槽沿墙壁固定，并隐藏在护壁板内的布线方式。该方式由于无须剔挖墙壁和地面，不会对原有建筑造成破坏，主要用于集中办公场所、营业大厅等机房的布线。该方式通常使用桌上式信息插座，并且被明装固定于墙壁，如图 3-15 所示。当采用隔断分割办公区域时，墙壁上的线槽可以被很好地隐藏起来，而不会影响原有的室内装修。

如果要布线的楼宇还在施工，那么可以采用埋入式布线方式，将线缆穿入 PVC 管槽内，或埋入地板垫层中，或埋入墙壁内。该方式通常使用墙上型信息插座，并且底盒被暗埋于墙壁中，如图 3-16 所示。

图 3-15　护壁板式布线

图 3-16　埋入式布线

（3）布线材料

工作区的布线材料主要是连接信息插座与计算机的跳线以及必要的适配器。为了便于管理和识别，有些厂家的信息插座有多种颜色，如黑、白、红、蓝、绿、黄，这些颜色的设置应符合 TIA/EIA606 标准，如表 3-24 所示。

表 3-24　终端现场颜色标识（根据 TIA/EIA606 标准）

终端类型	颜色	典型应用
分界点	橙色	划分点-中心办公室端接
网络连接	绿色	划分点-客户端的网络连接
公共设备	紫色	连接到用户交换机、大型计算机、局域网
关键系统	红色	连接到关键的电话系统
第一级主干	白色	连接主交叉连接到电信间或主交叉连接到本地交叉连接的主干线缆
第二级主干	灰色	连接本地交叉连接到电信间的建筑物主干线缆的终端
建筑物主干	棕色	建筑物间干线线缆的终端
水平	蓝色	电信间内水平线缆的终端，不是插座上
其他	黄色	辅助电路，如报警系统、安全或其他混杂线缆的端接

3.3　水平子系统设计

水平子系统（Horizontal Subsystem）是连接工作区子系统和垂直子系统的部分，其一端接在信息插座，另一端接在楼层配线间的配线架上。该子系统包括各楼层配线架（FD）至工作区信息插座（Telecommunications Outlet，TO）之间的线缆、信息插座、转接点及配套设施。水平子系统是局限于同一楼层的布线系统，其功能是将主干子系统线路延伸到工作区，以便用户通过跳线连接各种终端设备，实现与网络的连接。

3.3.1　水平子系统结构

根据工程提出的近期和远期终端设备的设置要求、用户性质、网络构成及实际需要确定建筑物各层需要安装信息插座、模块的数量及其位置，配线应留有扩展余地。

水平子系统的拓扑结构为星形拓扑，即每个信息点都有一条独立的从信息插座到电信间配线架的线路，如图 3-17 所示。

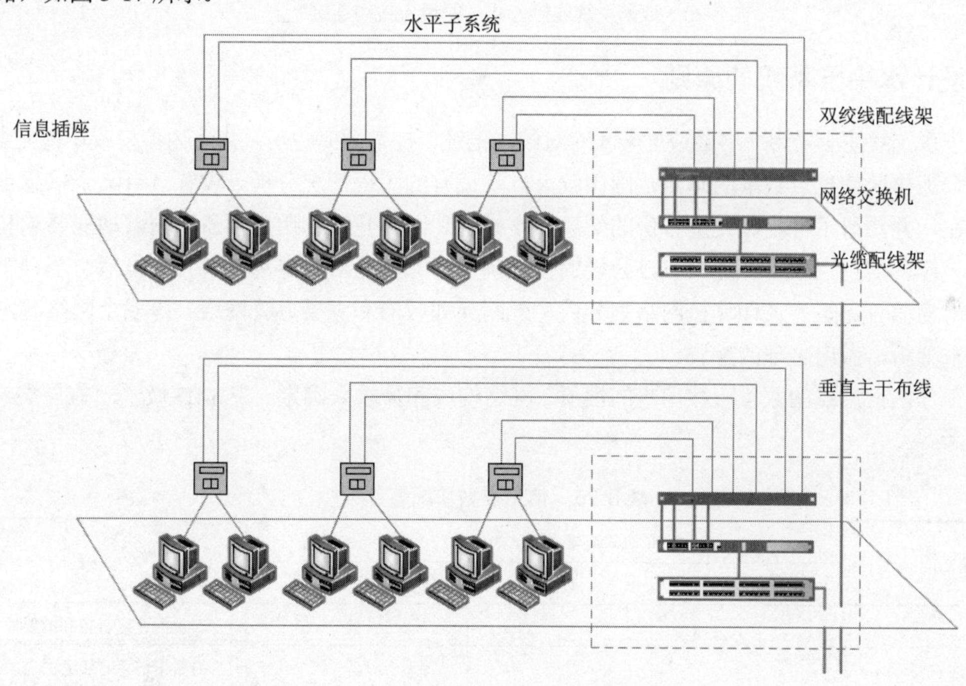

图 3-17　水平布线子系统

电信间 FD 与电话交换配线及计算机网络设备之间的连接方式应符合如图 3-18 所示的要求。

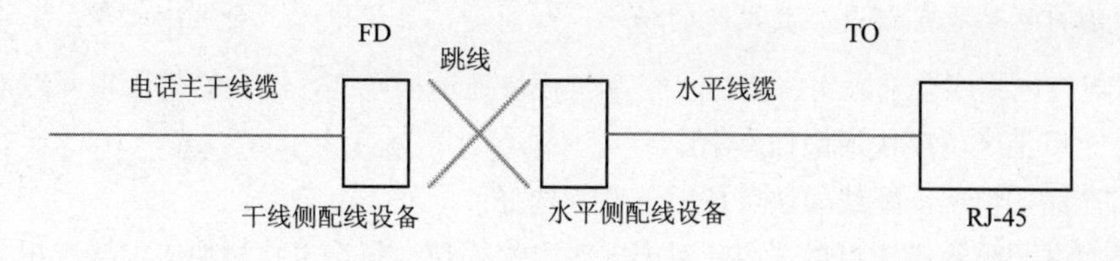

图 3-18　电话系统连接方式

计算机网络设备连接方式：经跳线连接应符合如图 3-19 所示的要求；经设备线缆连接应符合如图 3-20 所示的要求。

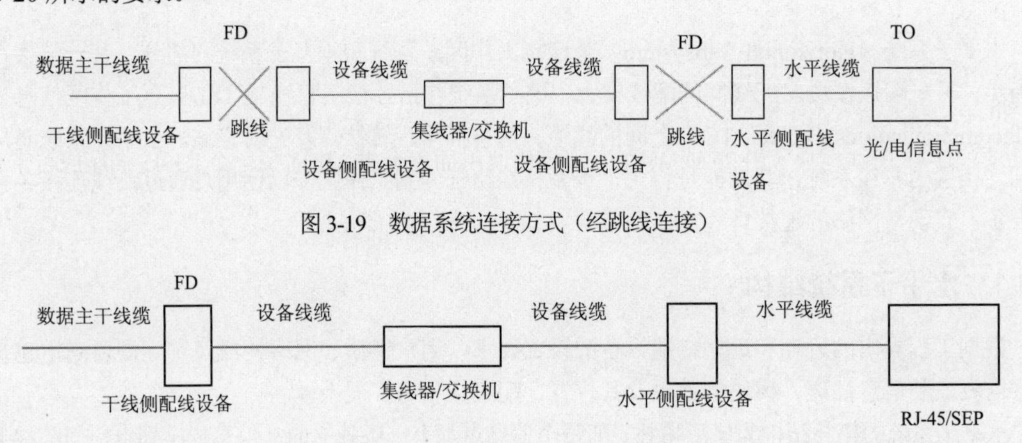

图 3-19　数据系统连接方式（经跳线连接）

图 3-20　数据系统连接方式（经设备线缆连接）

3.3.2　设计水平子系统的原则

水平子系统线缆应采用非屏蔽或屏蔽 4 对对绞线电缆，在需要时也可采用室内多模或单模光缆。

每一个工作区信息点数量的确定范围比较大，从现有的工程情况分析，设置 1~10 个信息点的现象都存在，并预留了电缆和光缆备份的信息插座模块。因为建筑物用户性质不同，功能要求和实际需求不一样，信息点数量不能仅按办公楼的模式确定，尤其是对于专用建筑（如电信、金融、体育场馆、博物馆等建筑）及计算机网络划分内、外网（如政府和党委办公网络）等多个网络时，更应加强需求分析，做出合理的配置。

每个工作区信息点的数量可按用户的性质、网络构成和需求来确定。表 3-25 做了一些分类，供设计时参考。

表 3-25　信息点数量配置

建筑物功能区	信息点数量（每一工作区）			备　注
	电话	数据	光纤（双工端口）	
办公区（一般）	1 个	1 个	1 个	对上网速度有较高的要求
办公区（重要）	1 个	2 个	1 个	对数据信息有较大的需求
出租或大客户区域	2 个或 2 个以上	2 个或 2 个以上	1 个或 1 个以上	指整个区域的配置量
办公区（商务工程）	2~5 个	2~5 个	1 个或 1 个以上	涉及内、外网络时

说明： 大客户区域也可以是公共设施的场地，如商场、会议中心、会展中心等。

1 根 4 对对绞电缆应全部固定终接在 1 个 8 位模块通用插座上，不允许将 1 根 4 对对绞电缆终接在 2 个或 2 个以上 8 位模块通用插座上。

根据现有产品的情况，配线模块可按以下原则选择：

（1）多线对端子配线模块可以选用 4 对或 5 对卡接模块，每个卡接模块应卡接 1 根 4 对对绞线电缆。一般 100 对卡接端子容量的模块可卡接 24 根（采用 4 对卡接模块）或 20 根（采用 5 对卡接模块）4 对对绞线电缆。

（2）25 对端子配线模块可卡接 1 根 25 对大对数电缆或 6 根 4 对对绞线电缆。

（3）回线式配线模块（8 回线或 10 回线）可卡接 2 根 4 对对绞线电缆或 8/10 回线。回线式配线模块的每一回线可以卡接 1 对入线和 1 对出线。回线式配线模块的卡接端子可以为连通型、断开型；可插入型主要应用于断开电路做检修的情况下，布线工程中无此种应用。

（4）RJ-45 配线模块（由 24 或 48 个 8 位模块通用插座组成）中的每一个 RJ-45 插座应可卡接 1 根 4 对对绞的电缆。

（5）光纤连接器每个单工端口应支持 1 芯光纤的连接，双工端口则支持 2 芯光纤的连接。

各配线设备跳线可按以下原则选择与配置：

（1）电话跳线宜按每根 1 对或 2 对对绞线电缆容量配置，跳线两端连接插头采用 IDC 或 RJ-45 型。

（2）数据跳线宜按每根 4 对对绞线电缆配置，跳线两端连接插头采用 IDC 或 RJ-45 型。

（3）光纤跳线宜按每根 1 芯或 2 芯光纤配置，光跳线连接器件采用 ST、SC 或 SFF 型。

3.3.3　设计水平子系统的线缆

水平子系统的线缆使用双绞线时，水平电缆、工作区跳线和管理跳线的总长度为 100m，其最大长度的分配方式，分别如图 3-21（交连方式）和图 3-22（直连方式）所示。

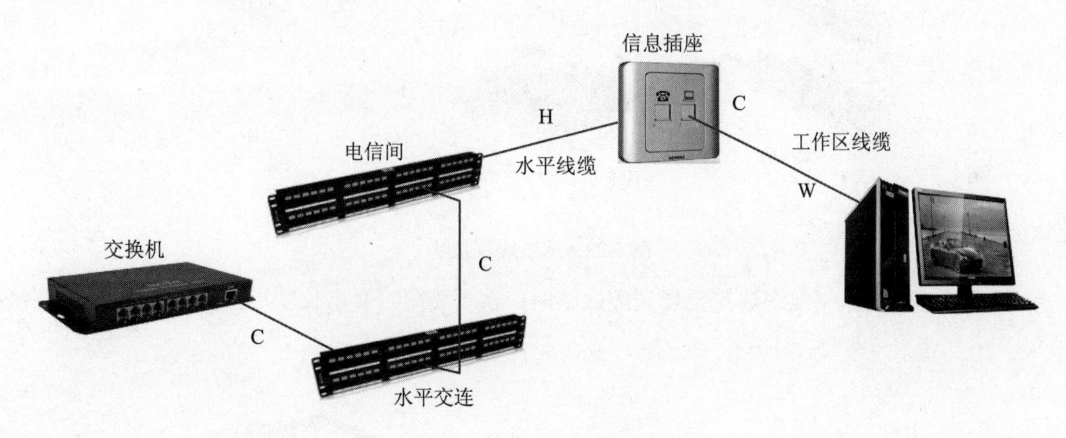

图 3-21　屏蔽双绞线配线架

当工作区、配线架和集线器设备跳线的最大联合长度（C）或工作区跳线最大长度（W）增加时，水平线缆最大长度（H）的变化情况，如表 3-26 所示。

表 3-26　线缆最大长度

水平线缆最大长度（H）	工作区、配线架和集线设备跳线的最大联合长度	工作区跳线最大长度（W）
90	10	5
85	14	9
80	18	13
75	22	17
70 或更少	27	22

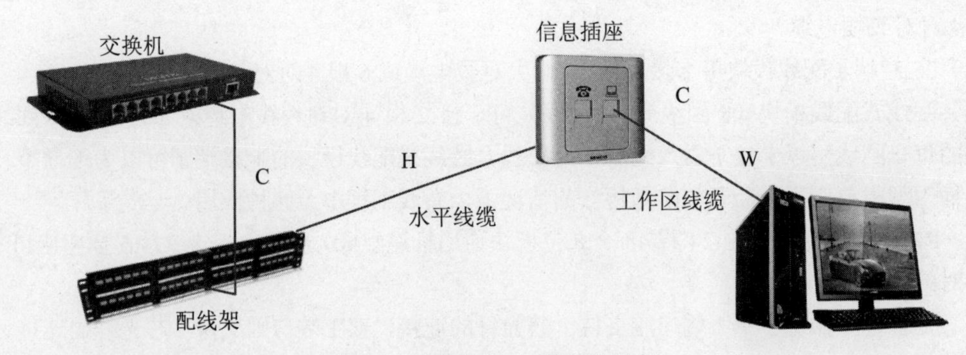

图 3-22　直连方式下双绞线总长度

当使用双绞线作为传输介质时，从用户计算机到网络集线设备的总长度不能超过 1000m，如图 3-23 所示。

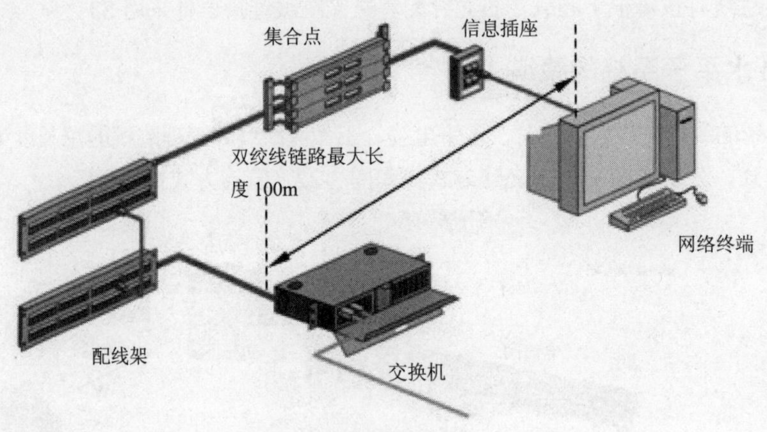

图 3-23　双绞线总长度

当信息插座借助水平线缆连接至楼层配线架时，水平线缆的最小长度不应小于 15m，如图 3-24 所示。

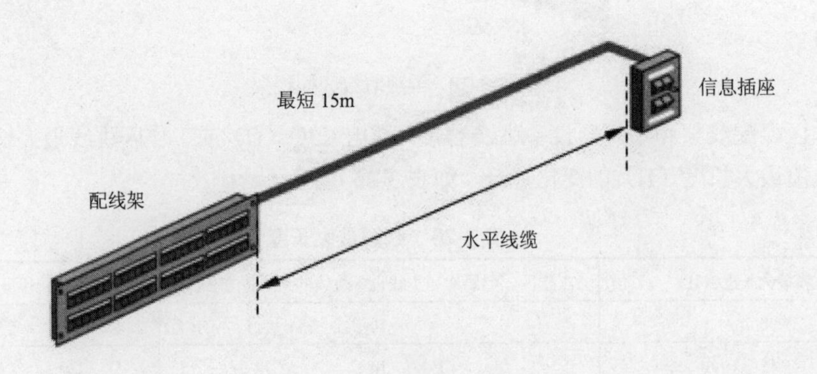

图 3-24　水平线缆最小长度

当水平线缆中拥有一个集合点（CP）时，集合点与楼层配线架间的线缆最小长度不应小于 15m，集合点至信息插座的线缆最小长度不应小于 5m，如图 3-25 所示。

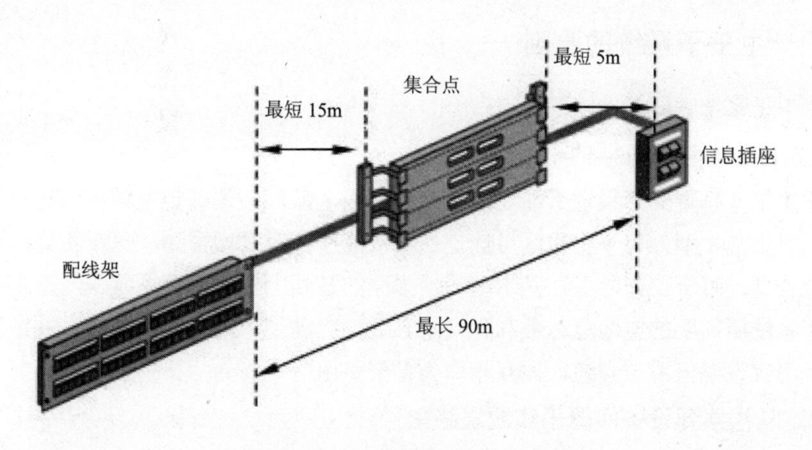

图 3-25　线缆最小长度

3.4　设计主干子系统

主干子系统（也称垂直子系统）用于连接各配线室，实现计算机设备、交换机、控制中心与各管理子系统之间的连接，主要包括主干传输介质及与介质终端连接的硬件设备。主干子系统通常由设备间的配线设备和跳线以及设备间至各楼层配线架的连接线缆组成。

3.4.1　主干子系统结构

主干（垂直）子系统是通过建筑物内部的传输线缆，把各个管理间的信号传送到设备间，然后传送到最终接口，再通往外部网络。它必须既满足当前的需要，又适应今后的发展。

主干布线采用星形拓扑结构，即从主设备间到每个楼层电信间都有一条独立的多芯光缆，如图 3-26 所示。同时，敷设 2~4 根六类非屏蔽双绞线作为数据主干的备份。

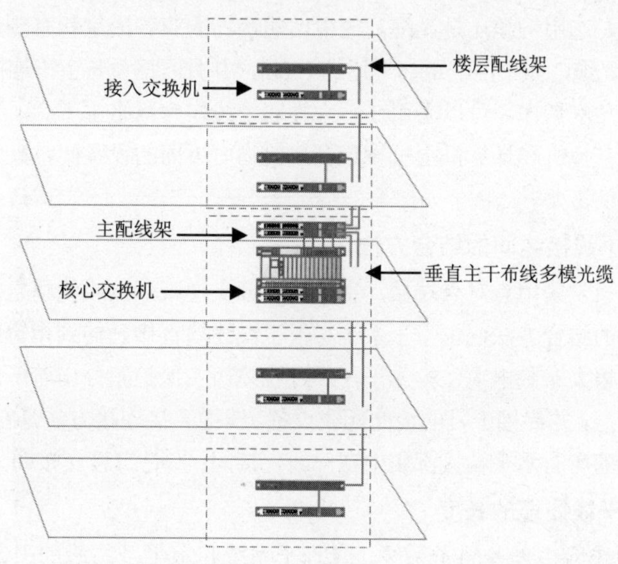

图 3-26　垂直（主干）子系统设计

3.4.2 设计主干子系统的原则

设计主干子系统时要考虑以下几点：

1．确定每层楼和整栋楼的干线要求

在确定主干（垂直）子系统所需要的电缆总对数之前，必须确定电缆中语言信号和数据信号的共享原则。对于基本型，每个工作区可选定 2 对双绞线；对于增强型，每个工作区可选定 3 对双绞线；对于综合型，每个工作区可在基本型或增强型的基础上增设管理系统。

主干子系统所需要的电缆总对数和光纤总芯数，应满足工程的实际需求，并留有适当的备份容量。主干线缆宜设置电缆与光缆，并互相作为备份路由。

2．确定从楼层到设备间的干线线缆路由

布线走向应选择干线线缆最短，确保人员安全和最经济的路由。建筑物有两大类型的通道，即封闭型和开放型，宜选用带门的封闭型通道敷设干线线缆。封闭型通道是指一连串上下对齐的交接间，每层楼都有一间，线缆竖井、线缆孔、管道、托架等穿过这些房间的地板层，每个交接间通常还有一些便于固定线缆的设施和消防装置。开放型通道是指从建筑物的地下室到楼顶的一个开放空间，中间没有任何楼板隔开。通风通道或电梯通道，不能敷设主干子系统线缆。

在同一层若干电信间之间宜设置干线路由。在多层楼房中，经常需要使用干线线缆的横向通道才能从设备间连接到干线通道，以及在各个楼层上从二级交接间连接到任何一个配线间。不过，横向走线需要寻找一个易于安装的方便通道，因而两个端点之间很少是一条直线。在水平子系统、垂直布线时，应考虑数据线、语音线以及其他弱电系统的共槽问题。

如果建筑物预留有电信井，自然应当将建筑物主干线缆敷设在其中。否则，可以在建筑物水平中心位置垂直安装密闭金属桥架，用于楼层之间的垂直主干布线。选择在水平中心位置，可以保证水平布线的距离最短，既减少布线投资，又可保证最大传输距离在水平布线所允许的 90m 之内。

3．确定使用光缆还是双绞线

主干布线是选用铜缆还是光缆，应根据建筑物的业务流量和有源设备的档次来确定。主干布线通常应当采用光缆，如果主干距离不超过 100m，并且网络设备主干连接采用 100Base-T 端口接口时，从节约成本的角度考虑，可以采用 8 芯六类双绞线作为网络主干。

如果电话交换机和计算机主机设置在建筑物内不同的设备间，宜采用不同的主干线缆以分别满足语音和数据的需要。

4．确定干线接线间的结合方法

干线线缆通常采用点对点端接，也可采用分支递减端接或线缆直接连接方法。点对点端接是最简单、最直接的结合方法，主干子系统每根干线线缆直接延伸到指定的楼层和交接间。分支递减端接是指使用一根大对数电缆作为主干，经过线缆接头保护箱分出若干根小线缆，分别延伸到每个交换间或每个楼层，并终接于目的地的配线设备。线缆直接连接方法是在一些特殊情况下所用的技术，一是一个楼层的所有水平端接都集中在干线交接间；二是二级交接间太小，在干线交接间完成端接。

5．确定干线线缆的长度

主干子系统应由设备间子系统、管理子系统和水平子系统的引入口设备之间的相互连接线缆组成。

6．确定敷设附加横向线缆时的支撑结构

综合布线系统中的主干（垂直）子系统并非一定是垂直布置的。从概念上讲，它是楼群内的主干通信系统。在某些特定环境中，如在低矮而又宽阔的单层平面的大型厂房中，主干子系统就是平面布置的，它同样起着连接各配线间的作用。而且在大型建筑物中，主干子系统可以由两级甚至更多级组成。

主干线敷设在弱电井内，移动、增加或改变比较容易。很显然，一次性安装全部主干线缆是不经济也是不可能的。通常分阶段安装主干线缆，每个阶段为 3~5 年，以适应不断增长和变化的业务需求。当然，每个阶段的长短还随使用单位的稳定性和变化而定。

另外，设计主干布线时，还需要注意以下几点：

（1）网线一定要与电源线分开敷设，但是可以与电话线及有线电视线缆置于同一个线管中。布线时拐角处不能将网线折成直角，以免影响正常使用。

（2）强电和弱电通常应当分置于不同的竖井内。如果不得已需要使用同一个竖井，那么必须分别置于不同的桥架中，并且彼此相隔 30cm 以上。

（3）网络设备必须分级连接，即主干布线只用于连接楼层交换机与骨干交换机，而不用于直接连接用户端设备。

（4）大对数双绞线电缆容易导致线对之间的近端串音以及近端串音的叠加，这对于高速数据传输十分不利，除非必要，不要使用大对数电缆作为主干布线的线缆。

3.5　设计管理子系统

管理子系统通常设置在各楼层的设备间（狭义上的概念，区别于整个综合布线系统中的“设备间”）内，主要由交换间的配线设备、输入/输出设备等组成。管理子系统提供了与其他子系统连接的手段，交接使得有可能安排或重新安排路由，因而通信线路能够延伸到连接建筑物内部的各个信息插座，从而实现综合布线系统的管理。

3.5.1　配线架连接方式

综合布线管理人员通过调整配线设备的交接方式，就有可能安排或者重新安排传输线路，而传输线路可延伸到建筑物内部的各个工作区。用户工作区的信息插座是水平子系统布线的终点，是语音、数据、图像、监控等设备或期间连接到综合布线的通用进出口点。也就是说，只要在配线连接硬件区域调整交接方式，就可以管理整个应用终端设备，从而实现综合布线系统的灵活性、开放性和扩展性。

1．互相连接

配线间内配线架与网络设备的连接方式分为两种，即相互连接和交叉连接。交连和互连允许将通信线路定位或重定位到建筑物的不同部分，以便于管理通信线路，从而在移动终端设备时能方便地进行插拔。所谓互相连接，是指水平线缆一端连接至工作间的信息插座，一端连接至配线间的设备架，配线架和网络设备通过接插软线进行连接的方式，如图 3-27 所示。

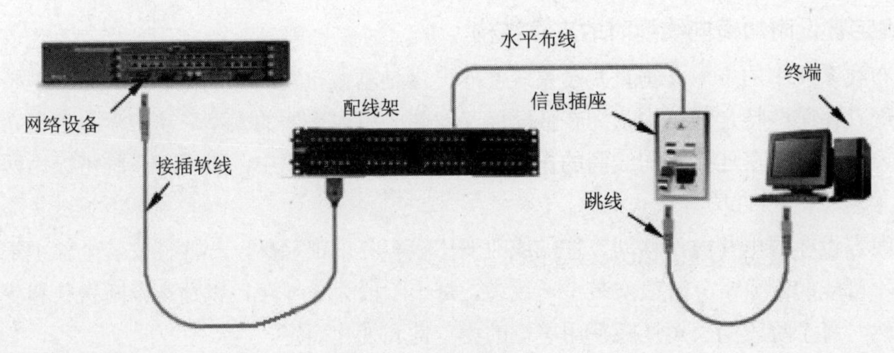

图 3-27　互相连接方式

互相连接方式使用的配线架前面板通常为 RJ-45 端口，因此网络设备与配线架之间使用 RJ-45 端口接插软线。

2．交叉连接

所谓交叉连接，是指在水平链路中安装两个配线架。其中，水平线缆一端连接至工作间的信息插座，一端连接至设备间的配线架，网络设备通过接插软线连接至另一个配线架，再通过多条接插软线将两个配线架连接起来，从而便于对网络用户的管理，如图 3-28 所示。交叉连接又可划分为单点管理单交连、单点管理双交连和双点管理双交接 3 种方式。

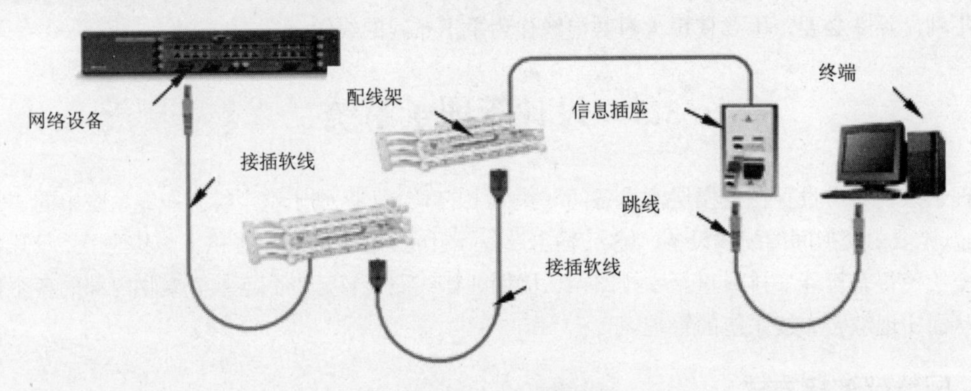

图 3-28　交叉连接

（1）单点管理单交连

单点管理系统只有一个管理单元，负责各信息点的管理，如图 3-29 所示。该系统有两种布线方式，即单点管理单交连和单点管理双交连。单点管理单交连在整幢大楼内只设一个设备间作为交叉连接区，楼内信息点均直接点对点地与设备间连接，适用于楼层低、信息点数少的布线系统。

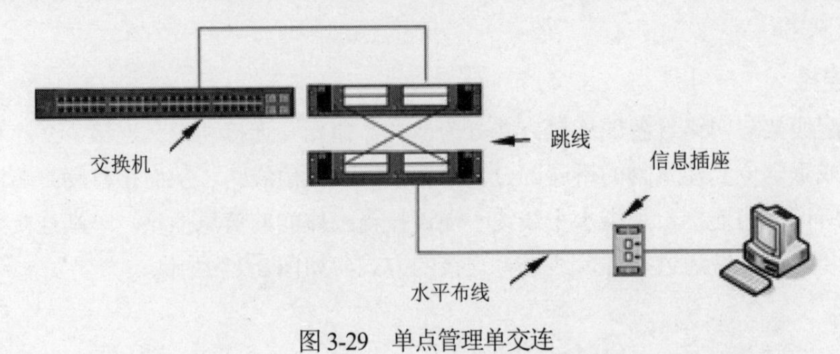

图 3-29　单点管理单交连

（2）单点管理双交连

管理子系统宜采用单点管理双交连，如图 3-30 所示，其管理单元位于设备间中的交换设备或互连设备附近（进行跳线管理），并在每楼层设置一个接线区作为互连区。如果没有设备间，互连区可以放在工作间的墙壁上。该方式的优点是易于布线施工，适用于楼层高、信息点较多的场所。

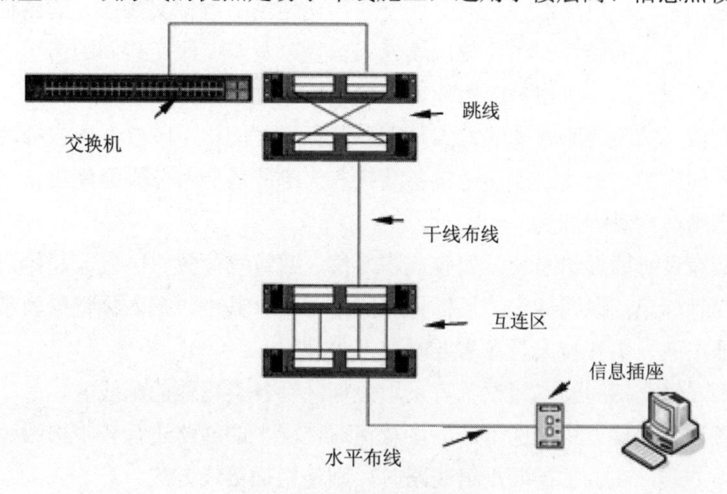

图 3-30　单点管理双交连

注意：如果采用超五类或者六类双绞线在建筑物内布线，那么距离（离设备间最远的信息节点与设备间的距离）不能超过 100 m，否则将不能采用此方式。

（3）双点管理双交连

双点管理系统在整幢大楼设有一个设备间，在各楼层还分别设有管理子系统，负责该楼层信息点的管理，各楼层的管理子系统均采用主干线缆与设备间进行连接，如图 3-31 所示。由于每个信息节点有两个可管理的单元，因此被称为双点管理双连接系统，适合楼层高、信息点数多的布线环境。双点管理双连接方式布线，使客户在交连场改变线路非常简单，而不必使用专门的工具或求助于专业技术人员，只需进行简单的跳线，便可以完成复杂的变更任务。

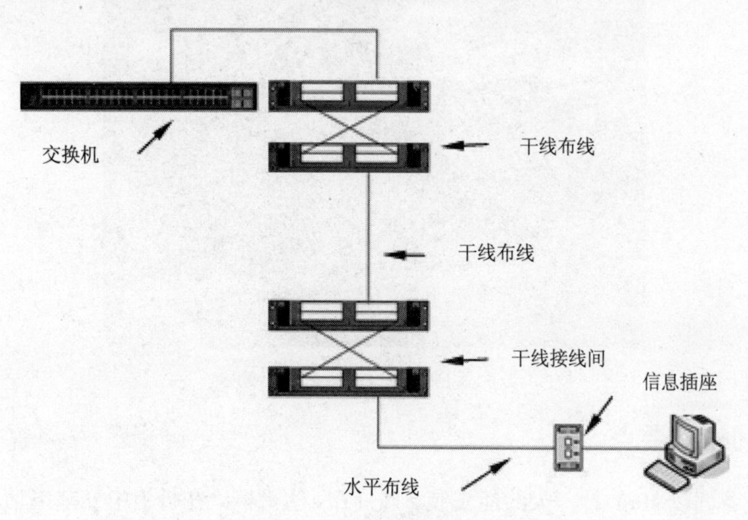

图 3-31　双点管理双交连

3.5.2 设计管理子系统的原则

管理子系统时管理线缆及相关连接硬件的系统，主要由配线间（包括设备间、二级交接间）的线缆、配线架及相关接插软线等组成。设计管理子系统的原则如下：

（1）建议管理子系统采用单点管理双交连方式。交连场（或称交接区）的结构取决于工作区、综合布线系统规模和选用的硬件。在管理规模庞大、复杂及有二级交接间的情况下，才采用双点管理双交连方式。在管理点，建议根据应用环境，使用标记插入条标识各个端接场。

（2）在每个交接区实现线路管理的方式是在各色标场之间接上跨接线或接插线，这些色标分别用来标明该场是干线线缆、配线线缆还是设备端接点。这些场通常分别分配给指定的接线块，而接线块则按垂直或水平结构进行排列。

（3）交接区应有良好的标记系统，如建筑物名称、建筑物位置、区号、起始点和功能等。综合布线系统使用了 3 种标记：线缆标记、场标记和插入标记。其中，插入标记最为常用。这些标记通常是硬纸片或其他东西，由安装人员在需要时取下来使用。

（4）交接间及二级交接间的本线设备宜采用色标区别各类用途的配线区。

（5）关于交接设备连接方式的选用，应注意在对楼层上的线路进行较少修改、移位或重新组合时，宜使用夹接线方式；在经常需要重组线路时，则使用插接线方式。

（6）在交连场之间应留出空间，以便容纳未来扩充的交接硬件。

3.6 设计设备间

设备间是大楼的电话交换机设备和计算机网络设备，以及建筑物配线设备（BD）安装的地点，也是进行网络管理的场所，如图 3-32 所示。对综合布线工程设计而言，设备间主要安装总配线设备。当信息通信设施与配线设备分别设置时考虑到设备电缆有长度限制的要求，安装总配线架的设备间与安装电话交换机及计算机主机的设备间之间的距离不宜太远。

图 3-32 设备间

3.6.1 设备间设计要点

如果一个设备间以 10m^2 计，大约能安装 5 个 19IN 的机柜。在机柜中安装电话卡接式模块，数据主干线缆配线设备模块，大约能支持总量为 6 000 个信息点所需（其中电话和数据信息点各占 50

%）的建筑物配线设备安装空间。

在设备间总体设计中一般要考虑以下几点：

（1）设备间位置应根据设备的数量、规模、网络构成等因素综合考虑确定。

（2）每幢建筑物内应至少设置 1 个设备间，如果电话交换机与计算机网络设备分别安装在不同的场地或根据安全需要，也可设置 2 个或 2 个以上的设备间，以满足不同业务的设备安装需要。

（3）建筑物综合布线系统与外部配线网连接时，应遵循相应的接口标准要求。

设备间的具体设计应符合下列规定：

- 设备间宜处于干线子系统的中间位置，并考虑主干线缆的传输距离与数量。
- 设备间宜尽可能靠近建筑物线缆竖井位置，有利于主干线缆的引入。
- 设备间的位置宜便于设备接地。
- 设备间应尽量远离高低压变配电、电机、X 射线、无线电发射等有干扰源存在的场地。
- 设备间室温度应为 10～35℃，相对湿度应为 20%～80%，并应有良好的通风。
- 设备间内应有足够的设备安装空间，其使用面积不应小于 10m^2，该面积不包括程控用户交换机、计算机网络设备等设施所需的面积在内。
- 设备间梁下净高不应小于 2.5m，采用外开双扇门，门宽不应小于 1.5m。
- 设备间应防止有害气体（如氯、碳水化合物、硫化氢、氮氧化物、二氧化碳等）侵入，并应有良好的防尘措施。
- 设备间应按防火标准安装相应的防火报警装置，使用防火防盗门。墙壁不允许采用易燃材料，应有至少能耐火 1h 的防火墙。地面、楼板和天花板均应涂刷防火涂料，所有穿放线缆的管材、洞孔和线槽都应采用防火材料堵严密封。
- 在地震区的区域内，设备安装应按规定进行抗震加固。

设备安装时宜符合下列规定：

- 机架或机柜前面的净空不应小于 800 mm，后面的净空不应小于 600 mm。
- 壁挂式配线设备底部离地面的高度不宜小于 300 mm。
- 设备间应提供不少于两个 220V 带保护接地的单相电源插座，但不作为设备供电电源。
- 设备间如果安装电信设备或其他信息网络设备时，设备供电应符合相应的设计要求。
- 在设备间内应有可靠的 50 Hz、220V 交流电源，必要时可设置备用电源和不间断电源。当设备间内装设计算机主机时，应根据需要配置电源设备。

3.6.2 数据中心设计要点

数据中心是各类信息的中枢，通常它是信息系统的核心所在，因为它包含了该信息系统中的几乎全部的信息资产。一个企业网络的主要设备，如各种专用和通用服务器、大量的数据资源、主干路由器、主干交换机、防火墙、UPS 等设备和资产，都安置在此。

我国《电子信息系统机房设计规范》(GB50174—2008)，数据中心可根据使用性质、管理要求及由于场地设备故障导致电子信息系统运行中断在经济和社会上造成的损失或影响程度，分为 A、B、C 三级，A 级是最高级别，B 级次之，C 级又次之。

ANSI/TIA 数据中心（机房）分为 1、2、3、4 等级，级别越高，提供的可用性和安全性就越高。

1．数据中心（机房）的布局要求

机房位置要有利于人员进出和设备搬运。机房应包括：主机区、第一类辅助房间、第二类辅助房间及第三类辅助房间等。

（1）主机区

计算机主机、网络设备、操作控制台和主要外部设备（磁盘机、磁带机、通信控制器、监视器等）的安装场地。

（2）第一类辅助房间

直接为计算机硬件维修、软件研究服务的处所。其中包括：硬件维修室、软件分析修改室、仪器仪表室、备件库、随机资料室、未记录磁介质库、未记录纸介质库、硬件人员办公室、软件人员办公室、上机准备室和外来用户工作室等。

（3）第二类辅助房间

为保证机房达到各项工艺环境要求所必需的各公用专业技术用房。其中包括：变压器室、高低压配电室、不间断电源室、蓄电池室、发电机室、空调器室、灭火器材室和安全保卫控制室等。

（4）第三类辅助房间

用于生活、卫生等目的的辅助部分。包括：更衣室、休息室、盥洗室等。

设备间内所有设备应有足够的安装空间、其中包括计算机主机、网络连接设备等。机架前后至少留有 1.2m 的空间，以方便设备的安装、调试及维护。

2．数据中心机房工程组成

数据中心机房工程是一项复杂的系统工程。具体如下：

（1）机房装修工程

机房装修工程包括机房地面工程、机房天花工程、机房隔断工程、机房门窗工程和保温等。

（2）机房动力供配电系统工程

机房动力供配电系统工程包括机动力供配电系统、UPS 供配电系统、辅助供配电系统、照明系统、应急照明系统。

（3）机房空调新风系统工程

机房空调新风系统工程包括空调、新风系统、漏水检测。

（4）消防系统工程

消防系统工程包括气体灭火系统和火灾自动报警系统。

（5）弱电工程

弱电工程包括机房综合布线系统、机房监控系统、门禁、各类动力电缆和配电电缆的敷设防雷和接地系统。

（6）屏蔽系统工程

屏蔽系统工程包括机房屏蔽，能够防止各种电磁干扰对机房设备和信号的损伤，常见的屏蔽方法有：金属网状屏蔽和金属板式屏蔽。

3．数据中心布线方法

数据中心布线的两种方法如下：点对点布线和网络列头柜布线。

（1）点对点布线，是数据中心采用多年的布线方法。点对点意味着在地板下、空中（无论是否有线槽）或穿过服务器机柜，只要有需要，就牵拉网线。线缆通常是当场制作或直接使用已有链路。旧缆线通常不会移除或标记，导致数据中心人员维护追踪与寻找更加困难，服务器与跳线会使线缆分布混乱，点对点模式已无法很好地服务于数据中心和基于云计算的数据中心。

（2）网络列头柜布线，是近年来数据中心常用的布线方式，也称为区域汇聚或行尾汇聚架构的布线。网络列头柜布线有专门用于放置配线架与汇聚交换机的地方，通常是位于同行的末尾机柜（也有放在中间的），便于连接整组服务器机柜。配线架安装在网络列头柜的插槽中。网络列头柜布线简化了添加硬件的难度，只需将服务器与所需连接的配线架连接再将配线架连接至对应的汇聚层交换机即可。每个连接需要两条短跳线，这同样有利于今后的安装与维护。

4．数据中心机房使用面积

机房使用面积由主机房、支持区和辅助房间等功能区组成。

（1）主机房使用面积，等同于设备间使用面积的方法来确定。

（2）支持区和辅助房间使用面积，宜等于或大于主机房面积的 2 倍。

（3）用户工作室、硬件及软件人员办公室使用面积，可按每人 3.5～4m^2 计算。

5．云计算的数据中心机房的要求

云计算是随着处理器技术、虚拟化技术、分布式存储技术、宽带互联网技术和自动化管理技术的发展而产生的，云计算应用是在网络上而不是在本机上运行，这种转变将数据中心放在网络的核心位置，而所有的应用需要的计算能力、存储、带宽、电力，都由数据中心提供。因此，云计算环境下的数据中心机房提出了如下要求：

（1）面积非常大。

云计算数据中心机房的面积非常大。

（2）高密度。

云计算是一种集中化的部署方式，要在有限空间内支持高负载、服务器等高密度。

（3）灵活快速扩展。

“云”的规模可以动态伸缩，满足应用和用户规模增长的需要。其数据中心必须具有良好的伸缩性，同时，为了节省投资，最好能边成长、边投资。

（4）降低运维成本。

由于云计算是收费服务，必然存在市场竞争，如要想在市场竞争中胜出，云计算服务必须具有良好的性价比。因此，好的云计算数据中心必须是低运维成本的数据中心。

（5）自动化资源监控和测量。

云计算数据中心应是 24×7 无人值守、可远程管理的，这种管理涉及整个数据中心的自动化运营，它不仅仅是监测与修复设备的硬件故障，还要实现从机房风、水电环境、服务器和存储系统到应用的端到端的基础设施统一管理。

（6）高可靠性。

云计算要求其提供的云服务连续不中断，“云”使用了数据多副本容错、计算节点同构可互换等措施来保障服务的高可靠性，使用云计算比使用本地计算机更可靠。

3.7 设计电信间

电信间主要为楼层安装配线设备（为机柜、机架、机箱等安装方式）和楼层计算机网络设备（HUB或SW）的场地，并可考虑在该场地设置线缆竖井、等电位接地体、电源插座、UPS配电箱等设施。在场地面积满足的情况下，也可设置建筑物诸如安防、消防、建筑设备监控系统、无线信号覆盖等系统的安装。如果综合布线系统与弱电系统设备合设于同一场地，从建筑的角度出发，称为弱电间。

一般情况下，综合布线系统的配线设备和计算机网络设备采用19IN标准机柜安装。

3.7.1 电信间的设备部件

现在，许多大楼在综合布线时都考虑在每一楼层都设立一个电信间，用来管理该层的信息点，摒弃了以往几层共享一个电信间的做法，这也是布线的发展趋势。

作为电信间，一般有以下设备：

- 机柜。
- 集线器。
- 信息点集线面板。
- 语音点S110集线面板。
- 集线器的整压电源线。

作为电信间，应根据管理信息的实际状况安排使用房间的大小。如果信息点多，就应考虑用一个房间来放置；如果信息点少，就没有必要单独设立一个管理间，可选用墙上型机柜来处理该子系统。在电信间中，信息点的线缆是通过信息集线面板进行管理的，而语音点的线缆是通过110交连硬件进行管理。电信间的交换机、集线器有12口、24口、48口等，应根据信息点的多少来配备交换机和集线器。

3.7.2 设计电信间的步骤

设计电信间时，一般采用以下步骤：

（1）确认线路模块化系数是2对线、3对线还是4对线。每个线路模块当作一条线路处理，线路模块化系数视具体系统而定。例如，SYSTEM85的线路模块化系数是3对线。

（2）确定话音和数据线路要端接的电缆对总数，并分配好语音或数据线路所需的终端接口。

（3）决定采用何种110交连硬件。

- 如果线对总数超过6000（即2000条线路），则使用11A交连硬件。如果线对总数少于6000，则可使用10A或110P交连硬件。
- 110A交连硬件占用较少的墙空间或框架空间，但需要一名技术人员负责线路管理。主布线交连场把公用系统电缆设备的线路连接到来自干线和建筑群子系统的输入线对。典型的主布线交连场包括两个色场：白场和紫场。白场实现干线和建筑群线对的端接；紫场实现公用系统设备线对的端接。
- 决定每个接线块可供使用的线对总数，主布线交连硬件的接线数目取决于3个因素：硬件类型、每个接线块可供使用的线对总数和需要端接的线对总数。

- 由于每个接线块端接行的第 25 对线通常不用，故一个接线块极少能容纳全部线对。
- 决定白场的接线块数目，为此，首先把每种应用（语音或数据）所需的输入线对总数除以每个接线块的可用线对总数，然后取更高的整数作为白场接线块数目。
- 选择和确定交连硬件的规模——中继线/辅助场。
- 确定设备间交连硬件的位置。
- 绘制整个布线系统即所有子系统的详细施工图。

（4）电信间的信息点连接是非常重要的工作，它的连接要尽可能简单，主要工作是跳线。

3.7.3　设计电信间的基本原则

如果按建筑物每层电话和数据信息点各为 200 个考虑配置上述设备，大约需要 2 个 19IN（42U）的机柜空间，以此测算电信间面积至少应为 5m^2（2.5m×2.0m）。对于涉及布线系统设置内、外网或专用网时，19 " 应分别设置，并在保持一定间距的情况下预测电信间的面积。

电信间温、湿度按配线设备要求提出，如在机柜中安装计算机网络设备（HUB/SW）时的环境应满足设备提出的要求，温、湿度的保证措施由空调系统负责解决。

设计电信间的基本原则如下：

（1）电信间的数量应按所服务的楼层范围及工作区面积来确定。如果该层信息点数量不大于 400 个，水平线缆长度在 90m 范围以内，宜设置一个电信间；当超出这一范围时宜设两个或多个电信间；每层的信息点数量数较少，且水平线缆长度不大于 90m 的情况下，宜几个楼层合设一个电信间。

（2）电信间应与强电间分开设置，电信间内或其紧邻处应设置线缆竖井。

（3）电信间的使用面积不应小于 5m^2，也可根据工程中配线设备和网络设备的容量进行调整。

（4）电信间应提供不少于两个 220V 带保护接地的单相电源插座，但不作为设备供电电源。电信间如果安装电信设备或其他信息网络设备时，设备供电应符合相应的设计要求。

（5）电信间应采用外开丙级防火门，门宽大于 0.7m。电信间内温度应为 10～35℃，相对湿度宜为 20%～80%。如果安装信息网络设备时，应符合相应的设计要求。

3.8　设计进线间

进线间是建筑物外部通信和信息管线的入口部位，并可作为入口设施和建筑群配线设备的安装场地。进线间一个建筑物宜设置 1 个，一般位于地下层，外线宜从两个不同的路由引入进线间，有利于与外部管道沟通。

进线间与建筑物红外线范围内的人孔或手孔采用管道或通道的方式互连。进线间因涉及因素较多，难以统一提出具体所需面积，可根据建筑物实际情况，并参照通信行业和国家的现行标准要求进行设计。

设计进线间的原则如下：

- 进线间应设置管道入口。
- 进线间应满足线缆的敷设路由、成端位置及数量、光缆的盘长空间和线缆的弯曲半径、充气维护设备、配线设备安装所需要的场地空间和面积。

- 进线间的大小应按进线间的进楼管道最终容量及入口设施的最终容量设计。同时应考虑满足多家电信业务经营者安装入口设施等设备的面积。
- 进线间宜靠近外墙和在地下设置，以便于线缆引入。
- 与进线间无关的管道不宜通过。
- 进线间入口管道口所有布放线缆和空闲的管孔应采取防火材料封堵，做好防水处理。
- 进线间如安装配线设备和信息通信设施时，应符合设备安装设计的要求。

进线间设计应符合下列规定：

- 进线间应防止渗水，宜设有抽、排水装置。
- 进线间应与布线系统垂直竖井沟通。
- 进线间应采用相应防火级别的防火门，门向外开，宽度不小于1000mm。
- 进线间应设置防有害气体措施和通风装置，排风量按每小时不小于5次容积计算。

3.9 设计建筑群子系统

建筑群子系统也称楼宇管理子系统，由连接各建筑物之间的综合布线线缆、建筑群配线设备和跳线等组成。一个企业或某政府机关可能分散在几幢相邻建筑物或不相邻建筑物内办公，则它们彼此之间的语音、数据、图像和监控等系统，需要由建筑群子系统连接起来。对于只有一栋建筑物的布线环境，则不存在建筑群子系统设计。

3.9.1 设计建筑群干线子系统的步骤

建筑群子系统既可以采用多模或单模光纤，也可以使用大对数双绞线；既可以采取地下管道敷设方式，也可以采用悬挂方式。线缆的两端分别是两幢建筑的设备间子系统的接续设备。在建筑群环境中，除了需在某个建筑物内建立一个主设备室外，还应在其他建筑内都配置一个中间设备室。其一般的设计步骤如下：

1. 确定敷设现场的特点

确定敷设现场的特点包括确定整个工地的大小、工地的地界，以及共有多少座建筑物。

2. 确定电缆系统的一般参数

建筑群数据网主干线缆一般应选用多模或单模室外光缆，芯数不小于12芯，宜用层统式、中心束管式。建筑群数据网主干线缆使用光缆与电信公网连接时，应采用单模光缆，芯数应根据综合通信业务的需要确定；选用双绞线时，一般应选择高质量的大对数双绞线。当建筑群子系统使用双绞线电缆时，总长度不应超过1500m。对于建筑群语音网，主干线缆一般可选用三类大对数电缆。

建筑群配线设备宜安装在进线间或设备间，并可与入口设施或建筑物配线设备合用场地。建筑群配线设备内、外侧的容量应与建筑物内连接建筑物配线设备的建筑群主干线缆容量及建筑物外部引入的建筑群主干线缆容量一致。

此外，还应确认起点位置、端接点位置、涉及的建筑物和每座建筑物的层数、每个端接点所需的双绞线对数、有多个端接点的每座建筑物所需的双绞线总对数。

3．确定建筑物的电缆入口

对于现有建筑物，要确定各个入口管道的位置、每座建筑物有多少入口管道可供使用，以及入口管道数目是否满足系统的需要。

如果入口管道不够用，则要确定在移走或重新布置某些线缆时是否能腾出某些入口管道。在不够用的情况下，应另装多少入口管道。

如果建筑物尚未建起来，则要根据选定的线缆路由完善线缆系统设计，并标记入口管道的位置；选定入口管道的规格、长度和材料；在建筑物施工过程中安装好入口管道。

4．确定明显障碍物的位置

确定土壤类型（沙质土、黏土、砾土等）、线缆的布线方法，以及地下公用设施的位置。

5．确定主电缆路由和备用电缆路由

对于每一种待定的路由，确定可能的线缆结构。对所有建筑物进行分组，每组单独分配一根线缆，每座建筑物单有一根线缆。

6．选择所需电缆类型和规格

确定线缆长度；画出最终的结构图，绘制所选定路由的位置和挖沟详图，包括公用道路图或任何需要经审批才能动用的地区草图；确定入口管道的规格。

7．确定每种选择方案所需的劳务成本

确定施工时间，包括迁移或改变道路、草坪、树木等所花的时间，如果使用管道，还应包括敷设管道和穿线缆的时间；确定线缆接合时间；确定其他时间，例如拿掉旧电缆、避开障碍物等所需的时间。计算每种设计方案的劳务费用：总时间×当地的工时费。

8．确定每种选择方案的材料成本

确定线缆成本：参考有关布线材料价格表，将每米的成本乘以所需米数。

9．选择最经济、最实用的设计方案

将各项成本、劳务费用加在一起得到每种方案的总成本。比较各种方案的总成本，选择成本最低者。

3.9.2　建筑群干线布线方法

建筑群子系统路由的选择，最主要是对网络中心位置的选择。除非特殊需要，网络中心应当尽量位于各建筑物的中心位置，或建筑物最为集中的位置，从而避免到某一建筑的距离过长。在设计光缆路由时，应当尽量避免与原有管道交叉；与原有管道平行敷设时，保持不小于 1m 的距离，以避免开挖或维护时相互影响。

在建筑群子系统中线缆布线方法有 4 种，下面分别进行介绍。

1．架空布线

图 3-33　架空安装方法

架空布线方法通常只用于有现成的电线杆，而且线缆的走法不是主要考虑内容的场合，从电线杆至建筑物的架空进线距离以不超过 30m 为宜，如图 3-33 所示。建筑物的线缆入口可以是穿墙的线缆孔或管道，入口管道的最小口径为 50mm。如果架空线的净空有问题，可以

使用天线杆型的入口。该天线的支架一般不应高于屋顶 1200mm；如果再高，就应使用拉绳固定。此外，天线型入口杆高出屋顶的净高应超过 2500mm，该高度正好使工人可以摸到线缆。

注意：通信线缆与电力线缆之间的距离必须符合国家室外架空线缆的有关标准。架空线缆通常穿入建筑物外墙上的 U 形线缆保护套，然后向下（或向上）延伸，从线缆孔进入建筑物内部。线缆入口的孔径一般为 50mm，建筑物到最近处的电线杆距离通常应小于 30m。

2. 直埋布线

直埋布线法在初始价格、维护费用以及安全和外观方面优于架空布线法，如图 3-34 所示。布线的发展趋势是让各种设施不在人的视野里出现，因此将语音线缆和电力线缆等埋在一起将会日趋普遍，这样的共用结构要求有关部门从筹划阶段直到施工完毕，以至未来的维护工作中都要密切合作。

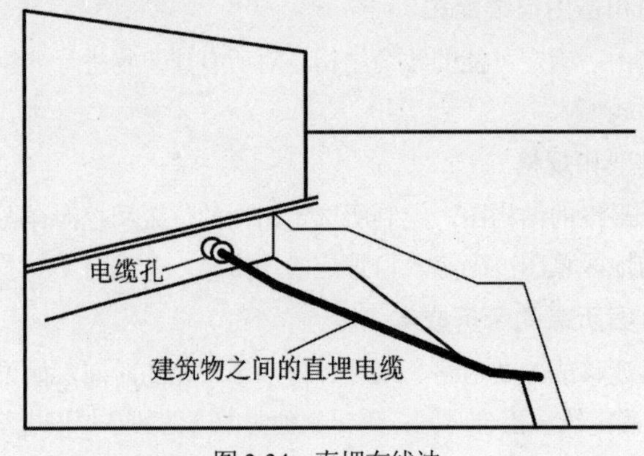

图 3-34　直埋布线法

3. 管道布线

管道系统的设计方法就是把直埋线缆设计原则与管道设计步骤结合在一起，如图 3-35 所示。当考虑建筑群管道系统时，还要考虑接合井。

在建筑群管道系统中，接合井的平均间距约为 180m，或者在主结合点处设置接合井。接合井可以是预制的，也可以是现场浇筑的，应在结构方案中标明使用哪一种接合井。

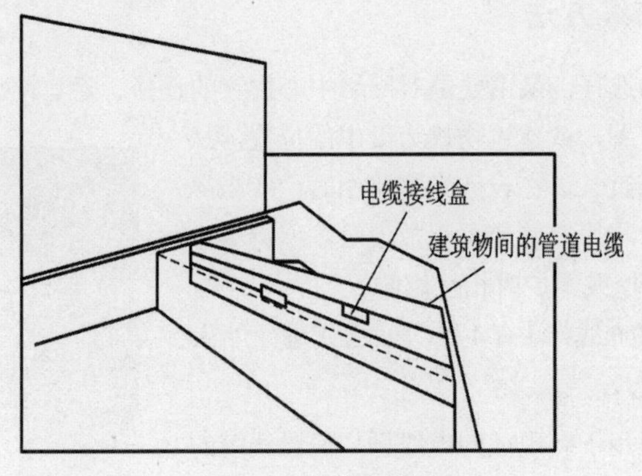

图 3-35　管道布线法

4. 隧道内布线

在建筑物之间通常有地下通道，大多是供暖、供水的，利用这些管道来敷设线缆不仅成本低，而且可利用原有的设施。

当线缆从一个建筑物到另一个建筑物时，要考虑到环境因素的限制，如雷击、电源感应电压或地电压上升等。因此，在进行建筑群布线时，必须要使用保护器对其加以保护。下面介绍电缆的保护方法。

【实验3-3】保护电缆的方法

电气保护设备位于建筑物内部（不是对电信公用设施实行专门控制的建筑物），那么所有保护设备及其安装装置都必须有UL安全标记。

此外，还应该确定被雷击的可能性。线缆处于已接地的保护伞之下，而此保护伞是由邻近的高层建筑物或其他高层结构提供的，因此，设备间和配线间要考虑接地问题，接地要求单个设备要小于1Ω，整个系统设备互连接地要求小于4Ω。

当出现下列任意一种情况时，线路就被暴露在凶险的境地，就应该对其进行保护。

（1）雷电所引起的干扰。

（2）工作电压超过300V以上而引起的电源故障。

（3）地面电压超过300V以上而引起的电源故障。

（4）60Hz感应电压值超过300V。

除非下列任意一种条件存在时，否则电缆就有可能遭受雷击。

（1）该地区每年遭受雷暴袭击的次数只有5天或更少，而且大地的电阻率小于100。

（2）建筑物直埋线缆长度小于42m，而且线缆的连续屏蔽层在线缆两端都有接地。

3.10　管 理 设 计

在布线系统中，网络应用的变化会导致连接点经常出现移动、增减等变化。一旦没有标记或使用了不恰当的标记，就会使最终用户不得不付出更高的维护费用来解决连接点的管理问题。因此，建立合理的标记系统对于网络布线来说是一个非常重要的环节，标记系统的建立与维护工作贯穿于整个布线工程。

3.10.1　设计规范

管理是针对设备间、电信间和工作区的配线设备、线缆等设施，按一定的模式进行标识和记录的规定。其内容主要包括管理方式、标识、色标和连接等。这些内容的实施将给今后维护和管理带来很大的方便，有利于提高管理水平和工作效率。特别是较为复杂的综合布线系统，如采用计算机进行管理，其效果将十分明显。

综合布线的各种配线设备，应用色标区分干线线缆、配线线缆或设备端点；同时，还应采用标签表明端接区域、物理位置、编号、容量及规格等，以便维护人员在现场一目了然地加以识别。

在每个配线区实现线路管理的方式是在各色标区域之间按应用的要求，采用跳线连接。色标用来区分配线设备的性质，分别由按性质划分的配线模块组成，且按垂直或水平结构进行排列。综合布线系统使用的标签分为两种，即粘贴型和插入型。电缆和光缆的两端应采用不易脱落和磨损的不干胶条标明相同的编号。目前，市场上已有配套的打印机和标签纸供应。

电子配线设备目前应用的技术有多种，在工程设计中应考虑到电子配线设备的功能，在管理范围、组网方式、管理软件、工程投资等方面，合理地加以选用。

根据 TIA/EIA606 标准（即《商业建筑物电信基础结构管理标准》）的规定，传输机房、设备间、介质终端、双绞线、光纤、接地线等都有明确的编号标准和方法。用户可以通过每条线缆的唯一编码，在配线架和面板插座上识别线缆。

对设备间、电信间、进线间和工作区的配线设备、线缆、信息点等设施应按一定的模式进行标识和记录，并应符合下列规定：

（1）综合布线系统工程宜采用计算机进行文档记录与保存，简单且规模较小的综合布线系统工程可按图纸资料等纸质文档进行管理，并做到记录准确、及时更新、便于查阅；文档资料应实现汉化。

（2）综合布线的每一条电缆、光缆、配线设备、端接点、接地装置、敷设管线等组成部分均应给定唯一的标识符，并设置标签。标识符应采用相同数量的字母和数字等标明。

（3）电缆和光缆的两端均应标明相同的标识符。

（4）设备间、电信间、进线间的配线设备宜采用统一的色标区别各类业务与用途的配线区。

所有标签均应保持清晰、完整，并满足使用环境要求。对于规模较大的布线系统工程，为提高布线工程维护水平与网络安全，宜采用电子配线设备对信息点或配线设备进行管理，以显示与记录配线设备的连接、使用及变更状况。

综合布线系统相关设施的工作状态信息应包括：设备和线缆的用途、使用部门、组成局域网的拓扑结构、传输信息速率、终端设备配置状况、占用器件编号、色标、链路与信道的功能和各项主要指标参数及完好状况、故障记录等，还应包括设备位置和线缆走向等内容。

3.10.2 标记方式

综合布线系统通常利用标签来进行管理，应根据不同的应用场合和连接方法，分别选用不同的标记方式。常见的标记有 3 种：线缆标记、场标记和插入标记。

1．线缆标记

线缆标记主要用于交接硬件安装之前线缆的起始点和终止点，如图 3-36 所示。线缆标记由背面为不干胶的白色材料制成，可以直接贴到各种表面上，其尺寸和形状根据实际需要而定。在交接场安装和做标记之前，可利用这些线缆标记来辨别线缆的源发地和目的地。

标签分为 3 种类型：粘贴型，背面为不干胶的标签纸，可以直接贴到各种设备（器材）的表面；插入型，通常是硬纸片，由安装人员在需要时取下来使用；特殊型，用于特殊场合的标签，如条形码、标签牌等。

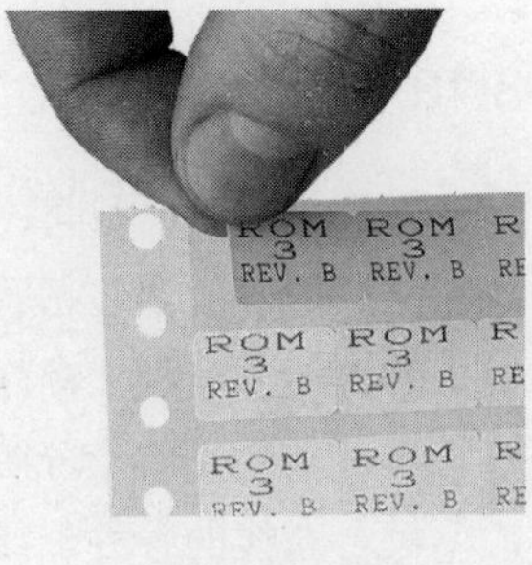

图 3-36　电缆标记

2．场标记

场标记通常用于设备间和远程通信（卫星）接线间、中继线/辅助场以及建筑物的分布场。场标记也是由背面为不干胶的材料制成，可贴在设备间、配线间、二级交换间、中继线/辅助场和建筑物分布场的平整表面上，如图 3-37 所示。

3．插入标记

插入标记用于设备间和二级接线间的管理场，它是用颜色来标记端接线缆的起始点的。插入标记是硬纸片，可以插入 1.27cm×20.32cm 的透明塑料夹里，这些塑料夹位于接线块上的两个水平齿条之间，如图 3-38 所示。每个标记都用色标来指明线缆的源发地，这些线缆端接于设备间和配线间的管理场。

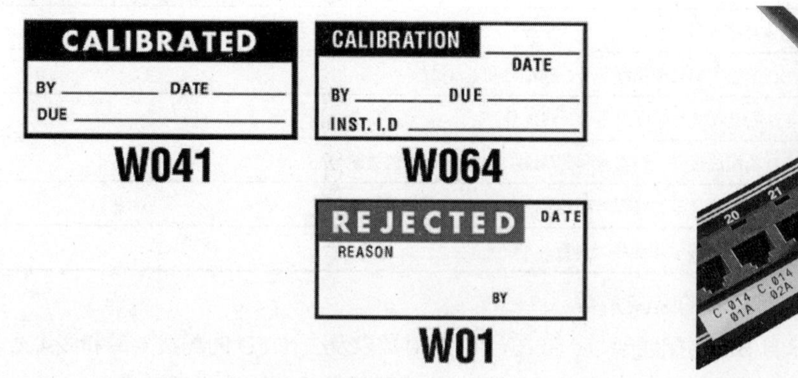

图 3-37　电缆标记

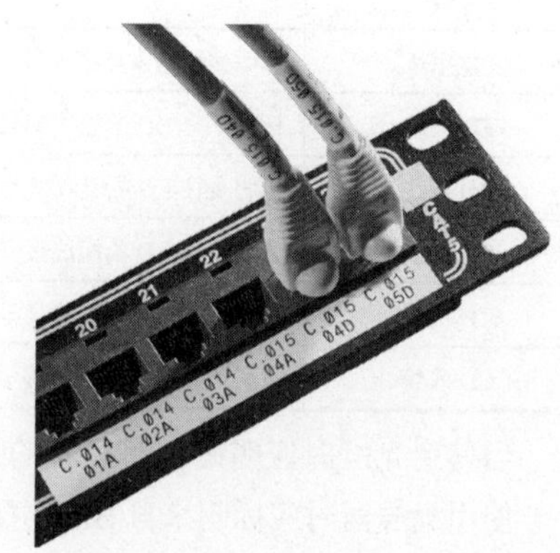

图 3-38　电缆标记

布线标记的设计方案以《商业建筑物电信基础结构管理标准》（TIA/EIA606 标准）为依据。粘贴型标签、插入型标签均应符合 UL969（美国保险商实验室，一个独立的、非营利性质的产品安全实验和认证组织）中所规定的清晰、磨损、附着力以及外露要求。某些信息可以预先印刷在标记位置上，某些信息由安装人员填写。如果设计人员希望有空白标记，也可以订购空白标记带。

3.10.3　管理标记

综合布线系统涉及的所有组成部分都有明确的标记，其名称、颜色、数字或序号及相关特性所组成的标记应是可方便地相互区分的。通常综合布线系统需要标记的部位有 5 个部分：线缆（电信介质）、通道（走线槽/管）、空间（设备间）、端接硬件（电信介质终端）和接地。5 个部分的标记既相互联系又相互补充，其标记的方法及使用的材料应区别对待。

1. 线缆的标记要求

在 TIA/EIA 606 S.2.2.3 标准中对标签材质的规定是：线缆标签要有一个耐用的底层，材质要柔软、易于缠绕。建议选用乙烯基材质的标签，因为乙烯材质均匀，柔软易弯曲、便于缠绕。一般推荐使用的线缆标签由两部分组成，上半部分是白色的打印涂层，下半部分是透明的保护膜，使用时可以用透明保护膜覆盖打印的区域，起到保护作用。透明的保护膜应该有足够的长度包裹线缆一圈或一圈半。

提示：线缆的两端都要进行标记：对于重要线缆，每隔一段距离都要进行标记。另外，在维修口、接合处、牵引盒处的线缆位置也要进行标记。

2. 通道线缆的标记要求

各种管道、线槽应有良好的、明确的中文标记，标记的信息包括建筑物名称、建筑物位置、区号、起始点和功能等。

3. 空间的标记要求

在各交换间管理点，应根据应用环境用明确的中文标记插入条来标出各个端接场。配线架布线标记方法应符合表 3-27 所示的规定。

表 3-27　配线架布线标记方法

类型	含义
FD 出线	标明楼层信息点序列号和房间号
FD 入线	标明来自 BD 的配线架号或集线器号、线缆号和芯/对数
BD 出线	标明去往 FD 的配线架号或集线器号、线缆号
BD 入线	表明来自 CD 的配线架号、线缆号和芯/对数（或引线引入的线缆号）
CD 出线	标明去往 BD 的配线架号、线缆号和芯/对数
CD 入线	标明由外线引入的线缆号和线序、对数

当使用光纤时应明确标明每芯的衰减系数。

使用集线器时应标明来自BD的配线架号、线缆号和芯/对数以及去往FD的配线架号和线缆号。

端子板的端子或配线架的端口都要有编号，此编号一般由配线箱代码、端子板（或 Patch Panel)的块号以及块内端子（或端口）编号组成。此编号要在一些文档中使用。

面板和配线架的标记要使用连续的标签，以聚酯材料为好，这样可以满足外露的要求。

由于各厂家的配线架规格不同，所留标记的宽度也不同，所以选择标签时，宽度和高度都要多加注意。配线架和面板标记除了清晰、简洁易懂之外，还要美观。

4．端接硬件的标记要求

信息插座上每个接口位置上应用中文明确标明“语音”“数据”“光纤”等接口类型，以及楼层信息点序列号。

信息插座的一个插孔对应一个信息点编号。信息点编号一般由楼层号、区号、设备类型代码和层内信息点序号组成。此编号将在插座标签、配线架标签和一些管理文档中使用。

5．接地的标记要求

空间的标记和接地的标记要求清晰、醒目。

6．标记方案的实施

标记是管理综合布线系统的一个重要组成部分。完整的标记系统应提供以下信息：建筑物名称，该建筑物的位置、区号、起始点和功能。插入标记用数字与字母的组合来表示，与色标一样，这样信息也依赖于起始点。当然，在标记方案设计之前，需要获得有关的系统文档。

应给出楼层信息点序列号与最终房间信息点号的对照表。楼层信息点序列号是指在未确定房间号之前，为在设计中标定信息点的位置，以楼层为单位给各个信息点分配一个唯一的序号。对于开放式办公环境，所有预留的信息点都应参加编写。

与设备间的设计一样，标记方案也因具体应用系统的不同而有所不同。通常情况下，由最终用户的系统管理人员或通信管理人员提供方案。无论如何，所有的标记方案都应规定各种参数和识别规范，以便对交连场的各种线路和设备端接点有一个很清楚的说明。

正如其他任何一个普通系统一样，保存详细的记录是非常重要的，标记方案必须作为技术文档的一个重要部分予以存档，这样方能在日后对线路进行有效的管理。系统人员应该与负责各管理点的技术人员或其他人员密切合作，随时随地做好各种记录。

第 4 章　双绞线布线技术

双绞线布线施工在综合布线系统中占有非常重要的地位，是布线施工中施工量最大的子工程之一。同时，由于双绞线布线和端接大多由手工完成，因此布线施工工艺直接关系着布线系统的性能和布线工程的质量。

4.1　双绞线布线的技术要求

在布线施工中涉及的管槽埋设、桥架安装、线缆敷设以及线缆穿放等诸多内容，都必须引起足够的重视，千万不要因小失大。

4.1.1　线缆敷设要求

使用双绞线布线时，其敷设是有一定要求的，应严格根据敷设要求进行敷设，否则，会导致后期维护困难。

（1）线缆的型号、规格应与设计规定相符。

（2）线缆的布放应自然平直，不得产生扭绞、打圈接头等现象，不应受到外力的挤压和损伤。

（3）线缆两端应贴有标签，标明编号，标签书写应清晰、端正，标签应选用非易损材料。

（4）线缆终接后，应留有余量。交接间、设备间对绞线电缆预留长度宜为 0.5～1.0m，工作区为 10～30mm；线缆布放宜盘留，预留长度宜为 3～5m，有特殊要求的应按设计要求预留长度。

线缆的弯曲半径应符合下列要求。

- 双绞线的弯曲半径应至少为其外径的 4 倍。
- 主干双绞线的弯曲半径应至少为其外径的 10 倍。
- 光缆的弯曲半径应至少为光缆外径的 15 倍。
- 综合布线系统的线缆必须与电磁干扰保持一定距离，以减小电磁干扰的强度。表 4-1 给出了综合布线系统线缆与干扰源的最小距离，表 4-2 给出了综合布线系统线缆与其他管线之间的距离。
- 当综合布线区域存在的干扰低于上述规定时，可采用非屏蔽线缆和非屏蔽配线设备进行布线；当综合布线区域存在的干扰高于上述规定时，或用户对电磁干扰有比较高的要求时，宜采用屏蔽线缆和屏蔽配线设备进行布线，也可以采用光缆系统；当综合布线路由上存在干扰源，且不能满足最小净距离要求时，宜采用金属管线进行屏蔽。总体设计即在充分了解用户网络需求的基础上，进行科学的网络布线构思设计，对综合布线系统工程进行高屋建瓴的定位，是工程施工最重要的依据，只有对综合布线系统进行了合理的总体设计，才有对各个子系统进行合理设计的可能。
- 在暗管或线槽中敷设线缆完成后，应在通道两端出口处用填充材料进行封堵。

表 4-1 综合布线系统线缆（电缆、光缆）与干扰源的最小距离

干扰源类别	线缆与干扰源接近的情况	间距（mm）
小于 2kVA 的 380V 电力电缆	与电缆平行敷设	130
	其中一方安装在已接地的金属线槽或管道内	70
	双方均安装在已接地的金属线槽或管道内	10
2~5kVA 的 380V 电力电缆	与电缆平行敷设	300
	其中一方安装在已接地的金属线槽或管道内	150
	双方均安装在已接地的金属线槽或管道内	80
大于 5kVA 的 380V 电力电缆	与电缆平行敷设	600
	其中一方安装在已接地的金属线槽或管道内	300
	双方均安装在已接地的金属线槽或管道内	150
荧光灯等带电感设备	接近电线缆	150～300
配电箱	接近配电箱	1000
电梯、变压器	远离布设	2000

说明：当 380V 电力电缆<2kVA，双方都在接地的线槽中，且平行长度≤10m 时，最小间距可以是 10mm；电话用户存在振铃电流时，不能与计算机网络在同一根双绞线电缆中一起运用；若双方都在接地的线槽中，则既可以在两个不同的线槽，也可以在同一线槽中用金属板隔开。

表 4-2 综合布线电缆、光缆与其他管线之间的间距

管线类型	与管线水平布设时的最小间距（m）	与管线交叉布设时的最小间距（m）
保护地线	0.05	0.02
市话管道边线	0.075	0.025
给、排水管	0.15	0.02
煤气管	0.3	0.02
避雷引下线	1.000	0.3
天然气管道	10	0.5
热力管道	1.000	0.5

说明：选择光缆布设路由时，尽量远离干扰源：确实无法避免的，最好采取与管线交叉的布设方式，这样可以减少干扰。

4.1.2 线槽和暗管敷设线缆

通过预埋线槽和暗管敷设线缆，可以有效保护线缆，同时便于后期的维护。线槽和暗管敷设线缆应符合下列规定：

（1）敷设线槽的两端宜用标签标出编号和长度等内容。

（2）敷设暗管宜采用钢管和阻燃硬质 PVC 管。布放多层屏蔽电缆、扁平线缆和大对数主干电缆或主干光缆时，直线管道的管径利用率应为 50%～60%，弯管道应为 40%～50%。暗管布放 4 对对绞线电缆或 4 芯以下光缆时，管道的截面利用率应为 25%～30%。

（3）地面线槽宜采用金属线槽，线槽的截面利用率不超过 50%。

4.1.3　电缆桥架和线槽敷设线缆

电缆桥架和线槽安装方便、外形美观，是敷设线缆的理想配套装置，一般用于楼宇内部敷设线缆。使用电缆桥架和线槽敷设线缆应符合下列规定：

（1）电线缆槽、桥架宜高出地面 2.2m 以上；线槽和桥架顶部距上层楼板不宜小于 300mm，在过梁或其他障碍物处，不宜小于 50mm。

（2）槽内线缆布放应顺直，尽量不交叉；在线缆进出线槽部位、转弯处应绑扎固定，其水平部分线缆可以不绑扎；垂直线槽布放线缆应每隔 5～10m 进行固定。

（3）电缆桥架内线缆垂直敷设时，线缆的上端和每间隔 1.5m 处应固定在桥架的支架上；水平敷设时，在线缆的首、尾、转弯及每间隔 5～10m 处进行固定。

（4）在水平、垂直桥架和垂直线槽内敷设线缆时，应对线缆进行绑扎。对绞线电缆、光缆及其他信号电缆应根据线缆的类别、数量、缆径、线缆芯数分束绑扎。绑扎间距不宜大于 1.5m，间距应均匀，松紧适度。

（5）楼内光缆宜在金属线槽中敷设，在桥架敷设时应在绑扎固定段加装垫套。

4.1.4　管道线缆敷设

在一些不适合采用线槽和桥架敷设线缆的地方，可以采用管道敷设线缆。采用管道敷设线缆，其优点的是后期更换线缆方便。管道敷设线缆时，应遵循如下原则和要求：

（1）线缆在管道内的布放原则

- 线缆在管道管孔内的排列顺序为：先下排后上排，先两侧后中间。
- 同一线缆在管道段的孔位不应改变。
- 一个管孔内一般只布放一根线缆，特殊情况下可布放两根线缆，但两条线缆的外径之和不得大于管道内径的 2/3。
- 管道一般应预留 2～3 个备用管孔。

（2）管道的敷设要求

- 混凝土管、塑料管、钢管和石棉水泥管的管道，可组成矩形或正方形并直接埋地敷设。
- 每段管道的最大段长一般不宜大于 120m，最长不能超过 150m，并应有大于或等于 2.5‰的坡度。

4.1.5　直埋线缆敷设

通过直埋方式来敷设线缆，扩展了敷设线缆的方式；但是，直埋敷设线缆时，对线缆要求高，同时对敷设线缆的位置也有所要求。直埋敷设线缆时，应遵循如下一些要求：

（1）直埋线缆一般采用铠装线缆或塑料直埋线缆。当坡度大于 30° 或线缆可能承受张力的地段，宜采用钢丝铠装线缆，并采取加固措施。

（2）直埋线缆在下述处所应设置线缆标志：直埋段每隔 200～300m；线缆连续点、分支点、盘留点；线规路由方向改变处以及与其他专业管道的交叉处等。

（3）直埋线缆应避免在下列地段敷设：土壤有辐射性介质的地区；预留发展用地和规划未定的用地；堆场、货场及广场；往返穿越干道、公路及铁路。

（4）直埋线缆不得直接埋入地下室内。直埋线缆需引入建筑物内分线设备时，应将铠装层脱去后穿管引入。

4.1.6 电缆沟线缆敷设

采用电缆沟方式来敷设线缆，可以同时敷设多种线缆，提高了敷设线缆的速度。电缆沟敷设线缆时，应注意以下几点：

（1）与1kV以下的电力电缆以沟架设时，宜各置于电缆沟的一侧，或置于同侧托架的上层。

（2）托架的层间距和水平间距一般与电力电缆相同。

（3）在电缆沟内托架上敷设自承式线缆宜采用铠装线缆；如电缆沟内环境较好，也可采用全塑线缆。

4.1.7 架空和吊顶线缆敷设

架空线缆宜采用全塑自承式线缆，也可采用钢绞线吊挂全塑线缆。覆冰严重地区宜采用架空线缆，在沿海地区及辐射较严重的地区采用全塑式自承线缆。

采用吊顶支撑柱作为线槽在顶棚内敷设线缆时，每根支撑柱所管辖范围内的线缆可以不设置线槽进行布放，但应分束绑扎。线缆护套应阻燃，线缆选用应符合设计要求，不应受到外力的挤压和损伤。

注意：建筑群子系统采用管道线缆敷设、直埋线缆敷设、电缆沟线缆敷设、架空线缆敷设及室外墙壁线缆敷设时，光缆的施工技术要求应按照本地通信线路工程验收的相关规定执行。

4.2 网络布线线槽敷设技术

网络布线路由确定以后，首先应当考虑的便是管槽的设计。原因很简单，无论是水平布线、垂直主干布线还是建筑群布线，也无论是光缆还是双绞线，几乎都被敷设于各种类型的管槽之中。因此，选择合适类型的管槽、设计恰当的管槽路由，就成为网络布线实施的重要步骤之一。

4.2.1 敷设金属管

金属管（通常是钢管）具有屏蔽电磁干扰能力强、机械强度高、密封性能好、抗弯、抗压和抗拉性能好等特点，可以在正常或者多尘、潮湿等恶劣环境下为电气线路提供保护。用于网络综合布线的金属管通常是钢管。

1. 金属管的敷设

按照壁厚的不同，可以将钢管分为普通钢管（水压实验压力为2.5MPa）、加厚钢管（水压实验压力为3MPa）和薄壁钢管（水压实验压力为2MPa）3种。普通钢管和加厚钢管简称为厚管，具有管壁较厚、机械强度高和承压能力较大等特点，在综合布线系统中主要用在垂直干线上升管道、房屋底层。薄壁钢管简称薄管，因管壁较薄，承受压力不能太大，常用于建筑物天花板内等受外力较小的暗敷管道，如图4-1所示。

图 4-1　暗敷管道

（1）金属管的要求

金属管应符合设计文件的规定，表面不应有穿孔、裂缝和明显的凹凸不平，内壁应光滑、无毛刺，不允许有锈蚀，镀锌层或防腐漆应完整无损。在易受机械损伤的地方和在受力较大处直埋时，应采用足够强度的管材。

（2）金属管的切割套丝

在配管时，应根据实际需要长度对管子进行切割。管子的切割可使用钢锯、管子切割刀或电动切管机，严禁用气割。

管子和管子的连接，管子和接线盒、配线箱的连接，都需要在管子端部进行套丝。套丝时，先将管子在管钳上固定压紧，然后再套丝。套完后应立即清扫管口，将管口端面和内壁的毛刺锉光，使管口保持光滑。

（3）金属管的弯曲

在综合布线工程中如果使用钢管进行线缆安装，就要解决钢管的弯曲问题。金属管的弯曲一般都用弯管器进行：将管子需要弯曲的部位放在弯管器内，焊缝放在弯曲方向背面或侧面，以防管子弯扁，然后用手压下弯管器的手柄，便可得到所需要的弯度。使用弯管器弯曲钢管，如图 4-2 所示。弯曲半径应符合下列要求，如图 4-3 所示。

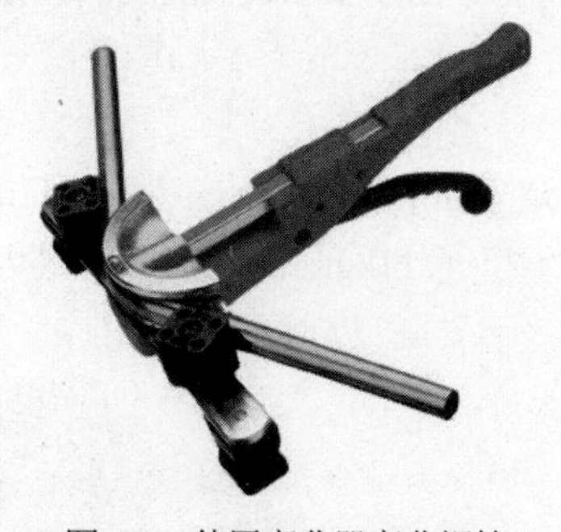

图 4-2　使用弯曲器弯曲钢管

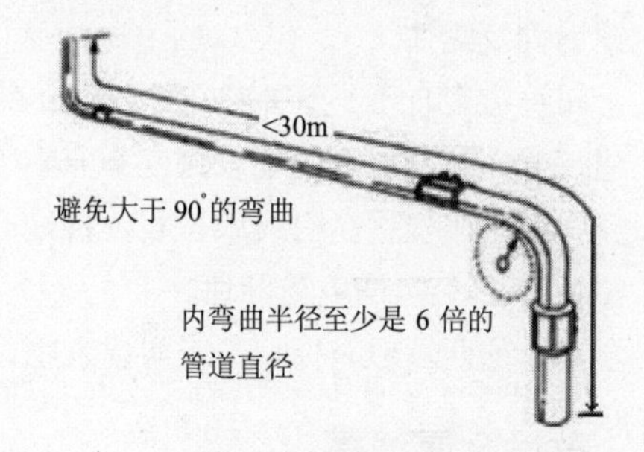

图 4-3　钢管弯曲要求

- 明配时，一般不小于管外径的 6 倍；只有 1 个弯时，可不小于管外径的 4 倍；整排钢管在转弯处，宜弯成同心圆的弯儿。
- 暗配时，不应小于管外径的 6 倍；布于地下或混凝土楼板内时，不应小于管外径的 10 倍。
- 同一路径中，两个检查箱之间的弯角不得多于 2 个，有弯头的管段长度不宜超过 20m，暗管的弯角应大于 90°。

（4）金属管的连接

金属管连接应牢靠，密封应良好，两管口应对准。钢管严禁对口焊接，套接的短套管或带螺纹的管接头的长度，不应小于金属管外径的 2.2 倍，如图 4-4 所示。镀锌和壁厚在 2mm 的钢管不应套管焊接。金属管的连接采用短套接时，施工简单方便：采用管接头螺纹连接则较美观，可保证金属管连接后的强度。

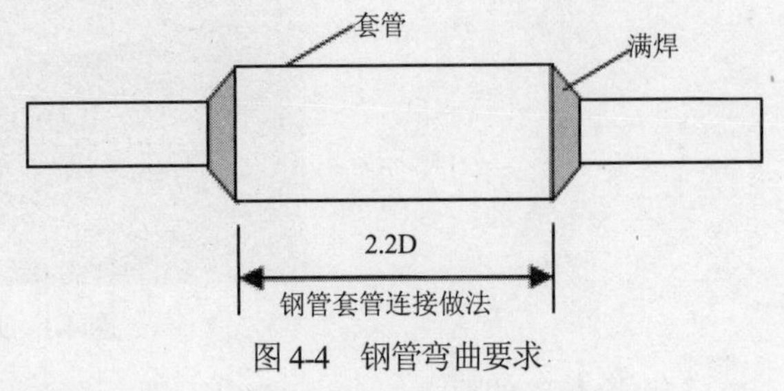

图 4-4　钢管弯曲要求

金属管进入信息插座的接线盒后，暗埋管可用焊接固定，管口进入盒内的露出长度应小于 5mm。明设管应用锁紧螺母或带丝扣管帽固定，露出锁紧螺母的丝扣为 2~4 扣。

2. 金属管的敷设要求

金属管的敷设应符合下列要求：

- 预埋在墙体中间的金属管内径不宜超过 50mm，楼板中的管径宜为 15~25mm。
- 直线布暗管超过 30m、弯管超过 20m 或有 2 个弯角的暗管大于 15m 处应设置过线盒，以便于布放线缆。
- 在敷设时，应尽量减少弯头，每根管的弯头不应超过 3 个，直角弯头不应超过 2 个，且不应有 S 弯出现。
- 暗管管口应光滑，并加有绝缘套管，管口伸出建筑物的部位应在 25~50mm 之间，如图 4-5 所示。

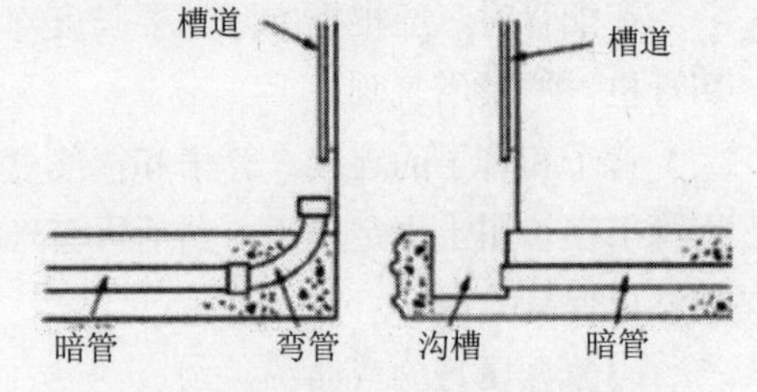

图 4-5　暗管出口部位示意图

- 敷设在混凝土、水泥里的金属管，其地基应坚实、平整，不应有沉陷，以保证敷设后的线缆安全运行。
- 金属管连接时，管孔应对准，接缝应严密，不得有水泥、砂浆渗入。管孔对准、无错位，以免影响管、线、槽的有效管理，保证敷设线缆时穿设顺利。
- 钢管、接线盒、配件等均应按工程设计规定镀锌或者涂漆，防腐要求较高的场所宜采用热链锌钢管及配件。
- 金属管道应有不小于 0.1%的排水坡度。
- 建筑群之间金属管的埋设深度不应小于 0.7m；在人行道下面敷设时，不应小于 0.5m。
- 金属管内应安置牵引线或拉线，拽线时每根线拉力应不超过 11kgf，多根线拉力最大不超过 40kgf，以免拉伸电缆导体。
- 金属管的两端应有标记，表明建筑物、楼层、房间和长度。

4.2.2　敷设金属线槽

金属槽由槽底和槽盖组成，每根槽的一般长度为 2m，槽与槽连接时使用相应尺寸的铁板和螺丝固定。地面金属线槽通常分为单槽、双槽、三槽和四槽等几种类型，一般有 50mm×100mm、100mm×100mm、100mm×200mm、100mm×300mm、200mm×400mm 等多种规格。地面金属线槽的外形如图 4-6 所示。

图 4-6　金属线槽

1. 线槽安装要求

金属线槽安装应符合下列要求：

- 线槽安装时应保证外形平直，敷设前应清理槽内杂物。
- 线槽安装位置应符合施工图规定，每米的左右偏差不能超过 50mm、水平偏差不能超过 2mm。
- 垂直线槽应与地面保持垂直，且无倾斜现象，垂直度偏差不应超过 3mm。
- 线槽的直线段长度超过 6m 时宜加装接线盒。
- 水平布线时，布放在线槽内的线缆可以不绑扎；槽内线缆应顺直，尽量不交叉；线缆不应溢出线槽；在线缆进出线槽部位、拐弯处应绑扎固定。
- 垂直安装的线槽宜每隔 1～2m 用线卡将导线、电缆束固定在线槽或线槽接线盒上，以免由于导线电缆自重使接线端受力。
- 线槽内电缆截面积占线槽内横截面面积的比值，不能超过 33%。
- 线槽在转角、分支等处应设置分线盒。
- 线槽内的电缆不应有接头，接头应放置在分线盒内或出线口处。
- 线槽出线口和分线盒出口必须与地面平齐。
- 地面金属线槽不宜穿越不同的防水分区及伸缩缝。
- 线槽节与节间用接头连接板拼接，螺钉应拧紧。
- 线槽转弯半径不应小于线槽内的线缆最小允许弯曲半径值。
- 盖板应紧固。
- 支吊架应保持垂直，整齐牢靠，无歪斜现象。
- 线槽通过墙壁或楼板处应按防火规范要求，采用防火绝缘堵料将线槽内和线槽四周空隙封堵。

2. 水平子系统线缆敷设支撑保护

设置金属线槽支撑保护的要求如下：

（1）在建筑物中预埋线槽可分为不同的尺寸，按一层或两层设置，应至少预埋两根以上，线槽截面高度不宜超过 25mm。

（2）线槽直埋长度超过 15m 或在线槽路由交叉、转弯时宜设置拉线盒，以便布放线缆盒时维护。拉线盒盖应能开启，并与地面齐平；盒盖处应能开启，并采取防水措施。

（3）线槽宜采用金属管引入分线盒内。

设置线槽支撑保护，分为以下两种情况：

- 水平敷设时，支撑间距一般为 1.5～3m；垂直敷设时，固定在建筑物构体上的间距宜小于 2m。
- 金属线槽敷设时，在线缆接头处、间距 3m、离开线槽两端口 0.5m 处、线槽走向改变或转弯处应设置支架或吊架。

在活动地板下敷设线缆时，活动地板内净空不应小于 150mm。如果活动地板内作为通风系统的风道使用时，地板内净高不应小于 300mm。

在工作区的信息点位置和线缆敷设方式未定的情况下，或在工作区地毯下布放线缆时，在工作区宜设置交接箱。

金属线槽在水平布线系统中的应用，如图 4-7 所示。

图 4-7　金属线槽在水平布线系统中的应用

4.2.3　敷设金属桥架

桥架是建筑物内布线不可缺少的一个部分，是用于支撑和保护电缆的具有联系的刚性结构的总称。桥架主要分为梯形桥架、槽式桥架、托盘式桥架和网格形桥梁等几种类型。如图 4-8 所示为金属桥架。

图 4-8　桥架

根据应用的不同，它们还有其他各种附件。所谓桥架附件，用于直线段之间、直线段与弯通之间连接所必需的连接固定或补充直线段、弯通功能的部件。例如，梯形桥架就包括垂直下弯通、垂直上弯通、水平四通、水平三通等，　如图 4-9 所示。

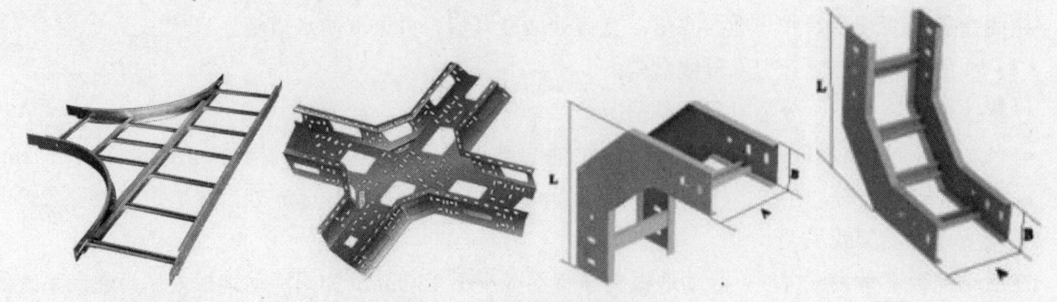

图 4-9　梯形桥架的其他选型

1. 桥架的分类

关于桥架的选型，不仅要满足项目现场线缆敷设的需求及其有关规范的规定，同时还要考虑具体项目现场的安装条件，从而选用合适类型、合适表面处理工艺的桥架。

（1）按桥架表面处理工艺不同，可以分成表 4-3 所示的几种。

表 4-3　按桥架表面处理工艺不同分类

类型	特点
电镀锌桥架	适用于一般的环境中。由于造价低廉、现场安装方便，既适用于动力电缆的安装，也适用于控制电缆的敷设，是石油、化工、轻工、电视、电信等领域应用最广泛的一种桥架
热镀锌电缆桥架	适用于环境较为恶劣的酸碱及潮湿的环境中，耐腐蚀性好、使用寿命长，相对成本稍高。
静电粉末喷涂电缆桥架	可以根据塑粉的颜色加工成各种颜色，色泽美观，并可根据使用的环境不同采用环氧塑粉和聚酯粉，应用范围广泛，造型美观大方
不锈钢桥架	适用于各种酸碱重腐蚀环境，不仅使用寿命长，而且美观、易清洁，是其他任何材料桥架产品所无法替代的
铝合金电缆桥架	采用铝合金型材为主要材料加工而成，具有质轻美观、防腐耐用等优点，特别适用于高层建筑和现代化厂房
玻璃钢桥架	由玻璃纤维增强塑料和阻燃剂及其他材料组成，通过复合模压料加不锈钢屏蔽网压制而成. 由于其所选材料具有较低的导热系数及阻燃剂的加入，使其不仅具有耐火隔热性、自熄性，而且具有很高的耐腐蚀性，同时还兼有结构轻、耐老化、安全可靠等优点，在一般环境地区，特别是在沿海多雾地区、高湿度和有腐蚀性的环境中，更能显示出它的优势

（2）按桥架样式不同，可以分成表 4-4 所示的几种。

表 4-4　按桥架样式不同分类

类型	特点
槽式电缆桥架	一种全封闭型电缆桥架，最适用于敷设计算机电缆、通信电缆、热电偶电缆及其他高灵敏系统的控制电缆，在屏蔽干扰和重腐蚀环境中电缆的防护方面都有较好的效果
梯级式桥架	具有重量轻、成本低、造型别致、安装方便、散热、透气性好等优点，特别适用于一般直径大电缆的敷设，特别适用于高、低动力电缆的敷设
托盘式电缆桥架	具有重量轻、载荷大、造型美观、结构简单、安装方便等优点，既适用于动力电缆的安装，也适用于控制电缆的敷设
网格式桥架	作为一种新型的桥架，不但具有重量轻、载荷大、散热、透气性好、安装方便等优点，而且在环保节能及方便线缆管理等方面，较传统桥架具有不可比拟的优势，　势引领桥架领域的应用变革

2. 桥架的施工设计要求

桥架的安装主要分为以下几种：沿顶板安装、沿墙水平和垂直安装、沿竖井安装、沿地面安装、沿电缆沟及管道支架安装等。安装所用支（吊）架可选用成品或自制。支（吊）架的固定方式主要有预埋铁件上焊接、膨胀螺栓固定等。无论哪种安装方式，均应符合下列要求：

- 电缆桥架安装时应做到安装牢固、横平竖直，沿电缆桥架水平走向的支（吊）架左右偏差应不大于 10mm，其高低偏差不大于 5mm。
- 电缆桥架与其他管道共架安装时，电缆桥架应布置在管架的一侧；当有易燃气体管道时，电缆桥架应配置在危险程度较低的管道一侧。
- 低压动力电缆与控制电缆共用同一托盘或梯架时，相互间宜配置隔板。
- 在托盘，梯架分支、引上、引下处宜有适当的弯通。
- 连接两段不同宽度或高度的托盘、梯架可配置变宽或变高板。
- 支、吊架和其他所需附件，应按工程布置条件选择。
- 固定支点间距一般不应大于 1.5～2.0m，在进出接线箱、盒、柜、转弯、转角及丁字接头的 3 端 50cm 以内应设固定支持点，并对线缆进行保护。如图 4-10 所示为水平安装桥架，如图 4-11

所示为转弯处的固定。

图 4-10　水平安装桥架

图 4-11　转弯处的固定

3. 金属桥架的注意事项

在使用金属桥架敷设线缆，应将线缆绑扎牢固，达到整齐、美观的效果，具体的注意事项如下：

（1）在水平桥架内敷设线缆时，在线缆的首端、尾端，进出桥架的部位、转弯处，以及每间隔 1～2m 处，都进行绑扎固定，如图 4-12 所示。

（2）在垂直桥架内敷设双绞线时，每间隔 0.2～0.5m 将线缆固定绑扎在线槽内的支架上，如图 4-13 所示。

图 4-12　转弯处绑扎

图 4-13　垂直布线的绑扎

（3）桥架内线缆应平齐顺直、排列有序，相互不交叉，封闭式桥架内的线缆不能高出槽道，如图 4-14 所示。

（4）在桥架线缆绑扎固定时，应根据线缆的类型、缆径、线缆芯数分束绑扎，如图 4-15 所示。以示区别，也便于日后维护检查。

图 4-14　桥架中的线缆

图 4-15　分类绑扎

（5）在线缆进出天花板处，应当增设保护措施和桥架支承装置，如图 4-16 所示。

（6）线缆进出墙壁时，也必须安装套管以保护双绞线，如图 4-17 所示。

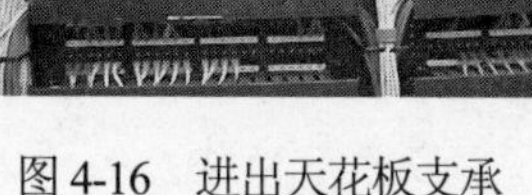

图 4-16　进出天花板支承

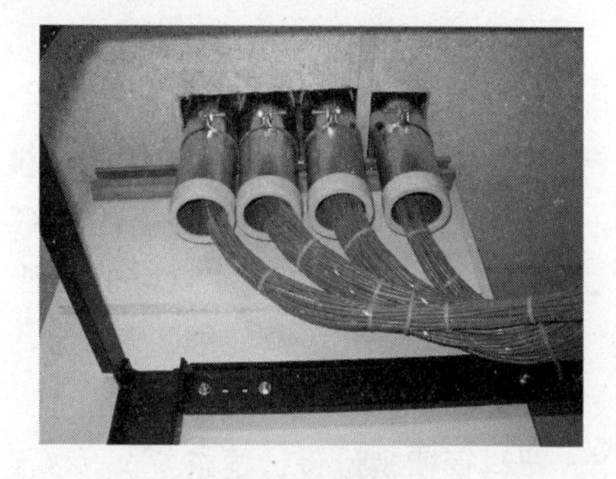

图 4-17　套管保护

（7）线缆应当平顺，不应有扭绞、打圈等有可能影响线缆本身质量的现象。

（8）双绞线的最小曲率以电缆直径 50mm 为界，小于 40mm 时为电缆外径的 15 倍，大于 40mm 时为电缆外径的 20 倍。

4.2.4　敷设塑料管槽

塑料管槽与金属管槽相比，具有重量轻、耐化学腐蚀性强、安装方便、省钢节能、使用寿命长等特点。

1. 塑料管

按照材质划分，主要有聚氯乙烯管材、高密聚乙烯管材（HDPE 管）、双壁波纹管、铝塑复合管和硅芯管等几种塑料管。

聚氯乙烯管材即 PVC-U 管，如图 4-18 所示。是综合布线工程中使用最多的一种塑料管，管长通常为 4m、5.5m 或 6m。PVC 管具有耐酸、耐碱、耐腐蚀性，耐外压强度、耐冲击强度等优点，电气绝缘性能佳，适用于各种条件下的电线、电缆的保护套管工程。

双壁波纹管如图 4-19 所示。具有如下特点：

（1）刚性大，耐压强度高于同等规格的普通光身塑料管。

（2）重量是同等规格普通塑料管的一半，从而方便施工，减轻工人劳动强度。

（3）密封好，在地下水位高的地方使用更能显示其优越性。

（4）波纹结构能加强管道对土壤负荷的抵抗力，便于连续敷设在凹凸不平的地面上。

（5）使用双壁波纹管工程造价比普通塑料管低 1/3。

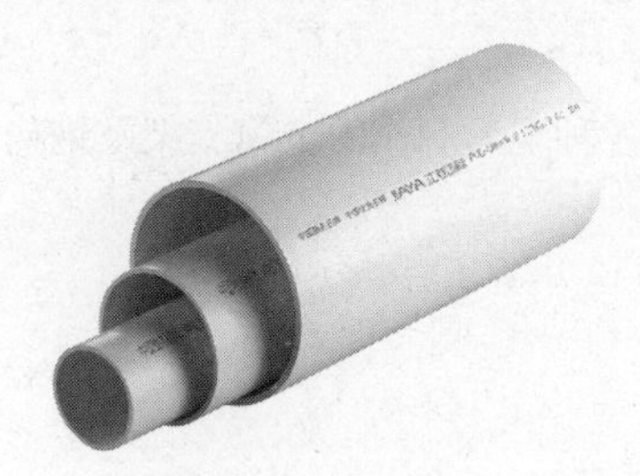

图 4-18　PVC-U 管

图 4-19　双壁波纹管

铝塑复合管是良好的屏蔽材料，常用作综合布线、通信线路的屏蔽管道。

硅芯管用于吹光纤管道，敷管快速。

2. 塑料槽

塑料槽是一种带盖板封闭式的管槽材料，盖板和槽体通过卡槽合紧，如图 4-20 所示。常见的塑料槽有 PVC-20 系列、PVC-25 系列、PVC-30 系列、PV040 系列、PVC-60 系列 等。与 PVC 槽配套的连接件有：阳角、阴角、直转角、平三通、左二通、右三通、连接头、 终端头等。

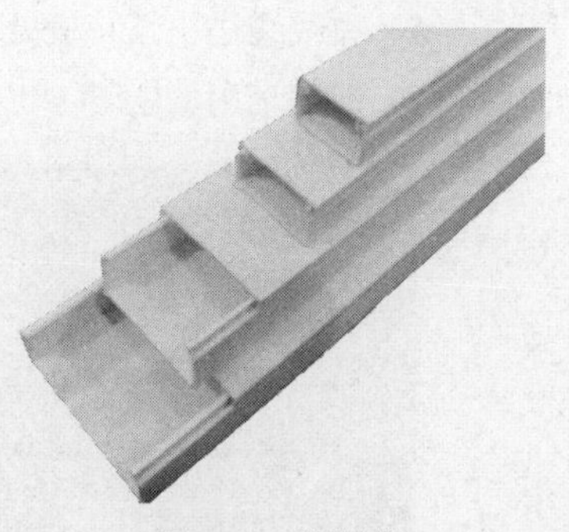

图 4-20　塑料槽

3. 塑料管槽敷设设计要求

塑料管槽适用于一般民用建筑、工业厂房室内正常环境，或有酸、碱等腐蚀和潮湿场所。通常使用塑料管槽作为电气线路明暗敷设保护管槽，但塑料管槽不宜在高层建筑的吊顶内敷设。其敷设应符合下列要求：

（1）所选管槽应是通过检测且符合国家规定的塑料管，应有难燃、自熄、易弯曲、耐腐蚀、重量轻及优良的绝缘性等特点，并具有较强的抗压和抗冲击强度。

（2）与管槽配套的配件均宜使用同一生产厂的塑料制品，并符合国家有关规定。

（3）明配时弯曲半径不宜小于管外径的 6 倍；省两个接线盒间只有一个弯曲时，弯曲半径不宜小于管外径的 4 倍。暗配时弯曲半径不应小于管外径的 6 倍；埋设于地下或混凝土内时，弯曲半径不应小于管外径的 10 倍。

（4）塑料管在墙砖内必须局部剔槽敷设时，应用强度等级不小于 M10 的水泥砂浆抹面保护，其厚度不应小于 15mm。

（5）导线在管槽内不应有接头，接头应在接线盒内进行。

（6）当塑料管槽遇到下列情况之一时，中间应加装接线盒（箱），且其位置应便于穿线。

- 管长度超过 30m 无弯曲。
- 管长度超过 20m 有 1 个弯曲；管长度超过 15m 有 2 个弯曲。
- 管长度超过 8m 有 3 个弯曲。
- 分支线处。
- 线路跨越处。
- 高差较大处；敷设角度大于 30° 时。

（7）塑料管在混凝土中暗敷，为防止浇灌时水泥砂浆进入管内，外露管口需用生产厂配套供应的管塞封口。

（8）所有螺钉、螺栓等紧固件均应采用镀锌标准件，各种现场制作的金属支架及钢构件应除锈、刷一道防锈底漆。

塑料管的安装如图 4-21 所示。

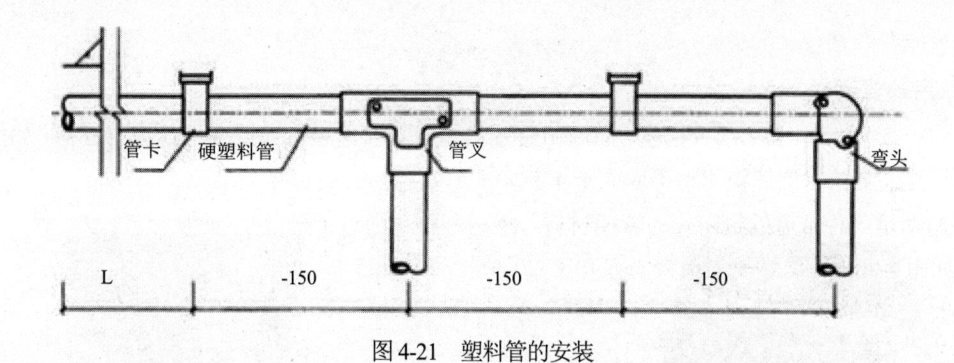

图 4-21　塑料管的安装

4．槽管尺寸计算方法

可以采用管径利用率和截面利用率的公式计算管道内允许敷设的线缆数量。

管径利用率=d/D

式中：d——线缆外径；D——管道内径。

截面利用率=A_1/A

式中：A_1——穿在管内的线缆总截面积；A——管的内截面积。

线缆的类型包括大对数屏蔽与非屏蔽电缆（25 对、50 对、100 对）、4 对双绞屏蔽与非屏蔽电缆（5e 类、六类、七类）及光缆（2～24 芯）等。其中，六类与屏蔽线缆因构成的方式较复杂，众多线缆的直径与硬度有较大的差异，在设计管线时应引起足够的重视。可以采用以下简易公式计算应当采用的管槽尺寸：

n=槽（管）截面积×70%×（40%～50%）/线缆截面积

式中：　n——用户所要安装的线缆数量（已知数）；

槽（管）截面积——要选择的梢管截面积（未知数）；

线缆截面积——选用的线缆截面积（已知数）；

70%——布线标准规定允许的空间；

40%～50%——线缆之间浪费的空间。

4.3　双绞线布线工具

“工欲善其事，必先利其器”。由此可见，工具之于结果和效率的重要性。因此，若要安全、高效、高质量地实施双绞线布线工程，就必须正确选择、合理使用相应的双绞线敷设工具和端接工具。

4.3.1　双绞线敷设工具

双绞线敷设工具是指在双绞线敷设过程中使用的工具。借助这些工具，不仅可以保证双绞线敷设工程的顺利完成，而且还能够最大限度地保障双绞线的电气性能不被改变，从而保证双绞线系统通过布线测试。

1．线缆布放架

为了保护线缆本身不受损伤，在线缆敷设时，布放线缆的牵引力不宜过大，一般应小于线缆允许张力的 80%。为了保护双绞线，通常使用专用的线缆布放架，如图 4-22 所示，以便最大限度地减少牵引强度。

2. 吊钩或滑轮

为防止线缆被拖、蹭、刮等损伤，应均匀设置吊钩或滑轮作为吊挂或支撑线缆的支点，如图 4-23 所示，吊挂或支撑的支持物间距不应大于 1.5m。

图 4-22 线缆布放架

图 4-23 悬挂点

3. 钓钩工具

如果管道内没有预先留置牵引绳，或者牵引绳断掉时，可以使用钓钩工具，如图 4-24 所示，重新敷设牵引绳。

4. 管道疏通器

如果布线管道不通畅，可以使用管道疏通器进行疏通，如图 4-25 所示，并同时敷设线缆。

提示： 除此之外，在敷设双绞线的过程中还可能会用到牵引机和滑车。牵引机是架设空中电缆和敷设地下电缆的施工工具，能在各种复杂条件下顺利、方便地进行电缆牵引；电缆滑车则用于电缆延放改变方向处，保护电缆不受摩擦。

图 4-24 钓钩工具

图 4-25 管道疏通器

4.3.2 双绞线压接工具

完成双绞线布线之后，通常双绞线并不能直接使用，必须将其按照规则正确端接后才能与网络设备连接，实现正常的网络通信。双绞线的端接必须借助工具完成。

1. 偏口钳

偏口钳的作用仅仅是剪取适当长度的网线，以及剪齐并剪去过长的线对，如图 4-26 所示。

2. 剥线刀与剥线钳

电缆准备工具主要有两种类型，即剥线刀和剥线钳，其主要功能是剥掉双绞线外部的绝缘层。

在剥除双绞线的绝缘外皮时，不仅比使用压线钳更快，而且相对更安全，一般不会损坏铜导线外的绝缘层，如图 4-27 所示为剥线刀，还可用于打制信息模块，如图 4-28 所示为剥线钳，还可用于切断电缆。

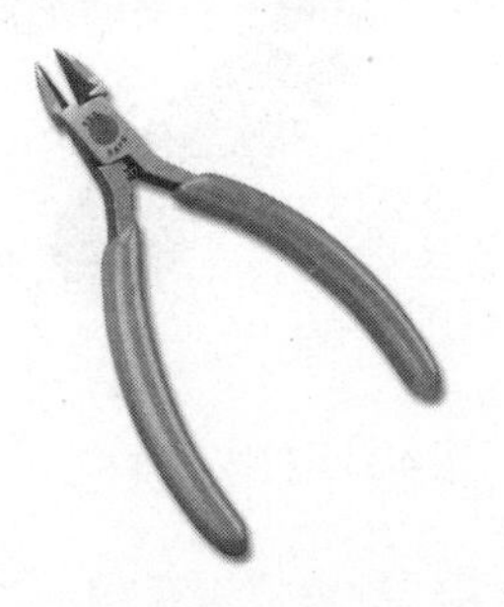

图 4-26　偏口钳

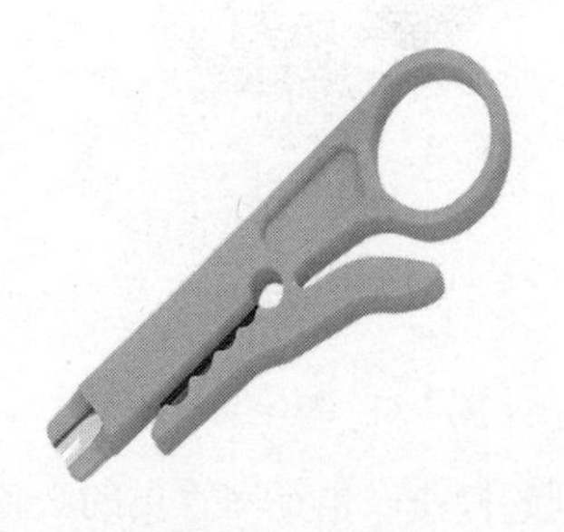

图 4-27　剥线刀

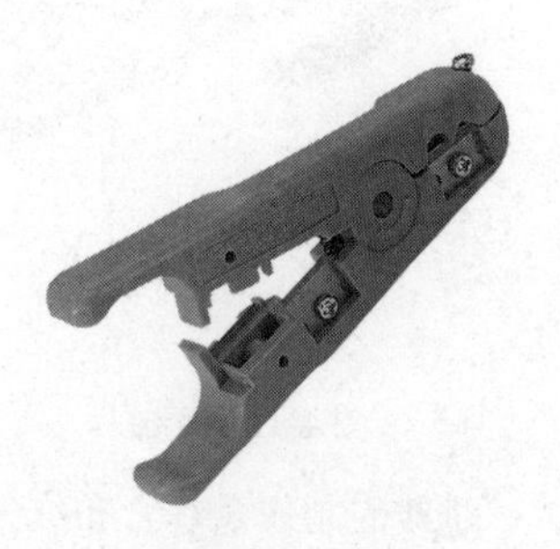

图 4-28　剥线钳

3．RJ-45 压线钳

使用一把普通的 RJ-45 压线钳，如图 4-29 所示，即可完成剪断、剥皮、压制等操作。一侧有刀片的地方，称为剪线刀口，用于将双绞线剪断，或用于修剪不齐的细线。双侧有刀片的地方，称为电缆准备工具口，用于将双绞线的外层绝缘皮剥下。一侧有牙、相对一侧有槽的地方，称为压槽，用于将水晶头上的针扎到双绞线中的铜线上。

提示：如果条件允许，建议选用高级压线钳，如图 4-30 所示。使用这种压线钳制作跳线时，不仅成功率高，而且所制作跳线的电气性能也较高，从而使布线系统获得更高的品质。

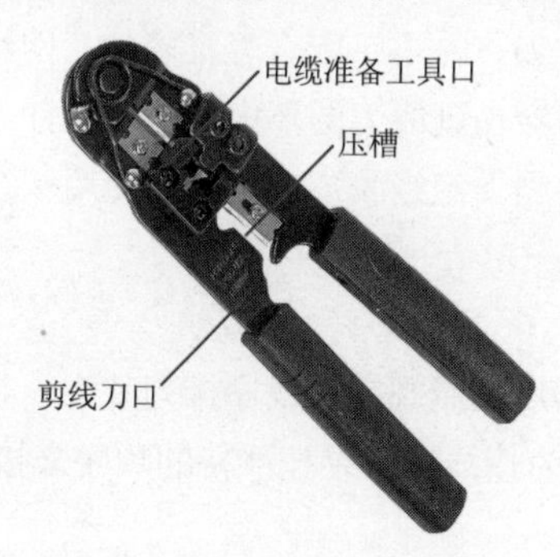

图 4-29　普通 RJ-45 压线钳

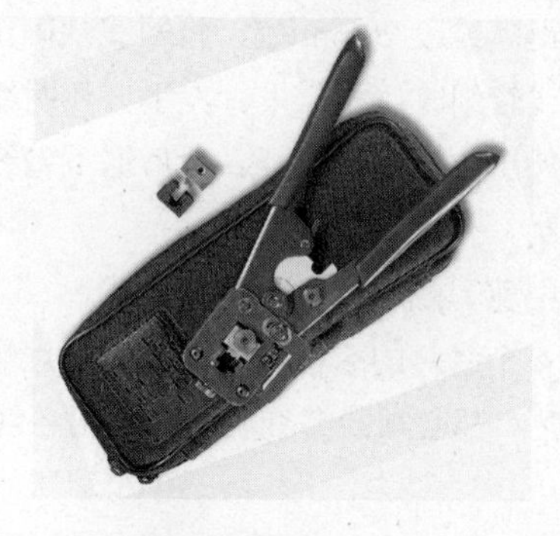

图 4-30　高级压线钳

4．打线刀

端接信息插座，除了需要使用剥线刀和偏口钳外，还需要使用打线刀，如图 4-31 所示，用于将双绞线压入模块，并剪断多余的线头。

提示：如果条件允许，还应当使用掌上防护装置，如图 4-32 所示，用于固定信息模块。

注意：端接配线架时，所需工具为剥线刀、偏口钳和打线刀。可以使用普通的打线工具，也可以使用专用打线工具，如图 4-33 所示。相较而言，前者的工作效率较低，而后者的工作效率较高。

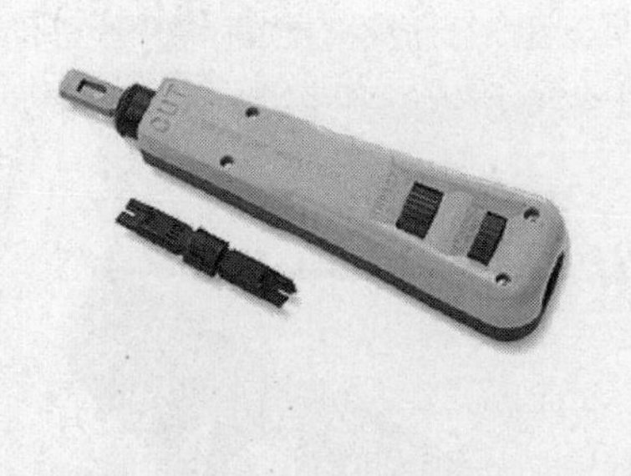

图 4-31 打线刀

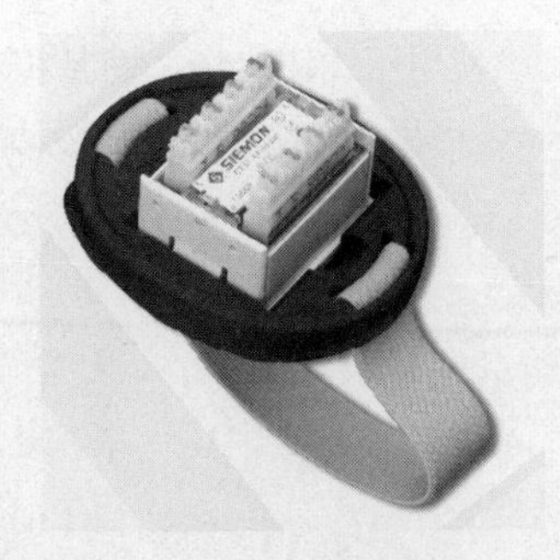

图 4-32 掌上防护装置

图 4-33 打线工具

跳线的制作是综合布线中经常用到的操作。也是网管员的必备技能。

【实验 4-1】 制作跳线

制作跳线的步骤如下：

（1）利用压线钳的剪线口或偏口钳剪取适当长度的网线，如图 4-34 所示。

提示： 原则上，剪取网线的长度应当比实际需要稍长一些。原因有两个：一是网线的制作并不能保证每次都成功，一旦失败，只能剪掉水晶头后重做，这势必又需要占用一段网线；二是网线一般都在地面上或从接近地面处走线，而计算机则都放置在工作台上，这部分距离也应当考虑进去。如果使用高级压线钳，则这项工作应当使用偏口钳完成。

（2）将护套或线标接入双绞线，以便标记该跳线，为以后的网络管理提供方便。

（3）在距离线段 20mm 处，将网线从确定口推进剥线刀，左右手配合轻推轻拉。网线较粗时，稍靠外；网线较细时，稍靠里。左手握住网线，右手食指穿在剥线刀圆环内，沿顺时针方向旋转，将双绞线最外层的绝缘层割开。然后退下剥线刀，掰动并剥下绝缘胶皮。也可以使用剥线钳剥除双绞线的绝缘层。

（4）使用剪刀或压线钳剪除抗拉线。

（5）将 4 个线对的 8 根线一一拆开、理顺、捋直，然后按照规定的线序排列整齐。将每对线拆开前和拆开后，都必须能够准确地分辨出各线的颜色，因为接线时必须按严格的顺序来接，不能错、不能乱。

（6）把线尽量抻直（不要缠绕）、压平（不要重叠）、挤紧理顺（朝一个方向紧靠），根据 T568A 或 T568B 标准正确排序。

（7）用压线钳或偏口钳把线头剪齐。这样在双绞线插入水晶头后，每条线都能良好接触水晶头中的插针，避免接触不良。

提示： 如果以前剥得过长，可以在此将过长的细线剪短。保留的去掉外层绝缘皮的部分在 14mm 左右，如图 4-35 所示。这个长度刚好能将各细导线插入各自的线槽。如果该段留得过长，一来会由于线对不再互绞增加串扰，二来会由于水晶头不能压住护套可能导致电缆从水晶头中脱出，造成线路的接触不良甚至中断。

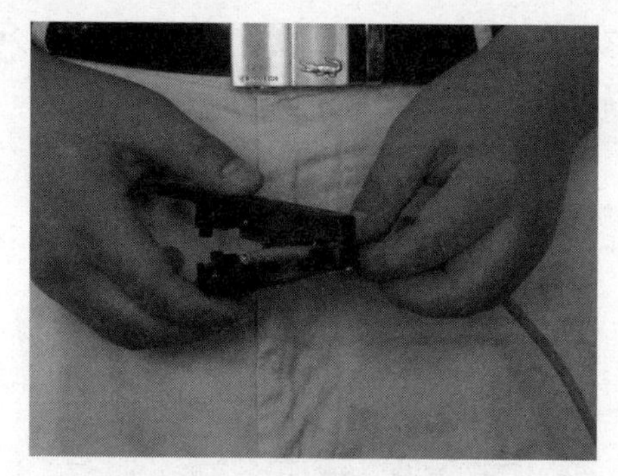

图 4-34　使用压线钳剪断双绞线

图 4-35　剪到合适长度

（8）一手以拇指和中指捏住水晶头，使有塑料弹片的一侧向下，针脚一方朝向远离自己的方向，并用食指抵住；另一手捏住双绞线外面的胶皮，缓缓用力将 8 条导线同时沿水晶头内的 8 个线槽插入，一直插到线槽的顶端，如图 4-36 所示。可以从水晶头的两个侧面观察一下是否已经将所有线对都插至底部。

（9）确认所有导线都插到位后，再透过水晶头检查一遍线序是否正确。准确无误后，将水晶头从无牙的一侧推入压线钳夹槽后，如图 4-37 所示。用力握紧压线钳（如果力气不够大，可以双手一起压），将突出在外面的针脚全部压入水晶头内。

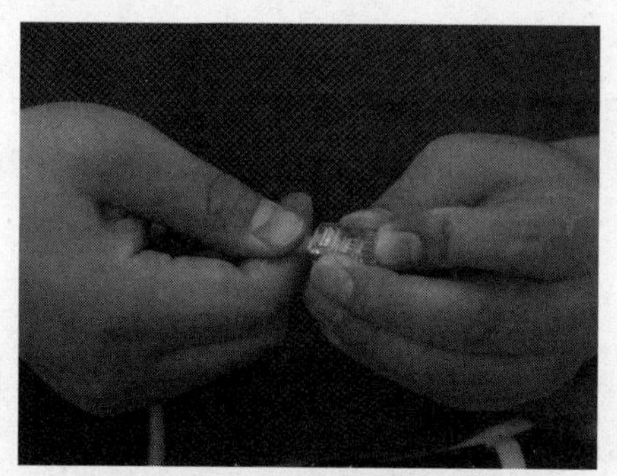

图 4-36　将双绞线插入水晶头

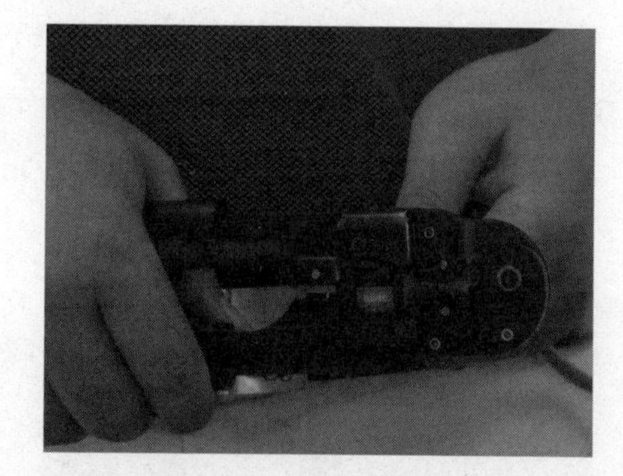

图 4-37　将水晶头推入夹槽

至此，这条网线的一端就算制作好了，然后将护套套在水晶头上。由于只是做了跳线一端，所以这条网线还不能用，还需要制作跳线的另一端。

（10）按照相同的方法，将双绞线的另一个水晶头压制好，一条网线的制作即告完成，如图 4-38 所示。需要注意的是，另一端的线序根据所连接设备的不同而有所不同。经常使用的跳线有两种，即直通线和交叉线。

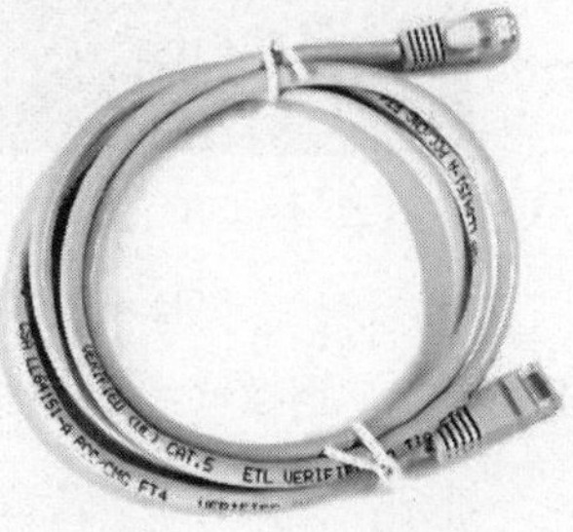

我们通过一个实验来说明端接信息插座的实践操作。

【实验 4-2】端接信息插座

端接信息插座的具体步骤如下：

图 4-38　压制好的网线

（1）把双绞线从布线底盒中拉出，使用偏口钳剪至 20~30mm 之间的长度。使用剥线刀剥除外层绝缘皮，然后剪除抗拉线。

（2）将信息模块置于专用工具或桌面、墙面等较硬的平面上。

（3）分开 4 个线对，但线对之间不要拆开，按照信息模块上所指示的色标线序（一定要与配线架执行相同的标准)，稍稍用力将导线一一置入相应的线槽内，如图 4-39 所示。通常情况下，模块上同时标记有 TIA 568-A 和 TIA 568-B 两种线序，应当根据布线设计时的规定，与其他连接盒设备采用相同的线序。

（4）将打线工具的刀口对准信息模块上的线槽和导线，垂直向下用力，听到“咔”的一声后，说明模块外多余的线已被剪断。如图 4-40 所示。

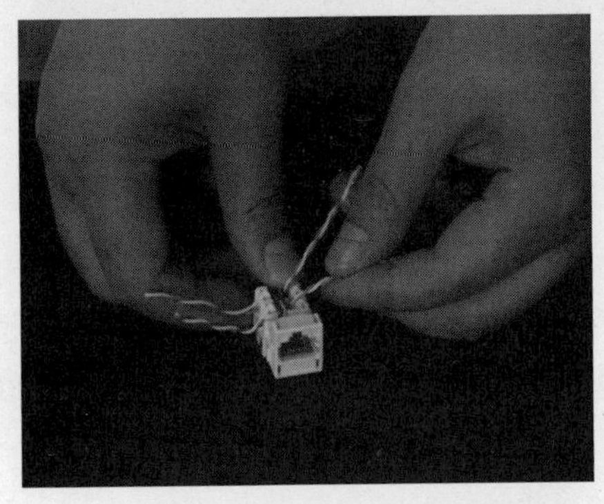

图 4-39　将导线置入模块线槽内

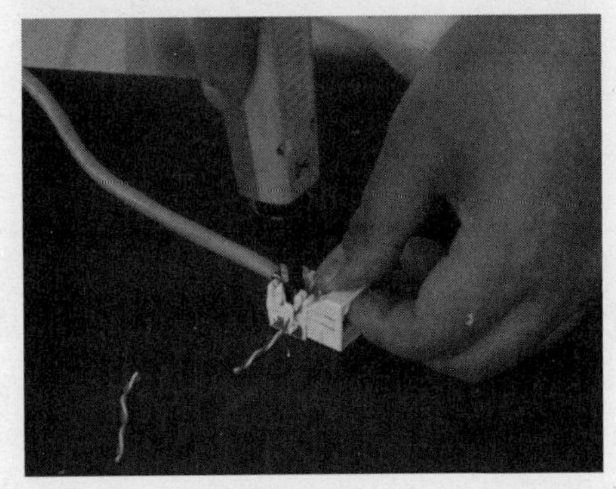

图 4-40　打线

（5）重复操作，将 8 条导线一一打入相应颜色的线槽中。

提示：如果多余的线不能被剪断，可调节打线工具上的旋钮，调整冲击压力。

（6）将塑料防尘片沿缺口穿入双绞线，并固定于信息模块上，如图 4-41 所示。

（7）用双手压紧防尘片，信息模块端接完成。根据需要，也可以按如图 4-42 所示压入线缆、安装防尘片。

图 4-41　固定塑料防尘片

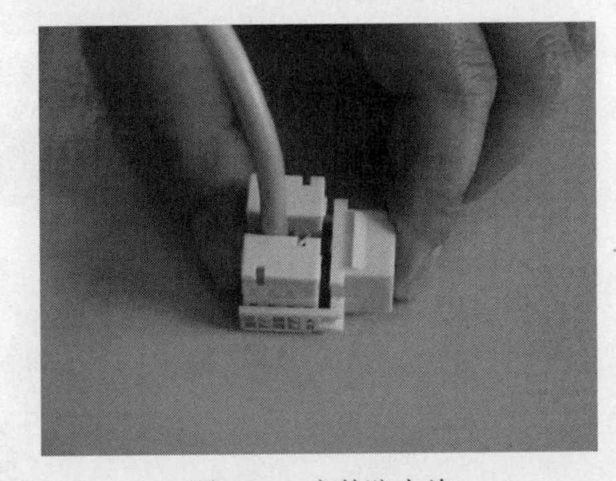

图 4-42　安装防尘片

（8）将信息模块插入信息面板中相应的插槽内，听到“咔”的一声后，说明两者已经固定在一起。最后，用螺丝将面板固定在信息插座的底盒上。

提示：如果打线刀的力度不够，不能将外侧导线切断，或者冲击力太高，以至于内侧导线一起切断，则可以调整冲击力旋钮，以增加或减少冲击力。

做完了跳线和信息插座，我们再来看一下如何端接配线架。

【实验 4-3】端接配线架

端接配线架和端接信息插座所使用的工具完全相同，具体操作步骤如下：

（1）将金属支架安装在配线架上，用于支撑和理顺双绞线电缆。

（2）利用尖嘴钳将线缆剪至合适的长度，并用剥线刀剥除双绞线的绝缘层包皮，并剪除抗拉线。

（3）依据所执行的标准（一定要与信息模块执行完全相同的标准），按照配线架上的色标，如图 4-43 所示，将双绞线的 4 对线按照正确的颜色顺序一一分开。不过不要将线对拆开。

（4）根据配线上所指示的颜色，将导线一一置于线槽，如图 4-44 所示。

（5）最后，将 4 个线对全部置于线槽。

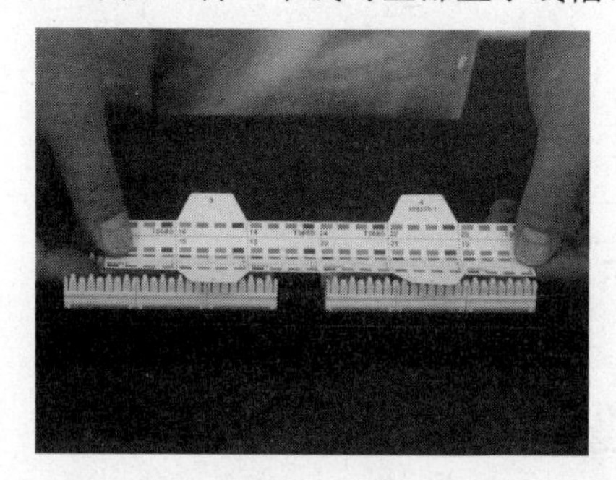

图 4-43　色标

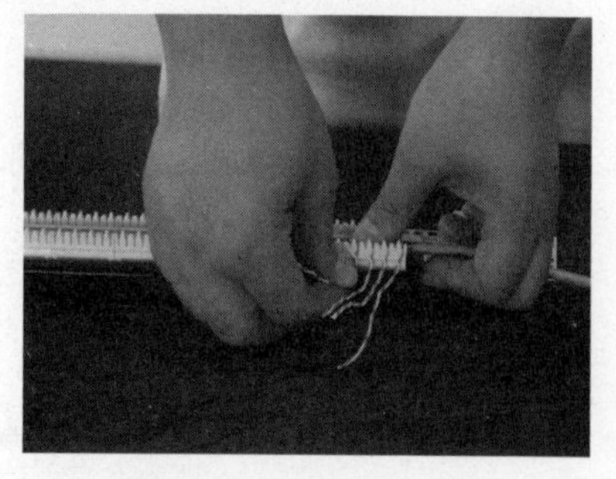

图 4-44　将导线置入线槽

（6）利用打线工具端接配线架与双绞线，如图 4-45 所示。注意，一定要使刀口向着外侧，从而将多余的电缆切断。重复操作，端接其他双绞线。

（7）如果没有 8 位打线刀，也可以使用普通的打线刀打制。

（8）将线缆理顺，并利用尼龙扎带将双绞线与理线器固定在一起，然后成束地固定在机柜上。最后，使用尖嘴钳剪去扎带多余的部分。整理完成的效果如图 4-46 所示。

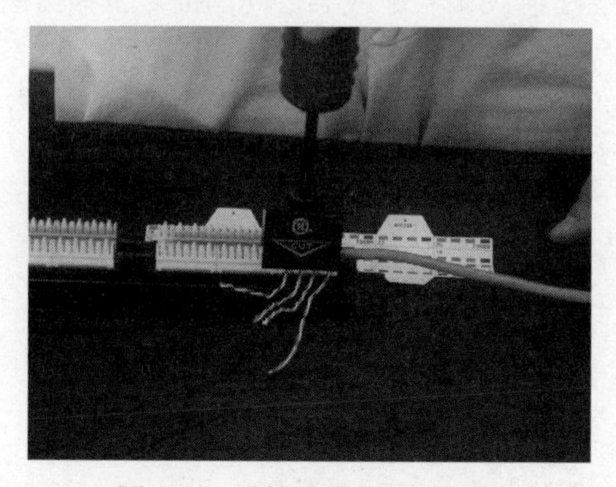

图 4-45　端接配线架与双绞线

图 4-46　整理后的配线架

提示：当然，也可以先打好配线架，然后再将其安装到机柜中。最后，将理线器固定在机柜正面，并利用跳线将配线架与交换机连接在一起。

端接配线架时，一般应注意如下几点：

（1）以表格形式写清楚信息点分布编号和配线架端口号，如表 4-5 所示。

表 4-5　网络配线架表格形式

配线架端口号	1	2	3	4	5	6	7	8	9
信息点编号	101–1	101–2	101–3	101–4	101–5	101–6	101–7	101–8	101–9

（2）按楼层顺序分配配线架，画出机柜中配线架信息点分布图，便于安装和管理，如图 4-47 所示。

（3）以楼层信息点为单位分线、理线，从机柜进线处开始整理电缆。

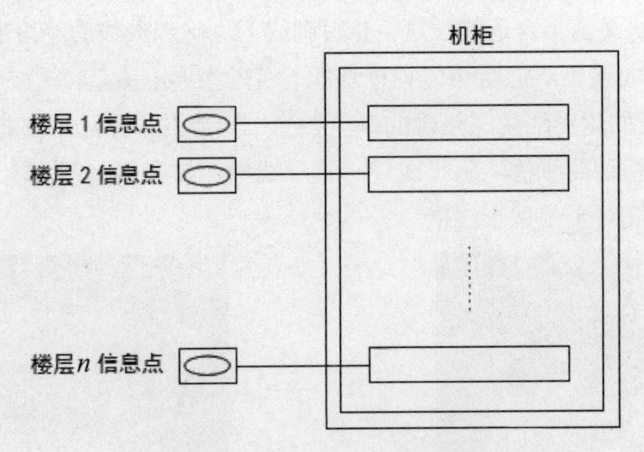

图 4-47　按楼层顺序分配配线架

4.4　双绞线布线施工

双绞线敷设可以采用管道、线槽以及桥架等多种方式。在决定采用哪种方式之前，应该到施工现场进行实地考察、分析比较，从中选择一种最佳的施工方案。无论采取哪种方式都应该注意，既不能过度用力拉拽，也不能过度弯曲和挤压，以保证双绞线的绞合不变形。

4.4.1　建筑物内水平布线

水平线缆是综合布线中数量最多的线缆，主要是为工作区到楼层配线架之间的信号传输提供通路。大量的水平布线通常在桥架中进行，而桥架又大多位于天花板上方。

1. 确定信息点位置

实施布线前，首先应确定信息点位置，设计敷设路由，如图 4-48 所示，并安装桥架。

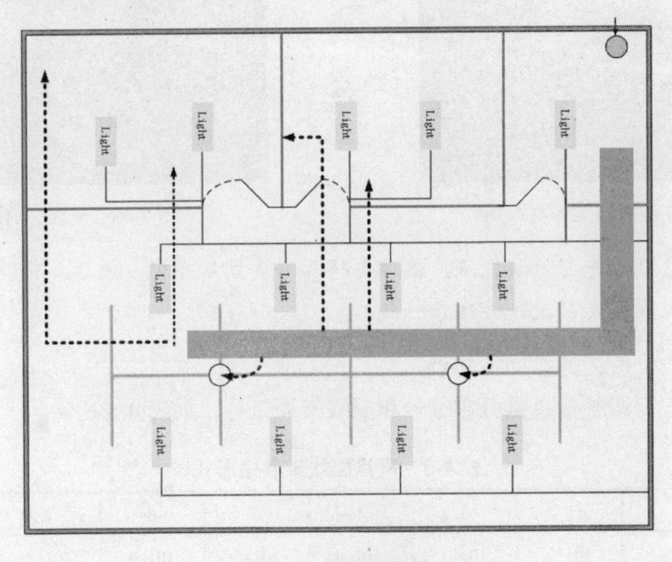

图 4-48　设计敷设路由

2. 多箱网线同时敷设

在实施水平布线时，应将多箱网线同时敷设，如图 4-49 所示，以提高布线效率。通常情况下，水平布线应当从电信间向各信息出口敷设。

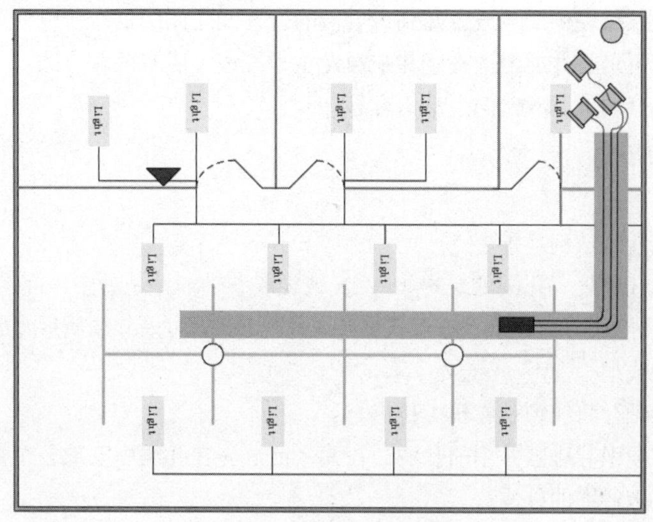

图 4-49　多箱网线同时敷设

3. 建筑物内水平布线操作工序

（1）将水平布线路由上的所有天花板全部掀开。需要注意的是，由于天花板颜色往往较浅，而且大多采用石膏材质，特别容易受到污染，因此施工时应当戴上手套。同时，为了保护眼睛不受灰尘伤害，还应当带上护目镜。

（2）将网线拆箱并置于线缆布放架上。如果没有线缆布放架，只需将网线从线箱中抽出即可。

（3）对线箱和线缆逐一进行标记，以便与房间号、配线架端口相匹配。电缆标记应当用防水胶布缠绕，以避免在穿线过程中磨损或浸湿。

（4）将线缆的线头缠绕在一起，便于线缆的统一敷设。通常情况下，线缆的敷设从楼层配线间开始，由远及近向每个房间依次敷设。这种施工顺序可以最大限度地利用线缆而不会造成浪费。

（5）将线缆穿入天花板中，并敷设在桥架内。

（6）当到达一个工作区时，将线缆从预留的绝缘管中穿入房间。先使用钓钩工具沿竖管穿下，然后将一根拉绳带入竖管中，再借助拉线将双绞线拉至信息插座位置，如图 4-50 所示。

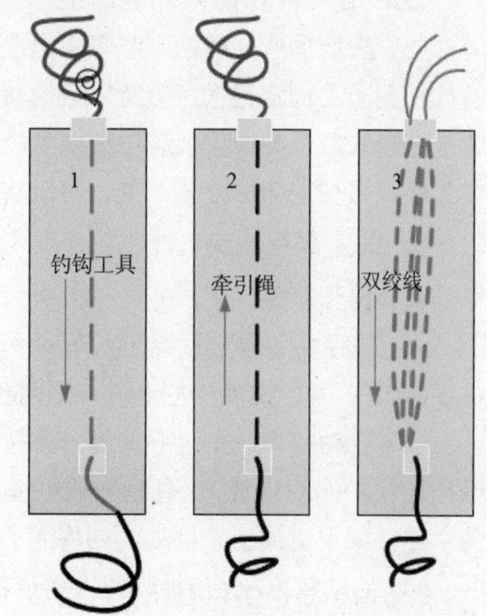

图 4-50　将线缆穿入房间并拉至信息插座位置

（7）将双绞线从信息插座引出，预留长度 0.5m 左右即可。

（8）在楼层配线间一侧，预留需要的长度后（与该信息点所在配线间的位置、机柜的位置和高度等因素有关）剪断线缆，并进行标记。该标记应当与该线缆在工作区内的标记一致，并同时记录到施工技术文档。

（9）重复操作，直至所有水平布线全部敷设完成。

4.4.2 建筑物主干布线

建筑物主干布线系统提供了从设备间到每层楼的管理间之间的信号传输通路，由于线缆较多且路由集中，因此通常可走竖井通道。在竖井中敷设主干线缆一般有两种方式：向下垂放线缆：向上牵引线缆。相较而言，向下垂放比向上牵引容易。

1. 向下垂放线缆

具体操作步骤如下：

（1）首先把线缆卷轴放到最顶层。

（2）在离房子的开口处（孔洞处）3~4m 处安装线缆卷轴，并从卷轴顶部馈线。

（3）在线缆卷轴处安排所需的布线施工人员（人数视卷轴尺寸及线缆质量而定），每层上要有一个工人以便引寻下垂的线缆。

（4）开始旋转卷轴，将线缆从卷轴上拉出。

（5）将拉出的线缆引导进竖井中的孔洞。在此之前，先在孔洞中安放一个塑料保护套，以防止孔洞不光滑的边缘擦破线缆的外皮。

（6）慢慢地从卷轴上放电缆并进入孔洞向下垂放，不要快速地放电缆。

（7）继续放线，直到下一层布线人员能将线缆引入到下一个孔洞。

（8）按前面的步骤，继续慢慢放线，并将线缆引入到各层的孔洞。

提示：如果要经过一个大孔敷设垂直主干线缆，就无法使用一个塑料保护套了，只是最好使用一个滑轮车，通过它向下垂直布线。为此需要进行如下操作：

（1）在孔的中心处装一个滑轮车。

（2）将线缆拉出绕在滑轮车上。

（3）按前面所介绍的方法牵引电缆穿过每层的孔，当线缆到达目的地时，把每层上的线缆绕成卷放在架子上固定起来，等待以后的端接。

在布线时，若线缆要越过弯曲半径小于允许的值（双绞线弯曲半径为线缆直径的 8~10 倍，光缆为线缆直径的 20~30 倍）处，可以将线缆反线在滑轮车上，解决线缆弯曲的问题。

2. 向上牵引线缆

具体操作步骤如下：

（1）按照线缆的质量，选择绞车型号，如图 4-51 所示。并按绞车制造厂家的说明书进行操作。先往绞车中穿一根绳子。

（2）启动绞车，并向下垂放一条拉绳（确定此拉绳的强度能保护牵引电缆），直到安放电缆的底层。

（3）如果电缆上有拉眼，则将绳子连接到此拉眼中。

（4）启动绞车，慢慢地将线缆通过各层的孔向上牵引。

（5）电缆末端到达顶层时，停止绞车。

（6）在地板孔边沿上用夹具将线缆固定。

（7）当所有的连接制作好之后，从绞车上释放线缆的末端。

图 4-51　牵引绞车

4.4.3　建筑物间布线

主干及建筑群间线缆是综合布线系统对外连接的骨干线路，它们是保证线路畅通无阻的关键部分。采用管道敷设的方式，可以确保通信的安全、可靠，并便于今后的维护管理。

1．管道穿线工序

管道穿线施工工序如下：

（1）管槽检查，钢管加护口，埋地钢管试穿。

（2）对所有参与穿线的人员讲解布线系统结构、穿线过程、质量要点和注意保护电缆。

（3）策划线缆分组。

（4）一组一组地穿放电缆。对于其中的每一组都需按下列步骤进行操作，即选择穿线起点；电缆运至起点、标号、记录配线架端刻度；把此组穿至配线架，按要求留余长。

（5）度量起点到插座端长度，截断并标号，记录信息插座端所处房间及位置。插座端盘绕在插座盒内。

（6）对每根电缆进行通断测试、补穿，修改标号错误。

（7）整理穿线报告。

（8）扣线槽盖。

2．管道穿线技术要求

使用管道穿线时有一定要求，具体如表 4-6 所示。

表 4-6　管道穿线技术要求

项　目	要　求
管口保护	所有钢管口都要安放塑料护口，穿线人员应携带护口，随时安放。所有电缆经过的管槽连接处都要处理光滑，不能有任何毛刺，以免损伤电缆。
余长	电缆在计算机出线盒外余长 30cm，余线应仔细缠绕好，收在出线盒内。在配线箱处从配线柜入口算起余长为配线柜的（长+宽+深）。
分组绑扎	余线应按分组表分组，从线槽出口捋直绑扎好，绑扎点间距不大于 50cm。
转弯半径	小于 40mm 时转弯半径为电缆外径的 15 倍，大于 40mm 时转弯半径为电缆外径的 20 倍。
拉力	拽线时每根线拉力应不超过 11kg，多根线拉力最大不超过 40kg，以免拉抻电缆导体。
绑扎	垂直电缆通过过渡箱转入垂直钢管往下一层走时，要在过渡箱中绑扎悬挂，避免电缆重量全部压在弯角的里侧电缆上，影响电缆的传输特性。垂直线槽中的电缆至少每米绑扎悬挂一次。线槽内布放电缆应平直、无缠绕、无长短不一。如果线槽开口朝侧面，电缆要每隔一米绑扎固定一次。
标号	电缆按照计算机平面图标号，每个标号对应一条 4 对芯线，对应的房间和插座位置不能弄错。两端的标号位置末端 25cm，贴浅色塑料胶带，上面用油性笔写标号；或者先贴纸质标签并做标记，然后再缠上透明胶带，以防水浸或被摩擦掉。此外，在配线架从末端到配线柜入口间，每隔一米在电缆皮上用油性笔写标号。
冗余	按 3%的比例穿备用线，备用线放在主干线槽内，每层至少一根备用线。
测试	穿线完成后，所有的 4 对芯电缆都应使用万用表进行通断测试，以便发现断线、断路和标号错误。将两端电缆的芯全部拨开，露出铜芯。在一端把数字万用表拨到通断测试挡，两表笔稳定地接到一对电缆芯上；在另一端把这对电缆芯一下一下地短暂触碰，观察链路阻值变化。
保存	整个工程中电缆的贮存、穿线、放线都要耐心细致，避免电缆受到任何挤压、碾、砸、钳、割或过力拉抻。布线时既要满足所需的余长，又要尽量节省，避免任何不必要的浪费。电缆一旦外皮损伤以至芯线外露或其他严重损伤，应果断抛弃，不得接续，接续的电缆无法满足信号传输要求。

3．双绞线牵引

暗道布线是在浇筑混凝土时便已把管道预埋在地板下，管道内有牵引电线缆的钢丝或铁丝，安装人员只需索取管道图纸了解布线管道系统，确定路径位置，即可制定出施工方案。对于老式的建筑物或没有预埋管道的建筑物，要向业主索取建筑物的图纸，并到需要布线的建筑物现场，查清建筑物内电、水、气管路的布局和走向；然后详细绘制布线图纸，确定布线施工方案。施工可以与建筑物装修同步进行，这样既便于布线，又不影响建筑物的美观。

管道一般从配线间埋到信息插座安装孔。安装人员只要将4对电线缆固定在信息插座的接线端，从管道的另一端牵引拉线就可以使线缆到达配线间。对于单条线缆，我们通过下面的实验来说明一下。

【实验 4-4】单条双绞线牵引

单条双绞线牵引的操作工序如下：

（1）将电缆向后弯曲以便建立一个环，直径为150~300mm，并使电缆末端与电缆本身绞紧，如图4-52所示。

（2）用电工胶带缠在绞好的电缆上，以加固此环，如图4-53所示。

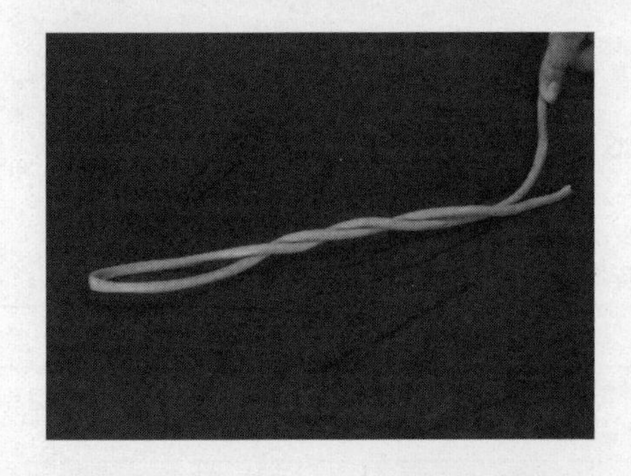

图4-52　使电缆末端与本身绞起建立环

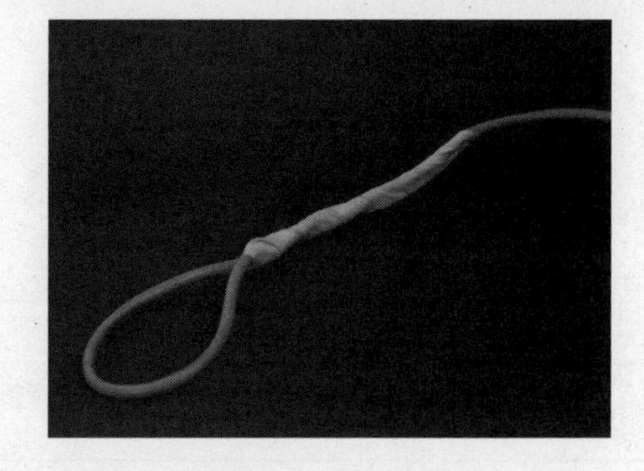

图4-53　缠绕固定

（3）然后把拉绳连接到线缆环上，如图4-54所示。

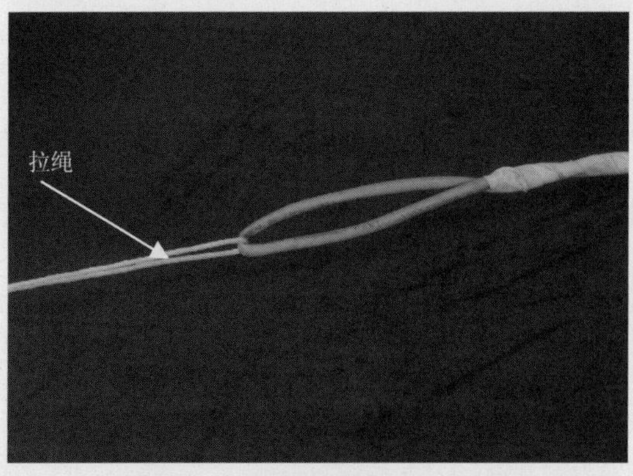

图4-54　将拉绳连接到线缆环上去

如果需要牵引多条线缆，可以使用缠绕式牵引和打环式牵引两种方式来实现。标准的4对线缆很轻，通常不要求做更多的准备，只要将它们用电工带子与拉绳捆扎在一起即可。如果牵引多条4对线穿过一条路由，则可采用实验4-9所示的方法。

【实验 4-5】多条双绞线牵引

多条双绞线牵引的操作工序如下：

（1）将多条线缆聚集成一束，并使它们的末端参差不齐，如图 4-55 所示。

（2）用电工胶带或胶布紧绕在线缆束外面，在末端外绕 5~10cm 长的距离就可以了，如图 4-56 所示。

（3）将拉绳穿过电工胶带缠好的线缆，并打好结，如图 4-57 所示。

采用缠绕式牵引方式，有可能会导致在拉线过程中连接点散开，为此可以采用更为牢固的打环式牵引方式。打环式牵引方式适用于多线对敷设环境中，不仅牵引更加牢固，还可以牵引效率更高。

图 4-55　将多条线缆集成一束

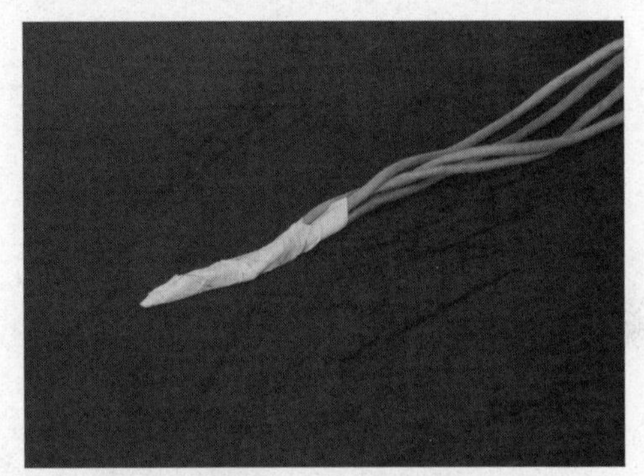

图 4-56　紧紧缠绕

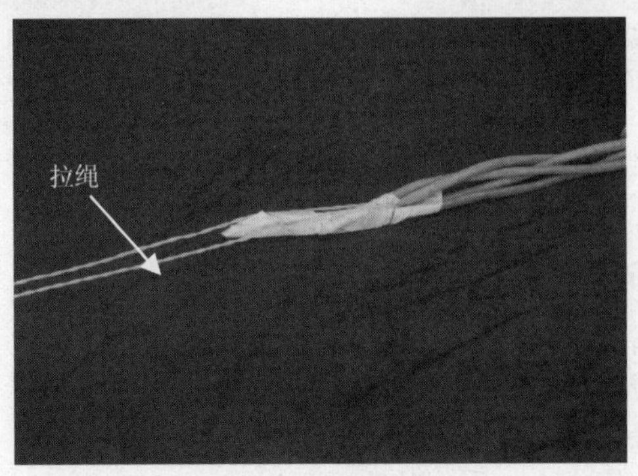

图 4-57　固定拉绳

【实验 4-6】打环式牵引双绞线

打环式牵引双绞线的操作工序如下：

（1）除去一些绝缘层以暴露出 5~10cm 的线对，如图 4-58 所示。

（2）将所有的线对分为两束，将两束导线互相缠绕起来形成环，如图 4-59 所示。

（3）使用电工胶布或胶带将缠绕线对部分进行固定，如图 4-60 所示。

（4）将拉绳穿过此环并打结。将电工胶带缠到连接点周围缠得要结实且不滑，如图 4-61 所示。

提示：如果管道内没有预先留置牵引绳，或者牵引绳断掉时，可以使用钓钩工具重新敷设牵引绳。如果布线管道不通畅，可以使用管道疏通器进行疏通，并同时敷设线缆。

图 4-58 暴露线对

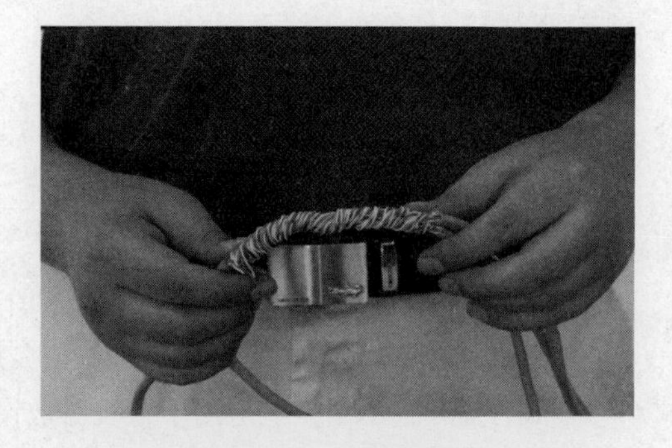

图 4-59 缠绕成环

图 4-60 固定缠绕线对

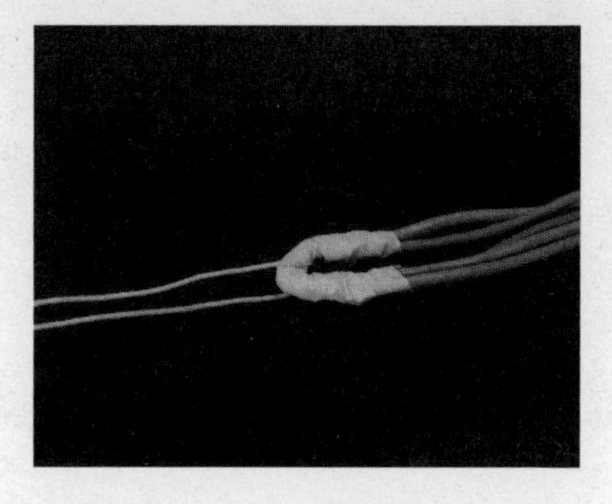

图 4-61 将拉绳穿过环

4．管道内敷设线缆

在主干及建筑物间管道中敷设线缆时，有以下三种情况要注意。

（1）小孔到小孔。

（2）在小孔间的直线敷设。

（3）沿着拐弯处敷设。

可通过人或机器来敷设线缆，到底采用哪种方法依赖于以下因素。

- 管道中有没有其他线缆？如有其他线缆，则牵引起来比较困难，可用机器帮助。
- 管道中有多少拐弯？线缆通路越直，就越容易牵引。可以观察一个人孔与另一个人孔之间的关系或入口点到出口点的地形来确定管道中约有多少拐弯。
- 线缆有多粗和多重？越粗、越重的线缆就越难牵引。

基于上述因素，很难确切地说是用人力还是用机器来牵引线缆，只能视具体情况而定。但是当有疑问时，首先应尝试用人力来牵引线缆；如果人力牵引不动或很费力，则选用机器牵引线缆。

（1）人工牵引电缆

当线缆路径的阻力和摩擦力很小时，可采用人工牵引电缆，人工牵引电缆分为小孔到小孔的牵引、人孔到人孔的牵引和通过多个人孔的牵引等三种方式。

① 小孔到小孔的牵引

小孔到小孔指的是直接将线缆牵引通过管道（这里没有人孔）。

a．在牵引的入口处和出口处揭开管道。

b．从管道的一端放入一条蛇绳，向里送入，直到从另一端露出来。

c．将蛇绳与手拉的绳子连接起来，并用电工带缠绕好。

d．通过管道往回牵引绳子。

e．将线缆轴安装在千斤顶上，并使其与管道尽量成一条线。

f．一个人在管道的入口处将线缆送入管道，而另一个人在管道的另一端牵引拉绳，直到线缆在管道的另一端露出为止。

② 人孔到人孔的牵引

人孔可能较深或较窄，但其牵引线缆的过程基本上与小孔到小孔的方法相似。线缆牵引过程如下：

a．将蛇绳送入到要牵引线的人孔中。

b．将蛇绳与手拉的绳子连接起来，并用电工带缠绕好。

c．通过管道向回牵引绳子。

d．将线缆轴安装在千斤顶上，并使其与管道尽量成一条线。

e．在两个人孔中使用绞车和其他辅助硬件。

f．将手绳通过一个芯钩或牵引孔眼固定在线缆上。

g．为了避免线缆在牵引时被管道边缘划破，要在管道边缘安装一个引导装置（软塑料块）。

h．一个人在管道的入口处将线缆送入管道，一个人或多个人在管道的另一端牵引拉绳以使线缆被牵引到管道中。

③ 通过多个人孔的牵引

牵引线缆通过多个人孔的过程和牵引线缆从人孔到人孔的牵引方法相似，只有一点除外，即在每一个人孔中留有足够的松弛线缆并用夹具或其他硬件将其挂在人孔墙壁上。不上墙的线缆应割下来，预留一定的空间，以便施工人员将来完成连接作业。

（2）机器牵引电缆

在人工牵引线缆困难的场合，需要使用机器来辅助牵引线缆。下面介绍的牵引过程适用于有人孔和无人孔的场合。为了将线缆拉过两个或多个人孔，可按以下步骤进行。

a．将带有绞绳的卡车停放在欲作为线缆出口的人孔旁边。

b．将载有线缆轴的拖车停放在另一个人孔旁边。卡车、拖车都要与管道对齐。

c．用人工牵引线缆中说明的方法，将一条牵引绳从线缆轴人孔通过管道布放到绞车人孔。

d．用拉绳连接到绞车，启动绞车，保持平稳的速度进行牵引，直到线缆从人孔中露出来。

第 5 章　光缆布线技术

虽然光缆与电缆同是通信线路的传输介质，但因为它们所选材质、工作原理有着根本的区别，因此其安装施工的要求自然大相径庭。在实际施工中，光缆的安装施工要求要高于电缆。光缆布线常见于大、中型网络的建筑群布线和建筑物内部的垂直主干布线，也可见于服务器机房内的网络布线。

5.1　光缆布线施工的准备工作

光纤是通过石英光导纤维来传播信号的。光缆中的纤芯是由石英玻璃制成的，很容易破碎。施工人员若操作不当，石英玻璃会扎伤人；光纤连接不好或断裂，会使人遭受光波辐射，伤害施工人员的眼睛。

1．施工准备

光缆施工前，应当做好以下准备工作：

（1）光缆外观检查

用户收到光缆后，应及时检查缆盘及外层光缆，确定所收光缆是否受到损伤，检查缆盘中心孔有无各种可能损害光缆护套或妨碍光缆收卷和展开的障碍物。

（2）数量检查

检查光缆总数量、每盘长度是否与合同要求一致。

（3）质量检查

用光时域反射仪检查光缆在运输中是否受到损害，检查所得数据可用来与安装后验收检测数据进行比较，并可作为数据记录的一部分，有助于日后的紧急修复工作。

（4）配线设备的使用应符合规定

光缆交接设备的型号、规格应符合设计要求；光缆交接设备的编排及标记名称应与设计相符，各类标记名称应统一，标记位置应正确、清晰。

2．施工记录与文件保存

完整记录是通信工作正常进行的必要保证。由于光缆通信涉及设计、施工、运行和维护等多个部门，在施工完成后，各部门应相互协作，将所有记录妥善保存，以利于今后的工作。记录文件中应包括以下内容：

（1）线路地形索引图

该图记录了线路和所过道路的情况。通过该图，在以后的工作中可以很快找到需要到达的地点。对于接头点、道路或河流交叉点，均应在图中标明。

（2）线路组成图

该图中包括线路中各接头点、道路或河流交叉点等处所用光缆的盘号、盘长、光纤型号和芯数等。

（3）安装图

该图记录了杆距、接地等情况。

（4）光纤回路图

该图标明了实际光纤回路、使用芯数、备用芯数、光纤色标及以后发生的对光纤的处理情况。

（5）验收数据记录

应记录下验收时测得的输入光功率、接收光功率、衰减等数据；此外，还包括用光时域反射仪（OTDR）对每条光纤测得的曲线图、熔接损耗、连接器插入损耗，以及光纤和尾纤的照片。

（6）厂家提供的文件

厂家提供的每盘光缆及其中光纤的数据。

（7）保存及更新记录

原始记录应复印多份，施工和维护单位均需保存，在系统的端点也应备。在线路改造和紧急维修等情况发生后，记录应及时修改。

5.2　光缆施工的一般要求

根据光缆的物理和电气性能，光缆的敷设必须满足一定的要求，除此之外，不同环境下的光缆敷设也有各自的要求。

5.2.1　光缆敷设要求

光缆敷设应严格按照以下要求：

（1）长度及整体性

每条光缆的长度要控制在 800m 以内，而且中间没有中继。

（2）光缆最小安装弯曲半径

在静态负荷下，光缆的最小弯曲半径是光缆直径的 10 倍；在布线操作期间的负荷条件下，例如把光缆从管道中拉出来，最小弯曲半径为光缆直径的 20 倍；4 芯光缆的最小安装弯曲半径必须大于 2in（5.08cm）。

（3）安装应力

施加于 4/6 芯光缆最大的安装应力不得超过 45kg；在同时安装多条 4/6 芯光缆时，每根光缆承受的最大安装应力应降低 20%，例如对于 4×4 芯光缆，其最大安装应力为 144kg。电缆敷设张力和侧压力具体要求如表 5-1 所示。

表 5-1　光缆允许的张力和侧压力

光缆敷设方式	允许张力（N）		允许侧压力（N/100M）	
	长期	短期	长期	短期
管道光缆	300	1000	300	1000
直埋光缆	1000	3000	1000	3000

说明：要求布放光缆的牵引力应不超过光缆允许张力的 80%，瞬时最大牵引力不得大于光缆允许的张力。主要牵引力应当加在光缆的加强构件上，光纤不能直接承受拉力。

（4）光纤跳线的安装拉力：单芯纤软线最大拉力为12.15kg，双芯纤软线最大拉力为 22.5kg，互连设备的距离不得超过30m。

（5）判断光缆的A、B端：施工前必须首先判断并确定光缆的A、B端。A端应朝向网络枢纽方向，B端应朝向用户方向。敷设光缆的端应当方向一致，一定不能搞错。

（6）无论是在建筑物内还是建筑群间敷设光缆，均应占用单独的管道管孔。如利用原有管道和铜缆合用时，应在管孔中穿放塑料子管，塑料子管的内径应为光缆外径的1.5倍，光缆在塑料子管中敷设，不应与铜缆合用同一子管。在建筑物内光缆与其他弱电系统的线缆平行敷设时，应保持一定间距分开敷设，并固定捆扎，各线缆间的最小净距应符合设计要求。

5.2.2 室外光缆敷设要求

室外光缆常见的敷设方式有3种：地下管道敷设，即在地下管道中敷设光缆；直埋敷设，即直接在地下掩埋敷设；架空敷设，即在空中从电线杆到电线杆的敷设。应视工程条件、环境特点和电缆类型、数量等因素，且满足运行可靠、便于维护的要求和技术经济、合理的原则来选择。

1. 敷设方式的选择

地下管道敷设方式的选择，应符合下列规定。

（1）在有爆炸危险场所明敷的电缆，露出地坪上需加以保护的电缆，地下电缆与公路、铁道交叉时，应采用穿管。

（2）地下电缆通过房屋、广场的区段，电缆敷设在规划将作为道路的地段，宜用穿管。

（3）在地下管网较密的区域、交通繁忙或道路挖掘困难的通道等电缆数量比较多的情况下，可用穿管敷设。

直埋敷设方式的选择，应符合下列规定。

（1）建筑物之间不会经常性开挖的地段，宜用直埋；在人行道下等较易翻修的地段或道路边缘，也可以采用直埋。

（2）地下管网较多的地段，可能有熔化金属、高温液体溢出的场所，待开发及较频繁开挖的地方，不宜用直埋。

（3）在化学腐蚀或杂散电流腐蚀的土壤范围内，不宜采用直埋。

架空敷设方式的选择，应符合下列规定。

（1）建筑物之间有电线杆。

（2）建筑物之间的距离在50m左右。

2. 地下管道敷设

地下管道敷设是被广泛应用的一种方式，其敷设必须满足如下要求。

（1）光缆敷设前管孔内穿放子孔，光缆选择孔内相同颜色的子管始终穿放，空余所有子管管口应加塞子保护。对于无颜色的塑料子管，应在其端头做好有区别的标志。

（2）按人工敷设方式考虑，为了减少光缆接头损耗，管道光缆应采用整盘敷设。

（3）为了减少布放时的牵引力，整盘光缆应由中间分别向两边布放，并在每个人孔安排人员做中间辅助牵引。

（4）光缆穿放的孔位应符合设计图纸要求，敷设管道光缆之前必须清刷管孔。子孔在人（手）孔中的余长应露出管孔15cm左右。

（5）人（手）孔内子管与塑料纺织网管接口用 PVC 胶带缠扎，以避免泥沙渗入。

（6）光缆在人（手）孔内安装，如果手孔内有托板，光缆在托板上固定；如果没有托板，则将光缆固定在膨胀螺栓上，膨胀螺栓要求钩口向下。

（7）光缆出管孔 15cm 以内不应做弯曲处理。

（8）每个人（手）孔内及机房光缆和 ODF 架上均采用塑料标志牌以示区别。

（9）光缆管道和电力管道必须至少由 8cm 混凝土或 30cm 的压实土层隔开。

3. 直埋敷设

直埋敷设适用于距离较远并且之间没有可供架空的便利条件时采用，其敷设必须满足如下要求。

（1）避开含有酸、碱强腐蚀或化学腐蚀严重的地段；未有防护措施时，避免白蚁危害地带、热源影响或易遭外力损伤的区段。

（2）光缆应敷设在壕沟里，沿光缆全长的上、下、紧邻侧铺于厚度不小于 100mm 的软土或砂层。

（3）沿光缆全长应覆盖宽度不小于光缆两侧各 50mm 的保护板，保护板宜用混凝土制作。

（4）位于城镇道路等开挖频繁的地方，可在保护板上层铺以醒目的标志带。

（5）位于城郊或空旷地带，沿光缆路径的直线间隔约 100m、转弯处或接头部位，应树立明显的方位标志或标桩。

（6）直埋敷设于非冻土地区时，光缆外皮至地下构筑物基础不得小于 0.3m；光缆外皮至地面深度不得小于 0.7m；当位于车行道或者耕地下时，应适当加深，且不宜小于 1m。

（7）直埋敷设于冻土区时，宜埋入冻土层以下；当无法深埋时可在土壤排水性好的干燥冻土层或回填土中埋设，也可采取其他防止光缆受到损伤的措施。

（8）直埋敷设的光缆与铁路、公路或街道交叉时，应穿于保护管，且保护范围超出路基、街道路面两边以及排水沟边 0.5m 以上。

（9）直埋敷设的光缆引入构筑物，在贯穿墙孔处应设置保护管，且对管口实施阻水堵塞。

（10）直埋敷设光缆的接头与邻近光缆的净距不得小于 0.25m；并列光缆的接头位置宜相互错开，且不小于 0.5m 净距；斜坡地形处的接头安置，应呈水平状；对重要回路的光缆接头，宜在其两侧约 1000mm 开始的局部地段按留有备用量方式敷设光缆。

（11）直埋敷设光缆在采取特殊换土回填时，回填土的土质应对光缆外护套无腐蚀性。

（12）直埋敷设的光缆，严禁位于地下管道的正上方或下方。光缆与光缆或管道、道路、构筑物等相互间容许最小距离，应符合如表 5-2 所示的要求。

表 5-2　直埋光缆与其他管线及建筑物间的最小净距

<table>
<tr><th colspan="2">其他管线及建筑物名称、状况</th><th colspan="2">最小净距（m）</th><th>备　注</th></tr>
<tr><td colspan="2">市话通信线缆管道边线</td><td>平行</td><td>交叉</td><td rowspan="4">/</td></tr>
<tr><td colspan="2">非同沟敷设的直埋通信线缆</td><td>0.75</td><td>0.25</td></tr>
<tr><td rowspan="2">直埋电力电缆</td><td><35KV</td><td>0.50</td><td>0.50</td></tr>
<tr><td>>35KV</td><td>2.00</td><td>0.50</td></tr>
<tr><td rowspan="3">给水管</td><td>管径<30cm</td><td>0.50</td><td>0.50</td><td rowspan="3">当光缆采用钢管保护，交叉时最小净距可降为 0.15m</td></tr>
<tr><td>管径 30～50cm</td><td>1.00</td><td>0.50</td></tr>
<tr><td>管径>30cm</td><td>1.50</td><td>0.50</td></tr>
<tr><td rowspan="2">煤气管</td><td>压力<3kg/cm^2</td><td>1.00</td><td>0.50</td><td rowspan="2">当光缆采用钢管保护，交叉时最小净距可降为 0.15m</td></tr>
<tr><td>压力 3～8 kg/cm^2</td><td>2.00</td><td>0.50</td></tr>
</table>

续表

其他管线及建筑物名称、状况		最小净距（m）		备　注
树木	灌木	0.75		/
	乔木	2.00		
热力管或下水管		1.00	0.50	
高压石油、天燃气管		10.00	0.50	当光缆采用钢管保护，交叉时最小净距可降为 0.15m
排水沟		0.80	0.50	/
建筑红线或基础		1.00		

4．架空敷设

当建筑物之间有电线杆时，可以在建筑物与电线杆之间架设钢丝绳，将光缆系在钢丝绳上；如果建筑物之间没有电线杆，但两建筑物间的距离在 50m 左右时，亦可直接在建筑物之间通过钢索架设光缆。

架空敷设光缆要求：

（1）在平地敷设光缆时，使用挂钩吊挂；在山地或陡坡处，使用绑扎方式敷设光缆。光缆接头应选择易于维护的直线杆位置，预留光缆用预留支架固定在电杆上。

（2）架空杆路的光缆每隔 3 ~5 档杆要求做 U 形伸缩弯，大约每 1 公里预留 15m。

（3）引上架空（墙壁）光缆用镀锌钢管保护，管口用防火泥堵塞。

（4）架空光缆每隔 4 档杆左右及跨越路、河、桥等特殊地段时，应悬挂光缆警示标志牌。

（5）空吊线与电力线交叉处应增加三叉保护管保护，每端伸长不得小于 1m。

（6）靠近公路边的电线杆拉线应套包发光棒，长度为 2m。

（7）为防止吊线感应电流伤人，每处电线杆拉线均要求与吊线电气连接，各拉线位应安装拉线式地线，要求吊线直接用衬环接续，在终端直接接地。

（8）架空光缆通常距地面 3m，在进入建筑物时要穿入建筑物外墙上的 U 形钢保护套，然后向下或向上延伸，光缆入口的孔径一般为 5cm。

室外光缆采用墙壁敷设时，则应满足如下要求。

（1）除地下光缆引上部分外，严禁在墙壁上敷设铠装或油麻光缆。

（2）跨越街道或院内通道等，其线缆最低点距地面应不小于 4.5m。

（3）吊线方式采用 7/2.2、7/2.6，支撑间距为 8～10m，终端固定与第一只中间支撑间距应不大于 5m。

（4）吊线在墙壁上水平或垂直敷设时，其终端固定、吊线中间支撑应符合《本地网通信线路工程验收规范》。

（5）钉固螺丝必须在光缆的同一侧。光缆不宜以卡钩式沿墙敷设；不可避免时，应在光缆上加套管予以保护。光缆沿室内楼层凸出墙面的吊线敷设时，卡钩距离为 1m。

5.2.3　室内光缆敷设要求

如果高层住宅楼有弱电井（竖井），且楼宇网络中心位于弱电井（竖井）内，则光缆沿着在弱电井（竖井）内敷设好的垂直金属线槽敷设到楼宇网络中心；否则（包括本楼没有弱电井或竖井的情况），则光缆沿着在楼道内敷设好的垂直金属线槽敷设到楼宇网络中心。

光缆敷设到多层住宅楼的楼宇网络中心所在的单元后，沿楼外墙面向上（或向下）敷设到 3 层后进入楼内，沿墙角、楼道顶边缘敷设到楼宇网络中心所在的位置。

室内光缆的敷设应满足如下要求：

（1）光缆的固定

- 在楼内敷设光缆时可以不用钢丝绳，如果沿垂直金属线槽敷设，只需在光缆路径上每 2 层楼或每 10.5m 用缆夹夹住即可。
- 如果光缆沿墙面敷设，只需每 1m 系一个纵扣或安装一个固定的夹板。

（2）光缆的富余量。由于光缆对质量有很高的要求，而每条光缆两端最易受到损伤，所以在光缆到达目的地后，两端需要有 10m 的富余量，从而保证光纤熔接时将受损光缆剪掉后不会影响所需要的长度。

（3）光纤的熔接和跳接。将光纤与 ST 头进行熔接，然后与耦合器共同固定于光纤端接箱上，光纤跳线一头插入耦合器，一头插入交换机上的光纤端口。

5.2.4　管道填充率

在未经润滑的管道内同时可穿设的光缆最大数量是有限的，通常用管道填充率来标识， 一般管道填充率在 31%～50%之间。如果管道内原先已有光缆，则应用软鱼竿在管道内传入一根新拉绳，这样可以最大限度地避免新光缆与原有光缆互相缠绕，提高敷设新光缆的成功率。

5.3　光缆布线施工

光缆的施工需要专业的光纤熔接设备，因此企业用户自己通常无法独立完成。不过，企业可以自己敷设光缆，只将光纤熔接工作交由专门的网络或通信公司完成即可。另外，了解一些光缆布线施工要求，可以有效地实现对布线工程的监督，从而确保布线施工质量。

5.3.1　建筑物内光缆布线

光缆可分为建筑物内主干光缆和建筑群间主干光缆两种；与之对应，光缆布线也主要分为建筑物内光缆布线和建筑群间光缆布线两种。建筑物内光缆主要是应用于水平子系统和垂直（主干）子系统的敷设。

1．垂直子系统的敷设

建筑物内主干光缆一般安装在建筑物专用的弱电井中，从设备间至各个楼层的交换间布放，形成建筑物内的主要骨干线路。在弱电井中布放光缆有两种方式，即由建筑的顶层向下垂直布放和由建筑的底层向上牵引布放。通常采用向下牵引的布放方式。

（1）垂直敷设注意事项

① 垂直布放光缆时，应特别注意光缆的承重问题。为了降低光缆上的负荷，一般每两层都要将光缆固定一次。采用这种方法，光缆不需要中间支持，但要小心地捆扎光缆，不要弄断光纤。

② 为了避免弄断光纤及产生附加的传输损耗，在捆扎光缆时不要碰破光缆外护套。固定光缆

的步骤如下：

- 使用塑料扎带，由光缆的顶部开始，将主干光缆扣牢在线缆架上。
- 从上至下，按一定的间隔（如 5~8m）安装扎带，直到光缆全部被牢固地扣好。
- 检查光缆外护套有无损伤，并盖上桥架的外盖。
- 光缆布线应留有余量。光缆在设备端的接续预留长度一般为 5~10m；自然弯曲增加长度 5m/km；在弱电井的光缆需要接续时，其预留长度一般为 0.5~1.0m。如果在设计中有特殊预留长度要求时，应按要求处理。
- 光缆在弱电井中间的管孔内不得有接头。光缆接头应放在弱电井正上方的光缆接头托架上。光缆接头预留预先应盘成 O 形圈，用扎线捆扎在入孔铁架上固定。O 形圈的弯曲半径不得小于光缆直径的 20 倍。此外，还按设计要求采取保护措施，保护材料可以采用蛇形软管或软塑料管等。
- 在建筑物内同一路径上如有其他线缆时，光缆应与它们平行或交叉敷设（分开敷设和固定），留有一定间距，各种线缆间的最小净距应符合设计要求。
- 光缆全部固定牢靠后，应将建筑物内各个楼层光缆所穿过的所有槽洞、管孔的空隙部分，先用油性封堵材料封堵密封，再加堵防火材料，以求防潮和防火。在严寒地区，还应按设计要求加装防冻材料，以免光缆受冻损伤。
- 光缆及其接续应有标识，标识内容包括编号、光缆型号和规格等。
- 光缆敷设后应检查外护套有无损伤，不得有压扁、扭伤和折裂等缺陷，否则应及时处理。如果出现严重缺陷或有断纤现象发生，应及时检修，经测试合格后方可使用。

（2）垂直敷设的方法

水平子系统光缆的敷设与双绞线非常类似，只是由于光缆的抗拉性能更差，因此在牵引时应当更加小心，曲率半径也要更大。垂直（主干）子系统光缆用于连接设备间至各个楼层配线间，一般装在线缆竖井或上升房中。通常情况下，垂直主干光缆的敷设，采用由上至下的方式。

（3）垂直敷设光缆的操作工序

1）在离建筑物顶层设备间的槽孔 1~1.5m 处安放光缆盘，并将光缆盘安置在平台上，以便保持在所有时间内光缆与卷筒中心都是垂直的，然后从光缆盘顶部牵引光缆。

2）转动光缆盘，将光缆从其顶部牵出。牵引光缆时，要遵守不超过最小弯曲半径和最大张力的规定。

3）引导光缆进入敷设好的线缆桥架中。

4）慢慢地从光缆盘上牵引光缆，直到下一层的施工人员能将光缆引入到下一层。每一层均重复以上步骤，当光缆到达最底层时，要使光缆松弛地盘在地上。

注意：光缆通常是绕在光缆盘上的，这样光缆盘在转动时便能够控制光缆；在从光缆盘上牵引光缆之前，必须将光缆盘固定住，以防止它自身滚动。

2. 水平子系统敷设

主干光缆在垂直布放后，还需要从弱电井到交换间布放，一般采用走桥架（吊顶）的敷设的方式。

（1）水平子系统敷设光缆的操作工序

1）按设计的光缆敷设路由打开吊顶。

2）将线缆网套后端压缩使之张开后套入欲牵引的光缆。

3）逐节压缩引绳器，逐节套入，使网套与光缆紧贴。

4）待网套全部套入后（可空留一段），用扎带或铁丝扎紧引绳器开口处。

5）将光缆牵引到所需的地方，并留下足够长的光缆供后续处理用，如图 5-1 所示。

图 5-1　牵引光缆

提示：如没有线缆牵引套，也可以使用普通的线缆牵引带实现。首先切去一段光缆的外护套（一般由一端开始的 0.3m 处环切）；然后剥去外护套；再将光纤及加强件切去，只留下纱线在护套中；最后，将纱线与电工带绞在一起，并用胶带紧紧地将长 20cm 范围内的光缆外护套缠住。

（2）进线室光缆的安装

光缆穿墙或穿过楼层时，要加带护口的塑料管，并用阻燃的填充物将管子填满。进线室光缆安装固定光缆由进线室敷设至机房的光纤配线架，由楼层间爬梯引至所在楼层。光缆在爬梯上，在可见部位的每只横铁上用粗细适当的麻线绑扎。对于非铠装光缆，每隔几档应衬垫一块胶皮后扎紧。在拐弯受力部位，还需套一段橡胶管加以保护。

（3）光缆终端箱

光缆进入交接间、设备间等机房内，应预留 5~10m；如有可能挪动位置时，预留长度应视现场情况而定。然后进入光缆配线架，对于直埋光缆一般在进架前铠装层剥除，松套管进入盘纤板后应剥除。最后按照端接程序安装到光缆端接箱中。

5.3.2　建筑群光缆布线

建筑群光缆主要用于建筑群子系统的布线。在实施建筑群子系统布线时，应当首选管道光缆；只有在不得已的情况下，才选用直埋光缆或架空光缆。

1．管道光缆的敷设

通过管道敷设光缆分为清刷并试通、布放塑料子管、光缆牵引、光缆牵引、预留余量、接头处理和封堵与标识等步骤，具体操作如下：

（1）清刷并试通

敷设光缆前，应逐段将管孔清刷干净并试通。清扫时应用专制的清刷工具，清刷后应用试通棒进行试通检查。管道内穿塑料子管的内径应为光缆外径的 1.5 倍。当在一个水泥管孔中布放两根以上的子管时，子管等效总外径应小于空管内径的 85%。

（2）布放塑料子管

当穿放两根以上塑料子管时，如管材为不同颜色，端头可以不做标记。如果管材颜色相同或无颜色，则其端头应分别做好标记。

塑料子管的布放长度不宜超过 300 m，并要求其不得在管道中间有接头。另外，在塑料子管布放作业时，应防止异物进入管内。塑料子管应根据设计规定要求，在人孔或手孔中留有足够长度。

提示：人孔和手孔均为弱电井的一种，人孔相对较大，人孔尺寸一般为 1800mm × 1200mm × 1750mm，多为腰鼓形，可容纳一人进入井内作业；手孔多在管群容量 4~12 的垂直（干线）子系统上使用，其尺寸一般为 900mm × 1200mm × 1200mm，为长方体。

（3）光缆牵引

光缆依次牵引长度一般应小于 1000m。超过该距离时，应采取分段牵引或在中间位置增加辅助牵引方式，以减少光缆张力并提高施工效率。为了在牵引过程中保护光缆不受损伤，在光缆穿入管孔、管道拐弯处或与其他障碍物有交叉时，应采用导引装置或喇叭口保护管等保护措施。另外，还可根据需要在光缆外部涂抹中性润滑剂等材料，以减少光缆牵引时的摩擦阻力。

（4）预留余量

光缆敷设后，应逐个在人孔或手孔中将光缆放置在规定的托板上，并应留有适当余量，以防止光缆过于紧绷。在人孔或手孔中的管里需要接续时，其预留长度应符合表 5-3 规定的最小值。

表 5-3　光缆敷设的预留长度

<table>
<tr><th>光缆敷设方式</th><th>自然弯曲增加长度（m/km）</th><th>人（手）孔内弯曲增加长度（m/人（手）孔）</th><th>接续每侧预留长度（m）</th><th>设备每侧预留长度（m）</th><th>备注</th></tr>
<tr><td>管道</td><td>5</td><td>0.5~1.0</td><td rowspan="2">6~8</td><td rowspan="2">10~20</td><td rowspan="2">管道或直埋光缆须引上架空时，其引上地面部分每处增加6~8m</td></tr>
<tr><td>直埋</td><td>7</td><td></td></tr>
</table>

（5）接头处理

光缆在管道中间的管孔内不得有接头。当光缆在人孔中没有接头时，要求光缆弯曲放置在光缆托板上固定绑扎，不得在人孔中间直接通过，否则既影响施工和维护，又容易导致光缆损坏。当光缆有接头时，应采用蛇形软管或软塑料管等管材进行保护，并放在托板上进行固定绑扎。

（6）封堵与标识

光缆穿放的管孔出口段应封堵严密，以防止水或杂物进入管内。光缆及其接续均应有识别标志，并注明编号、光缆型号和规格等。在严寒地区还应采取防冻措施，以防光缆受冻损伤。如光缆可能被碰损伤，可在上面或周围设置绝缘板材隔断进行保护。

2. 直埋光缆的敷设

光缆布线直埋敷设的方法主要是人工抬放敷设光缆，直埋光缆的敷设位置，应在统一的管线规划综合协调下进行安排布置，以减少管线设施之间的矛盾。下面以一个具体实例来说明如何直埋敷设光缆。

【实验 5-1】直埋敷设光缆

直埋敷设光缆时，首先需要根据标准要求挖掘直埋光缆沟；同时，在光缆沟的清理和回填都有具体的要求。另外，光缆敷设和标识时，都要严格按照要求进行操作。

（1）埋设深度

直埋光缆由于直接埋设在地面之下，所以必须与地面有一定的距离，借助于地面的张力，使光缆不被损坏，保证光缆不被冻坏。直埋光缆的埋设深度如表 5-4 所示。

表 5-4　直埋光缆的埋设深度

光缆敷设的地段或土质	埋设深度（m）	备　注
市区、村镇的一般场合	≥1.2	不包括车行道
街道内、人行道上	≥1.0	包括绿化地带
穿越铁路、道路	≥1.2	距路面
普通土质（硬土等）	≥1.2	
沙砾土质（半石质土等）	≥1.0	
全石质	≥0.8	
流沙	≥0.8	
沟、渠、塘	≥1.2	
农田排水沟	≥0.8	

直埋光缆与其他管线及建筑物间的最小净距如表 5-5 所示。

表 5-5　直埋光缆与其他管线及建筑物间的最小净距表

序号	其他管线及建筑物间	最小净距（m）	备注
1	市话通信电缆管道平行时 市话通信电缆管道交叉时	0.75 0.25	
2	同沟敷设的直埋通信电缆平行时 非同沟敷设的直埋通信电缆平行时	0.50 0.50	
3	直埋电力电缆<35KV 平行时 直埋电力电缆<35KV 交叉时 直埋电力电缆>35KV 平行时 直埋电力电缆>35KV 交叉时	0.50 0.50 2.00 0.50	
4	给水管管径<30cm 平行时 给水管管径<30cm 交叉时 给水管管径为 30～50cm 平行时 给水管管径为 30～50cm 交叉时	0.50 0.50 0.50 1.00	光缆采用钢管保护时，最小净距可降为 0.15m
5	高压石油天然气管平行时 高压石油天然气管交叉时	10.00 0.50	
6	树木灌木 乔木	0.75 2.00	
7	燃气管压力小于 3Kg/cm^{2}平行时 燃气管压力小于 3Kg/cm^{2}交叉时 燃气管压力 3～8Kg/cm^{2}平行时 燃气管压力 3～8Kg/cm^{2}交叉时	1.00 0.50 2.00 0.50	
8	热力管或下水管平行时 热力管或下水管交叉时	1.00 0.50	
9	排水管平行时 排水管交叉时	0.80 0.50	
10	建筑红线（或基础）	1.0	

（2）光缆沟的清理和回填

沟底应平整，无碎石和硬土块等有碍于光缆敷设的杂物。如沟槽为石质或半石质，在沟底还应铺垫 10cm 厚的细土或沙土并抹平。光缆敷设后，应先回填 30cm 厚的细土或沙土作为保护层，严禁将碎石、砖块、硬土块等混入保护土层。保护层应采用人工方式轻轻踏平。

（3）光缆敷设

敷设直埋光缆时，施工人员手持 3~3.5m 光缆，并将其弯成一个水平 U 形，如图 5-2 所示。当然，该 U 形弯不能少于光缆所允许的弯曲半径。

然后向前滚动推进光缆，使光缆前端始终呈 U 形，如图 5-3 所示。

图 5-2　将光缆弯曲为 U 形

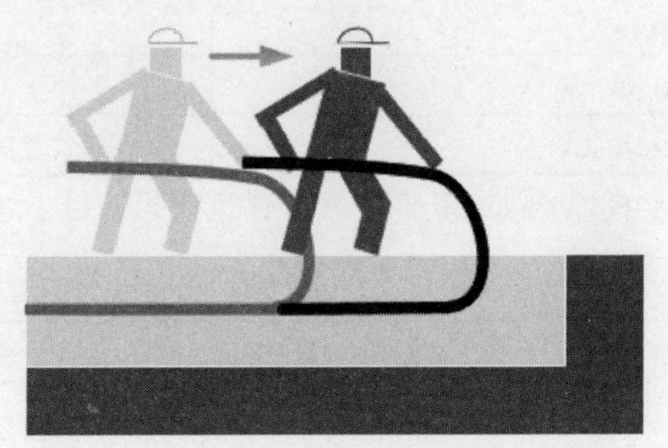

图 5-3　向前滚动推进

当光缆向上引出地面时，应当在地下拐角处填充支撑物，避免光缆在泥土的重力压迫下变形，改变其弯曲半径。

当光缆进入位于地面之下的建筑物入口或沿建筑物外墙向上固定时，均应当保持相应的弧度，因此要求接收沟必须具有相应的深度和宽度，如图 5-4 所示。接收沟的尺寸随光缆或导管的尺寸而改变。同沟敷设光缆或电缆时，应同期分别牵引敷设。

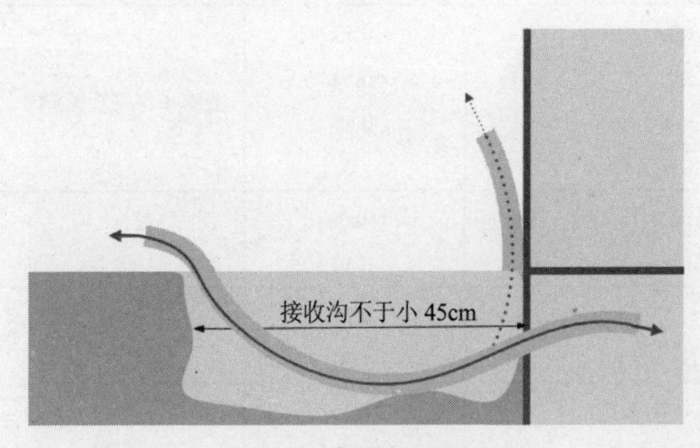

图 5-4　光缆接收沟

（4）标识

直埋光缆的接头处、拐弯处、预留长度处或与其他管线的交汇处，应设置标志，以便日后的维护检修。标志既可以使用专制的标石，也可以借用光缆附近的永久性建筑，测量该建筑某部位与光缆的距离，并进行记录以备检查。

3．架空光缆的敷设

架空光缆主要有钢绞线支承式和自承重式两种。自承重式不用钢绞吊线，具有造价高、光缆下垂、承受风力负荷较差。因此，一般采用钢绞线支承式这种结构，通过杆路吊线托挂或捆绑架设。

下面来具体说明如何架空敷设光缆。

架空敷设光缆分为架设钢绞线、光缆敷设和预留光缆等步骤，具体操作如下。

（1）架设钢绞线

对于非自承重的架空光缆而言，应当先行架设承重钢绞线，并对钢缆进行全面检查。钢绞线应无伤痕和锈蚀等，胶合紧密、均匀、无跳股。吊线的原始垂度和跨度应符合设计要求，如图 5-5 所示。固定吊线的铁杆安装位置正确、牢固、周围环境中无施工障碍。光缆与钢绞线可以采用如图 5-6 所示的方式固定。

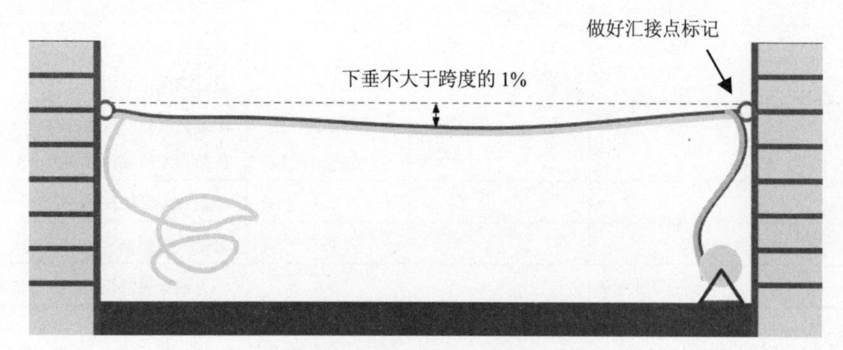

图 5-5　吊线的原始垂度和跨度设计

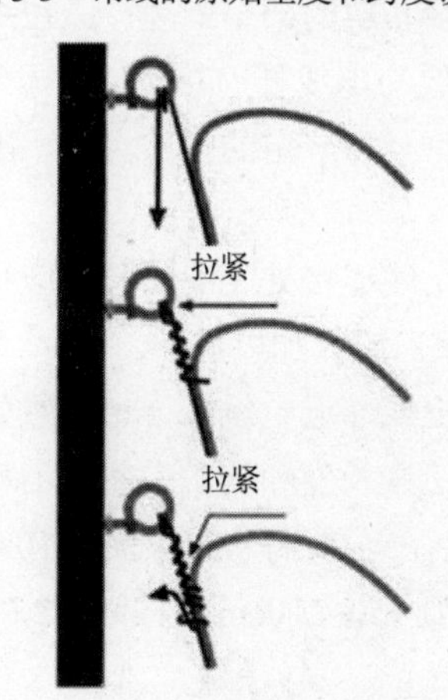

图 5-6　光缆与钢绞线固定

（2）光缆敷设

光缆敷设时应借助于滑轮牵引；下垂弯度不得超过光缆所允许的曲率半径；牵引拉力不得大于光缆所允许的最大拉力；牵引速度应缓和、均匀、不能猛拉紧拽。光缆在架设过程中和架设完成后的伸长率应小于 0.2%。当采用挂钩吊挂非自承重光缆时，挂钩的间距一般为 50cm，误差不大于 3cm。光缆的吊挂应平直，挂钩的卡扣方向应一致。与电力线交汇时，应当在钢绞线和光缆外采用塑料管、胶管或其他绝缘物包裹捆扎，确保绝缘。架空光缆与其他建筑物、树木的最小间距如表 5-6 所示。

表 5-6　架空光缆与其他建筑物、树木的最小间距

名　称	与架空光线缆路平行时		与架空光线缆路交越时	
	垂直净距（m）	备　注	垂直净距（m）	备　注
市区街道	4.5	最低线缆到地面	5.5	最低线缆到地面
胡同	4.0	最低线缆到地面	5.0	最低线缆到地面
铁路	3.0	最低线缆到地面	7.5	最低线缆到地面
公路	3.0	最低线缆到地面	5.5	最低线缆到地面
土路	3.0	最低线缆到地面	5.0	最低线缆到地面
房屋建筑			0.6 1.5	最低线缆距屋脊 最低线缆距平顶
河流			通航河流 2.0 不通航河流 1.0	距最高水位时最高桅杆顶 在最高水位及漂浮物上
市区树木			1.0	最低线缆到树枝顶
郊区树木			1.0	最低线缆到地面
架空通信线路			0.6	一方最低线缆与另一方最高线缆的间距

（3）预留光缆

中负荷区、重负荷区和超重负荷区布放的架空光缆，应在每根电线杆上预留一定长度的光缆，轻负荷区则可每 3~5 杆再做预留。光缆与电线杆、建筑或树木的接触部位应穿放长度约 90cm 的聚乙烯管加以保护。另外，由于光缆本身具有一定的自然弯曲，因此在计算施工使用的光缆长度时，应当每公里增加 5m 左右。

经过十字形吊线连接处或丁字形吊线连接处光缆的弯曲应平滑圆顺，并符合最小曲率半径的要求。弯曲部分应穿放长度 30cm 左右聚乙烯管加以保护。

架空光缆的接头点应放在电线杆上或邻近电线杆 1m 左右处，以利于施工和维护。接头处应预留一定长度的光缆，该长度包括光缆接续长度和施工中需要消耗的长度。通常情况下，每侧应预留 6~10m。当在光缆终端设备处终结时，在设备端一侧应预留 10~20m。

接头处两端的光缆应当各做长度为 150~200cm、垂度为 20~25cm 的伸缩弯，并分别在相邻的电线杆上盘放 150~200cm 的光缆。

5.4　光缆端接技术

任何线缆都会遇到长度不合适的问题，光缆也是如此，或者太长需要剪短，或者太短需要延长。同时，光缆在户外传输时都是大对数的，连接到网络运营商时就需要将里头的线芯分开连接，这时也需要对光纤进行端接。

5.4.1　机械接续

机械接续也称磨接，是将敷设光纤与尾纤均剥去外皮、切割、清洁后，插入接续匹配盘中对准、相切并锁定。采用磨接方式，虽然工具设备投入较少，但所需时间较长，对技术人员和施工环境的要求较高，成功率较低，连接品质稳定性依赖于操作人员的熟练度。如图 5-7 所示为光纤磨接工具

包，如图 5-8 所示为光纤磨接所使用的辅料。

提示：通常将光缆剥去外皮、清洁后穿入光纤连接器，再沿光纤连接器末端面切割并按一定的程序手工打磨。光纤与连接器之间由黏合剂接合，常用的黏合剂是环氧树脂，需要在烘炉上加热 15～20min 后才能固化。

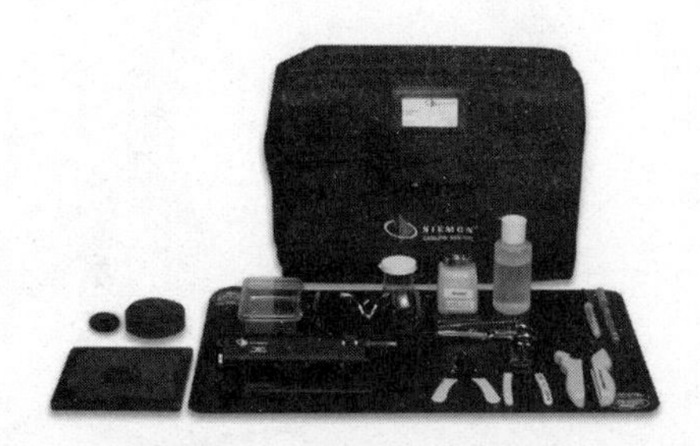

图 5-7　光纤磨接工具包

图 5-8　光纤磨接辅料

5.4.2　熔接

所谓熔接，是指用辅助工具将辅设光纤与尾纤均剥去外皮、切割、清洁后，使用光熔机“熔”为一体，需要熔接盘等保护。熔接是相对最快的光纤端接方式，约 1 分钟熔接一根光纤，而且稳定可靠，失败率在 1%以下。缺点是熔接设备价格昂贵，不适合工程量小的小型网络公司。

1. 光纤熔接机

采用熔接方式，虽然熔接设备购置投入较多，但制作速度快，且技术人员只需简单培训即可上岗，成功率非常高，目前已经成为光纤接续方式的首选。如图 5-9 所示为光纤熔接机。

通常情况下，熔接损耗较少，一般在 0.2dB 以下，并且可以立即从显示屏幕上得到损耗值。需要注意的是，在光纤熔接过程中，影响熔接质量的外界因素也比较多，如环境条件（包括温度、风力、灰尘等）、操作的熟练程度（包括光纤端面的制备、电极棒的老化程度）、光缆与尾纤的匹配性（包括光纤类型匹配、光纤生产厂商匹配）等。

2. 光缆接续盒

当敷设距离较远，光缆长度不够时，或者需要进行分支时，都可以通过接续的方式延长光缆，或者使光线缆路分叉。无论采用直埋、架空还是管道方式敷设光缆，都可以进行接续，只需将两条光缆相应颜色的光纤分别熔接在一起即可。

接续光缆时必须使用光缆接续盒，如图 5-10 所示。以保护接续光纤接头，并为以后的光缆接续提供方便。对于管道敷设方式而言，光缆的接续应当在预留的电信井中完成。

图 5-9　光纤熔接机

图 5-10　光缆接续盒

提示：每个电信井中应当有 8～10m 的盘留，以保证实现光缆的接续。

3．端接连接器

当需要将光缆终结在信息插座或光缆配线架上时，需要为光缆端接提供光纤连接器。通常情况下，光缆配线架端接 ST 连接器，而信息插座端接 SC 连接器。

端接连接器时一般直接使用尾纤。所谓尾纤，是指只有一端有光纤连接器的光缆，如图 5-11 所示。如果手头没有现成的尾纤，也可以直接将光缆跳线剪断，这样就拥有了两条尾纤。

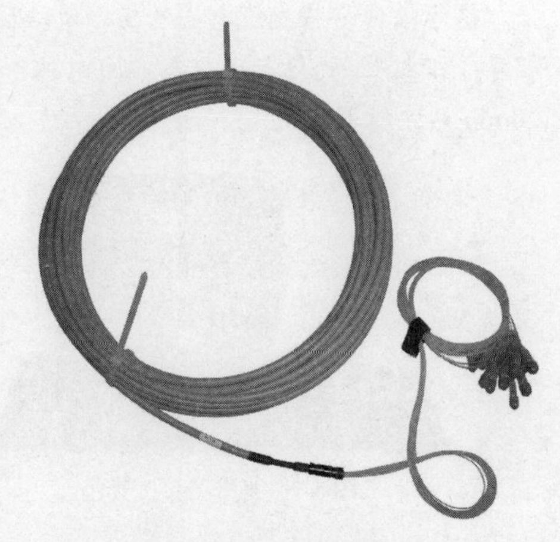

图 5-11　尾纤

将光缆的每个芯都与一根尾纤熔接在一起，并做好标记。然后再借助固定于光缆配线架或信息插座上的光纤耦合器，提供各种类型的光纤端口。如图 5-12 所示为连接至光缆配线架，如图 5-13 所示为连接至信息插座。

图 5-12　连接至光缆配架线

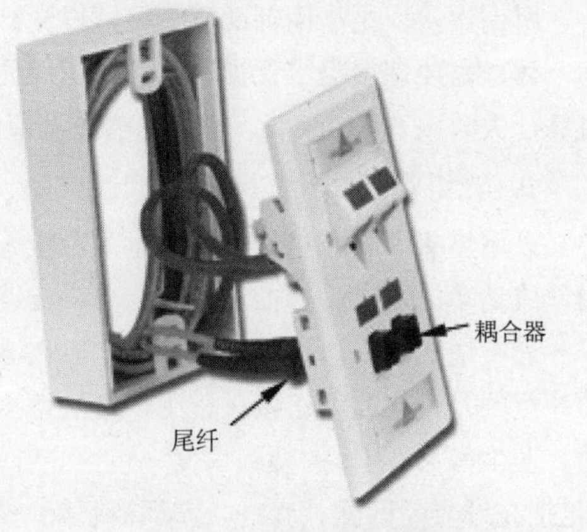

图 5-13　连接至信息插座

下面以一个具体实例来说明如何熔接光纤。

【实验 5-2】光纤熔接

光纤熔接的操作工序如下：

（1）将光缆穿入光缆配线箱或光缆接续盒。

（2）使用偏口钳或钢丝钳剥开光缆加固钢丝，如图 5-14 所示，剥开长度为 1m 左右。

（3）剥开另一侧的光缆加固钢丝，如图 5-15 所示，然后将两侧的加固钢丝剪掉，只保留 10cm 左右即可。

（4）剥除光纤外皮 1m 左右，即剥至剥开的加固钢丝附近，如图 5-16 所示。

（5）用美工刀在光纤金属保护层轻轻刻痕，如图 5-17 所示。

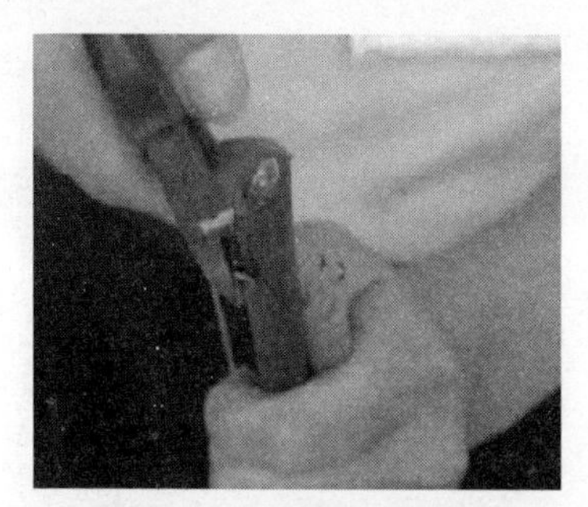

图 5-14　剥开光缆加固钢丝

图 5-15　剥开另一侧的光缆加固钢丝

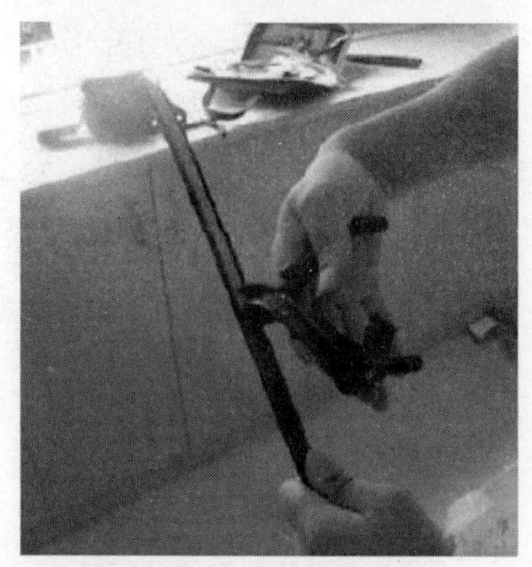

图 5-16　剥除光纤外皮

图 5-17　在金属保护层刻痕

（6）折弯光纤金属保护层并使其断裂，折弯角度不能大于 45°，以避免损伤其中的光纤，如图 5-18 所示。

（7）用美工刀在塑料保护管四周轻轻刻痕，如图 5-19 所示。不要太过用力，以免损伤光纤。也可使用光纤剥线钳完成该操作。

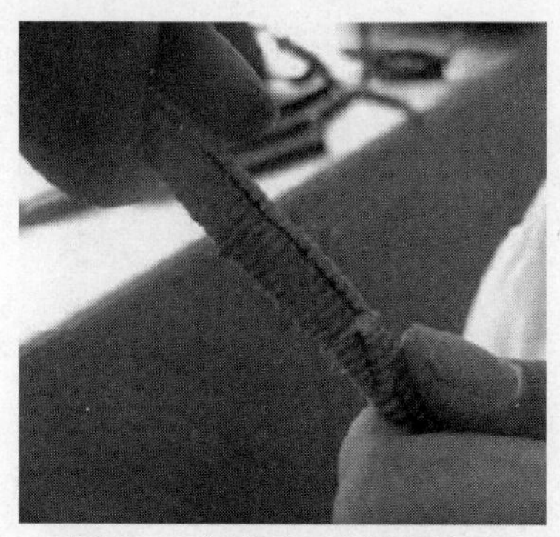

图 5-18　折弯光纤金属保护层

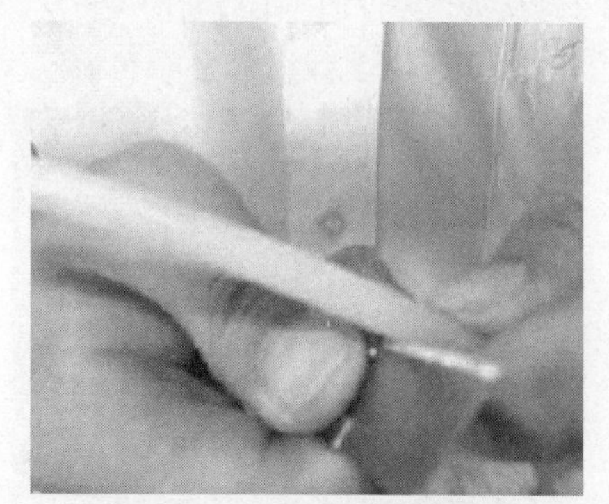

图 5-19　在颜料保护管上刻痕

（8）轻轻折弯塑料保护管并使其断裂，如图 5-20 所示。弯曲角度不能大于 45°，以免损伤光纤。

（9）将塑料保护管轻轻抽出，露出其中的光纤，如图 5-21 所示。

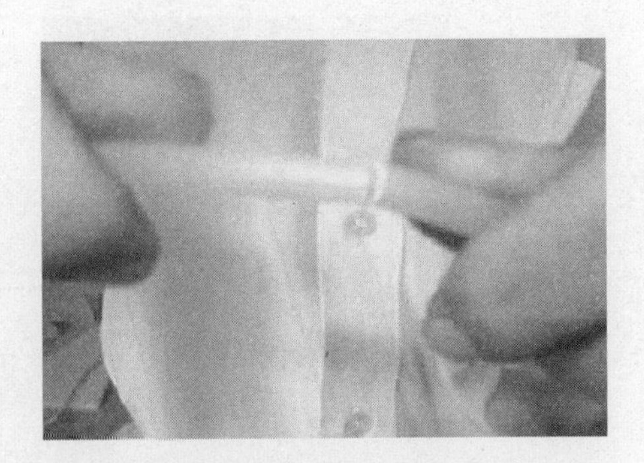

图 5-20　折弯塑料保护管

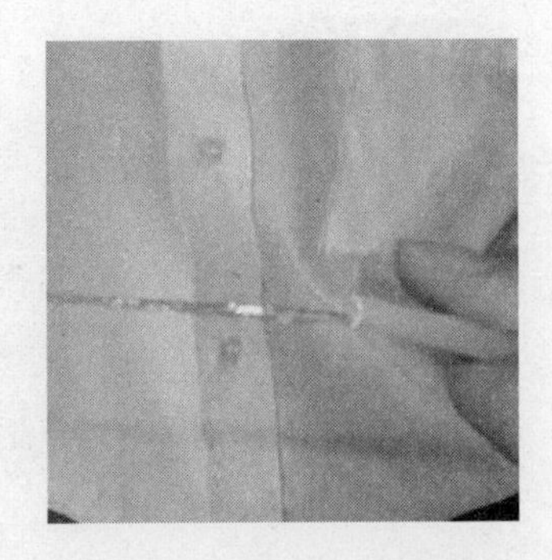

图 5-21　抽出塑料保护管

（10）用较好的纸巾蘸上高纯度酒精，使其充分浸湿，如图 5-22 所示。

（11）轻轻擦拭和清洁光缆中的每一根光纤，去除所有附着于光纤上的油脂，如图 5-23 所示。

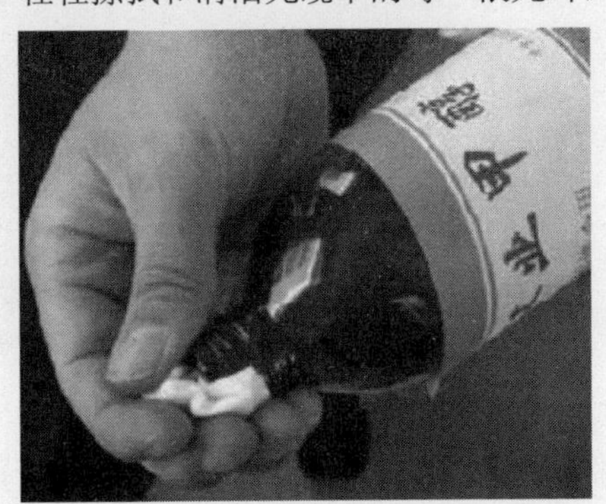

图 5-22　浸湿纸巾

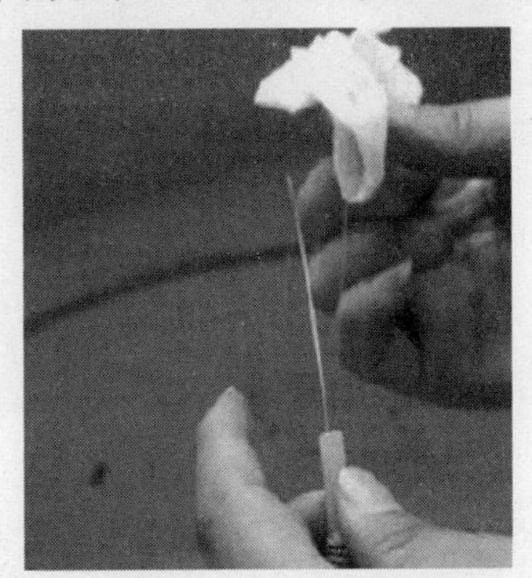

图 5-23　擦拭和清洁光纤

（12）为想要熔接的光纤套上光纤热缩套管，如图 5-24 所示。热缩套管主要用于在光纤对接好后套在连接处，经过加热形成新的保护层。

（13）使用光纤剥线钳剥除光纤涂覆层，如图 5-25 所示。

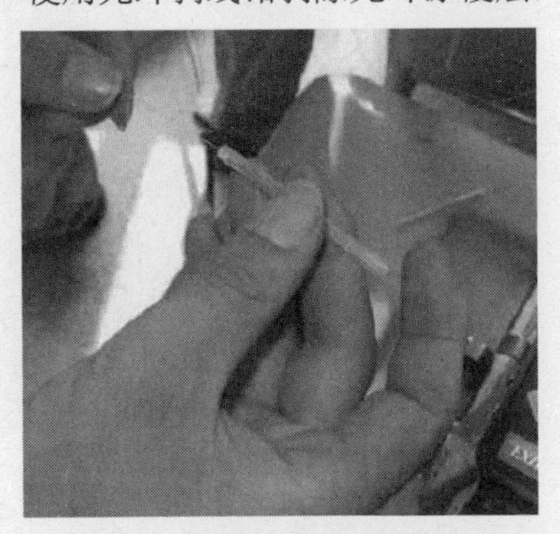

图 5-24　套上光纤热缩套管

图 5-25　剥除光纤涂覆层

提示：剥除光纤涂覆层时，要掌握“平、稳、快”三字剥纤法。“平”即持纤要平，左手拇指和食指捏紧光纤，使之呈水平状，所露长度以 5cm 为准，余纤在无名指、小拇指之间自然打弯，以增加力度，防止打滑；“稳”即剥线钳要握得稳；“快”即剥纤要快，剥纤钳应与光纤垂直，上方向内倾斜一定角度，然后用钳口轻轻卡住光纤，右手随之用力，顺光纤轴向平推过去，整个过程要自然流畅，一气呵成。

（14）用蘸酒精的潮湿纸巾将光纤外表擦拭干净，如图 5-26 所示。

提示：注意观察光纤剥除本分的薄层时候已全部去除，若有残余则必须去掉。如有极少量不易剥除的涂覆层，可以用脱脂棉球蘸适量无水酒精擦除。将脱脂棉撕成平整的扇形小块，蘸少许酒精，折成 V 形，然后夹住光纤，沿着光纤轴向擦拭，尽量一次成功。一块脱脂棉使用 2~3 次后应及时更换，每次要使用脱脂棉的不同部位和层面，这样既可以提高脱脂棉的利用率，又可以防止对光纤包层表面造成二次污染。

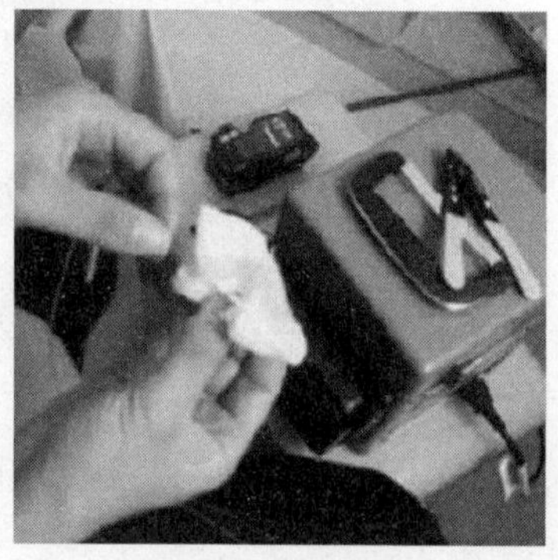

图 5-26　擦拭光纤

（15）用光纤切割器切割光纤，使其拥有平整的断面。

提示：切割的长度要适中，保留 2~3cm，如图 5-27 所示。光纤端面制备是光纤接续中的关键工序，它要求处理后的端面平整、无毛刺、无缺损，与轴线垂直，呈现一个光滑平整的镜面区，且保持清洁，避免灰尘污染。光纤端面质量直接影响光纤传输的效率。端面制作的方法有以下 3 种：

1）刻痕法：采用机械切割刀（如金刚石刀）在光纤表面垂直方向划一道刻痕，在距涂覆层 10mm 处轻轻弹碰，光纤在此刻痕位置上自然断裂。

2）切割钳法：利用一种手持简易钳进行切割操作。

3）超声波电动切割法。

这 3 种方法只要器具良好、操作得当，光纤端面的制作效果都非常好。

（16）将切割好的光纤置于光纤熔接机的一侧，如图 5-28 所示。

图 5-27　光纤端面制备

图 5-28　置于光纤熔接机一侧

（17）在光纤熔接机上固定好该光纤，如图 5-29 所示。

（18）如果没有成品尾纤，可以取一根与光缆同种型号的光纤跳线，从中间剪断作为尾纤使用，如图 5-30 所示。注意，光纤连接器的类型一定要与光纤终端盒的光纤适配器相匹配。

图 5-29 固定好光纤

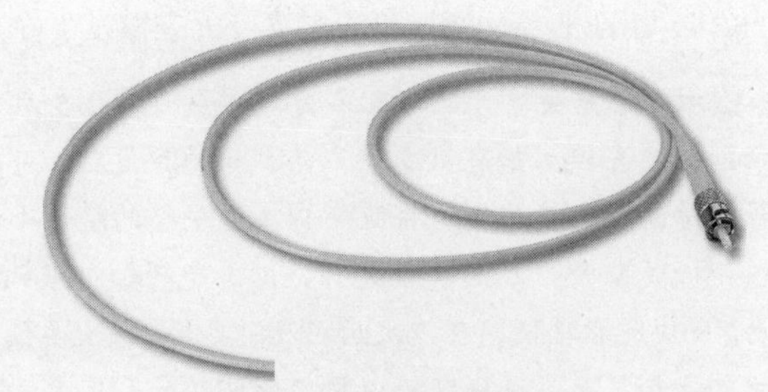

图 5-30 用跳线制作的尾纤

（19）使用石英剪刀剪除光纤跳线的石棉保护层，如图 5-31 所示。剥除的外保护层长度至少为 20cm。

（20）使用光纤剥线钳剥除光纤涂覆层，如图 5-32 所示。

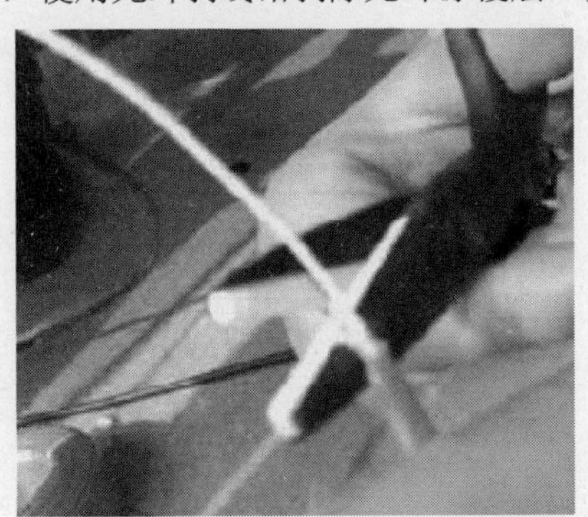

图 5-31 剪除石棉保护层

图 5-32 剥除光纤涂覆层

（21）用蘸酒精的潮湿纸巾将尾纤中的光纤擦拭干净，如图 5-33 所示。

（22）使用光纤切割器切割光纤跳线，保留 2~3cm，如图 5-34 所示。

图 5-33 擦拭光纤

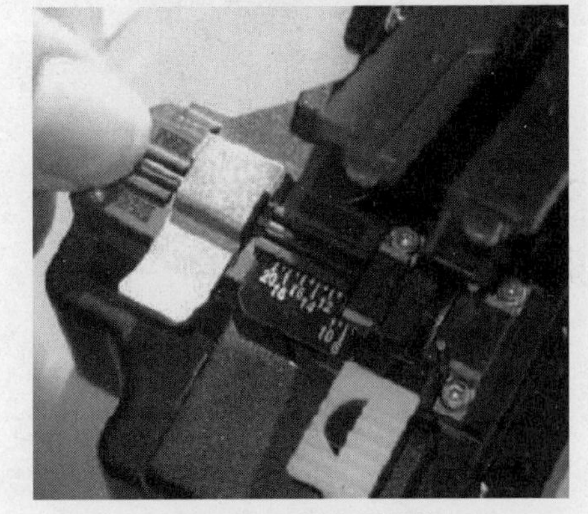

图 5-34 切割光纤跳线

（23）将切割好的尾纤置于光纤熔接机的另一侧，并使两条光纤尽量对齐，如图 5-35 所示。

（24）在熔接机上固定好尾纤，如图 5-36 所示。

图 5-35　放置尾纤

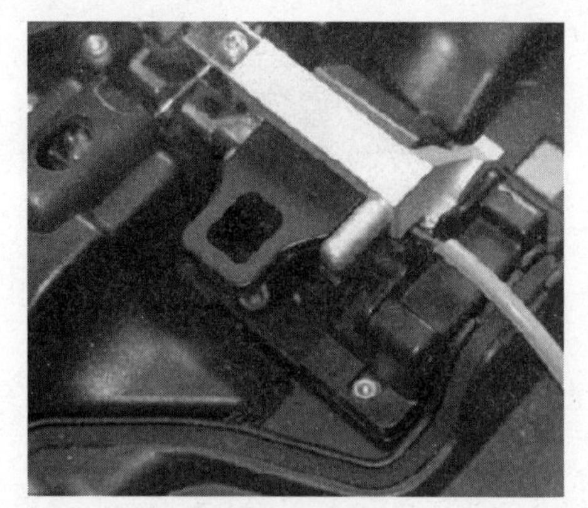

图 5-36　固定好尾纤

（25）按 SET 键开始光纤熔接，如图 5-37 所示。

（26）两条光纤的 X、Y 轴将自动调节并显示在屏幕上，如图 5-38 所示。

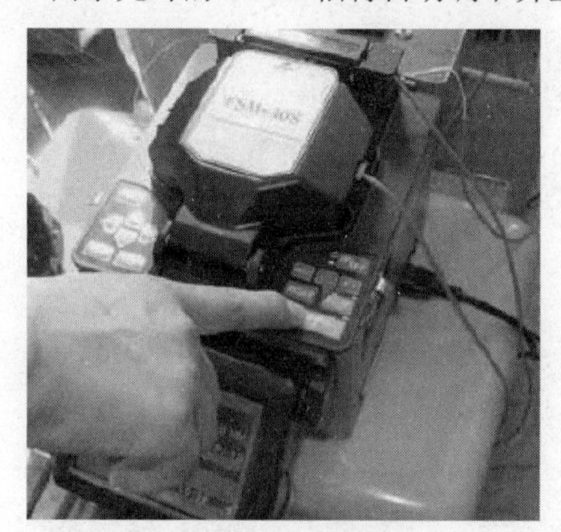

图 5-37　开始光纤熔接

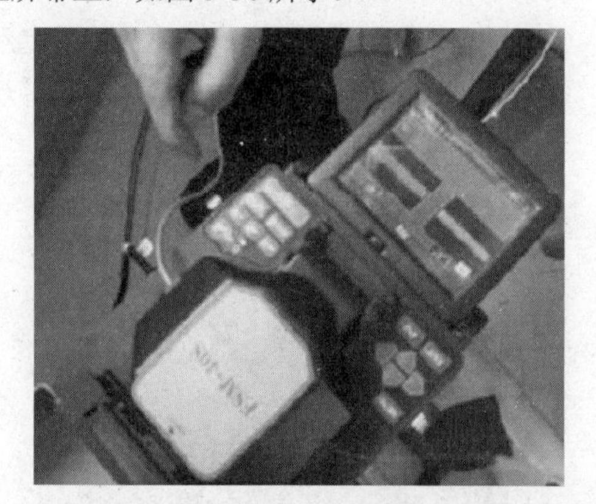

图 5-38　自动调节

（27）熔接结束后，观察损耗值，如图 5-39 所示。

提示：若熔接不成功，光纤熔接机会显示具体原因。熔接好的接续点损耗一般低于 0.05dB 以下方可认为合格。若高于 0.05dB 以上，可用手动熔接按钮再熔接一次。一般熔接进行 1~2 次为最佳，超过 3 次，熔接损耗反而会增加，这时应断开重新熔接，直至达到标准要求为止。如果熔接失败，重新剥除两侧光纤的绝缘包层并切割，然后重复熔接操作即可。

（28）若熔接通过测试，则用光纤热缩管完全套住剥掉绝缘包层的部分，如图 5-40 所示。

（29）将套好热缩管的光纤放到加热器中，如图 5-41 所示。

提示：由于光纤在连接时去掉了接续部位的涂覆层，使其机械强度降低，一般要用热缩管对接续部位进行加强保护。热缩管应在光纤剥覆前穿入，严禁在光纤端面制作后再穿入。将预先穿至光纤某一端的热缩管移至光纤连接处，使熔接点位于热缩管中间，轻轻拉直光纤接头，放入光纤熔接机的加热器内加热。热缩管加热收缩后，就会紧套在接续好的光纤上。另外，此管内有一根不锈钢棒，增加了抗拉强度。

图 5-39　熔接结束

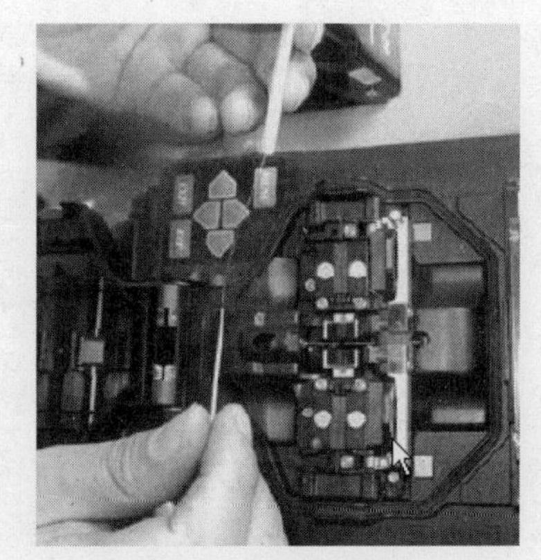

图 5-40　套热缩管

（30）按 HEAT 键开始对热缩管加热，如图 5-42 所示。

（31）稍等片刻，取出已加热好的光纤，如图 5-43 所示。

（32）重复上述操作，直至该光缆中所有光纤全部熔接完成。

（33）将已熔接好光纤的热缩管置入光缆终端盒或接续盒的固定槽中，如图 5-44 所示。

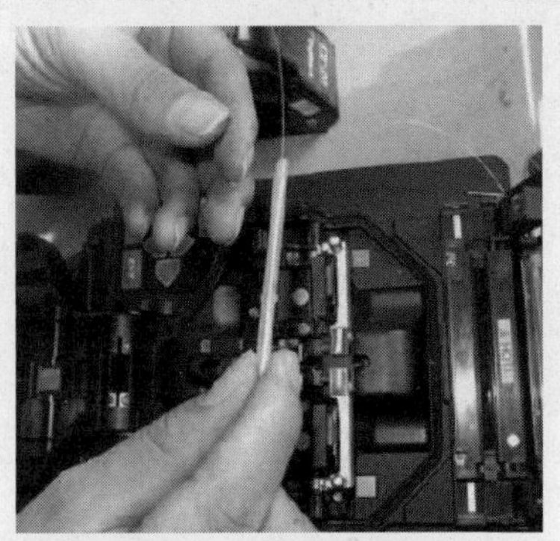

图 5-41　放到加热器中

图 5-42　对热缩管加热

图 5-43　取出已加热好的光纤

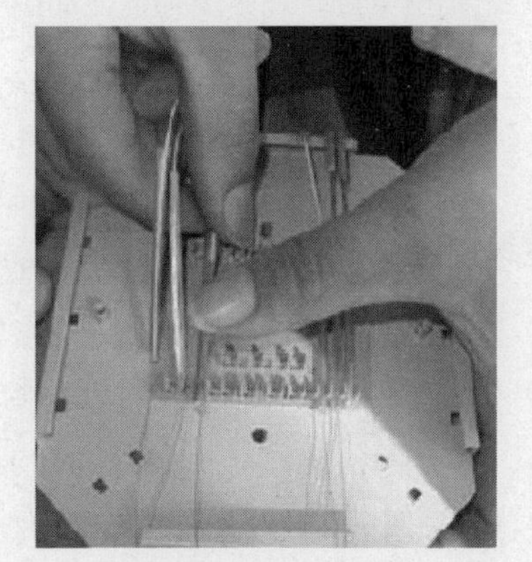

图 5-44　置入固定槽

（34）在光纤终端盒或接续盒中将光纤盘好，并用不干胶纸进行固定，如图 5-45 所示。操作时务必要轻柔小心，以免光纤折断。同时，将加固钢丝折弯并与终端盒或接续盒固定，并使用尼龙扎带进一步加固。

（35）将光纤连接器置入光纤终端盒的适配器中固定，如图 5-46 所示。

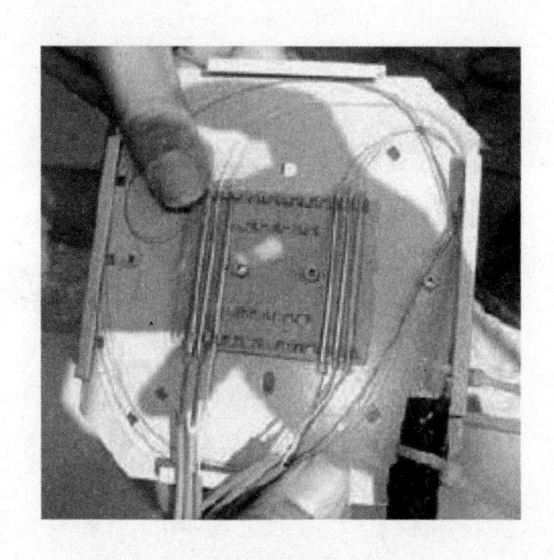

图 5-45　固定光纤

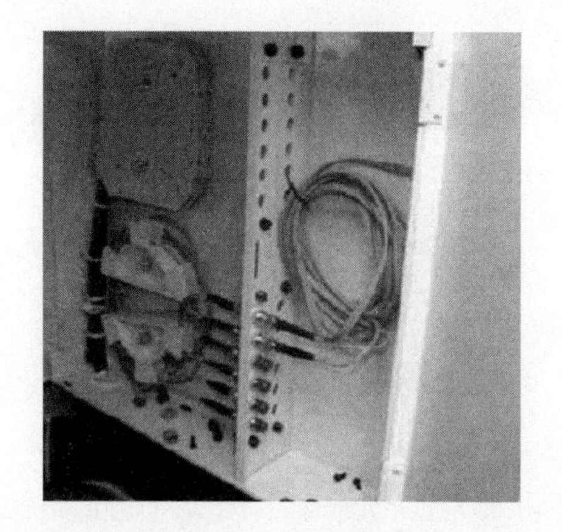

图 5-46　连接适配器

（36）封盒并将光纤终端盒固定于机柜。光纤接续盒则大多置于电信井中，或固定于架空钢缆上。

在日常工作中，经常需要制作光纤冷接子，其中最用到的是 SC 光纤冷接子。光纤冷接子是两根尾纤对接时使用的，它内部的主要部件就是一个精密的 V 型槽，在两根尾纤拨纤之后利用冷接子来实现两根尾纤的对接，它操作起来更简单快速，比用熔接机熔接省时间，能实现随时随地的接入。

制作 SC 光纤冷接子需要用到以下工具：米勒钳、开剥器、SC 光纤冷接器、定长器、切割刀等。如图 5-47 所示为 SC 光纤冷接器，下面以一个具体实例来说明如何制作 SC 光纤冷接子。

（即扫即看）

【实验 5-3】制作 SC 光纤冷接子

（1）首先将 SC 光纤冷接器的尾帽取出，然后套入光缆中，如图 5-48 所示。

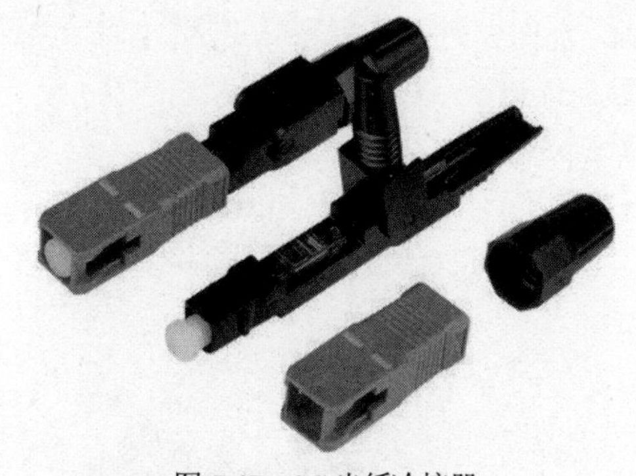

图 5-47　SC 光纤冷接器

图 5-48　套入尾帽

（2）使用开剥器剥去光缆外皮，保留涂覆层长度 50mm，如图 5-49 所示。

（3）将光缆放在定长器中，按照需要预留的长度，扣上上盖，然后使用米勒钳剥去定长器外的光纤涂覆层，如图 5-50 所示。

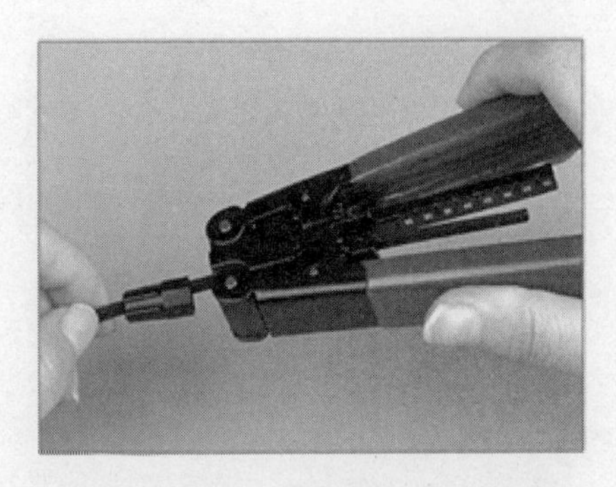

图 5-49　剥去光缆外皮

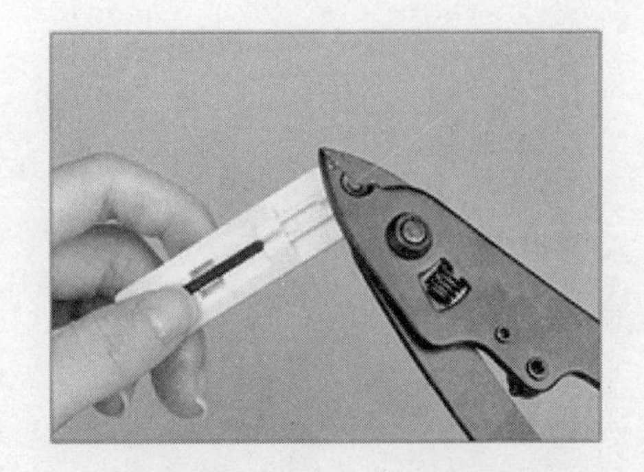

图 5-50　剥去光纤涂覆层

（4）将光缆从定长器中取出，打开酒精瓶盖，倒出少许酒精在无尘纸上，然后用含有酒精的无尘纸擦拭光纤，去除杂质，如图 5-51 所示。

（5）打开切割刀盖子，将光纤放在切割位置，保留 10mm 裸纤，如图 5-52 所示，切除多余的光纤。

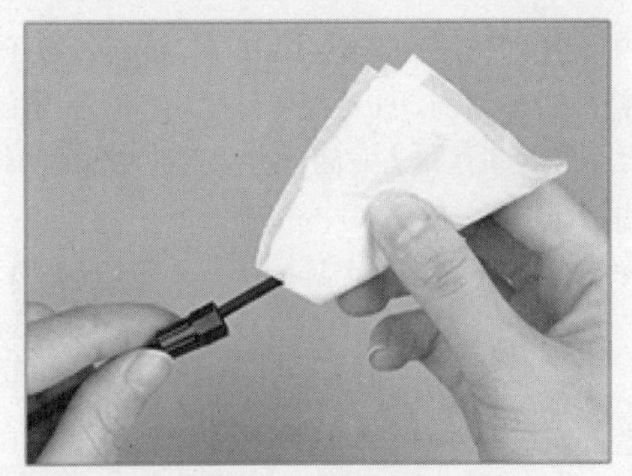

图 5-51　清理杂质

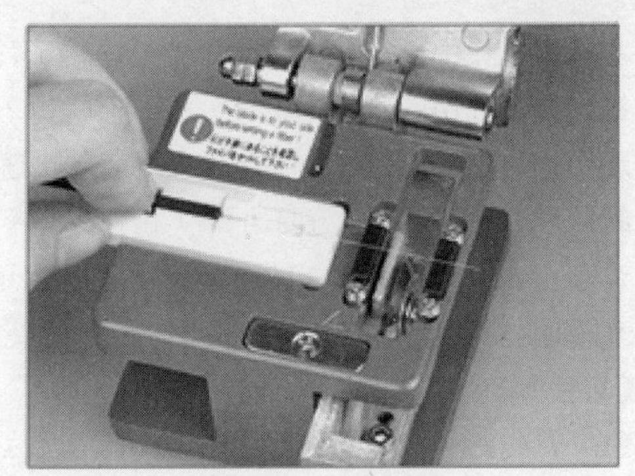

图 5-52　切割光纤

（6）将光纤从连接器尾部穿入，使光纤产生弯曲，如图 5-53 所示。

（7）用光纤上的尾帽夹紧光纤，拧上尾帽，如图 5-54 所示。

（8）上移开关套扣至顶端，闭锁夹紧裸纤，如图 5-55 所示。

（9）套上蓝色保护套，如图 5-56 所示，SC 光纤冷接子制作完成。

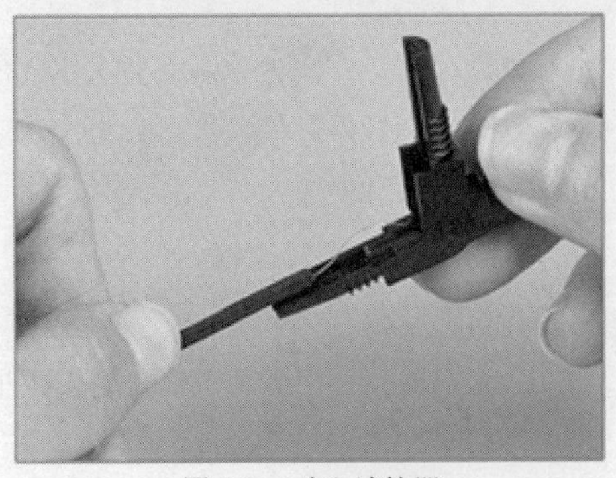

图 5-53　穿入连接器

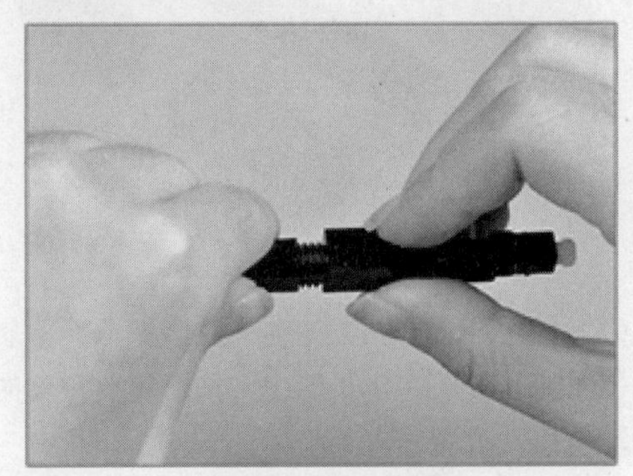

图 5-54　拧上尾帽

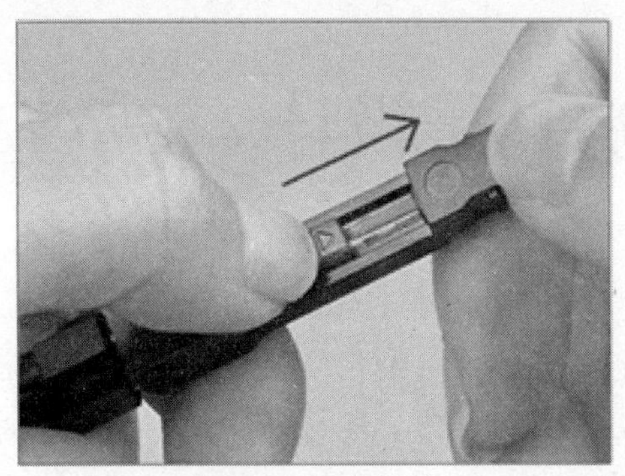

图 5-55　夹紧裸纤

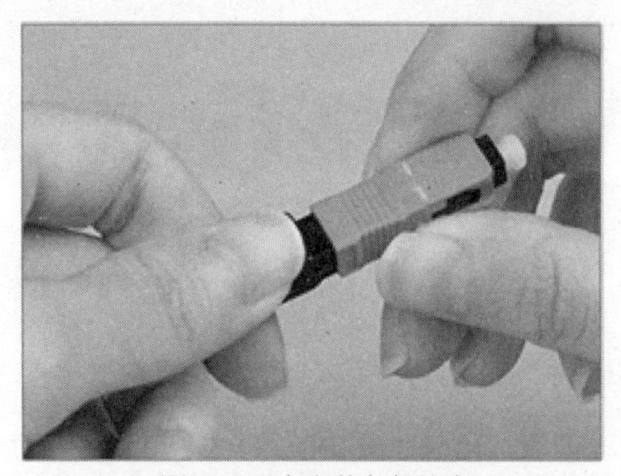

图 5-56　套上蓝色保护套

4. 盘纤

盘纤是一项技术，科学的盘纤方法可使光纤布局合理、附加损耗小，经得住时间和恶劣环境的考验。下面来讲一下两种常用的盘纤方式。

（1）先中间后两边，即先将热缩后的套管逐个放置于固定槽中，然后再处理两侧余纤。优点是有利于保护光纤结点，避免盘纤可能造成的损害。在光纤预留盘空间小、光纤不易盘绕和固定时，常用此种方法。

（2）从一端开始盘纤，固定热缩管，然后再处理另一侧余纤。优点是可根据一侧余纤长度灵活选择铜管的安放位置，方便、快捷、可避免出现急弯、小圈现象。

提示：特殊情况的处理，如个别光纤过长或过短时，可将其放在最后，单独盘绕；带有特殊光器件时，可将其放在另一盘处理；与普通光纤共盘时，应将其轻置于普通光纤之上，两者之间加缓冲衬垫，以防止挤压造成断纤，且特殊光器件尾纤不可过长。

注意：根据实际情况采用多种图形盘纤。按余纤的长度和预留空间大小，顺势自然盘绕，切勿生拉硬拽，应灵活地采用圆、椭圆、CC、“~”等多种图形盘纤（注意 R≥4cm），尽可能最大限度地利用预留空间和有效降低因盘纤带来的附加损耗。

第 6 章　机房环境设计

机房是安装网络设备的重要场所。为了保证网络设备的正常运行，避免由于环境问题引发网络设备故障和瘫痪，对机房的电源、接地、温度、湿度等因素有着较为苛刻的要求。同时，机房环境还涉及消防、防雷、安全和监控等许多方面的问题。

6.1　机房环境要求

机房设备基本上都是电子设备，电子设备是由大量电子元件、精密机械构件和机电部件组成，这些电子元件、机械构件及材料易受环境条件影响，如果使用环境不能满足使用要求，就会直接影响计算机系统的正常运行，加速元器件及材料的老化，缩短设备的使用寿命，因此合理地设计机房是建设机房应首要考虑的问题。

6.1.1　机房场地要求

对于机房场地有如下要求：

1．机房位置选择

网络中心机房在多层建筑或高层建筑物内宜设于第二、三层，并且其位置选择应符合下列要求。

（1）水源充足、电源稳定可靠、交通通信方便、自然环境清洁。

（2）远离产生粉尘、油烟、有害气体以及生产或存储具有腐蚀性、易燃、易爆物品的工厂、仓库、堆场等。

（3）远离强振源和强噪声源。

（4）避开强电磁场干扰。

（5）当无法避开强电磁场干扰或为保障计算机系统信息安全，可采取有效的电磁屏蔽。

2．机房的组成

依据计算机系统的规模、用途、任务、性质、计算机对供电、空调等要求的不同以及管理体制的差异，可选用下列房间。

（1）主要工作房间

计算机机房，如图 6-1 所示。

（2）基本工作间

数据录入室、终端室、网络设备室、已记录的媒体存放间、上机准备间。

（3）第一类辅助房间

备件间、未记录的媒体存放间、资料室、仪器室、硬件人员办公室、软件人员办公室。

（4）第二类辅助房间

维修室、电源室、蓄电池室、发电机室、空调系统用房、灭火钢瓶间、监控室、值班室。

（5）第三类辅助房间

储藏室、更衣换鞋间、缓冲间，机房人员休息室、盥洗室等。

当然，允许一室多用或酌情增减。

图 6-1　计算机机房

3．机房的面积

计算机机房的使用面积一般按照如下两种方法确定。

（1）第一种方法

$$S=（5\sim7）\sum S_b$$

式中：S——计算机机房的面积（m^2）；

S_b 与计算机系统有关的并在机房平面布置图中占有位置的设备的面积（m^2）；

$\sum S_b$——计算机机房内所有设备占地面积的总和（m^2）。

（2）第二种方法

$$S=kA$$

式中：S——计算机机房的面积（m^2）；

A——计算机机房内所有设备台（架）的总数；

k——系数，一般取值范围为（4.5～5.5）m^2/台（架）。

计算机机房使用面积不得小于 $30m^2$。

研制、生产用的调机机房的使用面积参照上述公式计算。

其他各类房间的使用面积，依据人员、设备及需要而定。

4．设备布置

计算机设备宜采用分区布置，一般可分为主机区、存储器区、数据输入区、数据输出区、通信区和监控调度区等。具体划分可根据系统配置及管理而定。

需要经常监视或操作的设备布置应便于操作。

产生尘埃及废物的设备应远离对尘埃敏感的设备，并宜集中布置在靠近机房的回风口处。

主机房内通道与设备间的距离应符合下列规定：

（1）两相对机柜正面之间的距离不应小于 1.5m，如图 6-2 所示。

（2）机柜侧面（或不用面）距墙不应小于 0.5m；当需要维修测试时，则距墙不应小于 1.2m。

（3）走道净宽不应小于 1.2m。

图 6-2　机柜间距

6.1.2　机房的环境条件

机房的环境条件包括以下几点：

1．温度和湿度

温度和湿度必须满足计算机设备的要求。根据计算机系统对温度和湿度的要求，可将温度和湿度分为 A、B 两级。机房可按某一级执行，也可按某些级综合执行。所谓综合执行，是指一个机房可按某些级执行，不必强求一致。例如某机房按机器要求可选：开机时为 A 级温、湿度，停机时为 B 级温、湿度。

计算机机房温、湿度的要求，按开机时和停机时分别加以规定。

开机时机房的温、湿度如表 6-1 所示，停机时机房的温、湿度如表 6-2 所示。

表 6-1　开机时机房的温度、湿度要求

项　目	A　级		B　级
	夏　季	冬　季	
温度（℃）	23±2	20±2	15～30
相对湿度（%）	45～65		40～70
温度变化率（℃/h）	<5，不得凝露		<10，不得凝露

表 6-2　停机时机房的温度、湿度要求

项　目	A　级	B　级
温度（℃）	5～35	5～35
相对湿度（%）	40～70	20～80
温度变化率（℃/h）	<5，不得凝露	<10，不得凝露

开机时主机房的温、湿度应执行 A 级，基本工作间可根据设备要求按 A、B 两级执行，其他辅

助房间应按工艺要求确定。

记录介质库的温、湿度应符合下列要求：

（1）常用记录介质库的温、湿度应与主机房相同。

（2）其他记录介质库的温、湿度要求如表 6-3 所示。

表 6-3　记录介质库的温度、湿度要求

项　目	卡　片	纸　带	磁　带		磁　盘	
			长期保存已记录的	未记录的	已记录的	未记录的
温度（℃）	5～40	-	18～28	0～40	18～28	0～40
相对湿度（%）	30～70	4～70	20～80		20～80	
磁场强度（A/M）	-	-	< 3200	< 4000	< 3200	< 4000

其他房间的温、湿度可根据所装设备的技术要求而定，亦可采用表 6-1、表 6-2 所示的级别。

2．尘埃

计算机机房内的尘埃依机器要求而定，主机房内尘埃的粒径大于或等于 0.5μm 的个数，应小于或等于 18000 粒/立方米。

3．照明

计算机机房在距地面 0.8m 处，照度不应低于 300lx，基本工作间和第一类辅助房间不低于 200lx，其他房间参照《建筑照明设计标准》（GB 50034—2004）执行。

计算机机房、终端室、已记录的媒体存放间应设事故照明，其照度在距地面 0.8m 处不应低于 5lx。主要通道及有关房间依据需要应设事故照明，其照度在距地面 0.8m 处不应低于 1lx。

（1）电子计算机机房照明的照度标准应符合下列规定：

1）主机房的平均照度可按 200lx、300lx、500lx 取值。

2）基本工作间、第一类辅助房间的平均照度可按 100lx、150lx、2001x 取值。

3）第二、三类辅助房间应按现行照明设计标准的规定取值。

（2）电子计算机机房照度标准的取值应符合下列规定：

1）间歇运行的机房取低值。

2）持续运行的机房取中值。

3）连续运行的机房取高值。

4）无窗建筑的机房取中值或高值。

（3）主机房、基本工作间宜采用下列措施限制工作面上的反射眩光和作业面上的光幕反射。

1）使视觉作业不处在照明光源与眼睛形成的镜面反射角上。

2）采用发光表面积大、亮度低、光扩散性能好的灯具。

3）视觉作业处家具和工作房间内应采用无光泽表面。

工作区内一般照明的均匀度（最低照度与平均照度之比）不宜小于 0.7，非工作区的照度不宜低于工作区平均照度的 1/5。

电子计算机机房内应设置备用照明，其照度宜为一般照明的 1/10。备用照明宜为一般照明的一部分。电子计算机机房应设置疏散照明和安全出口标志灯，其照度不应低于 0.5lx。电子计算机机房照明线路宜穿钢管暗敷或在吊顶内穿钢管明敷。

大面积照明场所的灯具宜分区、分段设置开关。

技术夹层内应设照明，采用单独支路或专用配电箱（盘）供电。

4．噪声和振动

计算机系统停机时机房内的噪声在主机房中心处测试应小于 65dB。

在计算机系统停机条件下，主机房地板表面垂直及水平方向的振动加速度值，不应大于 $500mm/s^2$。

5．电磁干扰

机房内无线电干扰场强，在频率范围 0.15～1000MHz 内时不大于 126dB。

机房内磁场干扰场强不大于 800A/m。

6．静电

主机房地面及工作台面的静电泄漏电阻，应符合现行国家标准《计算机机房用活动地板技术条件》的规定。

主机房内绝缘体的静电电位不应大于 lkV。静电接地可以经限流电阻及自己的连接线与接地装置相连，限流电阻的阻值宜为 1MΩ。

基本工作间不用活动地板时，可敷设导静电地面。导静电地面可采用导电胶与建筑地面粘牢；其电阻率均应为 1.0×107～1.0×1010Ω×cm；其导电性能应长期稳定，且不易起尘。

主机房内采用的活动地板可由钢、铝或其他阻燃性材料制成。活动地板表面应是导静电的，严禁暴露金属部分。单元活动地板的系统电阻应符合现行国家标准《计算机机房用活动地板技术条件》的规定。

主机房内的工作台面及座椅垫套材料应是导静电的，其体积电阻率应为 1.0×107～1.0×1010Ω×cm。

主机房内的导体必须与大地进行可靠的连接，不得有对地绝缘的孤立导体。

导静电地面、活动地板、工作台面和座椅垫套必须进行静电接地。

静电接地的连接线应有足够的机械强度和化学稳定性。导静电地面和台面采用导电胶与接地导体粘接时，其接触面积不宜小于 $10cm^2$。

建议计算机机房使用活动地板，活动地板的规格、性能应符合《防静电活动地板通用规范》(SJ/T 10796-2001)的规定。

活动地板按支撑方式分为四周支承式活动地板和四角支承式活动地板。四周支承式活动地板由地板、支撑、横梁、缓冲垫等组成，如图 6-3 所示。四角支承式活动地板由地板、支撑、缓冲垫等组成，如图 6-4 所示。

图 6-3　四周支承式活动地板

图 6-4　四角支承式活动地板

活动地板电性能：在温度为 15°C～30°C、相对湿度为 30%～75%时，活动地板系统电阻值分为两级，如表 6-4 所示。

表 6-4　活动地板电性能

级　别	系统电阻值
A	$1.0\times10^5\sim1.0\times10^8$
B	$1.0\times10^5\sim1.0\times10^{10}$

地板的机械性能：地板的机械性能应符合如表 6-5 所示的规定。

表 6-5　地板的机械性能

承重类型	均布荷载（kg/m^2）	集中荷载	挠　度
Q	>800	>200	中心集中荷载为 150kg 时，挠曲量 1.5mm 以下
Z	>1600	>400	中心集中荷载为 300kg 时，挠曲量 2mm 以下

支撑的承载能力应大于 1000kg。

6.1.3　媒体的使用和存放

媒体的使用条件应符合计算机机房温、湿度的规定。

媒体的存放条件如表 6-6 所示。

表 6-6　媒体的存放条件

项　目	纸媒体	光盘	磁　带		磁　盘	
			已记录的	未记录的	已记录的	未记录的
温度（℃）	5～50	-20～50	< 32	5～50	4～50	
相对湿度（%）	40～70	10～95	20～80		8～80	
磁场强度（A/m）	-	-	< 3200	< 4000	-	

6.1.4　供电与接地

1．供电

电子计算机机房用电负荷等级及供电要求宜按现行国家标准《供配电系统设计规范》的规定执行。依据计算机用途，其供电方式可分为 3 类。

一类供电：需建立不间断供电系统。

二类供电：需建立备用的供电系统。

三类供电：按一般用户供电考虑。

电子计算机机房供配电系统应考虑计算机系统有扩散、升级等可能性，并应预留备用容量。

电子计算机机房宜由专用电力变压器供电，机房内其他电力负荷不得由计算机主机电源和不间断电源系统供电。主机房内应设置专用动力配电箱/柜，如图 6-5 所示。

当电子计算机供电要求具有下列情况之一时，应采用交流不间断电源系统供电。

（1）对供电可靠性要求较高，采用备用电源自动投入方式或柴油发电机组应急自启动方式等仍不能满足要求时。

（2）一般稳压、稳频设备不能满足要求时。

（3）需要保证顺序断电安全停机时。

（4）电子计算机系统实时控制时。

（5）电子计算机系统连网运行时。

图 6-5　配线柜

当采用表态交流不间断电源设备时，如图 6-6 所示。应按现行国家标准《供配电系统设计规范》和现行有关行业标准规定的要求，采取限制谐波分量措施。

图 6-6　不间断电源设备

当城市电网电源质量不能满足电子计算机供电要求时，应根据具体情况采用相应的电源质量改善措施和隔离防护措施。

电子计算机机房低压配电系统应采用频率 50Hz、电压 220/380V TN-S 或 TN-C-S 系统。电子计算机主机电源系统应按设备的要求确定。

单相负荷应均匀地分配在三相线路上，并应使三相负荷不平衡度小于 20%。

电子计算机电源设备应靠近主机房设备。

电子计算机机房电源进线应按现行国家标准《建筑防雷设计规范》采取防雷措施。电子计算机机房电源应采用地下电缆进线。当不得不采用架空进线时，在低压架空电源进线处或专用电力变压器低压配电总线处，应装设低压避雷器，如图 6-7 所示。

图 6-7　三相交流电源防雷箱

主机房内应分别设置维修和测试用电源插座，两者应有明显的区别标志。测试用电源插座应由计算机主机电源系统供电。其他房间内应适当设置维修用电源插座。

主机房内活动地板下部的低压配电线路宜采用铜芯屏蔽导线或铜芯屏蔽电缆。

活动地板下部的电源线应尽可能远离计算机信号线，避免并排敷设。当不能避免时，应采取相应的屏蔽措施。

2．接地

接地系统是机房中必不可少的部分，它不仅直接影响机房通信设备的通信质量和机房电源系统的正常运行，还起到保护人身安全和设备安全的作用。

（1）接地的分类

计算机场地一般有以下几种地：

- 计算机系统的直流地。
- 计算机系统的交流工作地。
- 其他电力系统的交流工作地。
- 安全保护地。
- 防雷保护地。

（2）接地电阻要求

接地系统是由接地体、接地引入线、地线盘或接地汇接排和接地配线组成。接地系统的电阻主要由接地体附近的土壤电阻所决定。如果土壤电阻率较高，无法达到接地电阻小于 4Ω 的要求，就必须采用人工降低接地电阻的方法。

接地电阻及相互关系如下：

- 计算机系统直流地电阻的大小应依不同计算机系统的要求而定。
- 交流工作地的接地电阻不应大于 4Ω。
- 安全保护地的接地电阻不应大于 4Ω。
- 防雷保护地的接地电阻不应大于 10Ω。
- 各接地之间的关系及接法应依据不同计算机系统的要求而定。

交流工作接地、安全保护接地、直流工作接地、防雷保护接地 4 种接地宜共用一组接地装置，其接地电阻按其中最小值确定；若防雷保护接地单独设置接地装置时，其余 3 种接地宜共用一组接地装置，其接地电阻不应大于其中最小值，并应按现行国家标准《建筑防雷设计规范》要求采取防雷击措施。

对直流工作接地有特殊要求需单独设置接地装置的电子计算机系统，其接地电阻值及与其他接地装置的接地体之间的距离，应按计算机系统及有关规定的要求确定。

计算机系统的接地应采取单点接地并宜采取等电位措施。

当多个电子计算机系统共用一组接地装置时，宜将各电子计算机系统分别采用接地线与接地体连接。

（3）接地的实施工序

1）在所选位置向下挖 1.6m 深的坑。

2）坑内打入 2.2m 长、下端尖形的紫铜接地极。

3）相邻接地体（一根）间距 5m，建筑物间距 1.5m。

4）相邻接地体间用扁铜 40mm×4mm 连接。

5）打入接地体时到 2.0m 时止。

6）用 40mm×4mm 扁铜与接地体焊接，再与母线连接入机房。

6.1.5 建筑结构

1. 一般规定

计算机机房的建筑平面和空间布局应具有适当的灵活性，主机房的主体结构宜采用大开间、大跨度的柱网，内隔墙宜具有一定的可变性。

计算机机房的净高依机房面积大小而定，一般为 2.5～3.2m。

计算机机房的楼板载荷可按 5.0～7.5kN/m^2 设计。

计算机机房楼板荷重依设备而定，一般分为两级：A 级>500kg/m^2 和 B 级> 300kg/m^2。

空调设备、供电设备用房的楼板荷重依设备重量而定，一般应大于或等于 1000kg/m^2 或采取加固措施。

计算机机房及已记录的媒体存放间等建筑结构的耐火等级，应符合《计算机场地安全要求》（GB/T9361-2000）的规定。

计算机机房主体结构应具有耐久、抗震、防火、防止不均匀沉陷等性能。变形缝和伸缩缝不应穿过主机房。

主机房中各类管线宜暗敷：当管线需穿楼层时，宜设计技术竖井。

室内顶棚上安装的灯具、风口、火灾探测器及喷嘴等应协调布置，并应满足各专业的技术要求。

计算机机房围护结构的构造和材料应满足保温、隔热、防火等要求。

计算机机房各门的尺寸均应保证设备运输方便。

2. 人流及出入口

计算机机房宜设单独出入口：当与其他部门共用出入口时，应避免人流、物流的交叉。

计算机机房建筑的入口至主机房应设通道，通道净宽不应小于 1.5m。

计算机机房宜设门厅、休息室和值班室，人员出入主机房和基本工作间应更衣换鞋。

主机房和基本工作间的更衣换鞋间使用面积应按“最大班人数×1～3m^2/人”计算。 当无条件单独设更衣换鞋间时，可将更衣换鞋柜设于机房入口处。

3. 防火和疏散

电子计算机机房的耐火等级应符合现行国家标准《高层民用建筑设计防火规范》《建筑设计防火规范》及《计算站场地安全要求》的规定。

当电子计算机机房与其他建筑物合建时，应单独设立防火分区。

电子计算机机房的安全出口不应少于两个，并宜设于机房的两端。门应向疏散方向开启，走廊、楼梯间应畅通并有明显的疏散指示标志。

主机房、基本工作间及第一类辅助房间的装饰材料应选用非燃烧材料或难燃烧材料。

4．室内装饰

主机房室内装饰应选用气密性好、不起尘、易清洁，并在温、湿度变化作用下变形小的材料，并应符合下列要求：

- 墙壁和顶棚表面应平整，减少积灰面，并应避免眩光。如为抹灰时，应符合高级抹灰的要求。
- 应敷设活动地板。活动地板应符合现行国家标准《计算机机房用活动地板技术条件》的要求，敷设高度应按实际需要确定，宜为 200~350mm。
- 活动地板下的地面和四壁装饰可采用水泥砂浆抹灰。地面材料应平整、耐磨。当活动地板下的空间为静压箱时，四壁及地面均应选用不起尘、不易积灰、易于清洁的饰面材料。
- 吊顶宜选用不起尘的吸声材料，如吊顶以上敷设管线时，其四壁应抹灰，楼板底面应清理干净；当吊顶以上空间为静压箱时，则顶部和四壁均应抹灰，并刷不易脱落的涂料，其管道的饰面亦应选用不起尘的材料。
- 基本工作间、第一类辅助房间的室内装饰应选用不起尘、易清洁的材料。墙壁和顶棚表面应平整，减少积灰面。装饰材料可根据需要采取防静电措施。地面材料应平整、耐磨、易除尘。
- 主机房和基本工作间的内门、观察窗、管线穿墙等的接缝处，均应采取密封措施。
- 电子计算机机房室内色调应淡雅柔和。
- 当主机房和基本工作间设有外窗时，宜采用双层金属密闭窗，并避免阳光的直射。当采用铝合金窗时，可采用单层密闭窗，但玻璃应为中空玻璃。
- 当主机房内设有用水设备时，应采取有效的防止给排水漫溢和渗漏的措施。

5．噪声及振动控制

主机房应远离噪声源。当不能避免时，应采取消声和隔声措施。

主机房内不宜设置高噪声的空调设备。当必须设置时，应采取有效的隔声措施。当第二类辅助房间内有强烈振动的设备时，设备及其通往主机房的管道，应采取隔振措施。

6.1.6　空气调节

主机房和基本工作间，均应设置空气调节系统。当主机房和其他房间的空调参数不同时，宜分别设置空调系统。

（1）热湿负荷计算

计算机和其他设备的散热量应按产品的技术数据进行计算。

电子计算机机房空调的热湿负荷应包括计算机和其他设备的散热、建筑围护结构的传热、太阳辐射热、人体散热、散湿、照明装置散热和新成负荷。

（2）气流组织

主机房和基本工作间空调系统的气流组织，应根据设备对空调的要求、设备本身的冷却方式、设备布置密度、设备发热量以及房间温湿度、室内风速、防尘、消声等要求，并结合建筑条件综合考虑。

气流组织形式应按计算机系统的要求确定，当未提出明确要求时，可按如表 6-7 所示的设计。

表 6-7 气流组织、风口及送风温差

气流组织	下送上回	上送上回（或侧回）	侧送侧回
送风口	（1）带可调多叶阀的格栅风口 （2）条形风口（带有条形风口的活动地板） （3）孔板	（1）散流器 （2）带扩散板风口 （3）孔板 （4）百叶风口 （5）格栅风口	（1）百叶风口 （2）格栅风口
回风口	（1）格栅风口 （2）百叶风口 （3）网板风口 （4）其他风口	–	–
送风温差	4～6℃ 送风温度应高于室内空气露点温度	4～6℃	6～8℃

对设备布置密度大、设备发热量大的主机房宜采用活动地板下送上回方式。采用活动地板下送风时，出口风速不应大于 3m/s，送风气流不应直对工作人员。

（3）系统设计

电子计算机机房要求空调的房间宜集中布置；室内温、湿度要求相近的房间，宜相邻布置。

主机房不宜设采暖散热器；如设散热器，则必须采取严格的防漏措施。

电子计算机机房的风管及其他管道的保温和消声材料及其黏结剂，应选用非燃烧材料或难燃烧材料。冷表面需作隔气保温处理。采用活动地板下送风方式时，楼板应采取保温措施。

风管不宜穿过防火墙和变形缝。如必须穿过时，应在穿过防火墙处设防火阀；穿过变形缝处，应在两侧设防火阀。防火阀应既可手动又能自控。穿过防火墙、变形缝的风管两侧各 2m 范围内的风管保温材料，必须采用非燃烧材料。

空调系统应设消声装置。主机房必须维持一定的正压。主机房与其他房间、走廊间的压差不应小于 4.9Pa，与室外静压差不应小于 9.8Pa。

空调系统的新风量应取下列 3 种中的最大值：

- 室内总送风量的 5%。
- 按工作人员每人 40m^3/h。
- 维持室内正压所需风量。

主机房的空调送风系统，应设初效、中效两级空气过滤器，中效空气过滤器计数效率应大于 80%，末端过滤装置宜设在正压端或送风口。

主机房在冬季需送冷风时，可取室外新风作为冷源，但必须采用新风设备，对进入的空气进行过滤处理。电子计算机机房空气调节控制装置应满足电子计算机系统对温度、湿度以及防尘、对正压的要求。

（4）设备选择

设备选择应考虑如下的原则：

- 空调设备的选用应符合运行可靠、经济和节能的原则。
- 空调系统和设备选择应根据计算机类型、机房面积、发热量及对温、湿度和空气含尘浓度的要求综合考虑。

- 空调冷冻设备宜采用带风冷冷凝器的空调机。当采用水冷机组时，对冷却水系统冬季应采取防冻措施。
- 空调和制冷设备宜选用高效、低噪声、低振动的设备。
- 空调制冷设备的制冷能力，应留有 15%～20%的余量。
- 当计算机系统需长期连续运行时，空调系统应有备用装置。

6.1.7　消防与安全

对于计算机机房而言，防火防盗是十分必要的。因此，在设计计算机机房时，除了遵循相关的规定外，还要配备相应的消防设施，同时制定相应的安全措施。

1．一般规定

计算机机房的技术安全要求应符合《计算机场地安全要求》（GBAT-9361）的规定。计算机机房应视计算机系统的性能、用途等情况酌情设置如下监视、防扩设备：

- 红外线传感器
- 自动火突报警器
- 温、湿度传感器
- 监视摄像等
- 漏水传感器
- 门警系统

计算机主机房、基本工作间应设二氧化碳或卤代烷灭火系统，并按现行有关规范的要求执行。计算机机房应设火灾自动报警系统，并应符合现行国家标准《火灾自动报警系统设计规范》的规定。报警系统和自动灭火系统应与空调、通风系统联锁。空调系统所采用的电加热器，应设置无风断电保护。

电子计算机用于非常重要的场所或发生灾害后造成非常严重损失的电子计算机机房，在工程设计中必须采取相应的技术措施。

2．消防设施

计算机机房宜采用气体灭火装置。通常应当采用二氧化碳或卤代烷无管网气体灭火系统（如图 6-8 所示），以保护电子设备的安全。

凡设置二氧化碳或卤代烷固定灭火系统及火灾探测器的计算机机房，其吊顶的上、下及活动地板下，均应设置探测器和喷嘴。主机房宜采用烟感探测器，如图 6-9 所示。当设有固定灭火系统时，应采用烟感、温感两种探测器的组合。

图 6-8　卤代烷无管网气体灭火系统

图 6-9　烟感探测器

当主机房内设置空调设备时，应受主机房内电源切断开关的控制。机房内的电源切断开关应靠近工作人员的操作位置或主要出入口。

3．安全措施

主机房出口应设置向疏散方向开启且能自动关闭的门，并应保证在任何情况下都能从机房内打开。

凡设有卤代烷灭火装置的计算机机房，应配置专用的空气呼吸器或氧气呼吸器。计算机机房内存放废弃物应采用有防火盖的金属容器。计算机机房内存放记录介质应采用金属柜或其他能防火的容器。根据主机房的重要性，可设警卫室或保安设施。计算机机房应有防鼠、防虫措施。

6.2 机房环境设计

根据国家现行计算机机房建设的相关标准、规范，以及相关涉密机房建设的国家保密标准、规范和技术要求，结合网络中心的具体要求和实际需求，以技术先进、可靠性高、系统安全、保密性强、扩展容易、维护方便、经济实用、合理超前为目标，对网络中心机房工程进行具体可行的设计，并认真编写本文件。

6.2.1 工程概述

弱电机房的建设首先是平面布局，平面布局的设计应考虑两方面的因素。其一，机房布局需考虑计算机设备数量、功能间的分配、工艺需求等；其二，机房布局应符合有关国标及规范，并满足电气、通风、消防工程的要求。弱电机房的建设还应考虑各个系统的设置。

1．设计目标

设计目标包括以下几点：

- 确保各种精密设备稳定、可靠运行。
- 保证工作人员良好的工作环境。
- 各项功能完整配套，达到专业规范、技术先进、经济合理、安全适用、质量优良、管理方便的目的。在经济适用的前提下，选择优质机房专用装修材料，达到最佳装修效果。

2．建设需求

网络中心的建设需求包括：

- 基于本机房所在地环境的气候特殊性，整体方案设计中充分考虑了项目的恒温性、隔热性及隔音性等多方面的综合性能。
- 基于本机房项目的涉密性质，项目的整体方案设计应充分考虑项目的保密性。
- 网络中心机房用玻璃隔断分成不同的设备功能区，即中心机房、缓冲区、控制台区、UPS配电区、办公区和接待区等。
- 机房墙体装修：选用材料应具有隔热及隔音性能。
- 机房地面装修：所有房间均敷设防静电地板。
- 机房空调系统、新风系统：符合相应的国家规范标准。
- 门禁系统、监控系统及环境集中监控系统的设计施工：符合国家规范、标准以及相应的国家保密标准。

3. 建设内容

主要建设内容包括：机房装饰装修、机房设备布线系统、机房电气工程、机房空调系统、新风系统、机房安防工程和机房环境设备监控。

机房装饰装修包括天花板工程、墙柱面工程、防静电地板工程、隔断工程和门窗工程。机房电气工程包括 UPS 不间断电源、设备动力供配电、机房照明供配电和接地、防雷系统。机房安防工程包括门禁系统和闭路监视系统。

机房环境设备监控包括供配电监控系统、UPS 监控系统、蓄电池监测系统、空调监控系统、温、湿度检测系统、漏水报警系统和防火报警系统。

4. 设计依据

依据网络中心的需求及国家的有关规范，并结合工程实际情况进行设计。电子计算机场地设计标准包括：《电子计算机场地通用规范》（GBAT2887—2000）、《计算站场地安全要求》（GB9361—2008）、《计算机机房用活动地板技术条件》（GB6650—1986）、《电子计算机机房设计规范》（GB50174—2008）、《计算机机房用抗静电活动地板技术条件》（SJAT 10796—2001）和《电子计算机机房施工及验收规范》（SJ/T30003—1993）。

参考设计标准有：《综合布线系统工程设计规范》（GB 50311—2016）、《综合布线系统工程验收规范》（GB 50312—2016）、《建筑物电子信息系统防雷技术规范》（GB 50343—2004）、《建筑照明设计标准》（GB/T 50034—2004）、《气体灭火系统施工及验收》（GB/T50263—2007）、《智能建筑设计标准》（GB/T 50314—2006）、《智能建筑工程质量验收规范》（GB/T50339—2003）、《商用建筑通讯布线标准》（ANST/EIA/T1A 568A、ANST/EIA/TIA 606 和 ANST/EIA/TIA 607）、《民用闭路监视系统工程技术规范》（GB 50198—1994）、《防盗报警控制器通用技术条件》（GB 12663—2001）、《保安电视监控工程技术规范》（GA/T76—1996）、《建筑内部装修设计防火规范》（GB 50222—1995）、《室内装饰工程质量规范》（QB 1838—1993）、《低压配电设计规范》（GB 59954—1995）和《供配电系统设计规范》（GB 50052—1995）。

5. 设计原则

网络中心机房工程设计目标要达到：

- 技术先进、可靠性高。
- 集成管理、灵活性好。
- 系统安全、保密性强。
- 扩展容易、维护方便。
- 经济实用、合理超前。

6. 功能分区

根据需求，划分出以下几个功能区域，分别为中心机房、缓冲区、控制台区、UPS 配电区、办公区和接待区，如图 6-10 所示。机房环境主要技术指标应当符合相关技术标准。

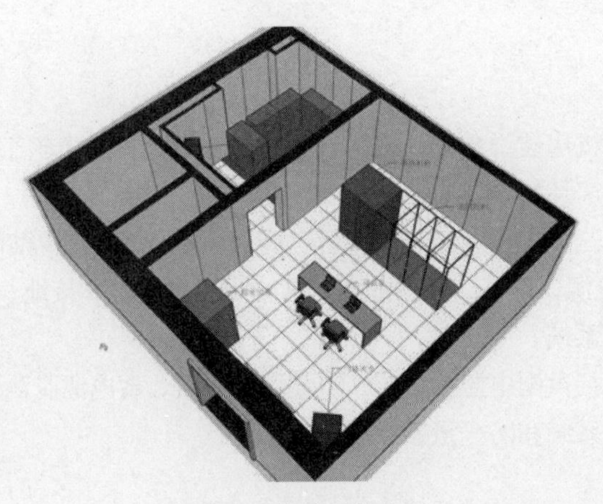

图 6-10　机房功能分区

6.2.2　土建装修

计算机机房装修时，除了需要遵循相应的设计原则外，还要严格按照不同工程的相关规定进行装修。

1. 一般原则

机房装修在满足机房对环境要求的前提下，力求体现机房设计的前卫性、可靠性。根据工程特点，机房的装修装饰按相应的设备工艺和布置要求进行。

设计原则：既能在视觉、感觉上满足机房工作环境清新、舒适的要求，又能在功能上充分保证设备的环境性能及安全要求。

机房应充分考虑设备散热、供电、楼板承重、层高、防水等因素；其余部分工作环境尽量有利于人在其中长期工作不疲劳。

机房布局应根据建筑物的结构和承重能力合理设计，不改变原建筑结构。机房实行功能分区并且为单独的防火分区，必须采用耐火、阻燃等装修材料，弱电机房内须做防火、防尘、防水、保温、不起尘处理。

机房的装饰设计和施工必须满足计算机机房的洁净度和特殊介质的存放要求，采用不吸尘、不发尘材料。

2. 天花吊顶装饰工程

顶棚恒温、隔音处理。机房吊顶是机房装修的主要组成部分，机房吊顶的形式既可使机房顶部美观，又可以用于回风和吸音。天花采用优质铝合金条型板吊顶（燃烧性能 A 级）， 采用暗龙骨安装工艺。

选用铝合金方型扣板暗龙骨装饰吊顶。该材料表面要求平整、漆面坚固，不起尘，防火性能好，如图 6-11 所示。吊顶板方便拆装，便于今后线路检修及增加线路。

3. 墙身、柱面装饰工程

墙面装修对机房影响极大，本机房墙面要求无论是基层还是面层均应采用防火材料，墙面要求板材强度高、防火及抗电磁干扰能力强、耐污染、易清洗、色调柔和无眩光，如图 6-12 所示。柱面装修应与本房间的墙面一致。

图 6-11　机房吊顶

图 6-12　机房柱面装饰

4．玻璃隔断墙

根据功能分区的需要设置玻璃隔断，采用钢化防火玻璃，如图 6-13 所示。

机房区采用通透隔断，防火分区处采用符合消防耐火要求且美观的铯钾防火玻璃隔断。同时，在机房防火门外框上安装一门禁读卡器，对出入人员进行权限控制，如图 6-14 所示。

图 6-13　玻璃隔断

图 6-14　机房防火门门禁

5．地面工程

机房地面应采用抗静电活动地板。活动地板既可以覆盖地板下诸多管线，又可以形成专用空调送风静压箱，还具有防静电功能，如图 6-15 所示。地板应有良好的接地。

图 6-15　抗静电活动地板

地面材料包括如下几种：

- 采用抗静电架空地板。
- 活动地板规格：600mm×600mm，安装高度不低于 300～500mm。
- 机房敷设防静电地板的房间，地板下应装设烟感、温感探测器及气体灭火装置。
- 在采用下送风的空调系统中，活动地板下做地面保温并做防尘处理。
- 在地板下做混凝土挡水墙，并设地漏，防止空调机漏水影响机房使用。

为了便于强、弱电桥架及线管的隐蔽敷设，地板的敷设高度至少达到 200mm。地板与墙身接合处做不锈钢踢脚板，基层用 9mm 夹板敷设，饰面为不锈钢。

6．门窗工程

机房门可根据分区的需要选用优质钢质防火门、优质钢化玻璃门或防火玻璃门。机房门须起到有效的防尘、防潮、防火等作用。为了达到保密计算机机房防火、防盗的要求，所有走廊门改为外开防火、防盗门。

7．更衣柜

缓冲区更衣室的设置主要是考虑到灰尘对计算机设备的影响很大，特别是对一些精密设备和接插件影响最为明显。计算机设备中最怕灰尘的是磁盘存储器（其主要功能是保存大量的信息，如各种计算机程序和数据，决定着计算机的具体工作过程），若灰尘进入其中，将会造成读/写错误，虽然这时计算机的其他部件也许似在正常运转，也将失去意义。如图 6-16 所示为更衣柜。

若灰尘沉积在集成块和其他电子元器件上，将降低其散热性能。有些导电性灰尘落入计算机设备中，会使有关材料的绝缘性能降低，甚至短路；相反，绝缘性灰尘则可能引起接插件触点接触不良。

图 6-16　更衣柜

6.2.3　供配电系统

配电系统应满足计算机机房的使用要求，保证供电可靠性和灵活性，保证人身安全，便于施工、维修和管理，技术先进，经济合理。照明系统符合国家有关规定。

1．设计原则

设计原则应包括：技术先进、可靠性高，集成管理、灵活性好，系统安全、保密性强，扩展容易、维护方便，经济实用、合理超前。

2．供电电源

计算机机房供电采用 380/220V 电压、50Hz 频率和三相五线制（即 TN-S 系统）的配线方式。因机房设备分计算机设备和计算机辅助设备，这两种设备对供电电源有着不同的要求，所以采用两种不同的电源供电种为普通电源，一种为不间断电源。普通电源给计算机辅助设备供电，如空调、照明、维修插座、辅助插座等；不间断电源给计算机设备供电，如服务器、主机、终端、路由器、交换机、防火墙等设备。

两种电源引入不同的配电箱，即安装在主机房内的普通电源配电箱和 UPS 电源配电箱，再由配电箱分别送给计算机设备和计算机辅助设备。

3. 控制和保护设备

为了确保设备能安全可靠地运转，电源准确、灵敏地通电和断电，电源控制及保护设备应选用可靠、灵敏的空气开关（视设备情况不同，具有过载保护、短路保护、漏电保护的性能，确保电源控制和设备的安全）。

4. 计算机专用直流地

计算机系统的直流地又称逻辑地。为了使计算机正常工作，直流地是零电位参考点，它不一定是大地电位。如果把该接地系统经低阻通路接至大地上，则称为接大地。如该接地系统不与大地相接，而是与大地绝缘，则称为直流地悬浮。通常是经过适当的处理后再接地，分为串联接地-多点接地、并联接地-单点接地以及网络接地等几种情况。

为了达到接地电阻 $R \leqslant 1\Omega$，人为地埋入地中的金属件如钢管、角钢、扁钢、圆钢等称为人工接地体；兼作接地体用的直接与大地接触的各金属构件、金属井管、钢筋混凝土建筑物的基础、金属管道和设备等称为自然接地体。与接地体连接并引至机房内的金属电线称为接地线，接地体和接地线的总和称为接地装置。

5. 电缆敷设与配管配线

随系统图配备低压配电箱一台，上设电流表、电压表、指示灯。配电柜根据实际用电情况和可扩充容量进行设计。暂估用电量 30kVA。接地采用 TN-S 方式，采用三相五线制，零线和地线严格分开。UPS 供电方式为 $3\times16\text{mm}^2+2\times10\text{mm}^2$ 阻燃性电缆引入机柜。

考虑到机房电缆受环境温度影响及散热条件不好，电缆载流量取环境温度为+40℃时的载流量。全部电缆选用阻燃型电力电缆或阻燃交连电力电缆，以满足机房防火的要求。所有机柜设备及墙、地面插座均通过 200mm×50mm 铺地桥架完成。进入墙体部分通过 JDG20 管或包塑软管来完成。为防止机房地面漏水，导致电线电缆被浸泡，地板下所有金属线槽均通过线槽托架高于地面 5cm。

吊顶内灯具、插座电源线选用阻燃聚氯乙烯绝缘铜芯线，电线管内敷设，电缆末端穿金属软管以防止鼠咬。所有接线头均采用焊锡或压线帽。所有金属管、金属线槽和金属软管均可靠接地。金属管与金属管之间、金属线槽与金属线槽之间以及金属管与金属线槽之间均通过跨接地线连接。在金属线槽通过不同防火区时，采用防火堵料封闭，以防止火灾发生时火势蔓延。

6. 照明系统

计算机机房的照明供电属于辅助供电系统的范畴，但它具有一定的特殊性和独立性。机房照明的好坏不仅会影响计算机操作人员和软、硬件维修人员的工作效率和身心健康，而且还会影响计算机的可靠运行。因此，应合理地选择照明方式，灯具类型、布局以及一些相关器材等，在装修电气工程中不可忽视。

由于机房里各类房间的分工不同，对照度要求也不相同，主机房的平均照度可按 200lx、300lx 和 500lx 取值。基本工作间，第一类辅助工作间的平均照度按 100lx、150lx 和 200lx 取值；第二、第三类辅助房间则可参照执行。同时，照明的均匀度、照明的稳定性、光源的显色性、眩光和阴影等要求也要一并予以考虑，这些因素也会对操作人员和维护人员产生不可低估的影响。

一般照明又称普通照明或总体照明，是指整个场所或场所的某部分基本上照度均匀的照明。混合照明是指在一般照明不能满足局部需求时，增加局部照明组成的照明。事故照明又称应急照明，是指在正常照明因故障或停电熄灭后，供计算机处理遗留工作或供人员、设备转移用的照明。应急照明由 UPS 电源供电，并均匀布置、无死角。此外，在主机房内应加设一套应急疏散指示标志灯。

照明应按照机房美观、位置的重要性和设备位置需要来布局。从机房美观来考虑，灯具应均匀布置，即纵横方向保持一定距离，并根据机房的面积情况确定灯具的方向；从位置的重要性考虑，灯具应根据该位置的性质和作用来布置，以达到更好的效果；从设备的位置需要来考虑，应避免阴影，便于维护。

关于机房灯具材料的选择，宜选择无启辉器或电子镇流器的灯具；带灯片、防眩光的灯具；能兼作空调器回风口的灯具；整体装饰性好的灯具；发光效率高的灯具。

照明灯具采用分散控制方式，即通过墙面跷板开关控制灯具的开启。

6.2.4 空调系统和新风系统

计算机机房的发热量是非常大的，必须同时考虑到其空调系统和新风系统的设计。合理设计空调系统和新风系统，是保证计算机机房正常运行的必要条件之一。

（1）空调系统

根据《数据中心设计规范》（GB 50174—2017）和《民用建筑供暖通风与空气调节设计规范》（GB 50736）的规定以及机房使用功能的要求，宜采用柜式精密空调（如图 6-17 所示）。计算机机房负荷按约 350-450W/m^2 计算，即可满足机房对温、湿度的要求。

图 6-17 柜式精密空调

中心机房选用一台机房专用高精密恒温恒湿空调；控制台区为一台 5P 普通冷暖空调柜机；UPS 配电室为一台 3P 普通空调冷暖柜机。冷凝水管接到室外。

（2）新风系统

根据现场布置平面图和实际需求，机房内设备需要在有一定温、湿度的环境下，才能更好地投入使用和维护。

所有新风系统由防静电地板往上吹风，从出风管引管沿墙壁到地板下。在地板上开出风口，回风口放在吊顶上，如图 6-18 所示。由于地面是防静电地板，所有的出风口改为纯铝出风口，规格同防静电地板。如果机房面积不是很大，也可以将出风口和回风口开在墙上。

图 6-18 位于吊顶的回风口

按实地面积的需求，配置 2～3 台轴流双向风机。由于机房的特殊性，系统宜采用风冷式，尽量减少冷凝水的排放，轴流风机挂在室外墙上。新风机都有单独的开关、调节器。调节、开关和温湿度都达到节能效果。

6.2.5　防雷接地

根据计算机系统的要求，机房应考虑直流工作地、交流工作地、安全保护地及防雷保护地，大楼联合接地体已满足机房要求，其接地电阻 R 应小于 1Ω。机房内沿四周做一圈 30×3 铜带接地网，配电室设总接地排，地板支架、机柜外壳等不带电的金属部分应与接地网相连。

（1）机房防雷系统

机房电源系统的防雷须满足《建筑物防雷设计规范》。根据机房大小及设备保护的重要程度，采用一级、二级或三级防雷，设备末端需要有防浪涌插座。根据网络中心机房的实际情况，采用三级防雷方式，如图 6-19 所示。即在动力机房电源线进入 UPS 配电室前安装一级防雷模块，UPS 进线前布置二级防雷模块，设备接线插排为防浪涌的三级防雷插排。

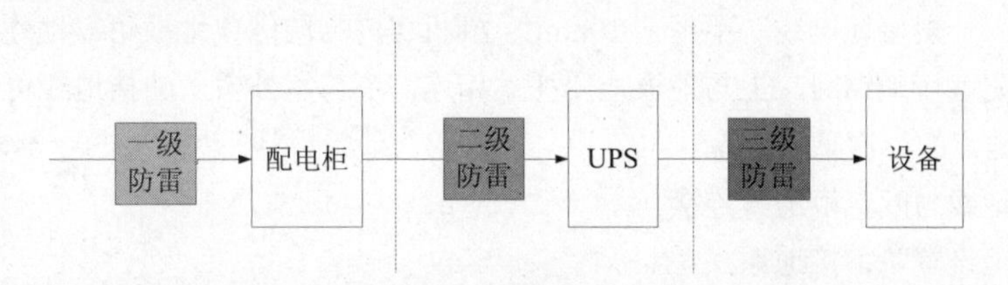

图 6-19　三级防雷

如图 6-20 所示为充当一级防雷的三相电源防雷箱，如图 6-21 所示为充当二级防雷的防雷模块，如图 6-22 所示为充当三级防雷的防雷插排。

图 6-20　三相电源防雷箱

图 6-21　防雷模块

机房信号系统的防雷应根据配置要求加装信号避雷器，如图 6-23 所示。以便保护与通信网络、数据网络和计算机网络相连的重要设备。根据实际情况，在重要设备上安装信号防雷装置。

电源防雷装置要求采用优质产品，防雷装置在接地、连接等方面须满足国家标准规范的要求。

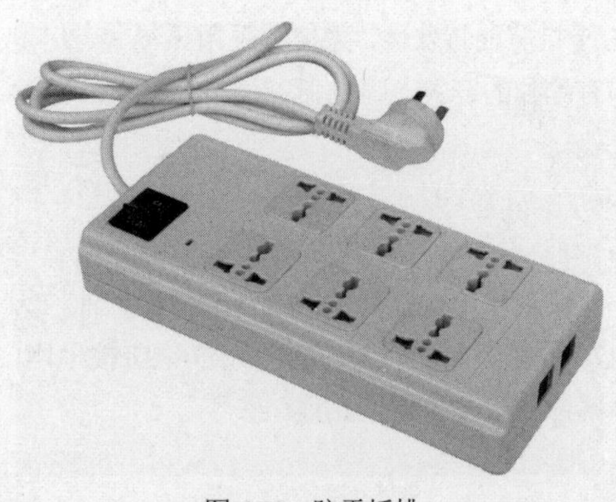

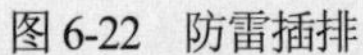

图 6-22　防雷插排

图 6-23　信号避雷器

（2）防雷接地的敷设

在进行原有接地线更换时，应在电源箱和 UPS 上增加防雷器，从而保证在有强雷击的情况下自动断电，保证机房电子设备、用电器和人身安全。防静电地板下敷设防静电接地泄漏网。

由接地点引入一根接地电线（不少于 $10mm^2$）到机房内与防静电地板可靠地连接。防静电地板下使用铜带制作防雷接地铜网，上与地板金属托架相连，下与室外引入的接地线可靠连接。

（3）防雷接地点的二次重复接地

引入防雷接地线与配电柜地线连接。

（4）配电柜上设置防雷接地系

防雷接地系统能够保证电气系统在遭到强电击时自动断电，从而达到保护用电器的安全及工作人员的生命和财产安全。

6.2.6　消防

保护对象为主机房、控制台及 UPS 机房。根据防护区性质及结构要求每个机房划分为一个灭火系统，采用独立式无管网灭火系统，并根据需要采购灭火剂和灭火器。如图 6-24 所示为灭火器。

图 6-24　灭火器

系统控制方式分为自动、电气手动、机械应急手动等几种，当有人工作或值班时采用手动控制，在无人的情况下采用自动控制方式。

气体灭火系统设计参数如表 6-8 所示。

表 6-8　气体灭火系统设计参数

项目	要求
灭火浓度	C=7.5%
喷射时间	Pt=7S
环境温度	T=200C
海拔修正系数	K=1.0
储存压力	P=4.2MPa
浸渍时间	t≤3min

防护区的要求如下：

- 防护区围护结构的耐火极限不低于 0.5h，耐压强度不低于 1200Pa。
- 防护区的通风机和通风管道中的防火阀，在喷放灭火剂前自动关闭。
- 喷放灭火剂前，必须切断可燃、助燃气体的气源。
- 防护区的门向疏散方向开启，并能自动关闭，且在任何情况下均能从防护区内打开。
- 在防护区外设置声、光报警、释放信号标志及气体喷放指示灯。

为保证人员的安全撤离，在释放灭火剂前，应发出火灾报警，火灾报警至释放灭火剂的延时时间为 30s。为保证灭火的可靠性，在灭火系统释放灭火剂之前或同时，应保证必要的联动操作，即灭火系统在发出灭火指令时，由控制系统发出联动指令，切断电源，停止一切影响灭火效果的设备。

防护区应有排气设备，释放灭火剂后，应将废气排尽后人员方可再次进入。

6.3　接地系统

接地系统是机房中必不可少的部分，它不仅直接影响机房通信设备的通信质量和机房电源系统的正常运行，还起到保护人身安全和设备安全的作用。

综合布线系统作为建筑智能化不可或缺的基础设施，其接地系统的好坏将直接影响到综合布线系统的运行质量，因而其作用显得尤为重要。根据商业建筑物接地和接线要求的规定，综合布线系统接地的结构包括接地线、接地总线、接地干线、主接地总线、接地引入线和接地体 6 部分，如图 6-25 所示。

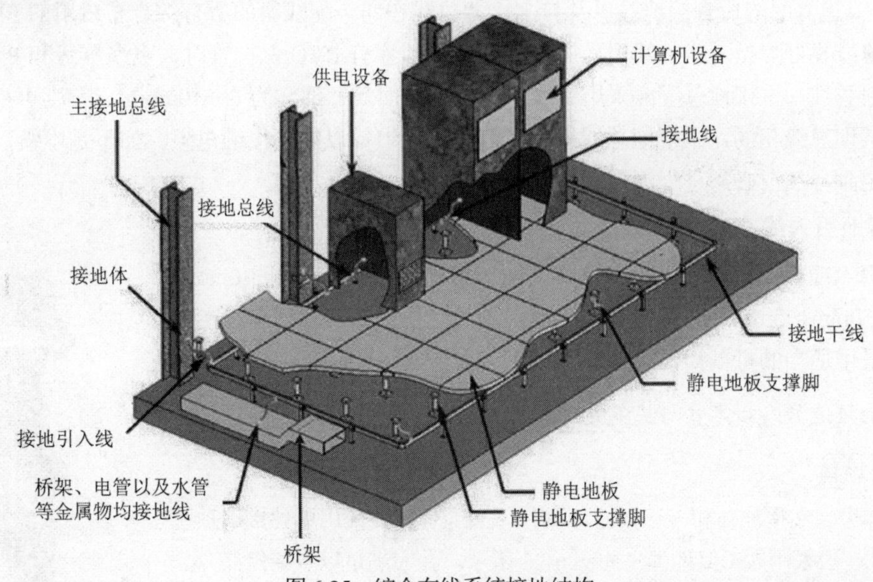

图 6-25　综合布线系统接地结构

1. 接地线

接地线是指综合布线系统各种设备与接地总线之间的连线。所有接地线均采用截面不小于 $4mm^2$ 的铜质绝缘导线。当综合布线系统采用屏蔽电缆布线时，信息插座的接地可利用电缆屏蔽层作为接地线连至每层的配电柜。若综合布线的电缆采用穿钢管或 PVC 线槽敷设时，钢管或 PVC 线槽应保持连续的电气连接，并应在两端良好接地。

2．接地总线

接地总线是水平布线与系统接地线的公用中心连接点，同时也是配线间局部等电位连接端子板。

每一层的配电柜与本楼层接地总线相焊接，与接地总线同一配线间的所有综合布线用的金属架及接地干线均与该接地总线相焊接。接地总线采用铜总线，长度视工程实际需要而定。为降低接触电阻，将导线固定到总线之前，要对总线进行细致的清理。

3．接地干线

接地干线是由接地总线引出，连接所有接地总线的接地导线。考虑到建筑物的结构形式、大小以及综合布线的路由与空间配置，为与综合布线电缆干线的敷设相协调，布线系统的接地干线应安装在不受物理和机械损伤的保护处，建筑物内的水管及PVC电缆屏蔽层不能作为接地干线使用。接地干线采用截面积不小于16mm^{2}的绝缘铜芯导线。当建筑物中使用两个或多个垂直接地干线时，垂直接地干线之间每隔3层及顶层需与接地干线等截面的绝缘导线相焊接。当接地干线上的接地电位差有效值大于1V时，楼层配线间应单独用接地干线接至主接地总线。

4．主接地总线

一般情况下，每幢建筑物都有一个主接地总线。主接地总线作为综合布线接地系统中接地干线及设备接地线的转接点，其理想位置在外线引入间或建筑物配线间。主接地总线应设置在直线路径上，同时应考虑从保护器到主接地总线的焊接导线不宜过长。接地引入线、接地干线、直流配电屏接地线、外线引入间的所有接地线以及与主接地总线在同一配线间的所有综合布线用的PVC架均应与主接地总线良好焊接。当外线引入电缆配有屏蔽或穿有PVC保护管时，电缆屏蔽和PVC管应焊接至主接地总线。主接地总线应采用铜线，其最小截面尺寸通常为6～100mm^2，长度可视工程需要而定。与接地总线相同，主接地总线也应尽量采用电镀锌以减小接触电阻。如不是电镀，则主接地总线在固定到导线前必须进行清理。

5．接地引入线

接地引入线指主接地总线与接地体之间的接地连接线，采用40mm×4mm（或50mm×5mm）的镀锌管。接地引入线应作绝缘防腐处理，在其出土部位采用适当的机械损伤措施。

提示：接地引入线不宜与暖气管道同处布放。

6．接地体

接地体分自然接地体和人工接地体两种。当综合布线采用单独接地系统时，接地体一般采用人工接地体，如图6-26所示。并应满足以下条件：

- 距离工频低压交流供电系统的接地体不宜小于10m。
- 距离建筑物防雷系统的接地体不应小于2m。
- 接地电阻不应大于40Ω。

图6-26　人工接地体

当综合布线系统采用联合接地系统时，一般利用建筑物基础内钢筋作为自然接地体，其接地电阻应小于1Ω。在实际应用中通常采用联合接地系统。

6.3.1　屏蔽布线时的接地要求

综合布线系统采用屏蔽措施时，应保证有良好的接地系统，可单独设置接地体，接地电阻$<4\Omega$；采用联合接地体时，接地电阻综合布线系统所用屏蔽层必须保持连续性，并保证线缆的相对位置不变，屏蔽层的配线设备端应接地。各层配线架应单独布线到接地体，信息插座的接地利用电缆屏蔽层与各楼层配线架相连接，工作站弱电设备的金属外壳与专用接地体单独连接。采用钢管或金属桥架敷设线缆时，钢管之间、桥架之间、钢管与桥架之间应做可靠连接，并做跨接地线。综合布线系统有关的有源设备的正极或金属外壳，干线电缆屏蔽层均应接地。同层内有均压环（高于 30m 及以上，每层都应设置）时，应与之连接，使整个建筑物的接地系统组成一个笼式均压网。良好的接地可以防止突变的电压冲击对弱电设备的破坏，减少电磁干扰对通信传输速率的影响。

6.3.2　接地实施

当电缆从建筑物外面进入建筑物内部时，容易受到雷击、电源磁地、电源感应电势或地电势上浮等外界影响，因此，需要做好接地实施。

机房设有 4 种接地形式，即计算机专用直流逻辑地、配电系统交流工作地和安全保护地、防雷保护地。

1．计算机专用直流逻辑地

如果大楼现有接地装置的接地电阻小于 1Ω，则可将直流逻辑地与现有接地装置相连。如果大楼现有接地装置的接地电阻不满足小于 1Ω 的要求，则需重新做直流接地极，新做接地极与建筑物接地极的距离应大于 20m。

直流工作地网工作地在机房内的布局是：用 3mm×20mm 截面的铜排敷设在活动地板下，依据计算机设备布局，纵横组成网格状，配有专用接地端子，用编织软铜线以最短的长度与计算机设备相连。

2．配电系统交流工作地

配电系统交流工作地即零线，随电源线同时引入机房，并在机房设置等电位接地箱。

3．安全保护地

容易产生静电的活动地板、不锈钢玻璃隔墙均采用导线布成泄漏网，并用干线引至动力配电柜中交流接地端子。活动地板静电泄漏干线采用 BVR-16mm^2 导线，静电泄漏支线采用 BVR-4mm^2 导线，支线导体与地板支腿螺栓紧密连接，支线做成网格状，间隔 1.8m×1.8m；不锈钢玻璃隔墙的金属框架同样用静电泄漏支线连接，并且每一连续金属框架的静电泄漏支线连接点不少于两处。在线缆老化等漏电的情况下，保护工作人员的人身安全。

4．防雷保护地

为防止感应雷、侧击雷沿电源线进入机房损坏机房内的重要设备，在电源配电柜电源进线处安装浪涌防雷器。

机房所有的接地均与机房等电位母排（电柜中总制开关与各分路电路中的开关连接的铜排或铝排）连接，等电位母排再和大楼接地体相连。如图 6-27 所示为机房接地设计。

图 6-27　机房接地设计

提示：常见的接地方式有联合接地和单独接地两种。所谓联合接地，是指直流地、交流地和防雷保护地使用同一个接地铜排进行接地；而单独接地是指直流地、保护地和交流地以及其他有特殊要求的设备使用不同的接地系统进行接地，单独接地的效果要优于联合接地，但是其工程成本要高于联合接地。

5．布线接地注意事项

接地布线中应当注意以下几个问题：

（1）综合布线系统采用屏蔽措施时，所有屏蔽层应保持连续性，并应注意保证导线间相对位置不变，屏蔽层的配线设备（FD 或 BD）端应接地，用户（终端设备）端视具体情况直接地，两端的接地应尽量连接至同一接地体。当接地系统中存在两个不同的接地体时，其接地电位差应不大于 1Vr.m.S（有效值）。

（2）当电缆从建筑物外面进入建筑物内部容易受到雷击。电源碰地，电源感应电势或地电势上浮等外界因素的影响时，必须采用保护器。

（3）当线路处于以下任何一种危险环境中时，应对其进行过压、过流保护。

（4）综合布线系统的过压保护宜选用气体放电管保护器。气体放电管保护器的陶瓷外壳内密封有两个电极，其间有放电间隙，并充有惰性气体。当两个电极之间的电位差超过 250V 交流电源或 700V 雷电浪涌电压时，气体放电管开始出现电弧，为导体和地电极之间提供了一条导电通路。

（5）综合布线系统的过流保护宜选用能够自复的保护器。由于电缆上可能出现这样或那样的电压，如果连接设备为其提供了对地的低阻通路，则不足以使过压保护器动作，而其产生的电流却可能损坏设备或引起着火。

（6）在接地布线中应当注意电源、通信线路和机房内部防雷措施。

（7）在机房接地系统中交流工作接地、计算机系统的弱电接地、安全保护接地和防雷保护接地（处在有防雷设施的建筑群中可不设此地）都要做好防范措施，才能够保证计算机系统安全、稳定和可靠地运行，保证设备、人身的安全。

（8）实施防雷工程主要就是要保证机房设备安全运行和网络的传输质量，在各点进行不同等级的防雷保护。

第7章　综合布线系统的测试

在网络故障中，主要集中在物理链路层，因此要保证用户有一个安全、稳定、顺畅、高效的网络，就需要对网络布线进行测试，从而构建一个长期健康的网络，将网络运营成本降至最低限度。只有按照规范进行严格的测试，才能确保工程符合相关标准，并保证网络通信和传输的高效、稳定。

7.1　电缆测试标准

对于不同的网络类型和电缆，其技术标准和所要求的测试参数是不同的。各种线缆及其对应的测试标准如表 7-1 所示，不同网络技术及其对应的标准所要求的测试参数如表 7-2 所示。

表 7-1　线缆及其对应的测试标准

电缆类型	网络类型	标　准
UTP	三/四/五类电缆现场认证	TIA568B、TSB-67
UTP	六/七类电缆现场认证	TIA568B、TSB-155
光缆	光纤认证测试	TIA526、TSB-140

表 7-2　不同标准所要求的测试参数

电缆类型	接线图	长度	近端串扰	线外串扰	衰减	长度	极性
TIA568B、TSB-67	*	*	*				
TIA568B、TSB-155	*	*	*	*			
TIA568B、TSB-140					*	*	*

电气性能测试主要是用于检查布线系统中链路的电气性能指标是否符合标准，如衰减、特征阻抗、电阻、近端串扰、串扰衰减比等参数。综合布线系统电气性能的测试，可以借助场强仪和信号发生器等设备进行。

常见的测试标准有 ANSI/TIA/EIA568 系列和 TIATSB 系列，前者是必须强制执行的标准；后者只是一个技术公告，而不是强制执行的标准，但是后者通常比前者更为严格。

1. ANSI/TIA/EIA 568C

TIA/EIA 568C 是综合布线测试验收中必须强制执行的标准。TIA/EIA568C 是超五类、六类和光纤布线标准，主要由 568C-0（主文件）、568C-1（铜缆）、568C-2（铜缆连接硬件）和 568C-3（光缆）组成。

2. TSB-67

TSB-67 是一个五类双绞线的测试标准，适用于已安装好的双绞线连接网络，并提供了一个“认证”非屏蔽双绞线电缆是否达到五类线要求的标准。按照发达国家和地区的经验，网络设备的生命周期通常为 5 年，使用超过 5 年的设备就可能被淘汰，但是符合 TSB-67 标准的网络布线系统却可以支持 15 年以上。

信道模型定义了包括端到端的传输要求，含用户末端设备电缆，最大长度是 100m。链路是指建筑物中的固定布线，即从电信间接线架到用户端的墙上信息插座的连线（不含两端的设备连线），最大长度是 90m。

3. TSB-155

TSB-155 是针对已安装的超六类布线系统的测试标准，EIA 568b-2 则定义了一个新的“扩展六类”标准，包含布线部件和系统的规格指标及测试程序，与 TSB-155 相比，提出了更高的性能要求，如外部串扰和插入损耗余量等，其目的是验证已安装的六类布线系统能否支持 10GBase-T 的应用。在 TSB-155 标准中，信道和链路参数的测试规范扩展到 500MHz，但 250MHz 以内的指标值与六类布线原有的保持一致；增加了外部串扰参数 ANEXT 及 PSANEXT 的考虑，其他参数如 AFEXT 和 PSAFEXT 目前还未引用。

TIA/EIA568-B.2-10（全称《4 对 100m 增强六类布线系统传输性能规范》）是第一个真正的六类布线系统强制性文件，规定了支持 10GBase-T 的 100m 信道所需满足的规格指标和测试程序，测试带宽为 500MHz。

4. TSB-140

为了使光纤链路的测试方法和手段满足日益发展的光纤局域网应用的需求，TIA/EIA 委员会于 2004 年 2 月正式通过了 TSB-140 标准。虽然在 568-B.3 中已经制定了相关的光纤测试程序，但是 TSB-140 旨在制定一个将所有方法整合在一起的标准。

TSB-140 包括使用可视故障定位设备进行连续性和极性测试，使用光纤损坏设备（OLTS）进行插入损耗测试以及使用光时域反射设备（OTDR）等内容。TSB-140 将光纤测试分为两个等级，等级 1 只进行插入损耗（衰减）测试，等级 2 在光缆损耗测试设备损耗测试基础上增加了 OTDR 测试。结合两个等级的测试方式，施工者能全方面地认识光缆的安装，网络所有者也有了安装质量的证实。

根据 TSB-140 标准，所有光缆链路都需要进行等级 1 的测试。等级 1 测试光缆的衰减（插入损耗）、长度及极性。进行等级 1 测试时，要使用光缆损耗测试设备（OLTS）测量每条光缆链路的衰减，通过光学测量或借助电缆护套标记计算出光缆长度，使用 OLTS 或可视故障定位器（VFL）验证光缆极性。

等级 2 测试是可选的，但也是非常重要的。等级 2 测试包括等级 1 的测试参数，还包括对每条光纤链路的 OTDR 曲线。OTDR 曲线是一条光纤随长度变化的衰减图像。通过检查路径的不一致性，能够深入查看链路的周详性能（电缆、连接器或接合处）及施工质量。OTDR 曲线不能替代使用 OLTS 进行的插入损耗测量，但可用于光缆链路的补充性评估。

7.2 电缆测试方法

从工程的角度可以将综合布线工程的测试分为验证测试和认证测试两类。验证测试一般是在施工的过程中由施工人员边施工、边测试，以确保所完成的每一个连接的正确性。认证测试是指对布线系统按照国家标准或国际标准进行逐项检测，以确定布线系统是否能够达到设计要求，包括连接性能测试和电气性能测试。

7.2.1　电缆链路的测试方法

对综合布线系统进行测试之前，首先要确定被测试的链路的测试模型。《综合布线系统工程电气测试方法及测试内容》中规定：三类和五类布线系统按照基本链路和信道进行测试，5e 类和六类布线系统按照永久链路和信道进行测试。

1．基本链路连接模型

该方式包括：最长 90m 的端间固定连接水平线缆和在两端的接插件（一端为工作区信息插座，另一端为楼层配线架）及连接两端接插件的两条 2m 长的测试线。基本链路连接模型应符合如图 7-1 所示的方式。

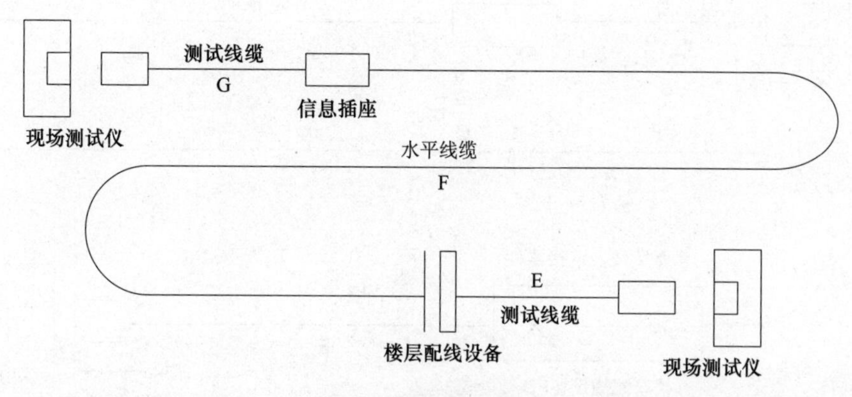

图 7-1　基本链路方式

提示：G=E=2m，F<90m。

2．永久链路连接模型

永久链路连接模型用于测试同定链路（水平电缆及相关连接器件）性能，由 90m 水平线缆（不包括链路以外的总共 4m 的测试跳线）和 1 个接头（必要时再加 1 个可选转接/汇接头）组成。永久链路配置不包括现场测试仪插接软线和插头，其连接应符合如图 7-2 所示的方式。测试永久链路模型，可以得到 NEXT、PSNEXT、PSELFEXT、插入损耗、功率和衰减串音比 PSACR、回波损耗等诸多参数。使用现场测试仪器对永久链路连接模型进行测试时，得到的是用户真正使用的链路的性能，最真实地反映了布线系统的性能和安装质量。

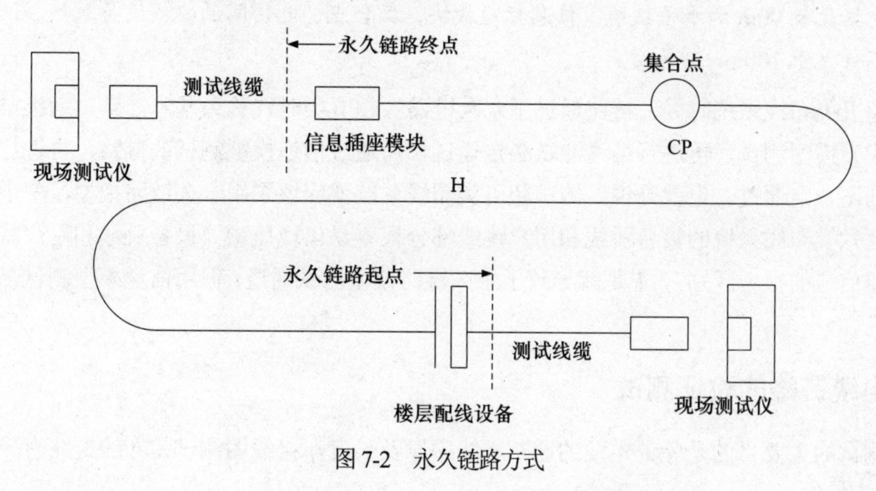

图 7-2　永久链路方式

提示：H 表示从信息插座至楼层配线设备（包括集合点）的水平电缆。H<90m。

3. 信道连接模型

信道连接模型在永久链路连接模型的基础上增加了包括工作区和电信间的设备电缆和跳线在内的部分，即端到端的整体链路。信道连接包括 90m 的水平线缆、一个信息插座模块、一个靠近工作区的、可选的附属转接连接器、在楼层配线间跳线架上的两处连接跳线和用户终端连接线，总长不得超过 100m（设备到通道两端的连接线不包括在通道定义之内）。信道连接应符合如图 7-3 所示的方式。

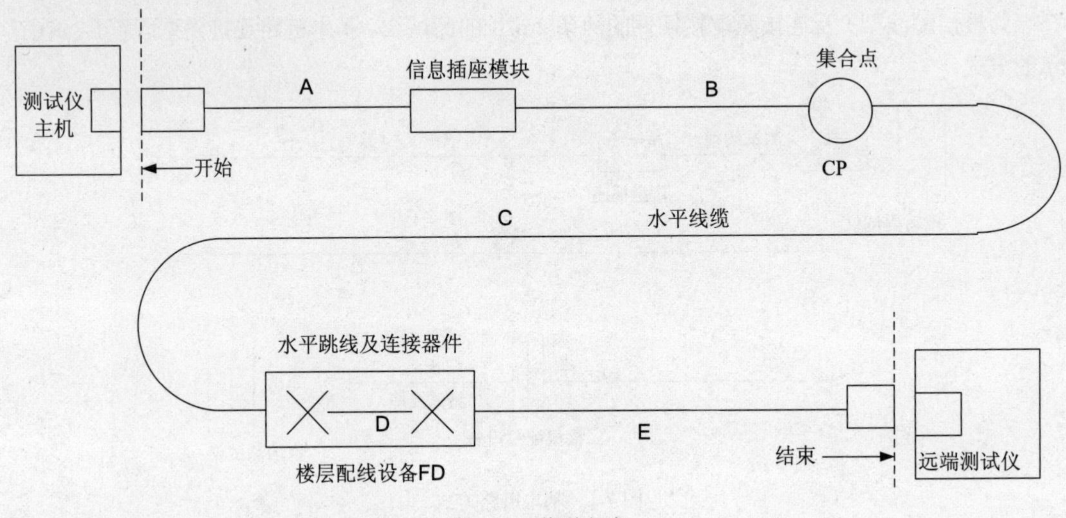

图 7-3　信道方式

提示：

A：工作区终端设备电缆。

B：CP 线缆。

C：水平线缆。

D：配线设备连接跳线。

E：配线设备到设备连接电缆。

B+C<90m，A+D+E<10m。

信道包括最长 90m 的水平线缆。信息插座模块，集合点。电信间的配线设备跳线、设备线缆在内，总长不得大于 100m。

测试超五类布线系统时候，链路通过了永久链路（超五类时代称为基本链路，六类推出后被永久链路取代）模型测试，再进行信道测试必定通过，而通过信道模型测试的链路，再进行永久链路模型测试则不一定通过。也就是说，测试超五类布线系统就应该采用永久链路模型，信道测试可以忽略。但是六类布线系统的设备跳线和用户跳线部分很容易出现瓶颈（设备跳线和用户跳线部分是永久链路和信道的根本区别），于是就导致了永久链路模型测试通过，但用信道模型测试却不一定能通过的情况。

7.2.2　电缆链路的验证测试

验证测试的主要目的是验证电缆的通断、线序以及长度。接线图测试是布线链路有无终接错误的一项基本检查，测试的接线图显示出所测每条 8 芯电缆与配线模块接线端子的连接实际状态，即主要测试水平电缆终接在工作区或电信间配线设备的 8 位模块式通用插座的安装连接正确或错误。

如图 7-4 所示为正确连接，正确的线对组合为：1/2、3/6、5/4、7/8，分为非屏蔽和屏蔽两类，对于非 RJ-45 的连接方式按相关规定要求列出结果。

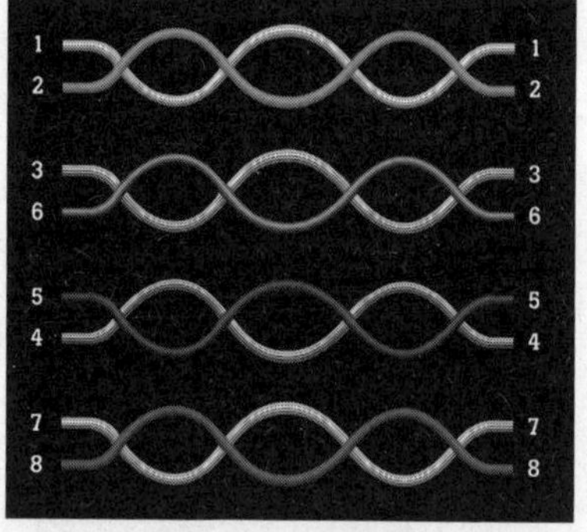

图 7-4　正确连接

如图 7-5 所示为反向线对（反接），即将同一线对的线序接反，通常是在打线时粗心大意所致。

交叉线对（错对），同一对线在两端针位接反（比如一端 1-2，另一端接在 4-5），如图 7-6 所示。该状况最有可能是施工之初没有定好使用的标准导致，比如一端使用 TIA568A 线序标准，另一端使用 TIA568B 线序标准；也有可能是由于每个人的习惯不同所致。

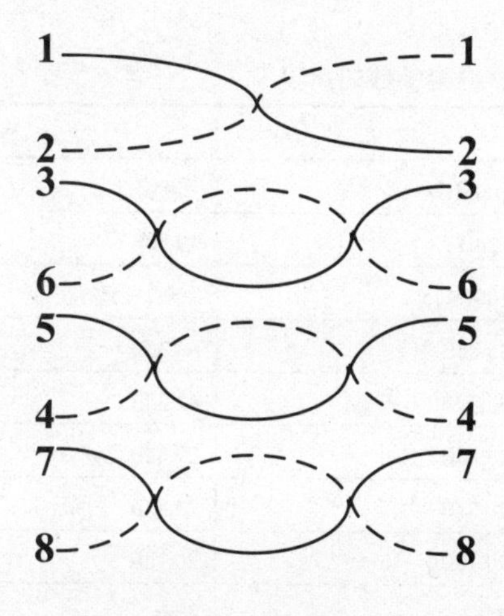

图 7-5　反向线对

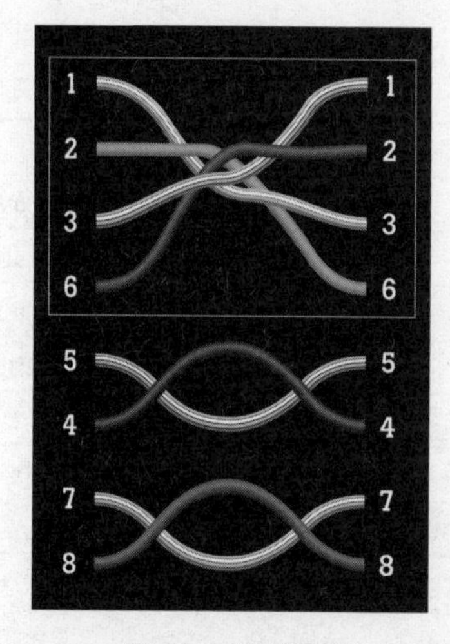

图 7-6　交叉线对

串对（串绕），将原来的两对线分别拆开而又重新组成新的线对（没有按照标准排列线对），如图 7-7 所示。串对的端对端连通性是好的，所以万用表之类的工具检查不出来，必须用专业的电缆测试仪器（如 Fluke DTX 系列）才能检测出来。

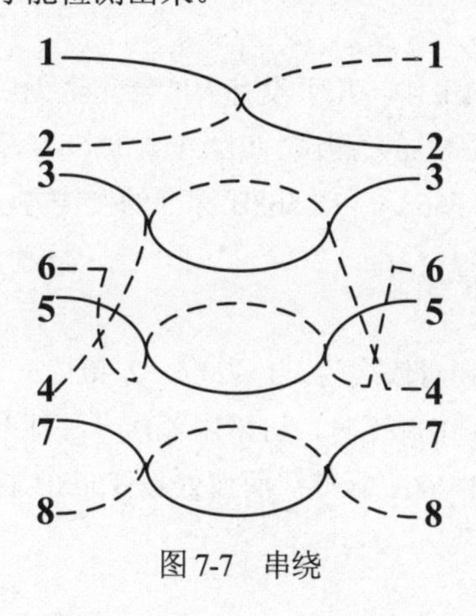

图 7-7　串绕

7.2.3 电缆链路的认证测试

认证测试是基于国内或国际的标准对电缆进行测试，测试完成后要有测试报告。报告中包括测试地点、操作人员和仪器、测试的标准、电缆的识别号、测试的具体参数和结果等。

1. 电缆测试的内容

根据《综合布线系统工程验收规范》（GB 50312—2007）中的定义，电缆系统测试分为基本项目测试和任选项目测试。基本项 R 测试包含长度、接线图、衰减、近端串音，任选项目包含除基本测试以外的项目。目前，除部分语音布线还在采用六类双绞线之外，数据部分已经有了超五类和六类两种。

超五类和六类布线系统在五类布线 4 个基本测试项目（接线度、长度、衰减和近端串音等）的基础上，增加了回波损耗、衰减串音比、近端串音、等电平远端串音、远端串音功率和传输延迟偏差、环路电阻和阻抗等技术参数的测试。如表 7-3 所示是不同种类电缆系统测试内容参数的比较。

表 7-3　不同种类电缆系统测试内容参数的比较

参　数	五　类	超五类	六　类
频带宽度	100MHz	100MHz	250MHz
衰减	22dB	22dB	19.8dB
阻抗	100Ω±15%	100Ω±15%	100Ω±15%
近端串音（NEXT）	32.3dB	35.3dB	44.3dB
近端串音功率和（PSNEXT）	无定义	32.3dB	42.3dB
等电平远端串音（ELFEXT）	无定义	23.8dB	27.8dB
等电平远端串音功率和（PSELFEXT）	无定义	20.8dB	24.8dB
回拨损耗（Return Loss）	16.0dB	20.1dB	20.1dB
传输时延偏差	无定义	45ns	45ns

2. 认证参数的测试和指标

电缆链路的认证必须按接线图进行测试，相关指标包括长度、衰减、近端串音、直流环路电阻、衰减串音比等，具体如下：

（1）接线图

电缆安装是一个以工艺为主的工作，几乎没有人能够完全无误地做好，确保安装满足性能和质量的要求就必须进行接线图（Wire Map）测试。EIA/TIA T568A 和 EIA/TIA T568B 标准规定了打线和信息模块的端接方法。严格按照 T568A 和 T568B 标准的接线方法端接，可以避免接线错误。T568A 标准描述的线序从左到右依次为：1-白绿、2-绿、3-白 橙、4-蓝、5-白蓝、6-橙、7-白棕和 8-棕，如图 7-8 所示。

T568B 标准描述的线序从左到右依次为：1-白橙、2-橙、3-白绿、4-蓝、 5-白蓝、6-绿、7-白棕和 8-棕，如图 7-9 所示。在网络施工时，可采用任何一种标准，但所有的布线设备及布线施工必须采用同一标准，不要此处是 T568A 标准；而彼处是 T568B 标准，否则可能会导致网络的连接性问题。

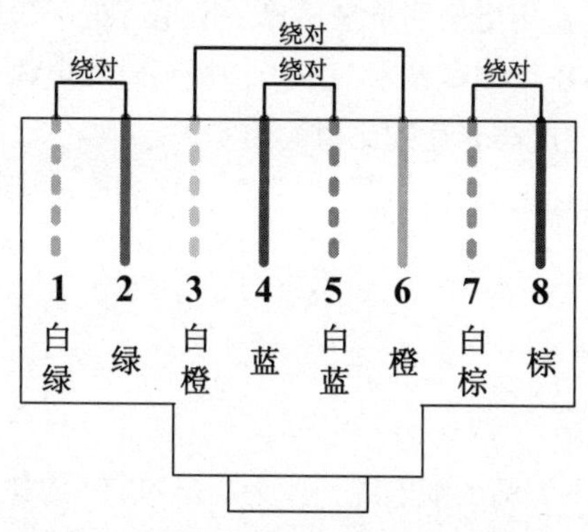

图 7-8　T568A 针脚和线对连接示意图

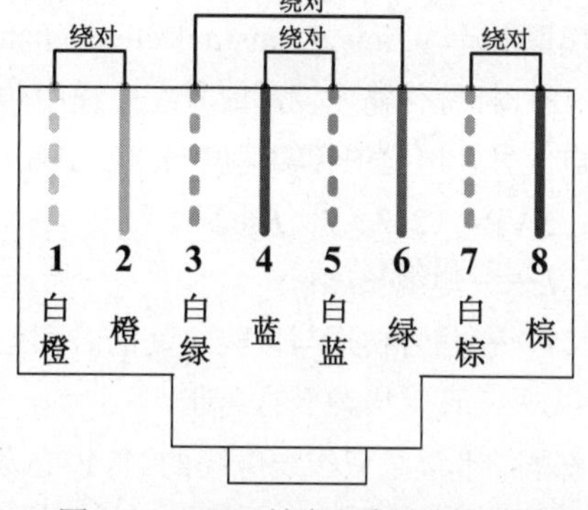

图 7-9　T568B 针脚和线对连接示意图

双绞线的 8 条线对应水晶头的 8 根针脚，那么 8 根针脚的排列顺序该如何确定呢？将水晶头有塑料弹簧片的一面向下，有针脚的一面向上，使有针脚的一端指向远离自己的方向，有方形孔的一端对着自己，此时最左边的是第 1 脚，最右边的是第 8 脚，其余依次顺序排列，如图 7-10 所示。

注意：双绞线中的第 1 线和第 2 线、第 3 线和第 6 线、第 4 线和第 5 线、第 7 线和第 8 线必别是一个绕对（同一股线）。也就是说，一个绕对拆开来分别作为第 1 线和第 2 线，一个绕对拆开来分别作为第 3 线和第 6 线，一个绕对拆开来分别作为第 4 线和第 5 线，一个绕对拆开来分别作为第 7 线和第 8 线。原因非常简单，只有双绞的绕对才能有效避免串扰的发生。

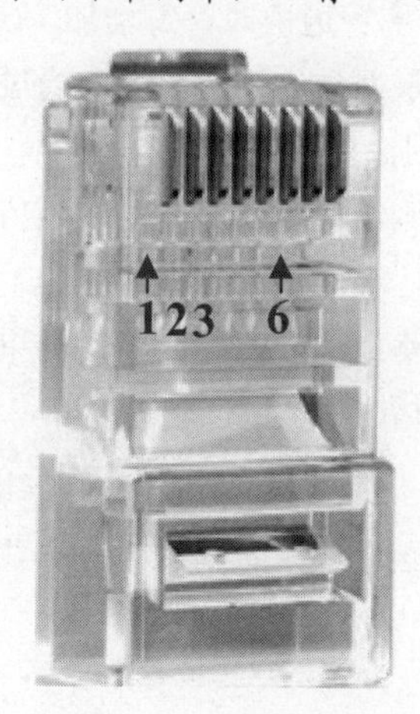

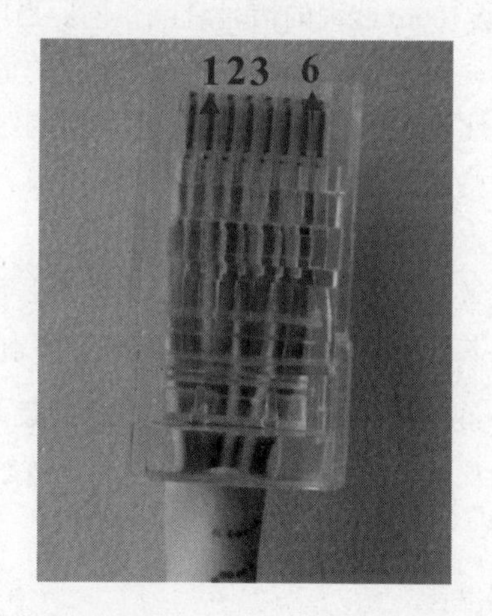

图 7-10　RJ-45 头针脚排列顺序的判断方法

（2）长度

布线链路及信道线缆长度（Length）应在测试连接图所要求的极限长度范围之内。当链路超过规定的极限长度后，将导致网络通信失败。各个测试模型所规定的线缆长度不同，如表 7-4 所示。

表 7-4　测试模型所规定的线缆长度

测试模型	线缆长度
基本链路	长度极限为 90 m，其中包括了两端的测试跳线
永久链路	长度极限为 94 m，其中包括了两端的测试跳线
通道链路	长度极限为 100 m，包括了两端的测试跳线、链路中的转接和信息模块

布线链路及信道长度是指连接电缆的物理长度，常用电子测量来估算。所谓“电子长度测量”是应用时域反射计（Time Domain Reflectometry，TDR）测试技术，基于传播延时和电缆的额定传输速率 WKP（标称传输速度，信号在电缆中传输的速度与光速的比值）而实现。

若将电信号在电缆中传输速度与光在真空中传输速度的比值定义为额定传播速率，用 NVP 表示，则有：NVP=（2×L）/（T×c）

式中：L——电缆长度；

T——信号传送与接收之间的时间差；

c——真空状态下的光速。

一般典型的非屏蔽双绞线电缆的 NVP 值为 62%～72%，则电缆长度为：L=NVP×（T×c）/2。

需要注意的是，此处的线缆长度指的是线缆绕对的长度，并不是指线缆表皮的长度。一般来说，绕对的长度要比表皮的长度长；并且由于每对线对的绞率不同，4 对绕对的线缆可能长度不一。

（3）衰减

衰减（Attenuation）测试是对电缆和链路连接硬件中信号损耗的测量，衰减随频率而变化，所以应分范围测量。例如，五类、超五类双绞线的测量范围为 1～100MHz，六类和超六类双绞线的测量范围为 1～250MHz。测量衰减时，值越小越好。线缆的信号衰减受温度的影响很大，随着温度的增加，电缆的衰减也会增加。这就是规定测试温度为 20°C 的原因。

一般来说，温度每升高 10℃，线缆的信号衰减就增大 4%。这意味着 40°C 下 92.6m 线缆的信号衰减与 20°C 下 100m 线缆的信号衰减相同。当电缆安装在金属管道内时，每增加 1℃，链路的衰减增加 2%～3%。现场测试设备应测量出安装的每一对线衰减最严重的情况，并且通过将衰减最大值与衰减允许值比较后，给出合格或者不合格的结论。具体规则如下：

- 如果合格，则给出处于可用频率内的最大衰减值；否则给出不合格时的衰减值，测试允许值及所在点的频率。
- 如果测量结果接近测试极限，而测试仪不能确定是合格或失败时，则将此结果用“合格 *”标识，若结果处于测试极限的错误侧，则给出“不合格”。

提示：合格/失败的测试极限是按链路的最大允许长度（信道链路 100m、永久链路 90m）设定的，不是按长度分摊的。若测量出的值大于链路实际长度的预定极限，则在报告中前者将加星号，以示警戒。

（4）近端串音

近端串音也称为近端串扰，是 UTP 电缆的一个关键的性能指标，也是最难精确测量的指标。一条 UTP 电缆上的近端串音（NEXT）损害会在每一对线之间进行，共有 6 对线对，因此对于一条双绞线电缆，需要测试 6 次 NEXT。

由于每对双绞线上都有电流流过，有电流就会在线缆附近造成磁场，为了尽量抵消线与线之间的磁场干扰，包括抵消近场与远场的影响，达到平衡的目的，所以把同一线对进行双绞。但是在做水晶头时必须把双绞线拆开，这样就会造成 1、2 线对的一部分信号泄漏出来，被 3、6 线对接收到，泄漏出来的信号被称为串音或串扰。

串扰分近端串扰（NEXT）和远端串扰（FEXT），由于 FEXT 的量值影响较小，因此测试仪主要是测量 NEXT。 NEXT 并不表示在近端点产生的串扰值，它只表示在近端点所测量的串扰数值。

这个量值会随电缆长度的变化而变化，同时发送端信号也会衰减，对其他线对的串扰值也会相对变小。

试验证明，在 40m 内测量得到的 NEXT 值是较为真实的，如果另一端是大于 40m 的信息插座，它会产生一定程度的串扰，但测试仪可能无法测量到这一串扰值。基于这一原因，对 NEXT 的测量最好在两端都进行。布线系统永久链路的最小近端串音值应符合如表 7-5 所示的规定。

表 7-5　永久链路最小近端串音值

频率（MHz）	最小 NEXT（dB）					
	A 级	B 级	C 级	D 级	E 级	F 级
0.1	27.0	40.0				
1		25.0	40.1	60.1	65.0	65.0
16			21.1	45.2	54.6	65.0
100				32.3	41.8	65.0
250					35.3	60.4
600						54.7

（5）直流环路电阻

由于任何导线都存在电阻，双绞线也不例外，直流环路电阻（DC Loop Resistance）是指一对双绞线的电阻之和。100Ω 非屏蔽双绞线电缆直流环路电阻不大于 19.2Ω/100m，150Ω 屏蔽双绞线电缆直流环路电阻不大于 120Ω/100m。

测量直流环路电阻时，应在线路的远端短路，在近端测量直流环路电阻。测量值应与电缆中导线的长度和直径相符合。布线系统永久链路的最大直流环路电阻应符合如表 7-6 所示的规定。

表 7-6　永久链路最大直流环路电阻（Ω）

A 级	B 级	C 级	D 级	E 级	F 级
1530	140	34	21	21	21

（6）衰减串音比

衰减串音比（Attenuation to Crosstalk Ratio，简称 ACR），或衰减与串音的差（以分贝标识），并非另外的测量值，而是衰减与串音的计算结果，类似信号噪声比。

$$ACR=NEXT-Attenuation$$

其含义是一对线对感应到的泄漏信号（NEXT）与预期接收的正常的经过衰减的信号（Attenuation）的比较，最后的 ACR 值应该是越大越好。布线系统永久链路的最小 ACR 值应符合如表 7-7 所示的规定。

表 7-7　永久链路最小 ACR 值

频率（MHz）	最小 ACR 值（dB）		
	D 级	E 级	F 级
1	56.0	61.0	61.0
16	37.5	47.5	58.1
100	11.9	23.3	47.3
250		4.7	31.6
600			8.1

（7）回波损耗

在全双工的网络中，当一对线负责发送数据的时候，在传输过程中遇到阻抗不匹配的情况时就会引起信号的反射，即整条链路有阻抗异常点。一般情况下，UTP 的链路的特性阻抗为 100Ω±15%，如果超出范围则就是阻抗不匹配。信号反射的强弱与阻抗和标准的差值有关，例如断开时阻抗无穷大，导致信号100%的反射。由于是全双工通信，整条链路既负责发送信号也负责接收信号，如果遇到信号的反射，之后与正常的信号进行叠加后就会造成信号的不正常，尤其对于全双工的网络来说，回波损耗（Return Loss）非常重要。布线系统永久链路的最小回波损耗值应符合如表 7-7 所示的规定。

表 7-7　永久链路最小回波损耗值

频率（MHz）	最小回波损耗值（dB）			
	C 级	D 级	E 级	F 级
1	15.0	19.0	21.0	21.0
16	15.0	19.0	20.0	20.0
100		12.0	14.0	14.0
250			10.0	10.0
600				10.0

（8）传输时延

传输时延（Propagation Delay）即信号在每对链路上传输的时间，用 ns 标识。一般极限值为 555ns。如果传输时延偏大会造成延迟碰撞增多。布线系统永久链路的最大传输入时延值应符合如表 7-8 所示的规定。

表 7-8　永久链路最大传输入时延值

频率（MHz）	最大传输入时延值（ns）					
	A 级	B 级	C 级	D 级	E 级	F 级
0.1	19.400	4.400				
1		4.400	0.521	0.521	0.521	0.521
16			0.496	0.496	0.496	0.496
100				0.491	0.491	0.491
250					0.490	0.490
600						0.489

（9）传输时延偏差

传输时延偏差（Delay Skew）即信号在线对上传输时最小时延和最大时延的差值，用 ns 表示，一般在 50ns 范围以内。由于在千兆网中使用 4 对线传输，且为全双工网络，在数据发送时，采用了分组传输，即将数据拆分成若干个数据包，按一定顺序分配到 4 对线上进行传输，而在接收时又按照反向顺序将数据重新组合，如果延时偏差过大，那么势必造成传输失败。布线系统永久链路的最大传输时延偏差应符合如表 7-9 所示的规定。

表 7-9　永久链路传输时延偏差

等级	频率（MHz）	最大传输时延偏差（ns）
A	-0.1	
B	$0.1 \leqslant f < 1$	
C	$1 \leqslant f < 16$	0.044①
D	$1 \leqslant f \leqslant 100$	0.044①
E	$1 \leqslant f \leqslant 250$	0.044①
F	$1 \leqslant f \leqslant 600$	0.026②

① 0.044 为 0.9×0.045+3×0.00125 的计算结果。

② 0.026 为 0.9×0.025+3×0.00125 的计算结果。

（10）近端串音功率和

近端串音功率和（Power Sum NEXT）用于测量因 3 个临近线对上近端信号的多余耦合引起的任何电缆对上的噪声。任何线对的近端串音功率和通过在该线对和 3 个其他线对之间测量的 NEXT 的功率总和来计算。

PSNEXT 用 3 个输入的 NEXT 测试信号水平与同一电缆端剩余线对上出现的耦合噪声信号水平间的比率来表示。PSNEXT 比率用 dB 值来表示，其值越大，则电线缆对间信号耦合越少（性能越好）。布线系统永久链路的最小近端串音功率和值应符合如表 7-10 所示的规定。

表 7-10　永久链路最小近端串音功率和值

频率（MHz）	最小 PSNEXT（dB）		
	D 级	E 级	F 级
1	57.0	62.0	62.0
16	42.2	52.2	62.0
100	29.3	39.3	62.0
250		32.7	57.4
600			51.7

（11）等电平远端串音

远端串音（Far End Cross Talk，FRXT）和近端串音（NEXT）恰好相反。当一对线发送信号时，近端串音从其他线对向回反射而远端串音则从其他线对向远端反射，所以远端串音和近端串音所走的距离几乎相同，所用的时间也几乎相同。等电平远端串音（Equal Level Far End Crosstalk，ELFEXT）是远端串音和衰减信号的比，可以简单的用公式表示为：ELFEXT=FEXT/ATTENUATION。

实际上，等电平远端串音是信噪比的另外一种表达方式，即两个以上的信号向同一方向传输（l000Base-T）时的情况。千兆网线用 4 对线同时来发送一组信号，并在接收端组合。具有同样方向和传输时间的串音信号就会干扰正常信号在接收端的组合，所以要求链路具有很好的等电平远端串音值。

等电平远端串音用于测量电缆远端因线对间多余信号耦合引起的临近线对的噪声。ELFEXT 通过在一个电线缆对的近端输入一个已知的测试信号，然后测量同一电缆另一端另一线对上的耦合噪声来进行测量。

ELFEXT 用测量电缆远端的测试信号的衰减是水平与同在远端另一线对上出现的耦合噪声信号水平间的比率来表示。ELFEXT 的 dB 值越大，则电线缆对间的信号耦合就越少（性能越好）。布线系统永久链路的最小等电平远端串音值应符合如表 7-11 所示的规定。

表 7-11　永久链路最小等电平远端串音值

频率（MHz）	最小 ELFEXT（dB）		
	D 级	E 级	F 级
1	58.6	64.2	65.0
16	34.5	40.1	59.3
100	18.6	24.2	46.0
250		16.2	39.2
600			32.6

（12）等电平远端串音功率和

等电平远端串音功率和（Power Sum Equal Level Far End Crosstalk，PS ELFEXT）用于测量因 3 个临近线对上远端信号的多余耦合引起的任何电线缆对上的噪声。任何线对的 PS ELFEXT 通过在该线对和 3 个其他线对之间测量的 ELFEXT 功率综合来计算。

PS ELFEXT 用测试电缆远端的 3 个测试信号的衰减水平与同在远端剩余线对上出现的耦合噪声信号水平间的比率标识。PS ELFEXT 的 dB 值越大，则电线缆对间的信号耦合就越少（性能越好）。布线系统永久链路的最小 PSELFEXT 值应符合如表 7-12 所示的规定。

表 7-12　永久链路的最小 PS ELFEXT 值

频率（MHz）	最小 PS ELFEXT 值（dB）		
	D 级	E 级	F 级
1	55.6	61.2	62.0
16	31.5	37.2	56.3
100	15.6	21.2	43.0
250		13.2	36.2
600			29.6

7.3 光缆测试

由于铜缆中传输的是电信号，而光纤中传输的是光信号，所以其测试方法和测试参数都不尽相同。本节介绍光缆测试仪、光缆测试方法和光缆测试方法的选择等内容。

7.3.1 光缆测试仪

光缆测试仪是测量光缆性能参数的仪器。根据测试项目的不同，光缆测试仪又可分为光功率计、稳定光源光万用表和光时域反射仪等。

1．光功率计

光功率计，如图 7-11 所示。用于测量绝对光功率或通过一段光纤的光功率相对损耗。在光纤系统的光纤测量中，测量光功率是最基本的，其作用类似于电子学中的万用表。通过测量发射端机或光网络的绝对功率，一台光功率计就能够评价光端设备的性能。将光功率计与稳定光源组合使用，能够测量连接损耗、检验连续性，并帮助评估光纤链路传输质量。

光功率的单位是 dBm。接收端能够接收的最小光功率称为灵敏度，能够接收的最大光功率减去灵敏度值的单位是 dB（dBm-dBm=dB），称为动态范围。发光功率减去接收灵敏度是允许的光纤衰耗值。测试时实际发光功率减去实际接收到的光功率的值就是光纤衰耗。接收端接收到的光功率最佳值是“能接收的最大光功率-（动态范围/2）”，但事实上往往达不到最佳值。由于每种光收发器和光模块的动态范围不一样，所以光纤具体能够允许衰耗多少要看实际情况。一般来说，允许的衰耗为 15～30dB 之间。

2．稳定光源

稳定光源是对光系统发射已知功率和波长的光的设备，如图 7-12 所示。稳定功率与光功率计结合在一起可以测量光纤系统的光损耗。在系统安装完毕后，经常需要测量端到端损耗，以便确定连接损耗是否满足设计要求，比如测量连接器、接续点的损耗以及光纤本体损耗。在测量损耗过程中，稳定光源发射已知功率和波长的光进入光系统。对特定波长光源校准的光功率计/光探头，从光纤网络中接收光，将之转换为电信号。为确保损耗测量精度，尽可能使光源仿真所用传输设备特性。

对于已建成的光纤系统，通常可以把系统的发射端机作为稳定光源。如果端机无法工作或没有端机，则需要单独的稳定光源，比如发光二极管和激光管。

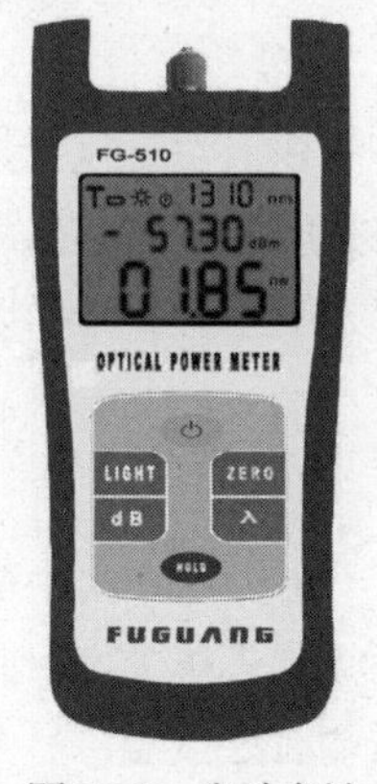

图 7-11　光功率计

图 7-12　稳定光源

3．光万用表

将光功率计和稳定光源组合在一起被称为光万用表，如图 7-13 所示。它被用来测量光纤链路的光功率损耗。有以下两种光万用表。

（1）由独立的光功率计和稳定光源组成。

（2）光功率计和稳定光源结合为一体的集成测试系统。

对于短距离的光纤链路测试，可以使用经济、组合的光万用表，即在一端使用稳定光源，另一端使用光功率计；对于长距离的光纤链路测试，应该在每端装备完整的组合或集成光万用表。

4．光时域反射仪

光时域反射仪（Optical Time Domain Reflectometer，OTDR）是用来测量光纤特性的仪器，如图 7-14 所示。OTDR 利用光在光纤中传播时产生的后向散射光来获取衰减的信息，可用于测量光纤衰减、接头损耗、光纤故障点定位以及了解光纤沿长度的损耗分布情况等，是光缆施工、维护及监测中必不可少的工具。

图 7-13　光万用表

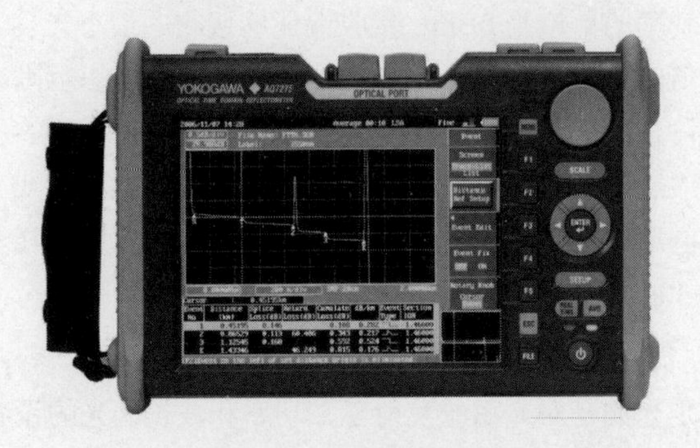

图 7-14　光时域反射仪

故障定位仪是 OTDR 的一个特殊版本，可以自动发现光纤故障所在，而不需 OTDR 的复杂操作步骤，其价格也只有 OTDR 的几分之一。

提示：选择光缆测试仪表，一般需要考虑 4 个方面的因素，即确定被测系统参数、明确工作环境、比较性能要素，以及了解仪表的维护。

7.3.2　光缆测试方法

TSB-140 标准规定了光纤链路损耗测试的 3 种方法长度的测量，取决于仪器是否支持，如果测试仪支持，在测试损耗的同时，长度也会同时测量。并且规定光缆链路的损耗测试，包含两大步骤：一是设置参考值（此时不接被测链路）；二是实际测试（此时接被测链路）。下面以双向测试为例，介绍光纤链路损耗测试的方法。

1．测试方法一：两条光纤跳线和一个连接器

首先连接两条光纤跳线和一个连接器（跳线方向保持一致），如图 7-15 上半部分所示；设置参考值后，将被测链路接进来并进行测试，如图 7-15 下半部分所示。由于每个方向的测试结果中包括光纤和一端的连接器的损耗，因此本方法用于测试的光纤链路一端有连接器，另一端没有。

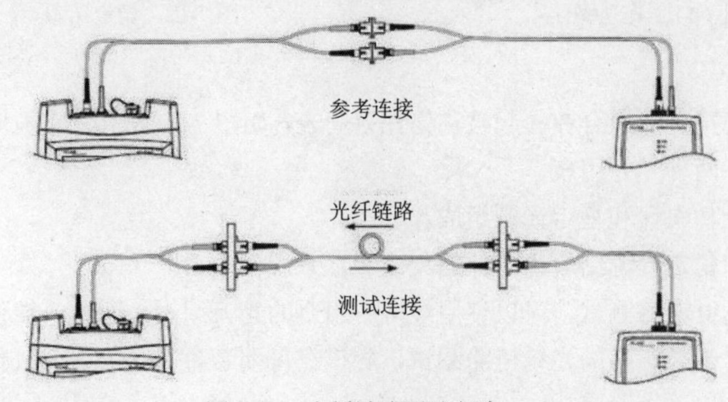

图 7-15　光纤链路测试方法一

2．测试方法二：一条光纤跳线

只连接一条光纤跳线（考虑一个方向），如图 7-16 所示的上半部分；在设置参考值后，将被测链路接进来，如图 7-16 所示的下半部分，进行测试。

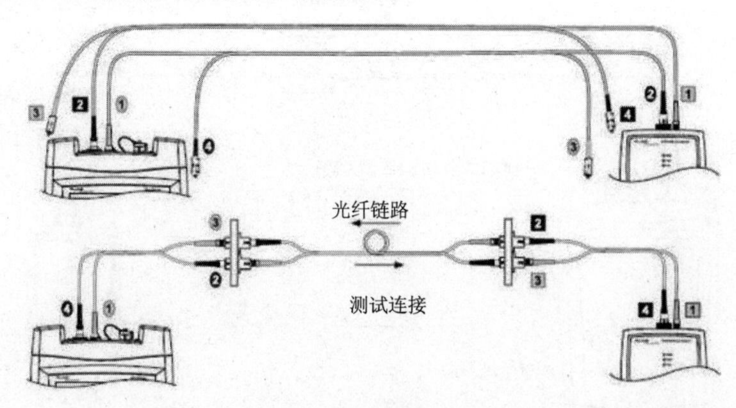

图 7-16　光纤链路测试方法二

本方法的测试结果中包括光纤链路和两端连接的损耗。因此主要用来测试的光缆链路，链路两端都有连接器，其连接器的损耗是整个损耗的重要部分。这就是室内光缆的常见例子。从技术角度来讲，测试结果中还包括额外的光纤跳线（3、4）的损耗，但是其按照 TSB-140 标准规定的方法进行测试时，要求被测光纤的接头或连接器和仪表提供的接口必须一致；否则将无法进行测试。除此之外，还有其他一些不尽如人意之处。

为了克服不足，美国福禄克公司提出了一种新的测试方法——方法二的改进。改进后的方法二既能够保持原来的精度（每次测量都包括光缆以及两端的接头），又避免了上述缺陷。

改进后的方法二，在设置参考时使用两条连接光缆和一个连接适配器，与方法一类似。然而，测试时的连接方式与方法一不同。以测试两端都是 MT-RJ 连接器的一对光纤为例（仪表提供的接口为 SC），设置基准时如图 7-17 所示。使用了 1 个双工 MT-RJ 连接器和 4 根 SC-MT-RJ 的短跳线。

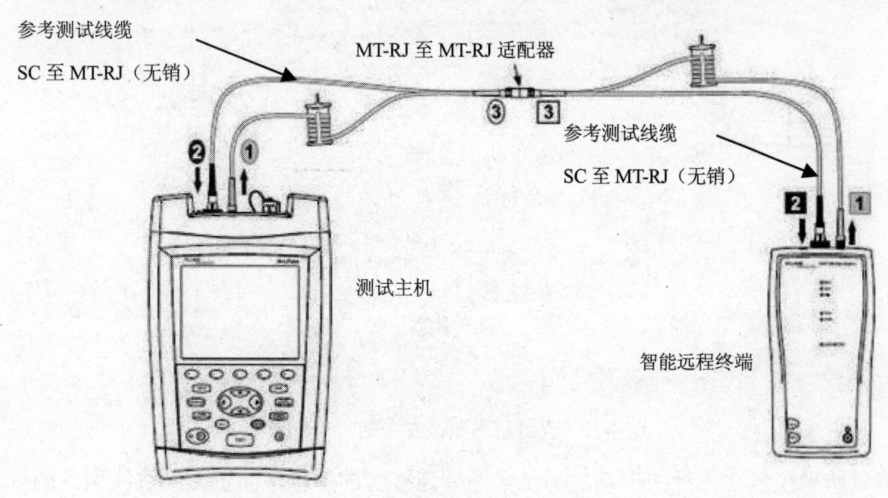

图 7-17　设置基准

测试时，断开连接器的一端，接入被测光纤，同时引入额外的一对短测试跳线（MT-RJ-MT-RJ，通常 30cm 或更短)，如图 7-18 所示。很显然，这样测试的结果和方法二测得的结果一样，测试结果中包括光缆和两端连接器的损耗（MT-RJ-MT-RJ 短测试跳线的损耗忽略不计）。

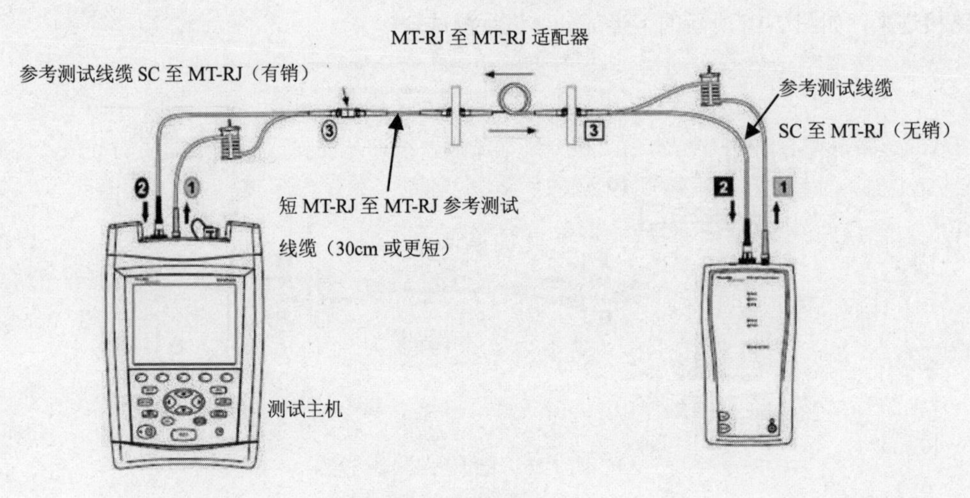

图 7-18　测试链路

改进后的方法，使得不受仪器本身接口的限制，就可以方便测试不同接口类型的光纤链路。并且改进后的方法，不需要在测试仪器接口处断开光纤，从而减少了由于重复插拔所导致的污染误差和对测试仪器的光接口的磨损。

3．测试方法三：3 条光纤和两个连接器

使用 3 条光纤和两个连接器（单方向，如图 7-19 所示的上半部分），其中两个连接器之间的光纤为长度小于 1m 的光纤跳线（通常为 30m），测试时，用被测光纤链路将连接器之间的光纤跳线替换（如图 7-19 所示下半部分）。如果被测链路两端的连接头不一致，只需在设置参考值时，选用合适的连接器和相应的转接跳线即可。

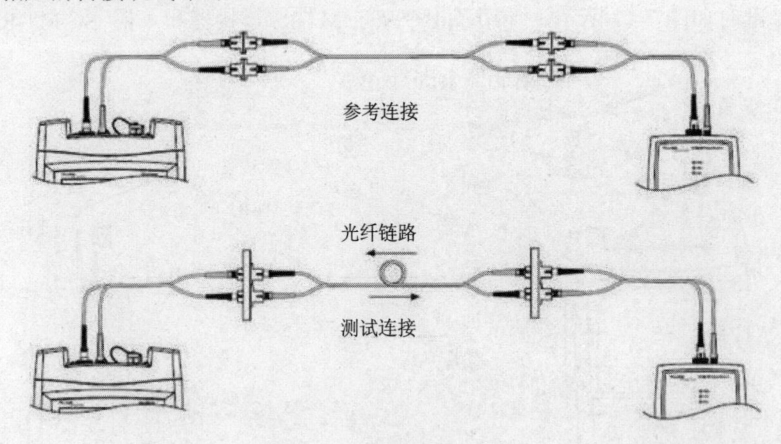

图 7-19　光纤链路测试方法三

本方法的测试结果仅包含光纤的损耗，不包含两端连接器的损耗，而短光纤跳线引入的误差很小，可忽略不计。由于这种方法的两端都不包含连接器的损耗，所以更适用于电信运营商的光纤链路的测试，因为电信的光纤链路通常距离都比较长，其损耗主要是光纤本身的损耗。而对于室内的

应用，通常链路两端都会有连接器，所以不建议采用这种方法。当然，对于两端没有连接器的光纤链路来说，此方法是适用的。

由于实际被测量的链路千差万别，上面介绍的方法在某些情况下根本无法进行。比如，要测试一条两端连接器类型不同的链路（如一端带 LC 连接器，另一端为 MT-RJ 连接器，仪表提供的接口为 SC）。此时，用上述方法都不能直接测试。其实，只要稍加变通，即可使本链路变成上述方法可以测量的链路。最直接的方法就是两端分别加上短跳线，从而变成方法三适用的链路。比如，在一端加上 LC-SC 的跳线，另一端加上 MT-RJ-SC 的跳线，变通之后，链路就变成测试一对 SC-SC 的链路，显然可以用测试方法三来测试。

于是，设置参考值时，其连接方式就会变成如图 7-20 上半部分所示，这是典型的方法三设置基准的方式。而测试时，只要将变通后的链路当成一个整体，按照测试方法三的步骤将被测链路接入进来即可。

测试结果中，除了原来的被测链路之外，包括两端增加的短跳线的损耗：由于短跳线的损耗很小，可以忽略不计。上例中，在链路的两端都增加了跳线，其实在链路的一端增加跳线同样可行。比如，可以在 LC 连接器一端，增加 LC-MT-RJ 跳线，因而就变成测试这样一条链路端是 MT-RJ 连接器，另一端是 MT-RJ 接头。显然可以用方法一来测试。测试结果和原来的链路有一根短跳线的误差，可以忽略不计。

归纳起来，无论对于什么类型的链路，我们都可以通过增加跳线的方式，将其转换成方法一或方法三来进行测试。至于增加什么样的跳线，有一个原则要注意，那就是增加短跳线后，两端的接头或连接器要一致，而且尽可能在一端加跳线，而不是两端都加。

另外，要特别提醒的是，只能增加跳线，而不能增加连接器来转化问题，因为连接器引入的损耗太大，不能忽略不计。

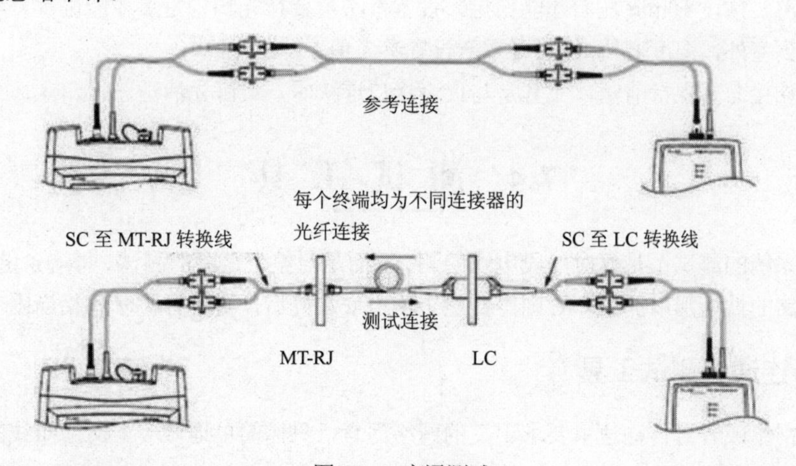

图 7-20　变通测试

7.3.3　选择光缆的测试方法

虽然光纤链路测试的方法有若干种，但是步骤都是一样的，即先设置参考值，再进行测试。不同的方法要选择合适的连接方式设置参考值，并且确保设置参考值后，可以方便地将被测链路加进来，测试出准确的损耗。测试方法的选择可以参照如表 7-14 所示的进行。

表 7-14　光纤链路测试方法的选择

两端连接器个数	连接类型是否相同	接口与仪表是否匹配	适用方法	操作提示
1	相同	无所谓	方法一	设置参考值时，连接器类型与被测链路的相同，每个方向一个
	不同	无所谓	变通方法	被测链路一端增加一条转接线，转化为连接数量为 0 的链路
2	相同	匹配	方法二	设置参考值时，无须连接器
	相同	不匹配	改进方法二	设置参考值时，连接器类型与被测链路相同，每个方向一个
	不同	无所谓	变通方法	首先，在被测链路两端分别增加一条转接跳线，转化为连接器数量为 0 的链路。在设置参考值时，连接器类型与被测链路两端的连接头分别对应，每个方向两个，还需要相应数量的转接跳线
0	无所谓	无所谓	方法三	设置参考值时，连接器类型与被测链路两端的连接头分别对应，每个方向两个，还需要相应数量的转接跳线

提示：测试一条光纤链路时，可根据两端连接器个数、连接类型是否相同、连接类型是否与仪表的接口匹配 3 个因素，参照表 7-14，选择合适的测试方法。

对于光缆测试应考虑以下注意事项：

（1）对于不同的光纤链路，单模或多模要相应地选用单模或多模仪表。

（2）测试时选择的光源和波长，要与实际使用的光源和波长一致。

（3）设置参考值后，不要在仪表光源输出口断开，一旦断开，就必须重新设置基准。

（4）光源需要预设 10min 左右才能稳定，设置参考值要待光源稳定后才能进行。环境变化比较大（如从室内到室外，温度变化大），要重新设置参考值。

（5）光纤端接面要保持清洁，尤其是与仪表接口连接时，最好先清洁一下。

7.4　测 试 工 具

网络布线系统的测试不是仅对一段电缆的测试，而是对整个链路的测试。每一条链路安装好后，都必须对该链路的性能加以测试，否则等到整个信道安装好后，再进行检修就相当困难了。

7.4.1　链路连通性测试工具

对于小型网络或者对传输速率要求不高的网络而言，只需简单地做一下网络布线的连通性测试即可。作为集多种测试功能于一身的网络测试仪器，Fluke MicroScanner[2]，如图 7-21 所示。是专为防止和解决电缆安装问题而设计的，使用线序适配器可以迅速检验 4 对线的连通性，以确认被测电缆的线序正确与否，并识别开路、短路、跨接、串绕或任何错误连线，迅速定位故障，从而确保基本的连通性和端接的正确性。

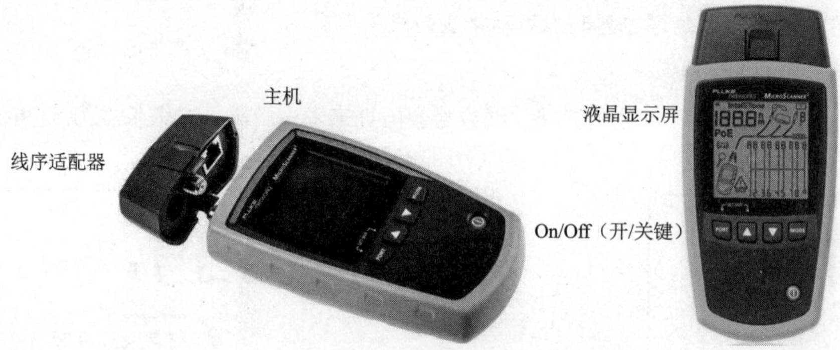

图 7-21　Fluke MicroScanner [2] 网络测试仪

1. 双绞线连通性测试

网络综合布线工程中，有一部分是双绞线系统，需要进行一一测试，因此建议选用便于携带和使用的网络测试仪，如 Fluke MicroScanner [2] 网络测试仪。

【实验 7-1】使用 Fluke MicroScanner [2] 网络测试仪测试跳线连通性

将需要测试双绞线的一端插入 MicroScanner [2] 上的 RJ-11 或 RJ-45 端口，另一端插入线序适配器端口。按下 ON/OFF 按钮，打开电源开关。按 MODE 按钮，直至液晶显示屏上显示测试活动指示符。此时将显示测试结果。测试结果均以数字表示，上面一行数字显示的是线序适配器一端插头处检测到的线路，下面一行显示的则是主机一端的实际接线情况。

（1）链路连接正确

如图 7-22 所示为连接正常、完全没有故障的实例，并显示链路长度为 55.4m。

（2）链路存在断开

如图 7-23 所示为第 4 根线上存在开路。电缆长度为 75.4m。开路中 3 个表示线对长度的线段表示开路大致位于距离线序适配器端的 3/4 处。若想要查看至开路处的距离，可以使用▽/△键查看线对的单独结果。

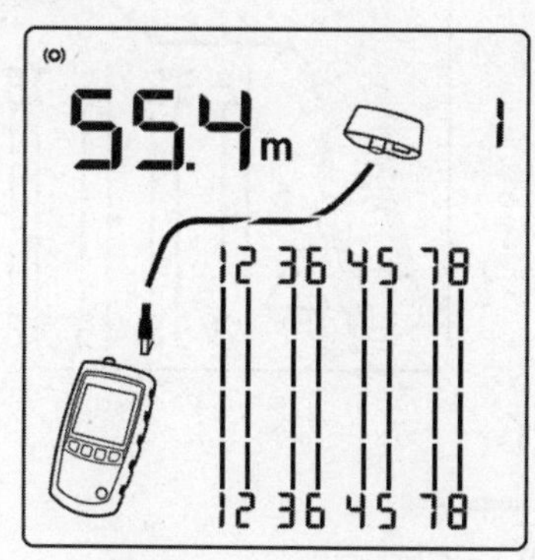

图 7-22　正常连通显示

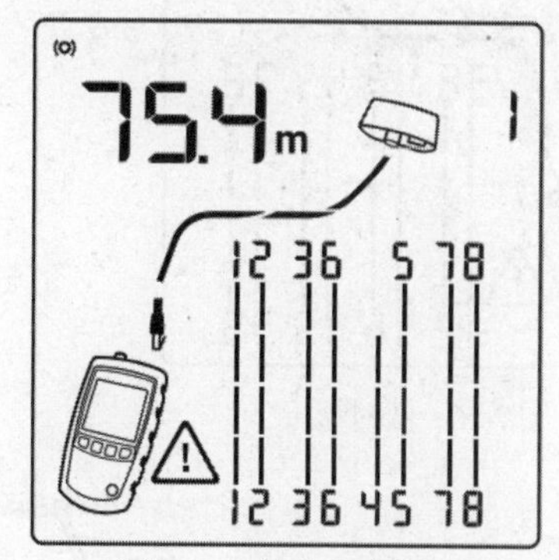

图 7-23　链路存在断开

注意：如果线对中只有一根线开路并且未连接线序适配器或远程 ID 定位器，线对中的两根线均显示为开路；如果线对中的两根线均开路，警告图标不显示，因为线对开路对某些布线应用属于正常现象。

（3）链路存在短路

如图 7-24 所示为第 5 根和第 6 根线之间存在短路，短路的接线会闪烁来表示故障，电缆长度为 75.4m。

注意：当存在短路时，远端适配器和未短路接线的线序不显示。

（4）线路跨接

如图 7-25 所示为第 3 根和第 4 根线跨接，线位号会闪烁来表示故障。电缆长度为 53.9m，电缆为屏蔽双绞线。

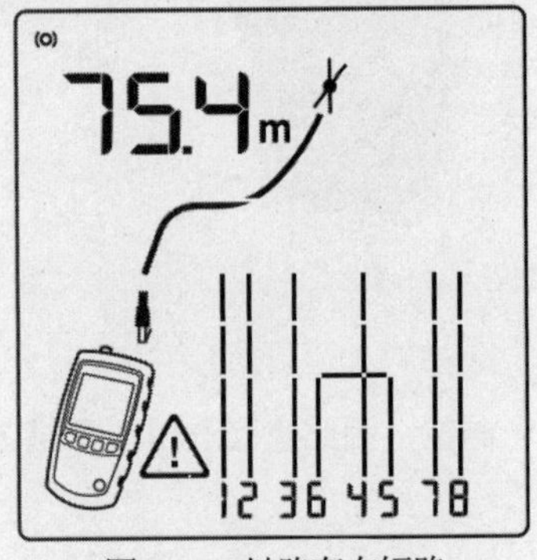

图 7-24　链路存在短路

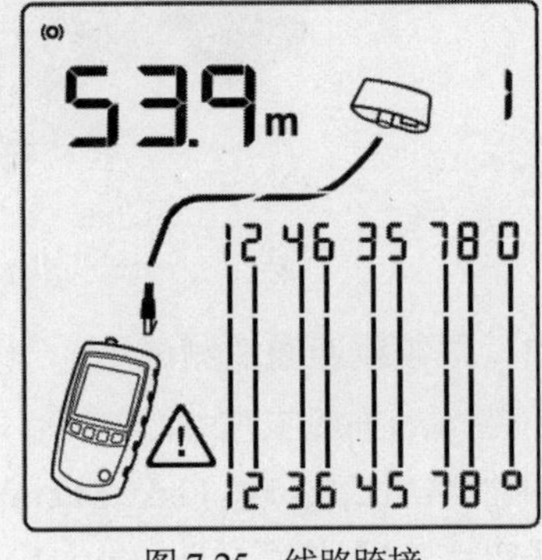

图 7-25　线路跨接

（5）线对跨接

如图 7-26 所示为线对 1、2 和 3、6 跨接，线位号会闪烁来表示故障。这可能是由于接错 586A 和 586B 电缆引起的。当然，也可能是专门制作的用于交换机之间连接的交叉线，电缆长度为 32.0m。

（6）串绕

如图 7-27 所示为线对 3、6 和 4、5 存在串绕，串绕的线对会闪烁来表示故障，电缆长度为 75.4m。在串绕的线对中，端到端的连通性正确，但是所连接的线来自不同线对，如图 7-28 所示。线对串绕会导致串扰过大，因而干扰网络运行。

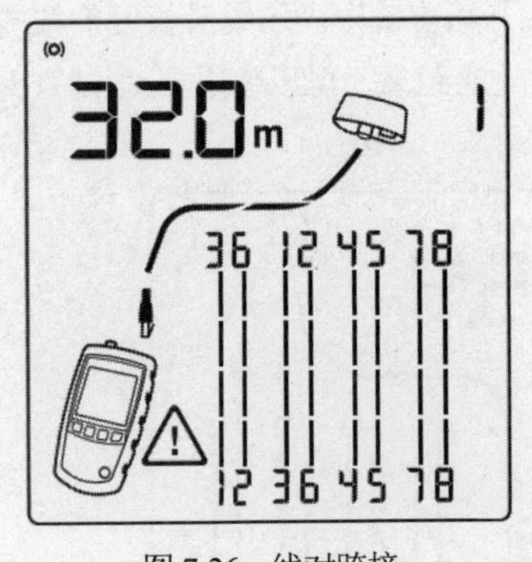

图 7-26　线对跨接

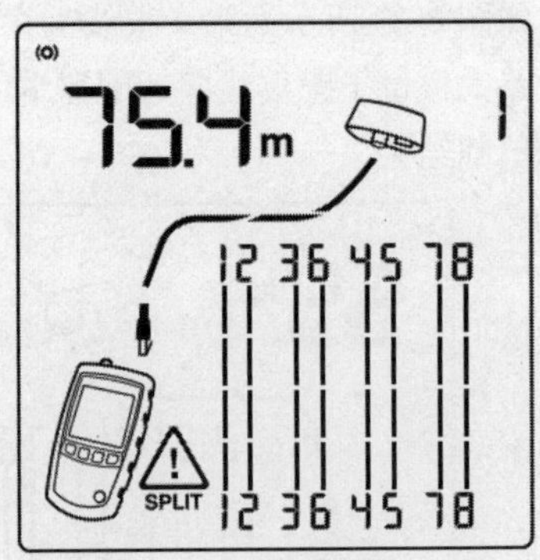

图 7-27　串绕

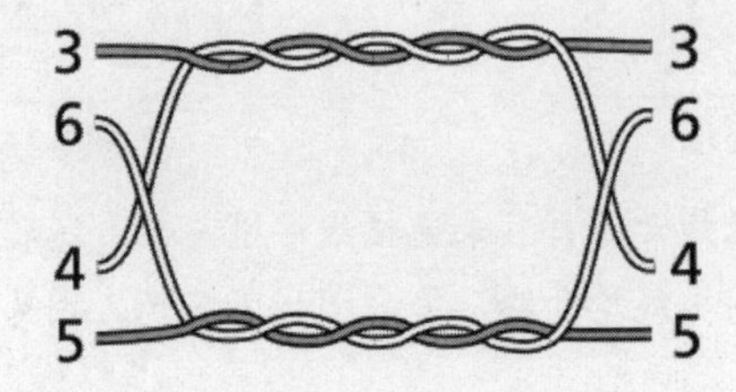

图 7-28　错误线对

注意：如电话线之类的非双绞线电缆，由于串扰过大，通常会显示为串绕。

【实验 7-2】使用 Fluke MicroScanner 2 测试仪测试水平布线

测试水平布线——配线架至信息插座的连通性时，必须借助于线序适配器才能完成链路测试。具体操作步骤如下：

（1）先制作两根跳线，并确认该跳线的连通性完好。

（2）然后使用一根跳线连接配线架欲测试端口和 MicroScanner2 的 RJ-45 端口，如图 7-29 所示。

（3）使用另一根跳线连接信息插座相应端口（与该配线架端口相对应），测试水平布线的示意图，如图 7-30 所示。

图 7-29　连接至配线架

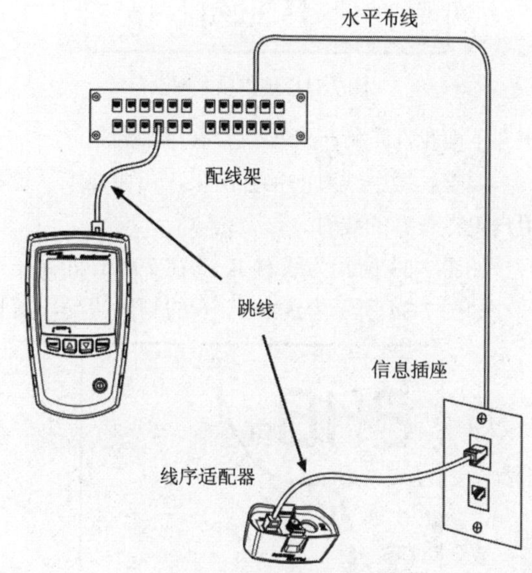

图 7-30　链路测试连接方式

（4）接下来的测试过程与跳线连通性测试相同，在此不再赘述。

注意：两个人使用无线对讲机在水平布线的两端协同工作，可极大提高布线测试工作效率。

接下来，我们聊聊测试整体链路

与测试跳线不同，由于整体链路两端相距较远，不可能同时插入 MicroScanner 2 的两个端口测试，所以必须借助于适配器才能完成测试。

（1）首将连接计算机和信息插座的跳线从网卡中拔出，插入 MicroScanner 2 的 RJ-45 端口。

（2）将连接配线架和集线设备的跳线从交换机中拔出，插入 MicroScanner 2 的线序适配器。

（3）接下来的测试过程与跳线连通性测试相同，在此不再赘述。

在实际网络的管理工作中，我们需要经常测试以太网端口。

测试仪能检测正在使用的以太网端口和不使用的以太网端口，如图 7-31 和图 7-32 所示。

提示：端口速率可以为 10MB/s、100MB/s 或 1000MB/s。如果端口支持多个速率，数字会在各个速率之间循环变换。如果测试仪无法测量长度，则显示短画线。当端口不能产生反射时，会出现这种情况。如果端口的阻抗发生波动或者不同于电缆的阻抗，长度可能会发生不断变化或者明显过高。若有疑问，请将电缆从端口断开，以进行准确的长度测量。

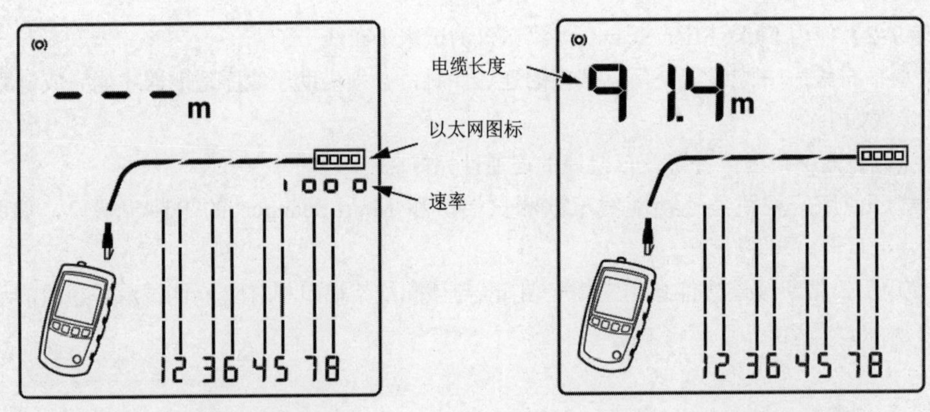

图 7-31　现用以太网端口　　图 7-32　非现用以太网端口

下面我们了解一个如何查看单独结果。

要查看每个线对的单独结果，可用△或▽键在屏幕之间移动。在此模式下，测试仪仅连续测试用户正在查看的线对。

如图 7-33 所示为线对 1、2 在 29.8m 处存在短路。

如图 7-34 所示为线对 3、6 的测试情况，其长度为 67.7m，并以线序适配器端接。

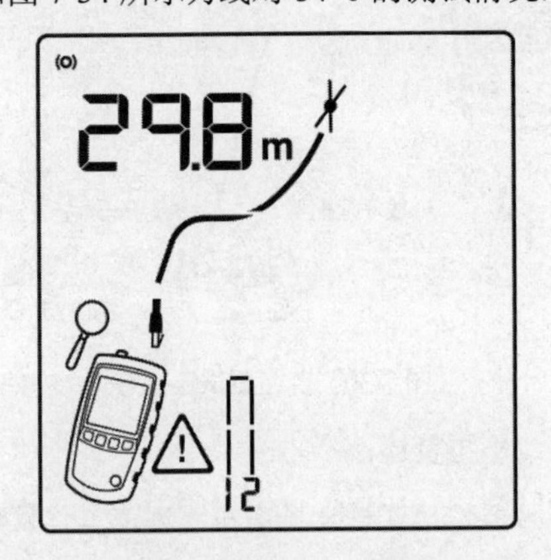

图 7-33　线对 1、2 短路

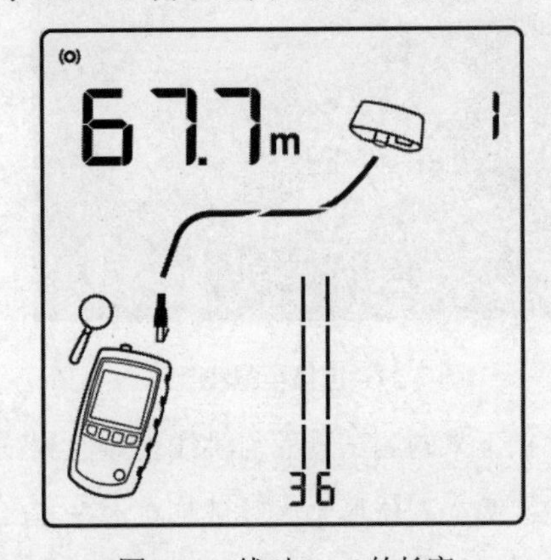

图 7-34　线对 3、6 的长度

注意：在单独结果屏幕上，只显示某个线对中接线之间的短路，当存在短路时，远端适配器和未短路接线的线序不显示。

如图 7-35 所示为线对 4、5 在 48.1m 处存在开路。开路可能是一根或两根接线。

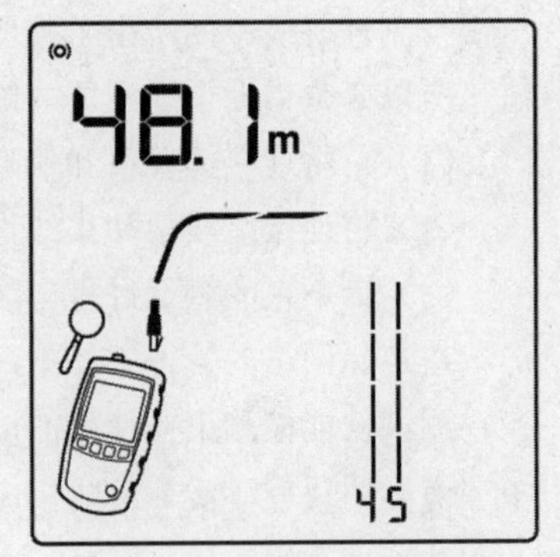

图 7-35　线对 4、5 开路

【实验 7-3】使用多个远程 ID 定位器

使用多个远程 ID 定位器可帮助用户识别接插板处的多个网络连接，如图 7-36 所示，画面显示测试仪连接到编号为 3 的远程 ID 定位器端接的电缆。

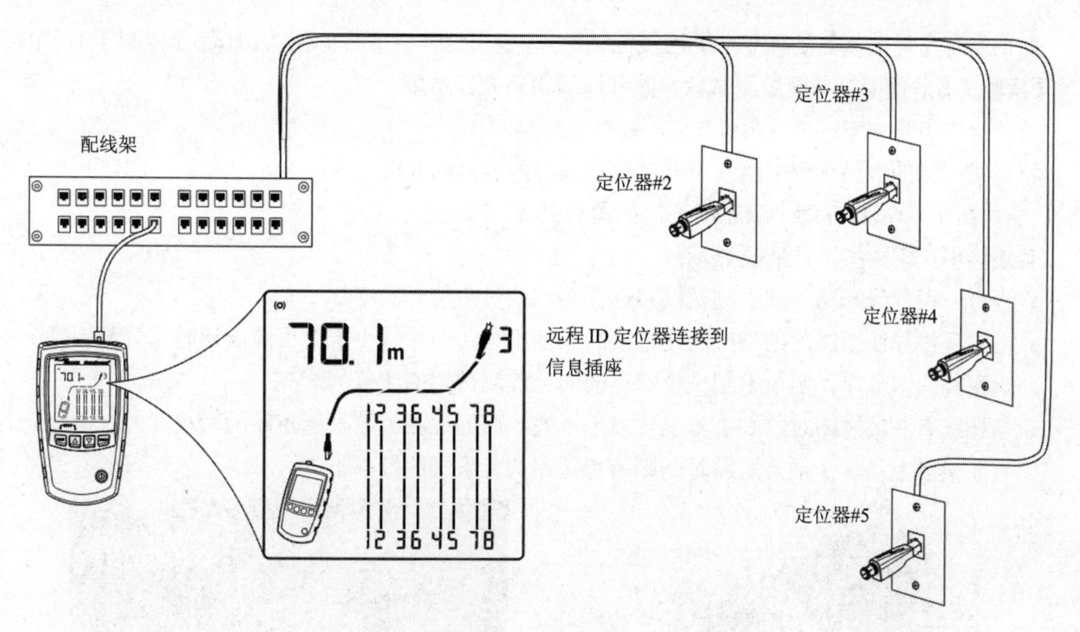

图 7-36　线路定位器

【实验 7-4】使用 Fluke MicroScanner 2 测试仪测量双绞线长度

测试仪使用一个 NVP 值（名义传播速率）和通过电缆的信号延时来计算长度。测试仪默认 NVP 值的准确度通常足以验证长度，但还是可以通过将 NVP 值调整到指定或实际值来提高长度测量的准确度。默认 NVP 值对双绞线电缆为 70%。

注意：电缆类型、批次和制造商不同，NVP 值也不同。在多数情况下，这些差别较小，可以忽略不计。

（1）将 NVP 设为指定值

要输入由制造商指定的 NVP 值，具体步骤如下：

① 在启动测试仪时，按 PORT 和△键。

② 用△和▽键来设置 NVP 值。

③ 保存设置值并退出 NVP 模式，并将测试仪关闭，然后重新启动。

（2）测定电缆的实际 NVP

可以通过将测得的长度调整到电缆的已知长度来测定电缆的实际 NVP 值。要测定电缆的 NVP，具体步骤如下：

① 在启动测试仪时，按 PORT 和△键。

② 将已知长度的待测电缆连接到测试仪的双绞线。

注意：电缆长度必须不小于 15m。如果电缆过短，则会出现“---”来表示长度。为了获得更高的准确度，使用的电缆长度应在 15m 和 30m 之间。电缆不可连接任何设备。

③ 要在米和英尺之间切换，按 PORT 键。

④ 使用△和▽键更改 NVP 值，直到测得的长度与电缆的实际长度相同。

⑤ 保存设置值并退出 NVP 模式，并将测试仪关闭，然后重新启动。

如果没有充足的预算购置专业的网线测试工具，也可以购买廉价的网线测试仪，如图 7-37 所示。

【实验 7-5】使用简易网线测试仪排除双绞线链路短路故障

具体操作步骤如下：

将网线两端的水晶头分别插入主测试仪和远程测试端的 RJ-45 端口，将开关推至 ON（S 为慢速挡），主机指示灯从 1~G 逐个顺序闪亮，如图 7-38 所示。

若连接不正常，按下述情况显示：

- 当有一根导线断路，则主测试仪和远程测试端对应信号的灯都不亮；
- 当有几根导线断路，则相应的几根线的灯都不亮；当导线少于 2 根线连通时，灯都不亮；
- 当网线两端乱序，则与主测试仪端连通的远程测试端的线号的灯亮。
- 当导线有 2 根短路时，则主测试仪显示不变，而远程测试端显示短路的两根线的灯都亮。若有 3 根以上（含 3 根）短路时，则所有短路的几条线的灯都不亮。

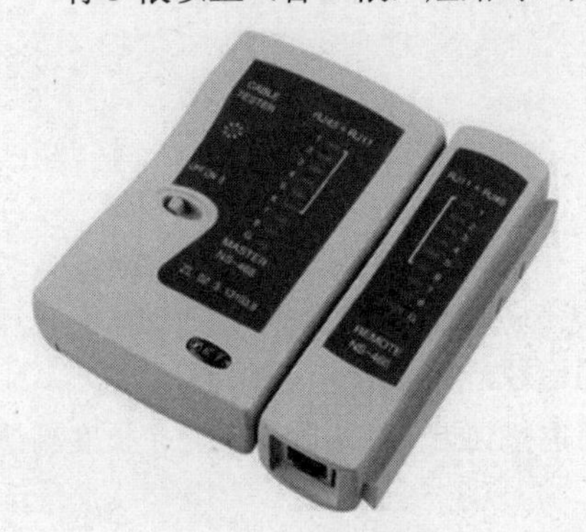

图 7-37　网线测试仪

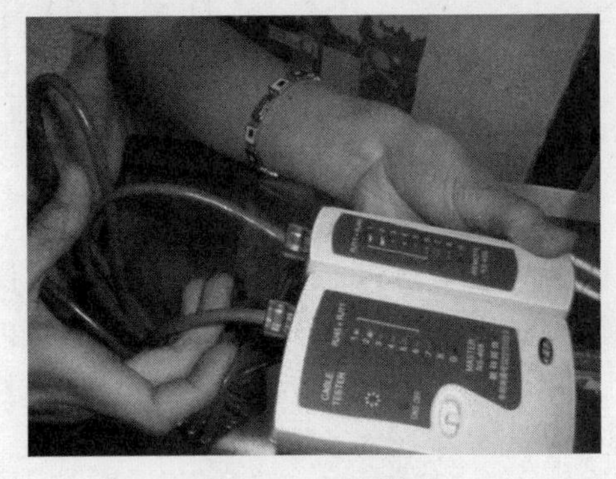

图 7-38　开始测试

2．光缆链路连通性测试

可以使用如下两种方法测试光缆链路的连通性：

（1）将待测试光缆链路两端的光纤跳线分别从光纤配线架和信息插座拔出。使用稳定光源从光纤配线架一端发出光源，查看信息插座一端是否有光线传出。

（2）先分别测试光缆链路两端光纤跳线的连通性，然后使用稳定光源从一端跳线发射光源，从另一端的光纤跳线观察是否有光线传输。

准备一支稳定光源，比如光纤跳线通光笔，如图 7-39 所示，或者作为玩具使用的激光笔。将光纤跳线的两端与所连接的设备断开，然后把一只稳定光源对准光纤一端，如图 7-40 所示。查看另一端是否有光线出来，如图 7-41 所示。

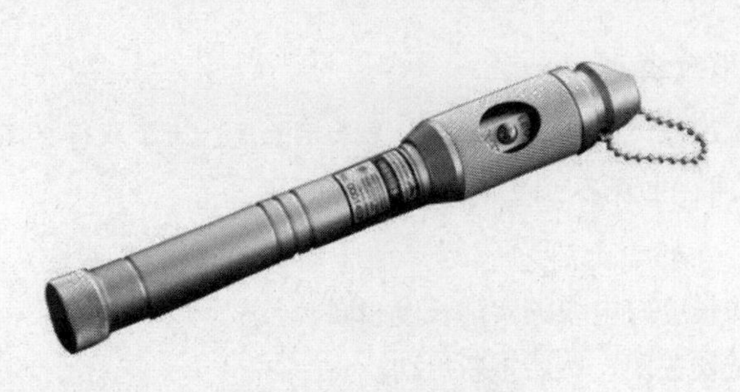

图 7-39　光纤跳线通光笔

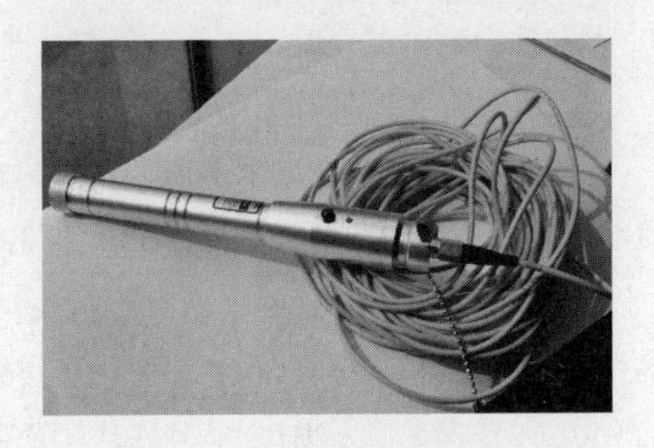

图 7-40　对准光纤一端

如果没有稳定光源，用一个明亮的手电筒也可以，如图 7-42 所示。光纤本来就是设计用来传导光的，所以不必把光源非常精确地对准线缆。

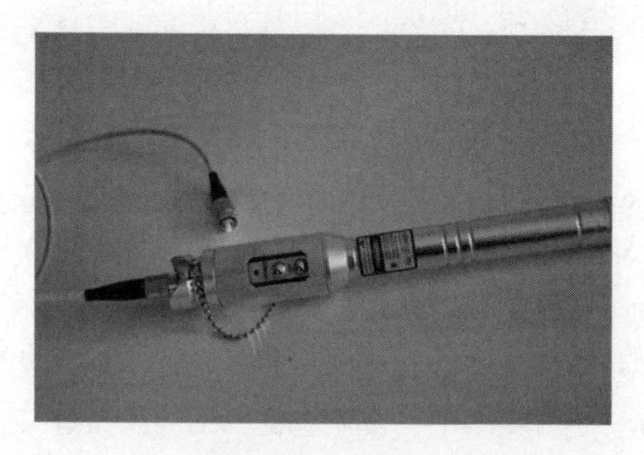

图 7-41　检查光纤

图 7-42　使用手电筒检查光缆

7.4.2　链路性能测试工具

对于规范的网络布线系统，应当分别在双绞线布线和光纤布线作性能测试，以保证在连通性完好的同时，能够实现相应布线所能提供的带宽和传输速率。Fluke DTX 系列电缆认证分析仪，如图 7-43 所示。是一款既可满足当前要求而又面向未来技术发展的高技术测试平台，被广泛应用于网络布线系统测试。

图 7-43　Fluke DTX 测试仪

1．设置 Fluke DTX 的语言

将主机、辅机分别用变压器充电，直至电池显示灯转为绿色，然后按照如下步骤设置：

（1）将钮转至 SETUP 挡位，打开如图 7-44 所示界面。

（2）按“↓”键，选中 Instrument Setting（仪器设置）选项，然后按 Enter 键打开如图 7-45 所示的参数设置界面。

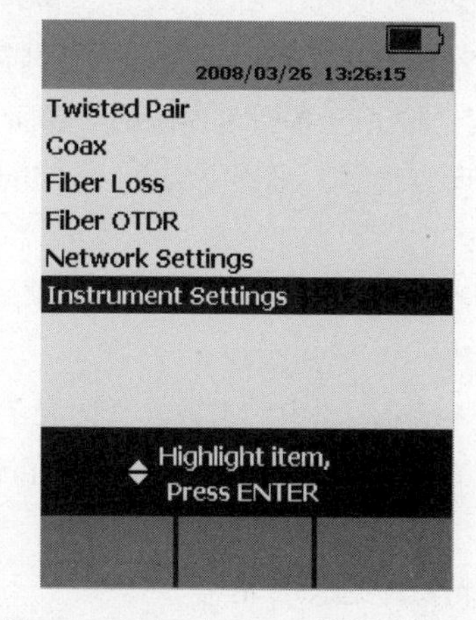

图 7-44　旋转到 SETUP 挡位时的界面

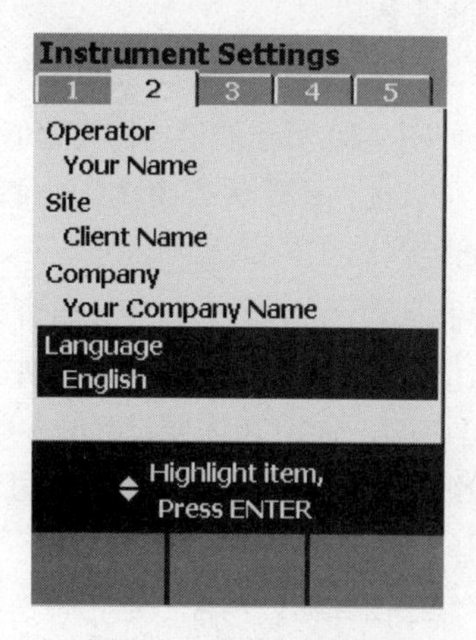

图 7-45　参数设置界面

（3）按“→”键，进入参数设置的第二页；然后按“↓”键，选中 Language English 选项，按 Enter 键，进入语言选择界面。

（4）按“↓”键，选中 Simplified Chinese（简体中文）选项，按 Enter 键，即可将 Fluke DTX 测试仪的语言更改为中文。

2. 自校准

将 Cat 6/Class E 永久链路适配器装在主机上，辅机装上 Cat 6/Class E 通道适配器；然后将永久链路适配器末端插在 Cat 6/Class E 通道适配器上；打开辅机电源，辅机自检后，Pass 灯亮后熄灭，表明辅机正常（辅机信息只有辅机开机并和主机连接时才显示）。

将旋钮转至 SPECIAL FUNCTIONS 挡位，打开主机电源，将显示主机、辅机软件、硬件和测试标准的版本；自检后打开其操作界面，如图 7-46 所示。选择第一项“设置基准”后，按 Enter 键，进入如图 7-47 所示的界面；按 Test 键开始自校准，当显示“设置基准已完成”时说明自校准成功完成，如图 7-48 所示。

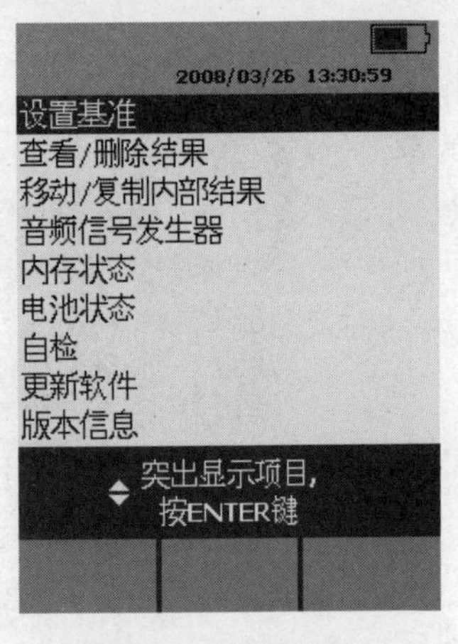

图 7-46　设置基准界面

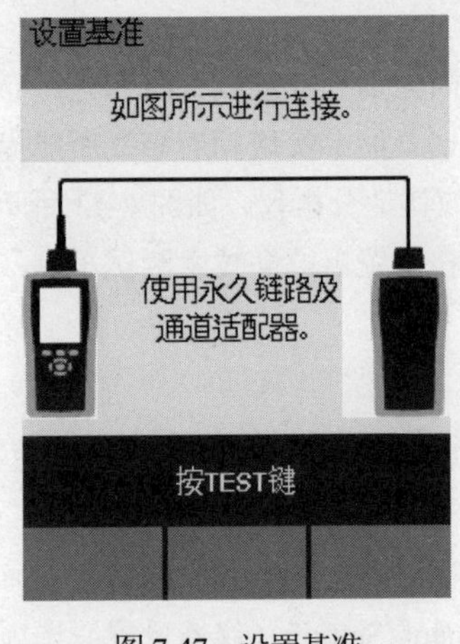

图 7-47　设置基准

图 7-48　设置基准完成

3. 设置参数

将旋钮转至 SETUP 挡位，按“↓”键选择第六项“仪器设置值”，如图 7-49 所示。然后按 Enter 键，进入如图 7-50 所示的“仪器设置值”界面（如设置错误，按 Exit 按钮可返回上一界面）。在此界面中，可以按“←”“→”键翻页，按“↑”“↓”键选择所需选项。设置完成之后按 Enter 键，完成参数设置。

仪器值设置分为两部分内容：只有第一次使用 Fluke DTX 测试仪需要设置，以后无须更改的参数；每次使用 Fluke DTX 测试仪都需要重新设置的参数。

（1）只有第一次使用需要设置的参数，如图 7-51～图 7-54 所示。图中的参数含义如表 7-1 所示。

- 线缆标识码来源：通常使用自动递增，会使电缆标识的最后一个字符在每一次保存测试时递增，一般无须更改。
- 存储绘图数据：包含“是”和“否”两个选项，通常情况下选择“是”。
- 当前资料夹：默认为 DEFAULT，可以按 Enter 键修改为其他名称。

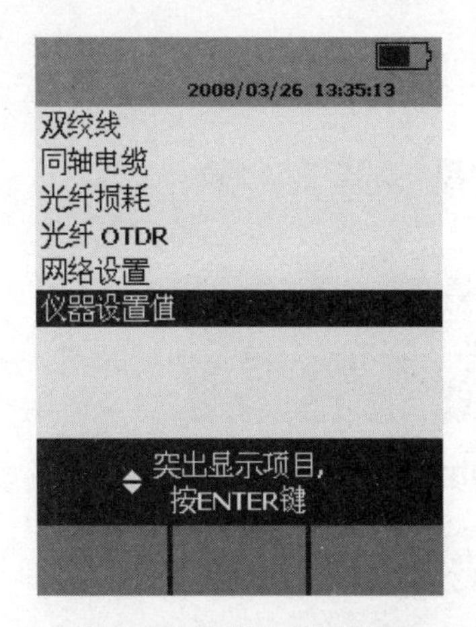

图 7-49　选择仪器设置值

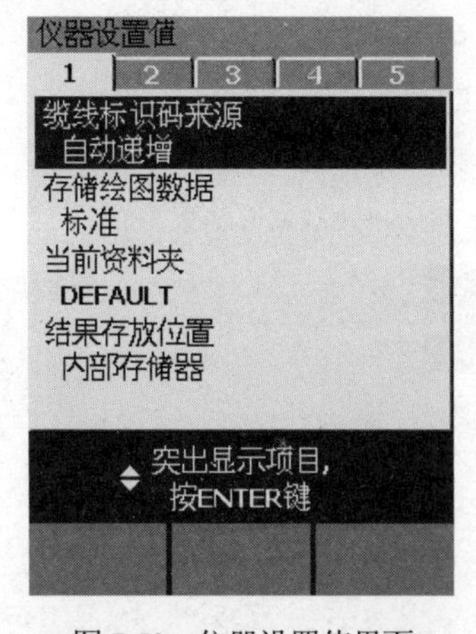

图 7-50　仪器设置值界面

图 7-51　设置操作员及公司

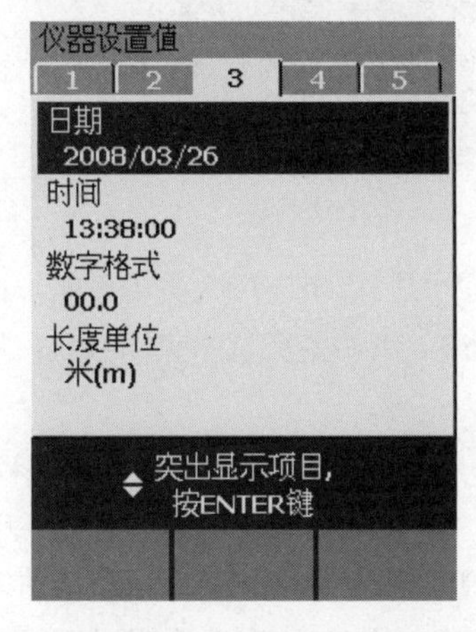

图 7-52　设置日期及单位

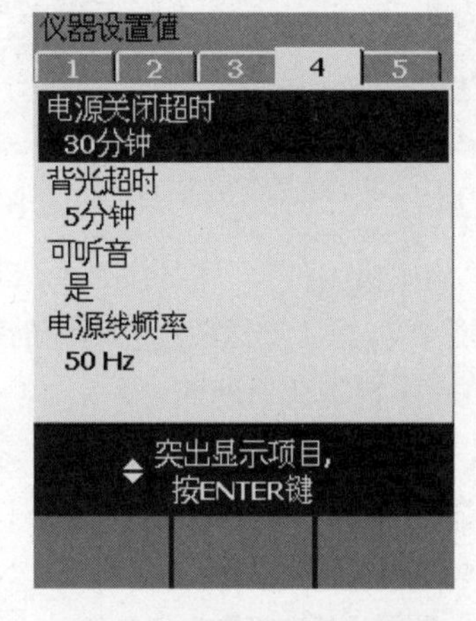

图 7-53　设置电源关闭时间

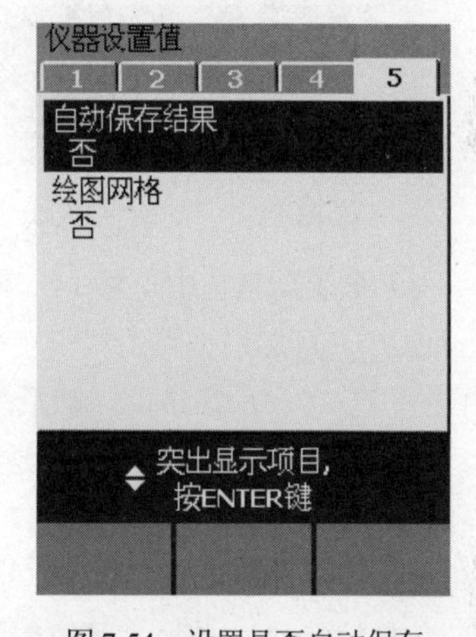

图 7-54　设置是否自动保存

- 结果存放位置：一般使用默认值“内部存储器”；如果有内存卡，也可以按 Enter 键进入，并选择“内存卡”。
- 操作员：默认为 Your Name；按 Enter 键可进入修改，按 F3 键可删除原来的字符，按 “↑”“↓”“←”“→”键选择所需的字符，最后按 Enter 键确认修改。
- 地点：默认为 Client Name（所测试的地点），可以根据实际情况修改。
- 公司：Your Company Name，使用者所在公司的名称，可根据实际情况修改。
- 语言：默认为 English，可根据实际情况修改。
- 曰期：输入当前日期。
- 时间：输入当前时间。
- 数字模式：默认为“00.0”可根据实际情况修改。
- 长度单位：通常情况下选择“米（m）”，可根据实际情况修改。
- 电源关闭超时：默认为 30min，可根据实际情况修改。
- 背光超时：默认为 1min，可根据实际情况修改。
- 可听音：默认为“是”，可根据实际情况修改。
- 电源线频率：默认为“50Hz”，可根据实际情况修改。自动默认为“否”，可根据实际情况修改。

- 绘图网格：默认为“否”，可根据实际情况修改。

（2）使用过程中经常需要更改的参数，具体操作步骤如下：

1）将旋钮转至SETUP挡位，按“↓”键，选择“双绞线”选项，如图7-55所示。

2）按Enter键，进入如图7-56所示的双绞线设置界面。

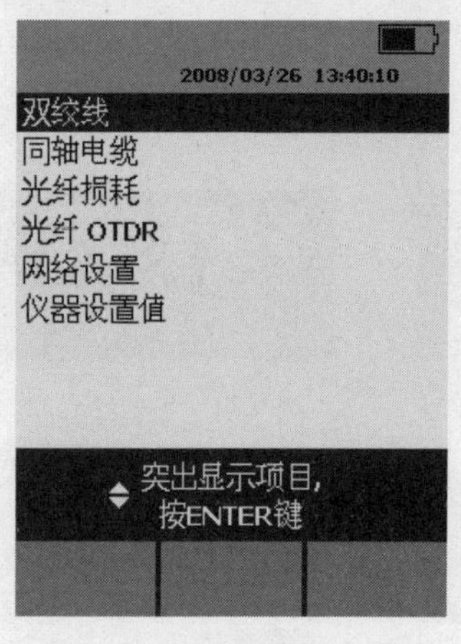

图7-55 选择“双绞线”选项

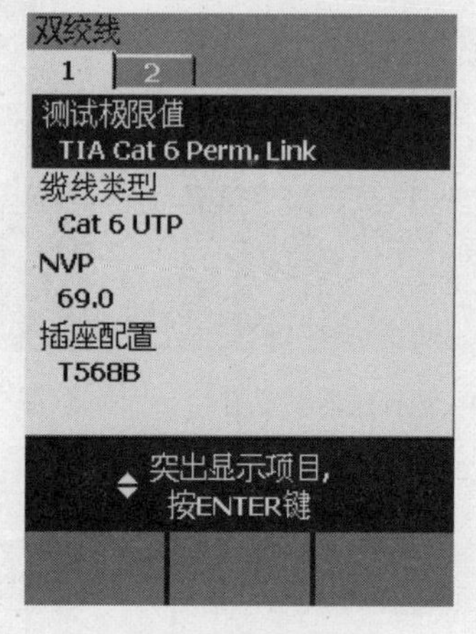

图7-56 设置双绞线

3）系统默认选中了第1选项“测试极限值”，此时按Enter键即可进入如图7-57所示界面。在此界面中，可通过按“↑”“↓”键选择与想要测试线缆相匹配的标准。例如要测试六类双绞线，从中选择TIA Cat 6 Channel，然后按Enter键确认返回即可。

4）返回双绞线设置界面，选择“线缆类型”选项，按Enter键，进入如图7-58所示的“缆类型”界面后，根据实际情况选择UTP（非屏蔽）、FTP（屏蔽）或SSTP（双屏蔽）线缆即可。

5）在双绞线设置界面中，选择“插座配置”选项（第三“NVP”项无须修改，保留默认值即可），按Enter键，进入“插座配置”界面。通常而言，RJ-45水晶头应使用T568B或者T568A标准制作，据实际情况选择即可。

6）“地点”（Client Name）是指进行认证测试的地点，应该根据实际情况修改，具体方法可参照前文介绍的相关内容，这里不再敷述。

图7-57 设置测试极限值

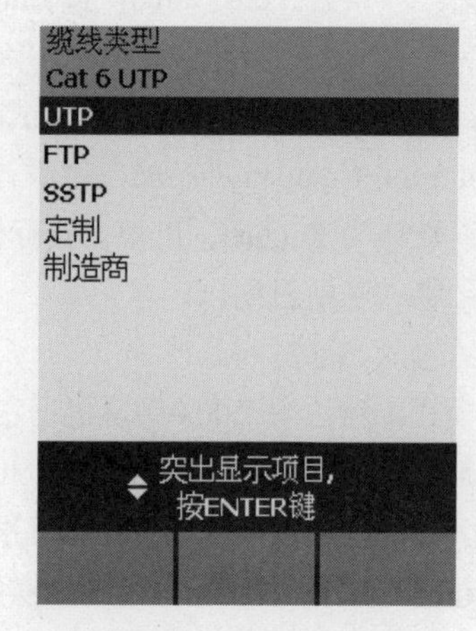

图7-58 设置缆线类型

3. 测试双绞线性能

开始双绞线或光纤性能测试前，应将 Fluke DTX 测试仪连接至想要测试的网络链路中。需要注意的是，测试不同类型的链路应当使用不同的模块。如图 7-59 所示为双绞线链路测试模块。

图 7-59　双绞线链路测试模块

测试双绞线水平布线（永久）链路时，Fluke DTX 测试仪的连接如图 7-60 所示。

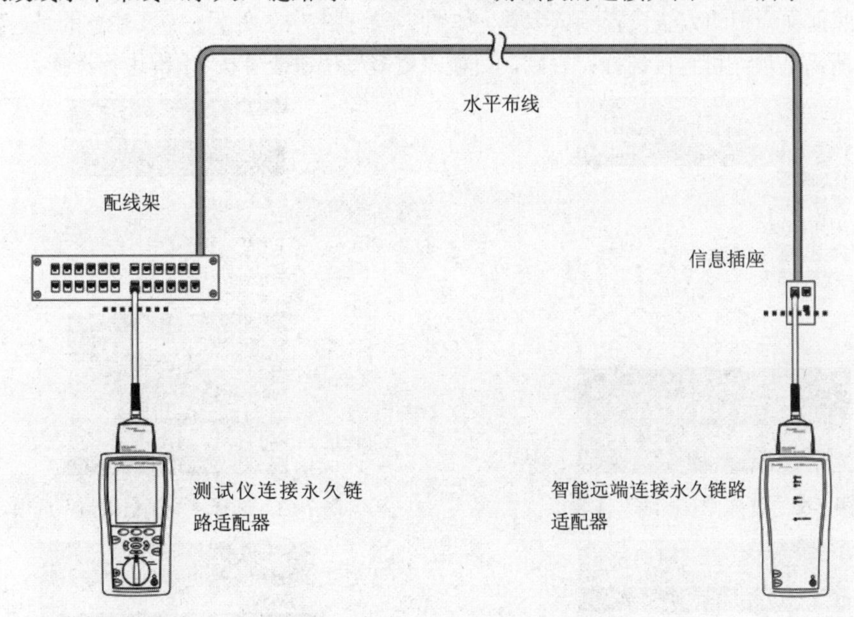

图 7-60　双绞线永久链路测试连接

【实验 7-6】使用 Fluke DTX 测试仪测试双绞线性能

具体操作步骤如下：

（1）根据需求确定测试标准和电缆类型：信道测试还是永久链路测试？是超五类、六类还是其他电缆？

（2）关机后将测试标准对应的适配器安装在主、辅机上。例如，选择 TIA CAT5E CHANNEL 信道测试标准时，主辅机安装 DTX-CHA001 通道适配器：如果选择 TIA CAT5E PERM.LINK 永久链路测试标准时，辅机各安装一个 DTC-PLA001 永久链路适配器，末端加装 PM06 个性化模块。

测试双绞线整个通道链路时（包括跳线），Fluke DTX 测试仪的连接，如图 7-61 所示

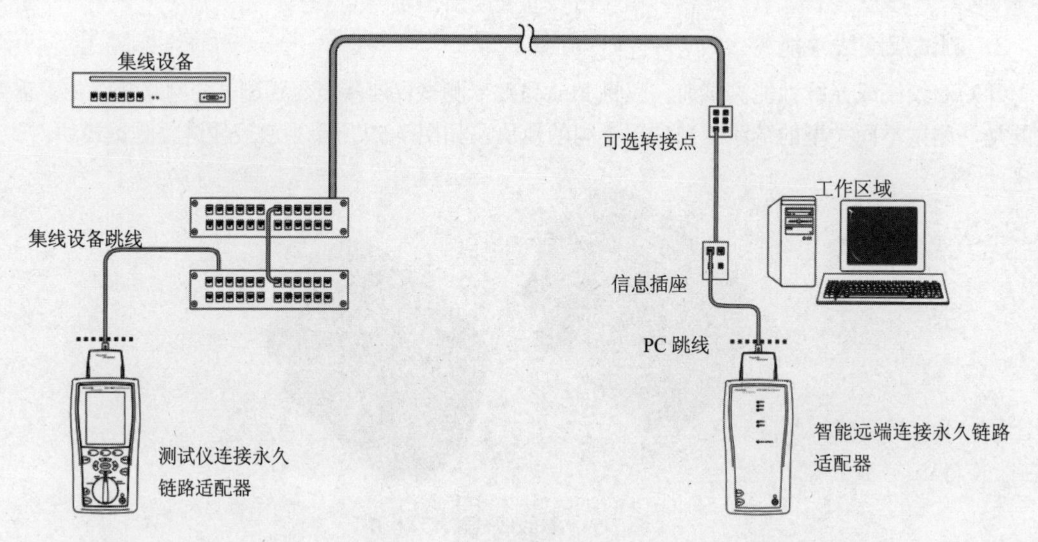

图 7-61　双绞线通道测试连接

（3）按照前面介绍的方法设置测试参数，如图 7-62～图 7-69 所示。需要注意的是，如果上次使用列表中有所需选项，可直接选择；否则，可按“更多”按钮或者按 F1 键进行选择。

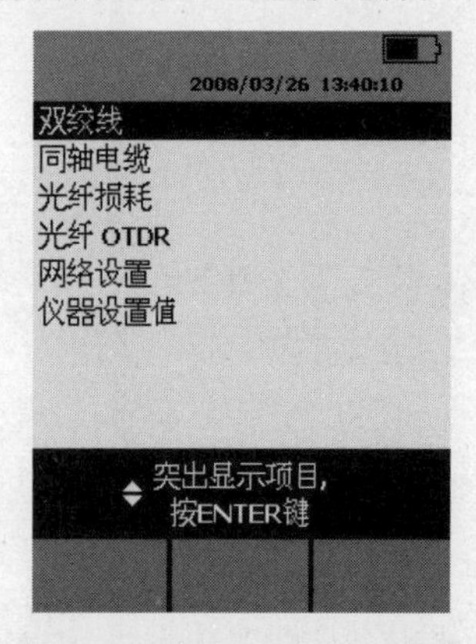

图 7-62　选择“双绞线”选项

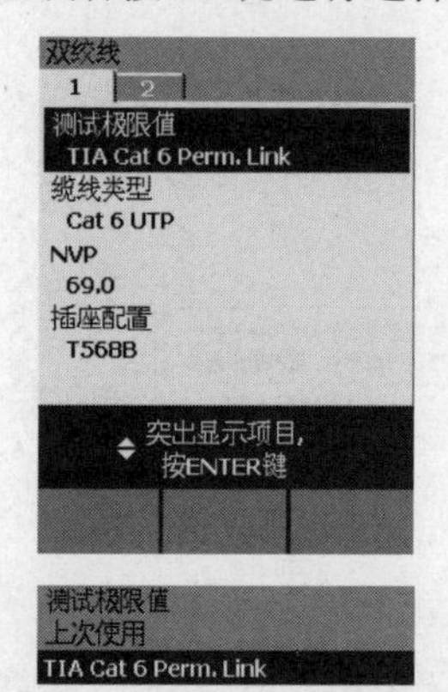

图 7-63　选择“测试极限值”选项

图 7-64　选择“更多”选项

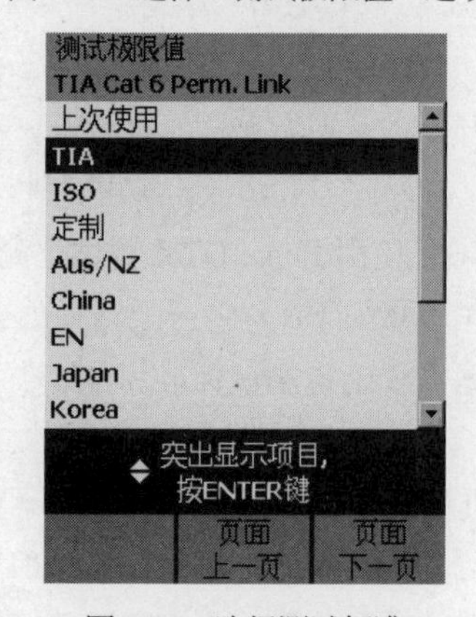

图 7-65　选择测试标准

图 7-66　选择测试类型

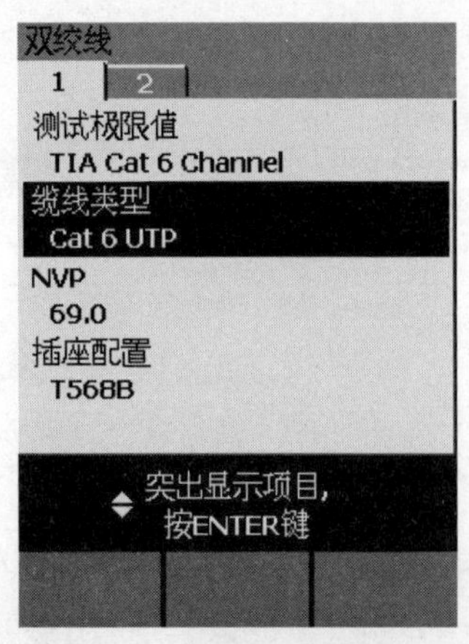

图 7-67　选择“缆线类型”

图 7-68　选择“UTP”选项

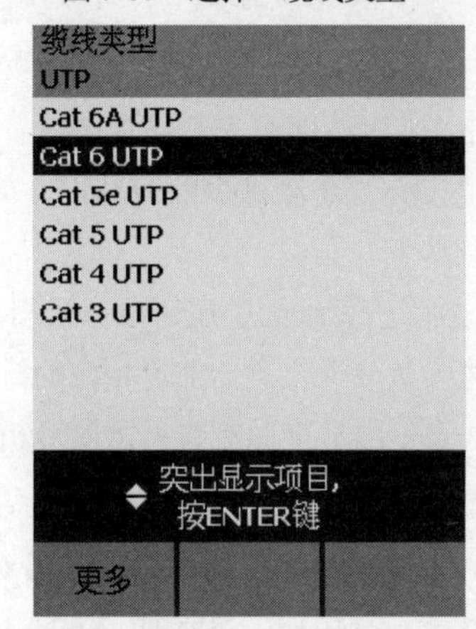

图 7-69　选择“Cat 6 UTP”选项

（4）开机后，将旋钮转至 AUTO TEST 挡位，以测试所选标准的全部参数：或者将旋钮转至 SINGLE TEST 挡位，只测试标准中的某个参数（旋钮转至 SINGLE TEST 挡位后，按“↑”“↓”键可选择想要测试的参数）。将所需测试的产品接上对应的适配器，按下 TEST 按钮，即可开始测试，如图 7-70 和图 7-71 所示。

（5）测试完毕将自动进入如图 7-72 所示的界面，显示测试结果，并提示测试“通过”或者“失败”。按 Enter 键，可查看参数明细；按 F2 键，则返回“上一页”；按 F3 键可前进至“下一页”。按 Exit 按钮退出后，按 F3 键可查看内存数据存储情况。测试“失败”时，如需检查故障，可以按 X 键查看具体情况。

通常情况下具体测试中可能出现的结果包括：

- PASS 通过：显示为绿色，表示所有参数均在极限设置范围之内。
- PASS*（通过*）：显示为黄色，表示测试结果中有一个或一个以上的参数准确度在测试与准确度不确定范围内，并在对应的参数前标注蓝色，表示该参数勉强可用，但应寻求改善布线安装的方法来消除勉强的性能。
- FAIL*（失败*）：显示为红色，意义与 PASS*相同，但是对应参数面前会被标注红色“*”，表示该项参数性能接近失败。注意，对于接近失败的测试结果应当视为完全失败来重新统一部署。

- FAIL（失败）：显示为红色，表示测试结果中有一个或者一个以上的参数值超出预先设定的极限值。

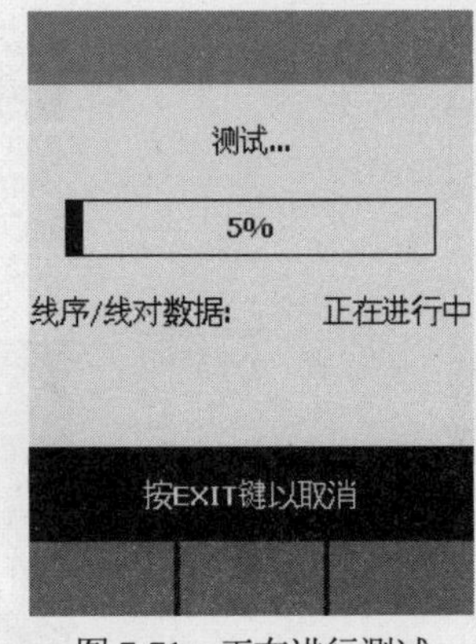

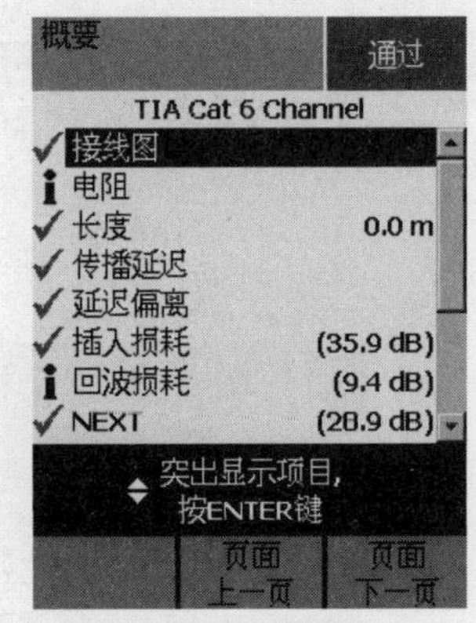

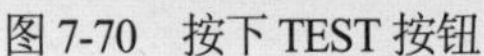

图 7-70　按下 TEST 按钮　　图 7-71　正在进行测试　　图 7-72　测试通过

（6）按下 F1 键，即可查看错误信息。此时界面中将以图形、表格等通俗易懂的方式可能的失败原因及解决建议。诊断测试失败可能产生多个界面，此时可以通过“↑”“↓”“←”“→”4 个定位键切换查看。

另外，从故障信息画面中还可以分析得出导致故障的原因，以及故障位置距离测试仪的大概距离，以便用户迅速确认故障位置，部署相应的排除工作。如果对当前显示的故障分析仍不满意，也可以根据以图形格式表示的标准限制查看故障分析。通定位键移动光标，可以查看到每一时刻的状态数据。

4．测试光纤链路连通性

Fluke DTX 测试仪不仅可以检测双绞线的性能，还可以测试双绞线和光纤的连通性，并且可以测试光纤的性能。测试光纤链路时，Fluke DTX 测试仪必须配置光纤链路测试模块，如图 7-73 所示。并根据光纤链路的类型选择单模或多模模块。

【实验 7-7】使用 Fluke DTX 测试仪测试光纤链路连通性

具体操作步骤如下：

（1）开始光纤设置之前，首先将光线模块按照安装说明手册正确安装好，然后开启 DTX 电源，将旋钮转至 SETUP 位置，并选择“光纤”选项，接着按 Enter 键，即可查看需要设置的选项，如图 7-74 所示。其中包括光纤类型、测试极限值和远端端点设置 3 项，按照默认顺序依次进行设置即可。

图 7-73　光纤链路测试模块

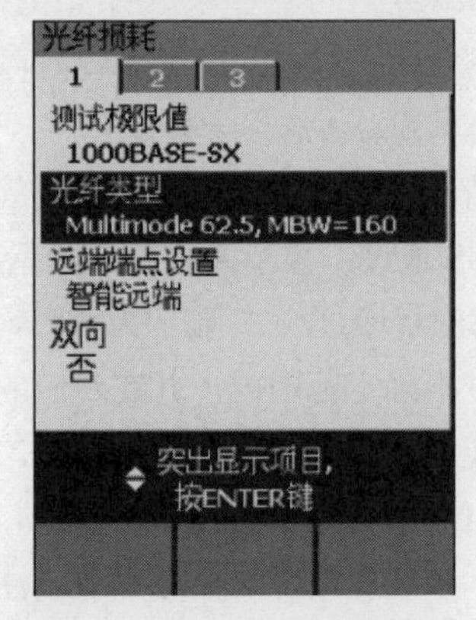

图 7-74　选择“光纤类型”选项

（2）选择“光纤类型”选项后按 Enter 键即可显示如图 7-75 所示的光纤类型选择界面。在这里用户可以选择通用光纤类型，然后选择对应的光纤型号，也可以根据制造商的不同而选择相应的光纤类型，建议用户选择“通用”。

提示：根据分类标准的不同分类结果也是多种多样的，DTX 采用按照传输模式划分、按照波长划分等多种常用分类标准。例如按照传输模式进行划分的，可以分为单模光纤和多模光纤。其中多模光纤的光芯比较粗，通常有 50μm 和 62.5μm 两种。由此可见光纤的分类是非常详细的，所以在选择光纤类型过程中应特别慎重。

（3）选择“通用”选项后按下 Enter 键，即可进入详细的光纤类型选择界面，如图 7-76 所示。其中包括各种分类标准所产生的分类结果。如 Multimode 62.5、Multimode 50、Single mode、Single mode 9pm、Single mode 18P、Single mode OSP 和 OF-300 Multimode 62.5 等。

（4）使用上下移动键可以选择不同选项，最后按下 Enter 键即可确认保存选择返回光纤设置界面。

（5）通过移动上下方向键选中“测试极限值”选项，然后按下 Enter 键，将打开如图 7-77 所示的界面。在这里默认显示的是 DTX 测试仪自动保存的最近使用的 9 项测试极限值，按照保存时间的长短依次排列。如果需要对同一任务进行反复测试，则省去了重新设置的步骤，极大地提高了测试效率。

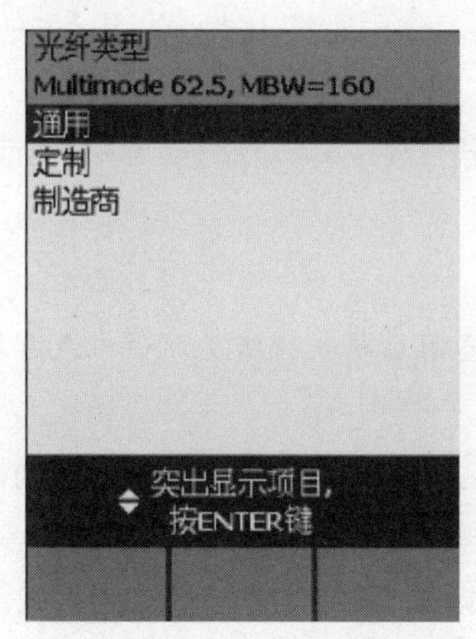

图 7-75　选择“通用”选项

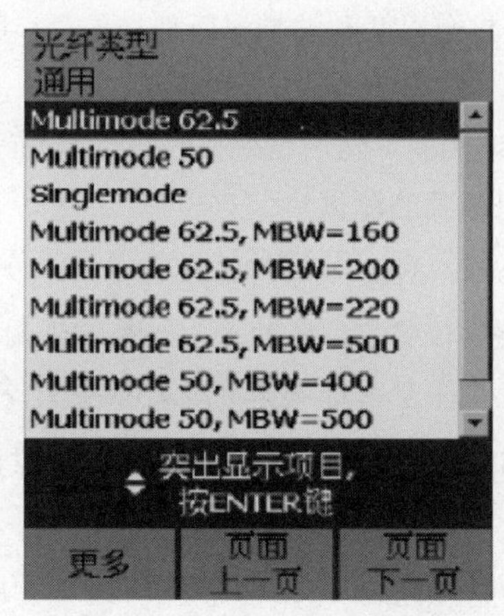

图 7-76　选择对应的光纤类型

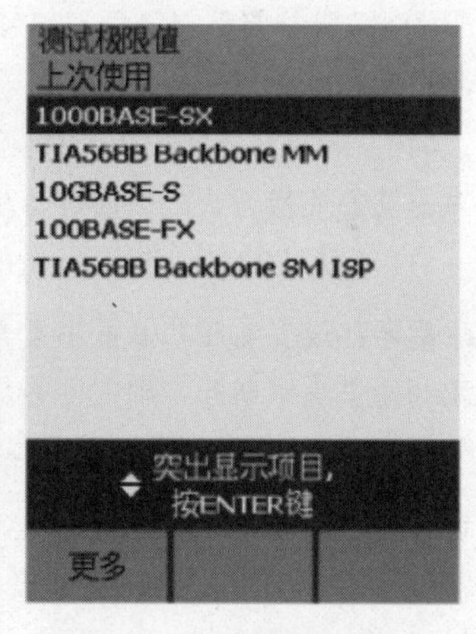

图 7-77　曾用测试极限值

提示：在图 7-78 中，可以设置光纤远端端点。光纤测试远端端点设置共包括 3 种，分别应用于不同的测试任务，如图 7-79 所示。

- 用智能远端模式来测试双重光纤布线。
- 用环路模式来测试跳接线与光缆绕线盘。
- 用远端信号源模式及光学信号源来测试单独的光纤。

（6）将旋钮转至 SPECIAL FUNCTIONS（特殊参数）位置，此时会显示如图 7-78 所示的界面，在此需要设置的是“设置基准”，其他选项均可保持默认状态。

（7）选择设置基准后按 Enter 键，打开设置基准的界面。设置过程中会出现详细的提示信息帮助用户完成每一步操作，因此即使用户刚刚接触 DTX 也不会感到困难。从该界面中的提示信息可以看出，当前的 DTX 测试仪上只安装了光纤测试模块，所以在“链路接口适配器”下面仅有一个“光缆模块”可选；如果既安装了光缆模块又连接了双绞线适配器，为了测试任务的顺利完成，就应当确认被选择的是“光缆模块”。

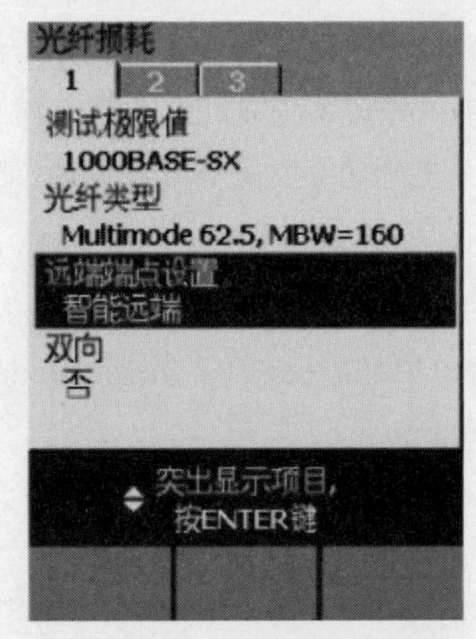

图 7-78 选择“远端端点设置”选项

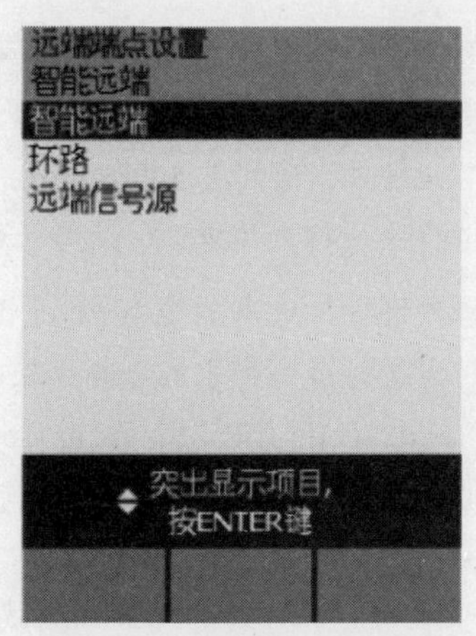

图 7-79 远端端点设置选项

（8）按 Enter 键之后，在打开的设置基准屏幕界面中将会显示用于所选测试方法的基准连接。清洁测试仪上的连接器及跳接线，接测试仪及智能远端，然后按 TEST 键。

（9）完成参照设置之后，DTX 将会以两种波长显示选择信息，并且会同时显示选择的测试方法、参照日期和具体时间。

（10）清洁布线系统中的待测连接器，然后将跳接线连接至布线。DTX 测试仪将显示用于所选测试方法的连接方式，以便进行更精确的测试。

（11）按下 F2 键，保存所做的设置即可开始光纤自动测试任务。

提示：设置参照基准并不复杂，但需要注意的是，如果在设置基准后将跳接线从测试仪或智能远端的输出端口断开，则需要再次设置基准以确保有效的测量。

（12）将旋钮转至 AUTOTEST 挡位。确认介质类型设置为光纤，如果需要切换，按 F1 键即可实现。

（13）按下 DTX 测试仪或者智能远端的 TEST 键，即可开始测试；按下 EXIT 键，则可取消测试。

（14）稍等片刻，测试完成之后即可显示测试结果，从中可以查看光纤的详细测试结果，包括输入光纤和输出光纤的损耗情况及长度。

（15）选择某项摘要信息后，按 Enter 键即可进入查看其详细结果的界面。

（16）最后根据提示信息，按 SAVE 键保存测试结果。建议在查看每项测试结果详细信息之前进行保存，以免由于误操作而导致信息丢失。

提示：在光纤的自动测试过程中应特别注意，如果选择了双向测试，在测试过程中可能会中途提示切换光纤，即切换适配器的光纤而并非测试仪端口的光纤。

（17）测试完毕之后，如需存储检测结果，按 SAVE 键即可进入保存界面。使用“↑”“↓”“←”“→”键选择所需的名称，如 D1。将旋钮转至 SPECIAL FUNCTIONS 挡位，可以查看存储的测试结果。重复上述操作，直至所有内容均测试完成。

第 8 章　网络布线系统的验收与鉴定

在综合布线系统的工程中，综合布线系统的测试是保证工程质量的关键步骤；而综合布线系统的验收则是对综合布线系统工程能否达到合同规定的功能指标和性能指标的一种肯定，因此，综合布线系统的验收在综合布线系统的工程中处于至关重要的位置。

验收是用户对网络工程施工工作的认可，而鉴定就是对工程施工的水平做出评价。

8.1　验收的依据和原则

综合布线系统工程施工中的主要依据和指导性文件较多，主要依据是国内外有关标准和规范，包括设计、施工及验收等内容；指导性文件或有关文件包括工程设计文件、施工图纸、承包合同和施工操作规程等。

1．网络布线系统验收标准

我国建设主管部门和有关单位在近几年来组织编制和批准发布了一批有关综合布线系统工程设计施工应遵循的依据和法规。这方面的主要标准介绍如下：

- 国家标准《综合布线系统工程设计规范》（GB 50311—2016）：由住房和城乡建设部和国家质 量监督检验检疫总局联合发布，2017 年 4 月 1 日起施行。
- 国家标准《综合布线系统工程验收规范》（GB 50312—2016）：由住房和城乡建设部和国家质 量监督检验检疫总局联合发布，2017 年 4 月 1 日起施行。

工程技术文件、承包合同文件要求采用国际标准时，应按要求采用适用的国际标准，但不应低于上述国家规范的规定。此外，在综合布线系统工程施工中，还可能涉及本地电话网。因此，还应遵循我国通信行业标准《本地电话网用户线路工程设计规范》（YD 5006—1995）、《本地电话网通信管道与通道工程设计规范》（YD 5007—1995）和《本地网通信线路工程验收规范》（YD 5051—1997）等规定。

2．网络布线系统验收原则

网络综合布线系统的验收应遵循以下几个原则：

（1）进行综合布线系统工程验收时，应按标书设计文件及双方签订综合布线系统工程合同规定的内容进行。

（2）进行综合布线系统的施工、安装、测试及验收必须遵守相应的技术标准、技术要求及国家标准。

（3）竣工验收项目内容和方法应按 GB/T 50312—2016 规范执行。

（4）综合布线系统工程的验收，使用布线测试仪进行现场测试直至 100%通过符合相应设计的类别标准为止。

(5) 进行综合布线系统工程的验收时，质量保证体系的完善，从一定意义上可以免除售后质量保证责任。质量保证体系在认证的过程中强调要采用同一品牌，包括线缆、接插件以及跳线等，从内容上包括系统中产品的质量、系统的永久链路、质保期内出现问题等。

8.2 验收的要求和验收组织

综合布线系统工程的竣工验收工作，是对整个工程的全面验证和施工质量评定。因此，必须按照国家规定的工程建设项目竣工验收办法和工作要求实施，不应有丝毫草率行事或形式主义的做法，保证工程总体质量符合预定的目标要求。

1. 验收的基本要求

在综合布线系统工程施工过程中，施工单位必须重视质量，按照《综合布线系统工程验收规范》的有关规定，加强自检、互检和随工检查等技术措施。建设单位的常驻工地代表或工程监理人员必须按照上述工程验收规范的要求，在整个安装施工的过程中，认真负责，一丝不苟，加强工地的技术监督及工程质量检查工作，力求消灭一切因施工质量而造成的隐患。所有随工验收和竣工验收的项目内容和检验方法等均应按照《综合布线系统工程验收规范》的规定办理。

由于智能化小区的综合布线系统既有屋内的建筑物主干布线子系统和水平布线子系统，又有屋外的建筑群主干布线子系统。因此，对于综合布线系统工程的工程验收，除应符合《综合布线系统工程验收规范》外，也应符合国家现行的《本地网通信线路工程验收规范》《通信管道工程施工及验收技术规范》《电信网光纤数字传输系统工程施工及验收暂行技术规定》《市内通信全塑电线缆路工程施工及验收技术规范》等有关规定。

各生产厂商提供的施工操作手册或测试标准均不得与国家标准或通信行业标准相抵触，在竣工验收时，应按我国现行标准贯彻执行。

2. 验收组织

综合布线工程采取 3 级验收方式:

(1) 自检自验：由施工单位自检、自验，发现问题及时完善。

(2) 现场验收：由施工单位和建设单位联合验收，作为工程结算的根据。

(3) 鉴定验收：上述两项验收后，乙方提出正式报告作为正式竣工报告共同上报上级主管部门或委托专业验收机构进行鉴定。

工程竣工后，施工单位应在工程计划验收十日前，通知验收机构，同时送交一套完整的竣工报告。并将竣工技术资料一式三份交给建设单位。竣工资料包括工程说明、安装工程量、设备器材明细表、工测试记录、竣工图纸、隐蔽工程记录等。验收前的准备工作包括编制竣工验收工作计划书、技术档案的整理汇总、拟定验收范围、依据和要求、编制竣工验收程序。

有时在联合的正式验收之前还要进行一次初步的调试验收。初步调试验收包括技术资料的审核、工程实物验收、系统测试和调试情况的审定。要事先制定出一个详尽的调试验收方案，包括问题与要求、组织分工、主要方法及主要的检测手段等，然后对各施工基本班组以及参与现场管理的全体技术人员做出技术交底。

正式的竣工验收，由业主、施工单位及有关部门联合参加，其验收结论具有合法性。正式验收的内容包括总体检验、质量评定、专项检验、各子系统提供的竣工图、文档和施工质量技术资料等。

正式的联合验收之前应成立综合布线工程验收的组织机构，如专业验收小组，全面负责对综合布线工程的验收工作。专业验收小组由施工单位、用户和其他外聘单位联合组成，人数为 5～9 人，一般由专业技术人员组成，持证上岗。

验收工作主要分为两个部分进行，第一部分是物理验收，第二部分是文档验收。综合布线系统工程采用计算机进行管理、维护工作应按专项进行验收。验收不合格的项目，由验收机构查明原因，提出解决办法。

8.3　验收的项目和内容

综合布线系统的验收项目应包括环境检查、器件检查、设备安装检查、线缆的布放及保护方式检查、线缆终接检查、工程电气测试、管理系统验收、竣工技术文件验收等。

8.3.1　环境检查

综合布线系统的环境检查包括工作区、电信间、设备间，建筑物进线间及入口设施等。

1．工作区、电信间和设备间

工作区、电信间、设备间的检查应包括下列内容：

（1）工作区、电信间、设备间土建工程已全部竣工。房屋地面平整、光洁，门的高度和宽度应符合设计要求。房屋预埋线槽、暗管、孔洞和竖井的位置、数量、尺寸均应符合设计要求。

（2）敷设活动地板的场所，活动地板防静电措施及接地应符合设计要求。

（3）电信间、设备间应提供 220V 带保护接地的单相电源插座。

（4）电信间、设备间应提供可靠的接地装置，接地电阻值及接地装置的设置应符合设计要求。

（5）电信间、设备间的位置、面积、高度、通风、防火及环境温、湿度等应符合设计要求。

如果电信间安装有源设备（集线器、局域网交换机等）、设备间安装计算机主机、电话交换机、传输等设备时，建筑物的环境条件应按上述系统设备的安装工艺设计要求进行检查。

电信间、设备间安装设备所需要的交流供电系统和接地装置及预埋的暗管、线槽应由工艺设计提出要求，土建工程中实施；设备的直流供电系统及 UPS 供电系统应另立项目实施并按各系统的要求进行工艺设计。设备供电系统均按工艺设计要求进行验收。

2．建筑物进线间及入口设施

建筑物进线间及入口设施的检查应包括下列内容：

（1）引入管道与其他设施如电、水、煤气、下水管道等的位置间距应符合设计要求。

（2）引入线缆采用的敷设方法应符合设计要求。

（3）管线入口部位的处理应符合设计要求，并应检查采取排水及防止气、水、虫等进入的措施。

（4）进线间的位置、面积、高度、照明、电源、接地、防火、防水等应符合设计要求。

进线间的设置、引入管道和孔洞的封堵、引入线缆的排列布放等应按照现行国家标准《通信管道工程施工及验收技术规范》（GB50379）等相关国家标准和行业规范进行检查。有关设施的安装方式应符合设计文件规定的抗震要求。

8.3.2 器材线缆检查

器材线缆检查主要包括器材、配套型材、管材与铁件、线缆、连接器件、配线设备、测试仪表和工具等方面，其具体要求如下：

1．器材

器材应具备的质量文件或证书包括产品合格证（质量合格证或出厂合格证）、国家指定的检测单位出具的检验报告或认证标志、认证证书、质量保证书等。工程具体要求可由建设单位、工程监理部门、施工单位、生产厂家等共同商讨确定。

器材检验应符合下列要求：

（1）工程所用线缆和器材的品牌、型号、规格、数量、质量应在施工前进行检查，应符合设计要求并具备相应的质量文件或证书，原出厂检验证明材料、质量文件或与设计不符者不得在工程中使。

（2）进口设备和材料应具有产地证明和商检证明。

（3）经检验的器材应做好记录，对不合格的器件应单独存放，以备核查与处理。

（4）工程中使用的线缆、器材应与订货合同或封存的产品在规格、型号、等级上应相符。

（5）备品、备件及各类文件资料应齐全。

2．配套型材、管材与铁件

配套型材、管材与铁件的检查应符合下列要求：

（1）各种型材的材盾、规格、型号应符合设计文件的规定，表面应光滑、平整，不得变形、断裂，预埋金属线槽、过线盒、接线盒及桥架等表面涂覆或镀层应均匀、完整，不得变形、损坏。

（2）室内管材采用金属管或塑料管时，其管身应光滑、无伤痕，管孔无变形，孔径、壁厚应符合设计要求。金属管槽应根据工程环境要求做镀锌或其他防腐处理。塑料管槽必须采用阻燃管槽，外壁应有阻燃标记。

（3）室外管道应按通信管道工程验收的相关规定进行检验。

（4）各种铁件的材质、规格均应符合相应质量标准，不得有歪斜、扭曲、飞刺、断裂或破损。

（5）铁件的表面处理和镀层应均匀、完整，表面光洁，无脱落、气泡等缺陷。

3．线缆

线缆的检验应符合下列要求：

（1）工程使用的电缆和光缆型号、规格及线缆的防火等级应符合设计要求。

（2）线缆识别标记（包括线缆标志和标签）内容应齐全、清晰，外包装应注明型号和规格。

（3）线缆标志：在线缆的护套上以不大于 lm 的间隔印有生产厂名称或代号、线缆型号及生产年份；以 lm 的间距印有以 m 为单位的长度标志。

（4）标签：应在每根成品线缆所附的标签或在产品的包装外给出制造厂名及商标、电缆型号、电缆长度（m）、毛重（kg）、出厂编号及制造日期等信息。

（5）线缆外包装和外护套需完整无损，当外包装损坏严重时，应测试合格后才可以在工程中使用。

（6）电缆应附有本批量的电气性能检验报告，施工前应进行链路或信道的电气性能及线缆长度的抽验，并做测试记录。线缆电气性能抽验可使用现场电缆测试仪对电缆长度、衰减、近端串音等技术指标进行测试。应从本批量对绞电缆中的任意三盘中各截出 90m 长度，加上工程中所选用的连接器件按永久链路测试模型进行抽样测试。如按照信道连接模型进行抽样测试，则电缆和跳线总长度为 100m。另外，从本批量电缆配盘中任意抽取三盘进行电缆长度的核准。

（7）光缆开盘后应先检查光缆端头封装是否良好。光缆外包装或光缆护套如有损伤，应对该盘光缆进行光纤性能指标测试，如有断纤，应进行处理，待检查合格才允许使用。光纤检测完毕，光缆端头应密封固定，恢复外包装。作为抽测，光纤链路通常可以使用可视故障定位仪进行连通性的测试，一般可达 3~5km。故障定位仪也可与光时域反射仪（OTDR）配合检查故障点。光缆外包装受损时也可用相应的光缆测试仪对每根光缆按光纤链路进行衰减和长度测试。

光纤接插软线或光跳线检验应符合下列规定：

（1）两端的光纤连接器件端面应装配合适的保护盖帽。

（2）光纤类型应符合设计要求，并应有明显的标记。

4．连接器件

连接器件的检验应符合下列要求：

（1）配线模块、信息插座模块及其他连接器件的部件应完整，电气和机械性能等指标符合相应产品生产的质量标准。塑料材质应具有阻燃性能，并应满足设计要求。

（2）信号线路浪涌保护器各项指标应符合有关规定。

（3）光纤连接器件及适配器使用型式和数量、位置应与设计相符。

5．配线设备

配线设备的使用应符合下列规定：

（1）光、电缆配线设备的型号、规格应符合设计要求。

（2）光、电缆配线设备的编排及标志名称应与设计相符，各类标志名称应统一，标志位置正确、清晰。

6．测试仪表和工具

测试仪表和工具的检验应符合下列要求：

（1）应事先对工程中需要使用的仪表和工具进行测试或检查，线缆测试仪表应附有相应检测机构的证明文件，包括国际和国内检测机构的认证书、产品合格证及计量证书等。

（2）综合布线系统的测试仪表应能测试相应类别工程的各种电气性能及传输特性，其精度符合相应要求。测试仪表的精度应按相应的鉴定规程和校准方法进行定期检查和校准，经过相应计量部门校验取得合格证后，方可在有效期内使用。测试仪表应能测试三类、五类（包含 5e 类）、六类、七类及光纤布线工程的各种电气性能与光纤传输性能。

（3）施工工具，如电缆或光缆的接续工具——剥线器、光缆切断器、光纤熔接机、光纤磨光机、卡接工具等必须进行检查，合格后方可在工程中使用。如图 8-1 所示为剥线器和光缆切断器。

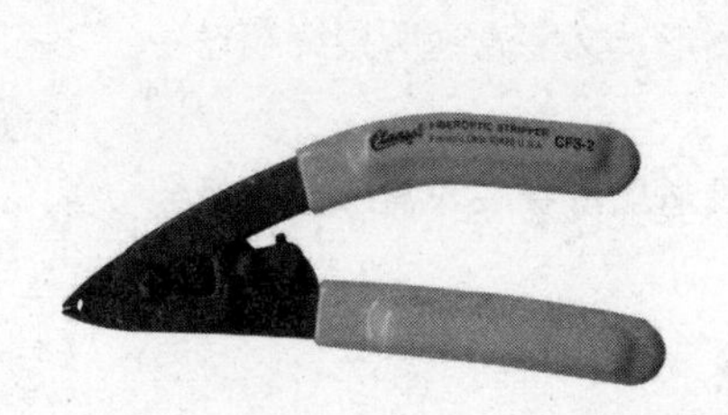

图 8-1　剥线器和光缆切断器

现场尚无检测手段取得屏蔽布线系统所需的相关技术参数时，可将认证检测机构或生产厂家附有的技术报告作为检查依据。由于屏蔽布线系统的屏蔽效果与系统投入运行后的各系统设备配置、建筑物内外电磁干扰环境变化等因素密切相关，并且现场测试仪仅能对屏蔽电缆屏蔽层两端做导通测试，目前尚无有效的现场检测手段对屏蔽效果的其他技术参数（如耦合衰减值等）进行测试，因此，应根据相关标准或生产厂家提供的技术参数进行对比验收。

对绞电缆电气性能、机械特性、光缆传输性能及连接器件的具体技术指标和要求，应符合设计要求。经过测试与检查，性能指标不符合设计要求的设备和材料不得在工程中使用。

8.3.3 设备安装检查

设备安装检查主要包括机柜和机架安装、配线部件、信息插座模块和线缆桥架与线槽等方面，其具体要求如下：

1. 机柜和机架安装

机柜、机架安装应符合下列要求：

（1）机柜、机架安装位置应符合设计要求，垂直偏差度不应大于 3mm。

（2）机柜、机架上的各种零件不得脱落或碰坏，漆面不应有脱落及划痕，各种标志应完整、清晰。

（3）机柜、机架、配线设备箱体，电缆桥架及线槽等设备的安装应牢固，如有抗震要求，应按抗震设计要求进行加固。

2. 配线部件

各类配线部件安装应符合下列要求：

（1）各部件应完整，安装就位，标志齐全。

（2）安装螺丝必须拧紧，面板应保持在一个平面上。

3. 信息插座模块

信息插座模块安装应符合下列要求：

（1）信息插座模块、多用户信息插座、集合点配线模块安装位置和高度应符合设计要求。

（2）安装在活动地板内或地面上时，应固定在接线盒内，插座面板采用直立和水平等形式；接线盒盖可开启，并应具有防水、防尘、抗压功能。接线盒盖面应与地面齐平。

（3）信息插座底盒同时安装信息插座模块和电源插座时，间距及采取的防护措施应符合设计要求，如图 8-2 所示。

图 8-2 信息插座

（4）信息插座模块明装底盒的固定方法根据施工现场条件而定。

（5）固定螺丝需拧紧，不应产生松动现象。

（6）各种插座面板应有标识，以颜色、图形、文字表示所接终端设备业务类型，如图 8-3 所示。

图 8-3 标识插座面板

（7）工作区内终接光缆的光纤连接器件及适配器安装底盒应具有足够的空间，并应符合设计要求。

4. 线缆桥架与线槽

线缆桥架与线槽的安装应符合下列要求：

（1）桥架及线槽的安装位置应符合施工图要求，左右偏差不应超过 50mm。

（2）桥架及线槽水平度每米偏差不应超过 2mm。

（3）垂直桥架及线槽应与地面保持垂直，垂直度偏差不应超过 3mm。

（4）线槽截断处及两线槽拼接处应平滑、无毛刺。

（5）吊架和支架安装应保持垂直，整齐牢固，无歪斜现象。

（6）金属桥架、线槽及金属管各段之间应保持连接良好，安装牢固。

（7）采用吊顶支撑柱布放线缆时，支撑点宜避开地面沟槽和线槽位置，支撑应牢固。

安装机柜、机架、配线设备屏蔽层及金属管、线梢、桥架使用的接地体应符合设计要求，就近接地，并应保持良好的电气连接。

8.3.4　线缆的布放

综合布线子系统与建筑物内线缆布放通道对应关系如下：

（1）配线子系统对应于水平线缆通道。

（2）干线子系统对应于主干线缆通道，电信间之间的线缆通道，电信间与设备间、电信间及设备间与进线间之间的线缆通道。

（3）建筑群子系统对应于建筑物间线缆通道。

对建筑物内线缆通道较为拥挤的部位，综合布线系统与大楼弱电系统各子系统合用一个金属线槽布放线缆时，各子系统的线束之间应用金属板隔开。一般情况下，各子系统的线缆应布放在各自的金属线槽中，金属线槽应可靠就近接地。各系统线缆间距应符合设计要求。

1. 线缆布放一般要求

线缆布放应满足下列要求：

（1）线缆的型号、规格应与设计规定相符。

（2）线缆在各种环境中的敷设方式、布放间距均应符合设计要求。

（3）线缆的布放应自然平直，不得产生扭绞、打圈、接头等现象，不应受外力的挤压和损伤。

（4）线缆两端应贴有标签，应标明编号，标签书写应清晰、端正和正确.标签应选用不易损坏的材料。

（5）线缆应有余量以适应终接、检测和变更。对绞电缆预留长度；在工作区宜为 3～6cm，电信间宜为 0.5～2m，设备间宜为 3～5m；光缆布放路由宜盘留，预留长度宜为 3～5m，有特殊要求的应按设计要求预留长度。线缆预留长度按照电信间、设备间内安装的机架数量以及在同一架内、不同架间进行终接和变更的需要进行预留。

（6）线缆的弯曲半径应符合下列规定。

1）双绞电缆的弯曲半径应至少为电缆外径的 4 倍。

2）2 芯或 4 芯水平光缆的弯曲半径应大于 25mm；其他芯数的水平光缆、主干光缆和室外光缆的弯曲半径应至少为光缆外径的 10 倍。

（7）线缆间的最小净距应符合设计要求。

1）电源线、综合布线系统线缆应分隔布放，并应符合如表 8-1 所示的规定。

2）综合布线与配电箱、变电室、电梯机房、空调机房之间最小净距宜符合如表 8-2 所示的规定。

3）建筑物内电、光缆暗管敷设与其他管线的最小净距如表 8-3 所示。

4）综合布线线缆宜单独敷设，与其他弱电系统各子系统线缆间距应符合设计要求。

5）对于有安全保密要求的工程，综合布线线缆与信号线、电力线、接地线的间距应符合相应的保密规定。对于具有安全保密要求的线缆应采取独立的金属管或金属线槽敷设。

（8）屏蔽电缆的屏蔽层端到端应保持完好的导通性。

表 8-1　对绞线电缆与电力电缆最小净距

条　件	最小净距（mm）		
	380V<2kVA	380V～5kVA	380V>5kVA
对绞线电缆与电力电缆平行布放	130	300	600
有一方在接地的金属或钢管中	70	150	300
双方均在接地的金属槽道或钢管中	10	80	150

1）当 380V 电力电缆<2kVA，双方都在接地的线槽中，且平行长度≤10m 时，最小间距可为 10mm。

2）双方都在接地的线槽中，是指两个不同的线槽，也可在同一线槽中用金属板隔开。

表 8-2　综合布线线缆与其他机房最小净距

名　称	最小净距（m）	名　称	最小净距（m）
配电箱	1	电梯机房	2
变电室	2	空调机房	2

表 8-3　综合布线线缆与其他管线的最小净距

名　称	平行净距（mm）	垂直交叉净距（mm）
避雷引下线	1000	300
保护地线	50	20
热力管（不包封）	500	500
热力管（包封）	300	300
给水管	150	20
煤气管	300	20
压缩空气管	150	20

2．预埋线槽和暗管敷设线缆

预埋线槽和暗管敷设线缆应符合下列规定：

（1）敷设线槽和暗管的两端宜用标志表示出编号等内容。

（2）预埋线槽宜采用金属线槽，预埋或密封线槽的截面利用率应为 30%～50%。

（3）敷设暗管宜采用钢管或阻燃聚氯乙烯硬质管。布放大对数主干电缆及 4 芯以上光缆时，直线管道的管径利用率应为 50%～60%，弯管道应为 40%～50%。暗管布放 4 对对绞线电缆或 4 芯及以下光缆时，管道的截面利用率应为 25%～30%。

在暗管中布放不同线缆时，对于管径和截面利用率的要求，并可用以下公式进行计算。

（1）穿放线缆的暗管管径利用率的计算公式：管径利用率=d/D

式中：d——线缆的外径；

D——管道的内径。

（2）穿放线缆的暗管截面利用率的计算公式：截面利用率=A_1/A

式中：A ——管子的内截面积；

A_1——穿在管子内线缆的总截面积（包括导线的绝缘层的截面）。

在暗管中布放的电缆为屏蔽电缆（具有总屏蔽和线对屏蔽层）或扁平型线缆（可为 2 根非屏蔽 4 对对绞电缆或 2 根屏蔽 4 对对绞电缆组合及其他类型的组合）；主干电缆为 25 对及以上，主干光缆为 12 芯及以上时，宜采用管径利用率进行计算，选用合适规格的暗管。

在暗管中布放的对绞电缆采用非屏蔽或总屏蔽 4 对对绞电缆及 4 芯以下光缆时，为了保证线对扭绞状态，避免线缆受到挤压，宜采用管截面利用率公式进行计算，选用合适规格的暗管。

3．线缆桥架和线槽

设置线缆桥架和线槽敷设线缆应符合下列规定：

（1）密封线槽内线缆布放应顺直，尽量不交叉，在线缆进出线槽部位、转弯处应绑扎固定。

（2）线缆桥架内线缆垂直布放时，在线缆的上端和每间隔 1.5m 处应固定在桥架的支架上；水平布放时，在线缆的首、尾、转弯及每间隔 5～10m 处进行固定。

（3）在水平、垂直桥架中敷设线缆时，应对线缆进行绑扎。对绞电缆、光缆及其他信号电缆应根据线缆的类别、数量、缆径、线缆芯数分束绑扎。绑扎间距不宜大于 1.5m，间距应均匀，不宜绑扎过紧或使线缆受到挤压。为减少缆间串扰，六类 4 对对绞电缆可采用电缆桥架和线槽中顺直绑扎或随意布放。针对“十”字、“一”字等不同骨架结构的六类 4 对对绞电缆，其布放要求不同，具体布放方式宜根据生产厂家的要求确定。

（4）楼内光缆在桥架敞开布放时应在绑扎固定段加装垫套。

采用吊顶支撑柱作为线槽在顶棚内布放线缆时，每根支撑柱所辖范围内的线缆可以不设置密封线槽进行布放，但应分束绑扎，线缆应阻燃，线缆选用应符合设计要求。

建筑群子系统采用架空、管道、直埋、墙壁及暗管敷设电缆、光缆的施工技术要求应按照本地网通信线路工程验收的相关规定执行。建筑群区域内综合布线系统电缆、光缆与各种设施之间的间距要求按国家现行标准《本地网通信线路工程验收规范》YD 5051 中的相关规定执行。

8.3.5　线缆保护方式检查

检查线缆保护方式主要包括配线子系统线缆布放保护、其他子系统线缆敷设保护等方面，其具体要求如下：

1．配线子系统线缆布放保护

（1）预埋金属线槽保护要求

1）在建筑物中预埋线槽，宜按单层设置，每一路由进出同一过路盒的预埋线槽均不应超过 3 根，线槽截面高度不宜超过 25mm。总宽度不宜超过 300mm。线槽路由中若包含过线盒和出线盒，截面高度宜在 70~ 100mm 范围内。

2）线槽直埋长度超过 30m 或在线槽路由交叉、转弯时，宜设置过线盒，以便于布放线缆和维修。

3）过线盒盖能开启，并与地面齐平，盒盖处应具有防灰与防水功能。

4）过线盒和接线盒盒盖应能抗压。

5）从金属线槽至信息插座模块接线盒间或金属线槽与金属钢管之间相连接时的线缆宜采用金属软管布放。

（2）预埋暗管保护要求

1）预埋在墙体中间暗管的最大管外径不宜超过 50mm，楼板中暗管的最大管外径不宜超过25mm，室外管道进入建筑物的最大管外径不宜超过 100mm。

2）直线布管每 30m 处应设置过线盒装置。

3）暗管的转弯角度应大于 900，在路径上每根暗管的转弯角不得多于 2 个，并不应有 S 弯出现，有转弯的管段长度超过 20m 时，应设置管线过线盒装置；有 2 个弯时，不超过 15m 应设置过线盒。

4）暗管管口应光滑，并加有护口保护，管口伸出部位宜为 25～50mm。

5）至楼层电信间暗管的管口应排列有序，便于识别与布放线缆。

6）暗管内应安置牵引线或拉线。

7）金属管明敷时，在距接线盒 300mm 处、弯头处的两端、每隔 3m 处应采用管卡固定。

8）管路转弯的曲半径不应小于所穿入线缆的最小允许弯曲半径，并且不应小于该管外径的6 倍，如暗管外径大于 50mm 时，不应小于 10 倍。

（3）设置线缆桥架和线槽保护要求

1）根据现行国家标准《建筑电气工程施工质量验收规范》GB 50303 的相关规定，直线段钢制桥架长度超过 30m、铝合金或玻璃钢制桥架长度超过 15m 设有伸缩节；电缆桥架跨越建筑物变形缝处设置补偿装置。

2）线缆桥架底部应高于地面 2.2m 及以上，顶部距建筑物楼板不宜小于 300mm，与梁及其他障碍物交叉处间的距离不宜小于 50 mm。

3）线缆桥架水平布放时，支撑间距宜为 1.5 ~ 3m。垂直布放时固定在建筑物结构体上的间距宜小于 2m，距地 1.8m 以下部分应加金属盖板保护，或采用金属走线柜包封，门应可开启。

4）直线段线缆桥架每超过 15～30m 或跨越建筑物变形缝时，应设置伸缩补偿装置。

5）金属线槽敷设时，在线槽接头处、每间距 3m 处、离开线槽两端出口 0.5m 处以及转弯处应设置支架或吊架。

6）塑料线槽槽底固定点间距宜为 1m。

7）线缆桥架和线缆线槽转弯半径不应小于槽内线缆的最小允许弯曲半径，线槽直角弯处最小弯曲半径不应小于槽内最粗线缆外径的 10 倍。

8）桥架和线槽穿过防火墙体或楼板时，线缆布放完成后应采取防火封堵措施。

（4）网络地板线缆敷设保护要求

1）线槽之间应可沟通。

2）线槽盖板应可开启。

3）主线槽的宽度宜在 200～400mm 之间，支线槽宽度不宜小于 70mm。

4）可开启的线槽盖板与明装插座底盒间应采用金属软管连接。

5）至楼层电信间暗管的管口应排列有序，便于识别与布放线缆。

6）暗管内应安置牵引线或拉线。

7）金属管明敷时，在距接线盒 300mm 处、弯头处的两端、每隔 3m 处应采用管卡固定。

8）管路转弯的弯曲半径不应小于所穿入线缆的最小允许弯曲半径，并且不应小于该管外径的 6 倍，如暗管外径大于 50mm 时，不应小于 10 倍。

9）地板块与线槽盖板应抗压、抗冲击和阻燃。

10）当网络地板具有防静电功能时，地板整体应接地。

11）网络地板板块间的金属线槽段与段之间应保持良好导通并接地。

在架空活动地板下敷设线缆时，地板内净空应为 150~300mm。若空调采用下送风方式则地板内净高应为 300~500mm。

吊顶支撑柱中电力线和综合布线线缆合一布放时，中间应由金属板隔开，间距应符合设计要求。

2. 其他子系统线缆敷设保护

当综合布线线缆与大楼弱电系统线缆采用同一线槽或桥架敷设时，子系统之间应采用金属板隔开，间距应符合设计要求。

干线子系统线缆敷设保护方式应符合下列要求：

（1）线缆不得布放在电梯或供水、供气、供暖管道竖井中，不应布放在强电竖井中。

（2）电信间、设备间、进线间之间干线通道应沟通。

（3）建筑群子系统线缆敷设保护方式应符合设计要求。

当电缆从建筑物外面进入建筑物时，应选用适配的信号线路浪涌保护器，信号线路浪涌保护器应符合设计要求。

8.3.6　线缆终接检查

线缆终接应符合下列要求：

（1）线缆在终接前，必须核对线缆标识内容是否正确。

（2）线缆中间不应有接头。

（3）线缆终接处必须牢固、接触良好。

（4）对绞电缆与连接器件连接应认准线号、线位色标，不得颠倒和接错。

1. 对绞电缆终接

对绞电缆终接应符合下列要求：

（1）终接时，每对对绞线应保持扭绞状态，扭绞松开长度对于三类电缆不应大于 75mm，对于五类电缆不应大于 13mm，对于六类电缆应尽量保持扭绞状态，缩小扭绞松开长度。

（2）对绞线与 8 位模块式通用插座相连时，必须按色标和线对顺序进行卡接。插座类型、色标和编号应符合 TIA 568A 或者 TIA 568B 的规定。

（3）两种连接方式均可采用，但在同一布线工程中两种连接方式不应混合使用。

（4）七类布线系统采用非 RJ-45 方式终接时，连接图应符合相关标准规定。

（5）屏蔽对绞电缆的屏蔽层与连接器件终接处屏蔽罩应通过紧固器件可靠接触，线缆屏蔽层应与连接器件屏蔽罩 360° 圆周接触，接触长度不宜小于 10mm。屏蔽层不应用于受力的场合。

（6）对不同的屏蔽对绞线或屏蔽电缆，屏蔽层应采用不同的端接方法。应对编织层或金属箔与汇流导线进行有效端接。

（7）每个2口86面板底盒宜终接2条对绞线电缆或1根2芯/4芯光缆，不宜兼做过路盒使用。

2．光缆终接与接续

光缆终接与接续应采用下列方式：

（1）光纤与连接器件连接可采用尾纤熔接、现场研磨和机械连接方式。

（2）光纤与光纤接续可采用熔接和光纤连接器（机械）连接方式。

3．光缆芯线终接

光缆芯线终接应符合下列要求：

（1）采用光纤连接盘对光纤进行连接、保护，在连接盘中光纤的弯曲半径应符合安装工艺要求。

（2）光纤熔接处应加以保护和固定。

（3）光纤连接盘面板应有标志。

（4）光纤连接损耗值，应符合如表8-4所示的规定。

表8-4　光纤连接损耗值　　单位：dB

连接类别	多　模		单　模	
	平均值	最大值	平均值	最大值
熔接	0.15	0.3	0.15	0.3
机械连接		0.3		0.3

4．跳线

各类跳线的终接应符合下列规定：

（1）各类跳线线缆和连接器件间接触应良好，接线无误，标志齐全。跳线选用类型应符合系统设计要求。

（2）各类跳线长度应符合设计要求。

8.3.7　工程电气测试

测试工程电气主要包括测试线缆系统性能和现场测试仪等方面，其具体要求如下：

1．线缆系统性能测试

综合布线工程电气测试包括电缆系统电气性能测试及光纤系统性能测试。电缆系统电气性能测试项目应根据布线信道或链路的设计等级和布线系统的类别要求制定。各项测试结果应有详细记录，作为竣工资料的一部分。测试记录内容和形式应符合如表8-5和表8-6所示的要求。

表8-5　综合布线系统工程电缆（链路/信道）性能指标测试记录

<table>
<tr><td colspan="4">工程项目名称</td><td colspan="7"></td></tr>
<tr><td rowspan="3">序号</td><td colspan="3" rowspan="2">编号</td><td colspan="6">内容</td><td rowspan="3">备注</td></tr>
<tr><td colspan="6">电缆系统</td></tr>
<tr><td>地址号</td><td>接缆号</td><td>设备号</td><td>长度</td><td>接线图</td><td>衰减</td><td>近端串音</td><td>电缆屏蔽层连通情况</td><td>其他项目</td></tr>
<tr><td></td><td></td><td></td><td></td><td></td><td></td><td></td><td></td><td></td><td></td><td></td></tr>
<tr><td></td><td></td><td></td><td></td><td></td><td></td><td></td><td></td><td></td><td></td><td></td></tr>
</table>

续表

测试日期、人员及测试仪表类号仪表精度										
处理情况										

表 8-6　综合布线系统工程光缆（链路/信道）性能指标测试记录

工程项目名称												
序号	编号			光缆系统								备注
				多模				单模				
	地址号	接缆号	设备号	850nm		1300nm		1310nm		1550nm		
				衰减	长度	衰减	长度	衰减	长度	衰减	长度	
测试日期、人员及测试仪表类号仪表精度												
处理情况												

2. 现场测试仪

对绞线电缆及光纤布线系统的现场测试仪应符合下列要求：

（1）应能测试信道与链路的性能指标。

（2）应具有针对不同布线系统等级的相应精度，应考虑测试仪的功能、电源、使用方法等因素。

（3）测试仪精度应定期检测，每次现场测试前仪表厂家应出示测试仪的精度有效期限证明。

测试仪表应具有测试结果的保存功能并提供输出端口，将所有存储的测试数据输出至计算机和打印机，测试数据必须不被修改，并进行维护和文档管理。测试仪表应提供所有测试项目、概要和详细的报告。测试仪表宜提供汉化的通用人机界面。

8.3.8　管理系统验收

验收管理系统主要包括综合布线管理系统、标识符与标签、记录和报告等方面，其具体要求如下：

1. 综合布线管理系统

综合布线管理系统宜满足下列要求：

（1）管理系统级别的选择应符合设计要求。

（2）需要管理的每个组成部分均设置标签，并由唯一的标识符进行表示，标识符与标签的设置应符合设计要求。

（3）管理系统的记录文档应详细完整并汉化，包括每个标识符相关信息、记录、报告、图纸等。

（4）不同级别的管理系统可采用通用电子表格、专用管理软件或电子配线设备等进行维护管理。

2. 标识符与标签

综合布线管理系统的标识符与标签的设置应符合下列要求：

（1）标识符应包括安装场地、线缆终端位置、线缆管道、水平链路、主干线缆、连接器件、接地等类型的专用标识，系统中每一组件应指定一个唯一标识符。

（2）电信间、设备间、进线间所设置配线设备及信息点处均应设置标签。

（3）每根线缆应指定专用标识符，标在线缆的护套上或在距每一端护套 300mm 内设置标签，线缆的终接点应设置标签标记指定的专用标识符。

（4）接地体和接地导线应指定专用标识符，标签应设置在靠近导线和接地体的连接处的明显部位。

（5）根据设置的部位不同，可使用粘贴型、插入型或其他类型标签。标签表示内容应清晰，材质应符合工程应用环境要求，具有耐磨、抗恶劣环境、附着力强等性能。

（6）终接色标应符合线缆的布放要求，线缆两端终接点的色标颜色应一致。

3．记录和报告

综合布线系统各个组成部分的管理信息记录和报告，应包括如下内容：

（1）记录应包括管道、线缆、连接器件及连接位置、接地等内容，各部分记录中应包括相应的标识符、类型、状态、位置等信息。

（2）报告应包括管道、安装场地、线缆、接地系统等内容，各部分报告中应包括相应的记录。

综合布线系统工程如采用布线工程管理软件和电子配线设备组成的系统进行管理和维护工作，应按专项系统工程进行验收。

8.3.9　工程验收

验收工程主要包括验收竣工技术文件和综合布线系统工程等方面，其具体要求如下：

1．竣工技术文件

竣工技术文件是指为了便于工程验收和今后管理，施工单位应编制工程竣工技术文件，按协议或合同规定的要求，交付所需要的文档。

工程竣工技术文件在工程施工过程中或竣工后应及早编制，并在工程验收前提交建设单位。竣工技术文件通常一式三份，如有多个单位需要时，可适当增加份数。竣工技术文件和相关资料应做到内容齐全、资料真实可靠、数据准确无误、文字表达条理清晰、文件外观整洁、图表内容清晰，不应有互相矛盾、彼此脱节和错误遗漏等现象。

竣工技术文件应按下列要求进行编制：

（1）工程竣工后，施工单位应在工程验收以前，将工程竣工技术资料交给建设单位。

（2）竣工技术文件要保证质量，做到外观整洁、内容齐全、数据准确。

综合布线系统工程的竣工技术资料应包括以下内容：

（1）安装工程量。

（2）工程说明。

（3）竣工图纸。总体设计图、施工设计图，包括配线架、色场区的配置图、色场图、配线架布放位置的详细图，配线表点位布置竣工图。

（4）工程核算。综合布线系统工程的主要安装工程量，如主干布线的线缆规格和长度，装设楼层配线架的规格和数量等。

（5）设备、器材明细表。设备、机架和主要部件的数量明细表，将整个工程中所用的设备、机架和主要部件分别统计，清晰地列出其型号、规格、程式和数量。

（6）测试记录（宜用中文表示）。工程中各项技术指标和技术要求的随工验收、测试记录，如线缆的主要电气性能、光缆的光学传输特性等测试数据。

（7）隐蔽工程签证。直埋电缆或地下电缆管道等隐蔽工程经工程监理人员认可的签证：设备安装和线缆敷设工序告一段落时，经常驻工地代表或工程监理人员随工检查后的证明等原始记录。

（8）设计更改。在施工过程中有少量修改时；可利用原工程设计图更改补充，不需再重作竣工图纸，但在施工中改动较大时，则应另作竣工图纸。

（9）施工说明。在安装施工中，一些重要部位或关键段落的施工说明，如建筑群配线架和建筑物配线架合用时，连接端子的分区和容量等内容。

（10）软件文档。综合布线系统工程中如采用计算机辅助设计时，应提供程序设计说明和有关数据，如磁盘、操作说明、用户手册等文件资料。

（11）会议记录。工程变更、检查记录及施工过程中，需更改设计或采取相关措施，建设、设计、施工等单位之间的双方洽商记录。

（12）随工验收记录。在施工中的检查记录等基础资料。

（13）工程决算。

2．综合布线系统工程验收

综合布线系统工程应按照《综合布线系统验收规范》（GB 50312—2016）所列项目、内容进行检验，如表 8-7 所示。检测结论作为工程竣工资料的组成部分及工程验收的依据之一。

表 8-7　检验项目及内容

阶段	验收项目	验收内容	验收方式
施工前检查	环境要求	土建施工情况：地面、墙面、门、电源插座及接地装置；土建工艺：机房面积、预留孔洞；施工电源；地板敷设；建筑物入口设施检查	施工前检查
	器材检验	外观检查；型号、规格、数量；电缆及连接器件电气性能测试；光纤及连接器件特性测试；测试仪表和工具的检验	
	安全、防火要求	消防器材；危险物的堆放；预留孔洞防火措施	
设备安装	电信间、设备间、设备 机柜、机架	规格、外观；安装垂直、水平度；油漆不得脱落；标志完整齐全；各种螺丝必须紧固；抗震加固措施；接地措施	随工检验
	配线模块及 8 位模块式通用插座	规格、位置、质量；各种螺丝必须拧紧；标志齐全；安装符合工艺要求；屏蔽层可靠连接	
电、光缆布放（楼内）	电缆桥架及线槽布放	安装位置正确；安装符合工艺要求；符合布放线缆工艺要求；接地	
	线缆暗敷（包括暗管、线槽、地板下等方式）	线缆规格、路由、位置；符合布放线缆工艺要求；接地	隐蔽工程 签证
电、光缆布放（楼间）	架空线缆	吊线规格、架设位置、装设规格；吊线垂度；线缆规格；卡、挂间隔；线缆的引入符合工艺要求	随工检验
	管道线缆	使用管孔孔位；线缆规格；线缆走向；线缆的防护设施的设置质量	隐蔽工程签证
	埋式线缆	线缆规格；敷设位置、深度；线缆的防护设施的设置质量；回土夯实质量	

续表

阶段	验收项目	验收内容	验收方式
电、光缆布放（楼间）	通道线缆	线缆规格：安装位置、路由；土建设计符合工艺要求	隐蔽工程签证
	其他	通信线路与其他设施的间距：进线室设施安装、施工质量	随工检验隐蔽工程签证
线缆 终接	8位模块式通用插座	符合工艺要求	随工检验
	光纤连接器件	符合工艺要求	
	各类跳线	符合工艺要求	
	配线模块	符合工艺要求	
系统测试	工程电气性能测试	连接图、长度、衰减、近端串音、近端串音功率和、衰减串音比、衰减串音比功率和、等电平远端串音、等电平远端串音功率和、回波损耗、传播时延、传播时延偏差、插入损耗、直流环路电阻、设计中特殊规定的测试内容、屏蔽层的导通	竣工检验
	光纤特性测试	衰减；长度	
管理 系统	管理系统级别	符合设计要求	竣工检验
	标识符与标签设置	专用标识符类型及组成；标签设置；标签材质及色标	
	记录和报告	记录信息；报告；工程图纸	
工程总验收	竣工技术文件	清点、交接技术文件	
	工程验收评价	考核工程质量，确认验收结果	

系统工程安装质量检查，各项指标符合设计要求，则被检项目检查结果为合格；被检项目的合格率为100%，则工程安装质量判为合格。

系统性能检测中，对绞电缆布线链路、光纤信道应全部检测，竣工验收需要抽验时，抽样比例不低于10%，抽样点应包括最远布线点。

3. 系统性能检测单项合格判定

系统性能检测单项合格判定如下：

（1）如果一个被测项目的技术参数测试结果不合格，则该项目判为不合格。如果某一被测项目的检测结果与相应规定的差值在仪表准确度范围内，则该被测项目应判为合格。

（2）按《综合布线系统验收规范》（GB 50312—2016）附录B“综合布线系统工程电气测试方式及测试内容”的指标要求，采用4对对绞电缆作为水平电缆或主干电缆，所组成的链路或信道有一项指标测试结果不合格，则该水平链路、信道或主干链路判为不合格。

（3）主干布线大对数电缆中按4对对绞线对测试，指标有一项不合格，则判为不合格。

（4）如果光纤信道测试结果不满足《综合布线系统验收规范》（GB 50312—2016）附录C“光纤链路测试方法”的指标要求，则该光纤信道判为不合格。

（5）未通过检测的链路、信道的电线缆对或光纤信道可在修复后复检。

4. 竣工检测综合合格判定

竣工检测综合合格判定如下：

（1）对绞电缆布线全部检测时，无法修复的链路、信道或不合格线对数量有一项超过被测总数的 1%，则判为不合格。光缆布线检测时，如果系统中有一条光纤信道无法修复，则判为不合格。

（2）对绞电缆布线抽样检测时，被抽样检测点（线对）不合格比例不大于被测总数的 1%，则视为抽样检测通过，不合格点（线对）应予以修复并复检。被抽样检测点（线对）不合格比例，如果大于 1%，则视为一次抽样检测未通过，应进行加倍抽样，加倍抽样不合格比例不大于 1%，则视为抽样检测通过，若不合格比例仍大于 1%，则视为抽样检测不通过，应进行全部检测，并按全部检测要求进行判定。

（3）全部检测或抽样检测的结论为合格，则竣工检测的最后结论为合格；全部检测的结论为不合格，则竣工检测的最后结论为不合格。

综合布线管理系统检测，标签和标识按 10%抽检，系统软件功能全部检测。检测结果符合设计要求，则判为合格。

8.4　综合布线系统的鉴定

当验收通过后，就是鉴定程序。尽管有时常把验收与鉴定结合在一起进行，但验收与鉴定还是有区别的。

验收是用户对网络工程施工工作的认可，检查工程施工是否符合设计要求和符合有关施工规范。用户要确认工程是否达到了原来的设计目标，质量是否符合要求，有没有不符合原设计的有关施工规范的地方。组织正式竣工验收，由业主、施工总承包人及有关部门参加，其验收结论具有合法性。正式验收的内容包括总体检验、质量评定、专项检验、各子系统提供的竣工图、文档和施工质量技术资料等。

鉴定就是对工程施工的水平作出评价。鉴定评价来自专家、教授组成的鉴定小组，用户只能向鉴定小组客观地反映使用情况，由鉴定小组组织人员对工程系统进行全面的考察，并写出书面鉴定书提交上级主管部门。鉴定是由专家组和甲方、乙方共同进行的，施工单位应报告系统方案设计、施工情况和运行情况等，专家应实地参观测试。开会总结，确认合格与否。

应按专项系统工程进行验收。

8.4.1　鉴定会需要准备的材料

对国家或地方政府有关职能部门管理的项目必须由政府部门出具相关验收合格文件。一般施工单位要为用户和有关专家提供详细的技术文档，例如系统设计方案、布线系统图、布线系统配置清单、布线材料清单、安装图、操作维护手册等。这些资料均应标注工程名称、工程编号、现场代表、施工技术负责人及编制文档和审核人、编制日期等。

施工单位还应为鉴定会准备相关的技术材料和技术报告，包括如下内容：

（1）综合布线工程建设报告。

（2）综合布线工程测试报告。

（3）综合布线工程资料审查报告。

（4）综合布线工程用户意见报告。

（5）综合布线工程验收报告。

8.4.2 鉴定会后资料归档

在验收鉴定会结束后，将乙方所交付的文档材料与验收、鉴定会上所使用的材料一起交给甲方的技术或档案部门存档。竣工验收后要进行工程、技术资料等移交、工程款的结算、竣工决算和其他收尾移交工作。

验收结束后，要按系统申请 25 年质量保证的要求，向产品制造商递交布线工程测试结果及相应的验收文件，同时接受制造商或受委托的第三方的检验，最终获得产品制造商签发的系统应用 25 年质量保证书。

第 9 章　网络综合布线系统设计实例

在信息化高度发展的今天，网络已必不可少，科学的网络综合布线就是实现网络有效、方便、高速传输的保证，是未来发展的必然趋势。每一幢大楼、学校、工厂、小区等建筑都需要进行网络的综合布线。

设计人员在对网络综合布线系统进行设计时，首先应该了解综合布线的标准、设计等级以及要点，然后根据实际情况分析可能会遇到的问题，最后设计出用户满意的系统。

9.1　某办公楼综合布线系统设计方案

本节以某检察院办公楼综合布线系统设计方案为例，介绍办公楼综合布线系统设计的方法。

9.1.1　办公楼综合布线系统需求分析

1．项目概述

为适应办公现代化管理及安全防范的需要，决定对其办公大楼实施综合布线系统工程，以使办公楼成为一座拥有先进的办公自动化管理系统、计算机网络和通信系统、视频监控系统等于一体的智能化办公大楼。

2．建筑物结构及信息点分布

某办公大楼共七层，一楼为大厅和会议室，7 楼为领导办公室，其余楼层为各科室的办公室及会议室。要求每个办公室安装一个计算机网络信息点、一个电话语音信息点，共计需要安装 154 个计算机网络信息点、77 个电话语音信息点。在领导办公室和会议室内需要各安装一个有线电视信息点。为了保证大楼的安全，在各楼层通道、大厅和会议室内均安装一个闭路视频监控点，共计 15 个闭路监控制点。

3．项目功能要求

为了保证系统安全，本布线系统设计要实现内外网隔离，因此计算机网络系统必须布设两套系统，一套用于内部办公网络，另一套用于连接外部互联网络。因此安装计算机网络信息点总计应为 154 个，其中内网安装 77 个信息点、外网安装 77 个信息点。

根据用户需求分析，本系统的局域网的骨干采用千兆以太网技术，百兆以太网连接到用户终端设备。要求在楼道、大厅、会议室布设全方位的视频监控点，在二楼的控制中心内可以监控到整个大楼的状况。

4．办公楼的设备间位置

根据综合布线系统设计规范要求并结合办公楼的内部结构，建议设备间设在二楼的计算中心机房。该设备间既是计算机网络和电话系统的管理中心，也是视频监控系统的控制中心。

9.1.2 设计标准与依据

在设计办公楼综合布线系统设计方案时，应根据国家及行业相关的标准和规范进行设计，其具体的标准和规范如下：

（1）本项目设计遵循以下标准或规范：

- DBJ08-47-95：智能建筑设计标准
- ANSI/EIA/TIA-568B：民用建筑电信布线系统标准
- ANSI/EIA/TIA-569：电信走道和空间的民用建筑标准
- ANSI/EIA/TIA-606：民用建筑电信设施的管理标准
- ANSI/EIA/TIA-607：民用建筑电信设施接地标准
- TSB-67：UTP 布线现场测试标准
- ISO/IEC 11801：电信布线系统标准
- GB50311—2016：综合布线系统工程设计规范
- JGJ/T 16-92：中国民用建筑电气设计规范

（2）参照的网络标准有：

- IEEE802.3u：快速以太网（100Mbit/s）
- IEEE802.3ab：千兆以太网 (1000Mbit/s)
- 城市住宅区和办公楼电话通讯设施设计标准（YDT 2008-93）

9.1.3 网络布线设计原则与需求调查

在设计办公楼综合布线系统设计方案时，需要遵循相应的设计原则；同时还要调查用户的需求。

1. 网络布线设计原则

网络布线系统作为基础设施的重要组成部分，尽管只占总建筑投资的 2%左右，但是却决定着网络所能提供的最大带宽，而且一旦实施就很难再扩充和更换。因此，办公楼网布线设计必须遵循以下基本原则。

（1）兼容性原则

综合布线中使用的所有产品都应当符合 EIA/TIA 国际标准，采用标准线缆、连接器、端子排及适配器，将语音、数据、监控的图像及设备、控制等不同性质的信号综合到一套标准的布线系统中传递，以满足不同生产厂家终端设备的需要，不应存在设备和电缆的兼容性问题。

（2）开放性原则

综合布线系统采用开放式结构体系，符合相应的国际标准和国家标准，保证对所有著名厂商的产品都是开放的（如联想、HP 等计算机设备，华为、Cisco、3Com 等的交换机设备），并对几乎所有的网络类型（如 Ethernet、ATM 等）和通信协议（如 TCP/IP、IPX/SPX 等）也是开放的，无论采用什么样的网络类型和设备，都可以在布线系统中良好地运行。

（3）灵活性原则

综合布线系统采用相同的传输介质、物理星形拓扑结构，所有信息通道全部可以通用。所有设备的接入、移动或移除均无须改变布线系统，只需增减相应的网络设备以及进行必要的跳线管理即可。

（4）可靠性原则

综合布线系统采用高品质的材料和组合压接的方式构建高性能通信链路。每条链路都采用专用仪器校核线路衰减、串音、信噪比，以保证其电气性能，不会造成交叉干扰。物理星形拓扑结构的特点，使得任何一条线路故障均不影响其他线路的运行，同时为线路的运行维护及故障检修提供了极大的方便，从而保障了系统的可靠运行。

（5）先进性原则

综合布线系统遵循弹性布线理念，采用光纤与超五类或六类双绞线混布方式，合理构成一套完整的布线系统。建筑群布线、垂直主干布线采用光缆，设计为 1000Mbit/s 带宽，为将来的发展提供了足够的余量。物理星形的布线方式为将来发展交换式网络奠定了坚实的基础。

（6）经济性原则

综合布线系统的初期投资较大，应本着经济、实用的原则，保证在今后若干年中不增加新的投资情况下仍能保持建筑物的先进性，并具有极高的性能价格比。通常情况下，综合布线系统的使用寿命为 10～15 年。

（7）保密性原则

综合布线系统应确保系统的安全性，防止黑客入侵和破坏。

2．布线需求调查

办公大楼网络布线方案的构思与设计非常重要。对于办公网络而言，在设计网络布线方案前，应当着重考察以下几个方面。

（1）网络拓扑结构

在进行网络的总体设计前，首先应当搞清楚哪些建筑物需要布线、每座建筑物中的哪些房间需要布线、每个房间的哪个位置需要预留信息插座，以及建筑物之间的距离、建筑物的垂直高度和水平长度等。只有事先调查好这些内容，才能合理地设计网络拓扑结构，才能选择适当的位置作为网络管理中心，才能选择适当的位置作为设备间放置联网设备，才能有目的地选择组建网络所使用的通信介质和交换机。

（2）数据传输需求

用户对数据传输量的需求决定了网络应当采用何种联网设备和布线产品。就目前的情况来看，尽管视频会议已经成为办公网络所必须支持的功能之一，但是由于视频会议采用广播或组播方式进行传输，所占用的带宽非常有限。另外，办公网络很少有多媒体数据的传输，因此对带宽的要求不是很大。由此可见，千兆作为主干、百兆到桌面的形式，完全可以满足办公网络的应用需求。

（3）专用网络安全

在对行政办公网进行布线设计时，必须考虑行政专网与公网相互分开的问题。为了确保敏感数据的安全，涉密的行政专网必须与公众可以访问的公网实施物理隔离。因此，党政机关的办公网络是两套相互独立的系统，布线系统必须适应这一特殊要求。

（4）网络未来发展

网络布线作为一种长期的投资，不仅要容纳网络中当前的用户，还应当为网络保留至少 3～5 年的可扩展能力，从而使得在用户增加时，网络依然能够基本满足增长的需要。另外，还要保证满足 5～10 年内进一步提升网络带宽的要求，以适应未来网络技术发展和网络应用对传输速率的要求。

原因很简单，布线工程一旦完毕，就很难再更换或进行扩充性施工。因此，在埋设网线和信息插座时，一定要有足够的余量；在选择布线产品时，应当在现有需求的基础上适度超前。而网络设备，则可以在需要时随时购置或更新。

9.1.4 建筑群子系统设计

建筑群子系统是指用于连接各建筑子网络的布线系统，主要由建筑群间光缆布线和光缆配线架构成。

考虑到未来网络应用发展的需求，结合行政办公网双网分离的特点，以及该网络对安全性的要求，建筑群布线应当采用 8～12 芯 9μm/125μm 单模光缆。

建筑群光缆敷设采用管道直埋方式。开挖深度为 1.2～1.4m 的电缆沟；其中敷设 7 孔梅花管。每 50m 和拐角处均应预留一个电信井，如图 9-1 所示。便于光缆的敷设施工和融接，以及日后的线缆维护和管理。

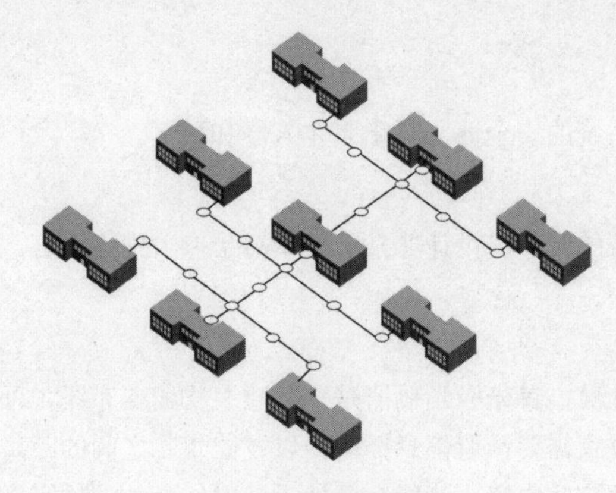

图 9-1 电信井设计

为了缩短光缆距离，保证通信质量，应当尽量选择位于中心位置的建筑作为办公网的中心节点。

9.1.5 办公楼布线设计

办公楼布线设计主要包括垂直主干子系统和管理子系统等方面，其具体内容如下。

1. 垂直主干子系统设计

垂直主干子系统由连接主设备间和各楼层配线间的线缆构成，用于连接分层接入设备与主接入设备，提供楼层之间通信的通道，使整个布线系统组成一个有机的整体。垂直主干子系统拓扑结构采用分层星形结构，每个楼层配线间均需采用垂直主干线缆连接到大楼主设备间，如图 9-2 所示。垂直主干系统和水平系统之间的连接，需要通过楼层设备间的交换机，以及管理间的跳线来实现。

（1）线缆

保密网络的垂直主干布线采用 6～8 芯 50/125μm 室内多模光纤，最大限度地保证数据传输的安全性和稳定性，而公用网络可采用 2～4 根六类非屏蔽双绞线，以降低网络布线和网络设备购置费用。

（2）路由

如果建筑物预留有电信井，自然应当将建筑物主干布线敷设在其中。否则，可以在建筑物水平中心位置垂直安装密闭金属桥架，用于楼层之间的垂直主干布线。选择在水平中心位置，可以保证水平布线的距离最短，既减少布线投资，又可保证最大传输距离在水平布线所允许的 90m 之内。

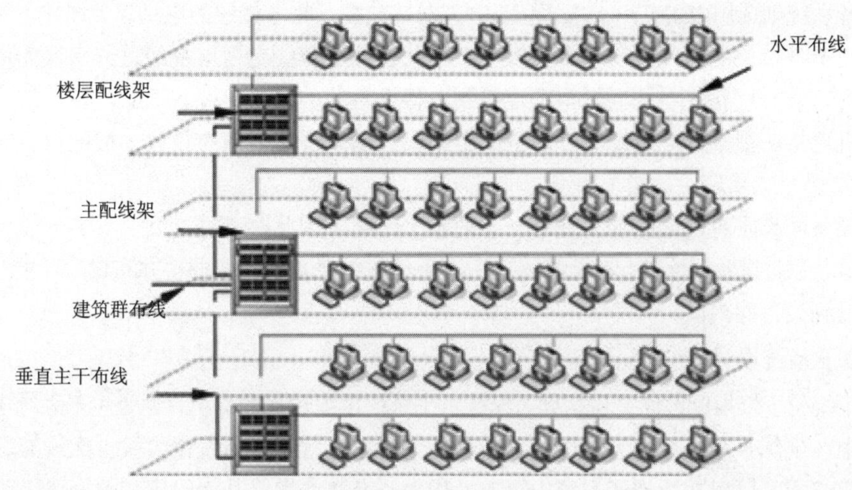

图 9-2　垂直主干布线

对于计算机数量较少的小型建筑物而言，主干布线不是必需的。尤其是对于双网并存的网络而言，在每层都设置配线间意味着每层都必须安装 2 组交换机，分别为两个网络分别提供接入。因此，可以省略垂直主干布线，只保留水平布线系统；同时，在整栋楼内只设置一个设备间，将所有双绞线分别汇聚到不同的网络，如图 9-3 所示。这样既便于对综合布线的统一管理，又节约了主干布线所需的各种设备，并且无须价格昂贵的光缆布线和光接口设备，可谓一举多得。

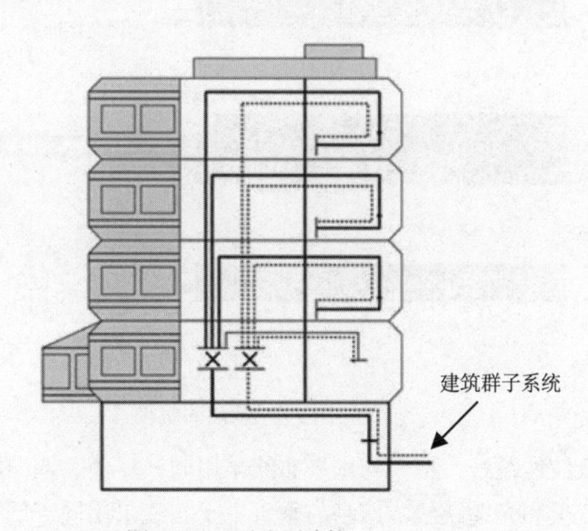

图 9-3　双网分别连接

当然，由于双绞线的传输距离最多只有 100m，综合布线长度通常不超过 90m，因此，电信间位置的选择非常重要。通常选择在水平和垂直居中的位置，即位于建筑的中间楼层和楼道的中间位置。

根据某办公楼的建筑特点和系统要求，干线子系统采用垂直干线路由的布线方式。利用各楼道已安装好的垂直弱电井，布设各系统所选用的各种干线电缆。

由于该楼内的局域网主干要求采用千兆以太网技术，因此计算机网络系统的主干线缆应选用 IBDN 六芯 62.5/125μm 规格的多模室内光缆，为各楼层交换机与设备间的中心交换机之间连接提供千兆链路。

电话语音系统则选用IBDN Plus三类25对大对数电缆，将各楼层的电话语音线路汇聚到二楼的设备间内。由于各楼层的有线电视信息点较少，因此各楼层有线电视电缆经过分支器连接后，在垂直干线通道内布设一根有线电视同轴电缆连接到二楼设备间的有线电视放大器。各楼层及大厅的视频监控摄像机连接的视频同轴电缆和2芯控制电缆，经垂直干线通道布设到二楼的设备间的视频监控中心。

二楼的设备间离垂直干线的弱电井有一定的水平距离，因此在二楼走廊上安装一段金属槽架，将二楼垂直弱电井与设备间连接起来。楼内的所有干线线缆经垂直干线弱电井布设后，再经过二楼的金属槽架布设到设备间内。

2. 管理子系统设计

管理子系统位于楼层配线间或电信间，既是水平系统电缆端接的场所，也是主干系统电缆端接的场所，是集中体现综合布线系统灵活性、可管理性之所在。管理子系统由大楼主配线架、楼层分配线架、跳线等组成。可以在管理子系统中更改、增加、交接线缆，从而设置和改变线缆路由。

双网分离实际上就是在管理子系统内实现的。使用跳线将配线架上的端口连接至不同的交换机，即可将连接至相应信息插座的计算机连接到不同网络，如图9-4所示。从而实现内网和外网的分离。而计算机所使用的水平布线和工作区布线是一致的。

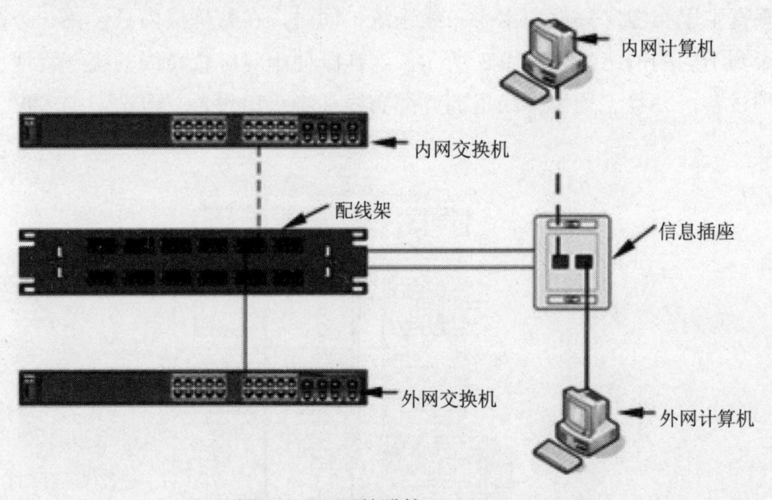

图9-4　双网的跳接

楼层配线架和双绞线跳线，应当与水平布线采用同一厂商、同一标准、同一型号的六类非屏蔽布线产品；光缆配线架和光缆跳线，应当与垂直主干布线采用同一厂商、同一标准、同一型号的布线产品。

根据某办公楼信息点的分布情况，在1楼、3楼、4楼、5楼、6楼、7楼各设一个楼层配线间。配线间内安装一个20U的落地机柜，机柜内应安装两台24口的百兆以太网交换机，以分别连接两个不同的网络系统。机柜内还安装两个IBDN 24口的模块化数据配线架，以分别端接两个不同网络系统信息点。为了方便线缆的管理，机柜内还要安装两个IBDN理线架，以整理和固定跳线。机柜下方还应安装一个光纤配线盒，以端接两根主干6芯光缆。

在配线间墙面上应安装一个50线对的IBDN BIX配线架，以端接各楼层房间布设到配线间的

UTP 电缆。BIX 配线架最终将各房间电话线路转接到 3 类大对数主干电缆，该主干电缆将与设备间的 BIX 配线系统端接。

3. 水平子系统设计

水平子系统的范围是从楼层配线间至工作区用户信息插座，主要由用户信息插座、水平电缆、配线设备等组成。综合布线中水平子系统是计算机网络信息传输的重要组成部分，采用星形拓扑结构，每个信息点均需连接到管理子系统。水平布线系统施工在综合布线系统中工作量最大，在建筑物施工完成后，不易变更。因此要严格施工，保证链路性能。

水平布线采用六类非屏蔽系统；最大水平距离为 90m（从管理子系统的配线架至工作区子系统信息插座的电缆长度）；工作区子系统和管理间子系统的跳线的长度总和不能超过 10m。

根据楼道内是否准备吊顶，分别采用埋入式和架空式。

（1）埋入式

所谓埋入式，是指将金属或塑料材质（如镀锌钢管或 PVC 管）的布线管道或线槽埋入地面垫层中，然后将水平线缆穿入管道或线梢。布线管槽从配线间沿走廊辐射至各工作间。埋入式布线适用于楼道没有或不准备吊顶，并且信息点数量不多的办公楼。

（2）架空式

架空式采用固定在楼顶或墙壁上的桥架作为线缆的支撑，将水平电缆敷设在桥架中，装修后的天花板可将桥架完全遮起来。架空式是目前应用最为广泛的布线方式，适用于楼道设计有天花板的办公楼。如图 9-5 所示为开放式桥架和封闭式桥架。

图 9-5　开放式桥架和封闭式桥架

为了实现内外两套网络的布设，因此每个办公室将从信息插座处布设两根 IBDN1200 系列超五类屏蔽双绞线电缆至楼层配线间内。每个办公室或会议室的语音电话插座处布设一根 IBDN1200 系列超五类屏蔽双绞线电缆到楼层配线间内，选用超五类 UTP 电缆的目的是为了以后的语音和数据互换做准备。领导办公室和会议室内的 CATV 电视插座处将布设一根 75Ω 同轴电缆至楼层电视分支器设备。各楼层及大厅内安装的视频监控摄像机将布设一根视频同轴电缆至二楼的控制中心，以传输视频信号，另外还布设一根 2 芯控制线缆，以控制云台移动和镜头变焦。

本楼内各房间内均安装了天花板吊顶，因此水平子系统中各系统所使用线缆可以统一穿在一个 PVC 管道内，并布设在天花板吊顶内。各房间内的线缆经过走廊天花板吊顶统一布设到楼层配线间或垂直竖井管道内。PVC 管道内敷设电缆的截面积应该只占 PVC 管截面积的 70%，为以后的线路扩展预留一定的空间。房间内的 PVC 管预埋于墙内，与墙上暗装的底盒相连接。

4．设备间子系统设计

设备间子系统是一个集中化设备区，用于连接系统公共设备（如局域网交换机、网络服务器、建筑自动化和保安系统），以及通过垂直干线子系统连接至管理子系统。如图 9-6 所示为设备间。

图 9-6　设备间

设备间子系统是大楼中数据、语音垂直主干线缆终接的场所，也是由建筑群来的线缆进入建筑物终接的场所，以及各种数据、语音、主机设备及保护设施的安装场所。设备间子系统建议设置在建筑物中部或一、二层，位置应当靠近电梯，为以后的扩展留有余地。

设备间应当提供两套网络交换机设备，以便分别为网内和网外计算机提供相互物理隔离的网络接入。主设备间选用汇聚交换机，各楼层设备间则选用接入交换机。接入交换机拥有 1～2 个光纤接口，汇聚交换机则拥有 12～24 个光缆端口，用于实现楼宇内交换机的汇接，并实现与核心交换机的连接。

根据建筑物的结构特点，设备间设在办公楼二楼计算机管理中心。设备间内安装 1 个 40U 的立式 19"标准机柜，机柜内安装两台 24 口千兆全光口以太网交换机、1 台电话程控交换机、2 个 IBDN 12 口光纤配线架、1 个 IBDN250 线对 BIX 配线架、1 个 IBDN 理线架等设备。

各楼层的两套计算机网络系统分别通过不同主干光缆接入设备间机柜内的两个光纤配线架上，再通过光纤跳线连接到千兆全光口以太网交换机。

电话语音系统的主干大对数电缆端接到设备间机柜内的 BIX 配线系统，然后通过跳线连接到电话程控交换机端口上。

各楼层的有线电视主干同轴电缆通过分配器连接到设备间内的有线电视放大器。

设备间还是本楼视频监控的控制中心，因此需要安装一个视频监控控制台。在控制台上配备一台视频矩阵切换主机、1 个控制键盘、1 台 16 画面的分割器、1 台监视器、1 台时滞录像机。各楼层监控点布设的同轴电缆和控制电缆应与控制台上的设备正确连接。监控人员可以通过 1 台监视器监控所有监控点的图像，并通过控制键盘控制摄像机的变焦和移动。

提示：为了确保设备间内设备的正常运行，设备间内安装了防静电地板，地板、设备外壳、机柜均应进行良好接地，设备间内还安装了两台 5 匹的柜式空调，以控制设备间的温度和湿度。设备间内应安装必备的消防设施，以达到设备的防火要求。设备间内配备了 1 台 10kVA UPS 设备并配备足够数量的电池，以确保为设备间内的设备稳定供电。

5. 工作区子系统设计

工作区子系统是指从水平系统用户信息插座延伸至数据终端设备的区域，由连接线缆和适配器组成。

工作区布线采用埋入式。将线缆穿入 PVC 管槽内，或埋入地板垫层中，或埋入墙壁内，底盒直接嵌入墙内。信息插座的位置应当选择在办公桌附近，并且需要为每个信息点都配置相应的电源插座。

由于需要分别连接两个网络，因此每间办公室的信息点数量应当酌情增加 1～2 个，保证每间办公室拥有 3～6 个信息点，每 $10m^2$ 不少于 2～4 个信息点。信息插座面板可以采用 2 孔或 4 孔，方便用户在不同网络之间切换。如图 9-7 所示为信息插座面板。

图 9-7　信息插座面板

本方案的工作区子系统结合楼内办公环境的实际情况，为了满足现在或将来数据传输的应用要求，采用超 5 类模块来连接终端计算机设备。考虑到办公网络的安全性，楼内需要安装两套物理隔离的网络，因此在楼内的每个办公室、会议室内各安装两个信息插座，每个插座内安装一个超 5 类模块。为了让办公人员较容易区分两个不同网络接入插座，因此在插座上应贴上明显的标志。

为了使每个办公室配置一个电话接口，因此在办公室内应配备一个 RJ-11 电话模块，并将该模块安装在其中一个信息插座内，与计算机网络接口模块 RJ-45 共用一个插座。但为了区别插口的类型，应在电话接口处贴上明显的电话标志。办公室内所有安装的信息插座应距离地面 30cm 以上，信息插座应配符合国标 86 系列标准的双孔带防尘盖的面板。

根据需求分析得知，楼内的有线电视系统的信息点只有 5 个，分布在领导办公室及会议室内，因此必须在领导办公室及会议室内各安装一个 CATV 电视插座。

为了确保大楼的安全，各楼层通道及会审室内应安装一个彩色摄像机，并配电动可变焦镜头和云台，使摄像机在监控人员控制下进行全方位的视频监控工作。

9.2　某小区综合布线系统设计方案

本节以某小区综合布线系统设计方案为例，介绍小区综合布线系统设计的方法。

9.2.1　小区综合布线系统需求分析

小区综合布线系统需求分析主要包括小区建筑布局和功能需要及信息数量等方面内容，其具体内容如下。

1. 项目概述

某智能化住宅小区建筑占地面积 500 亩，是一个超大坡地型现代化人文社区。该小区可容纳 4800 户居民入住，有 8 万平方米的商业街区，7 大主题园林，5 大休闲广场。本工程项目主要负责该小区的莲花苑综合布线工程。莲花苑包括 14 栋、15 栋、16 栋、21 栋、22 栋共五幢建筑物。

2．小区建筑布局图

莲花苑小区共包括 14 栋、15 栋、16 栋、21 栋、22 栋，共 5 幢建筑。21 栋、22 栋为一梯两户，楼层高度为 3.6 米。14 栋、15 栋、16 栋为一梯 4 户，楼层高度为 3.6 米，各幢建筑物的楼层均为 6 层。小区中心机房已布设暗埋管道至各幢建筑。具体的小区建筑物布局如图 9-8 所示。

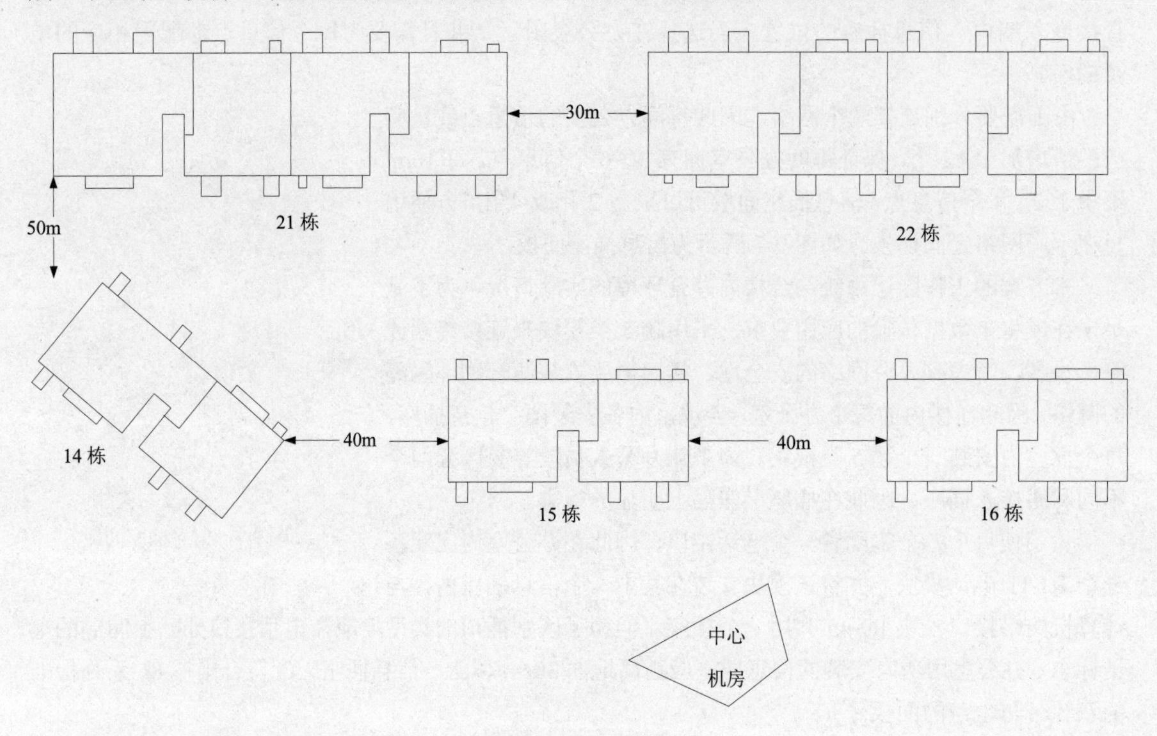

图 9-8　建筑布局图

3．功能需要及信息数量

根据该小区的用户需求，小区的综合布线系统应包括计算机网络系统、电话语音系统、有线电视系统、视频监控系统四类。本项工程方案设计将围绕这四类系统进行详细设计。小区每个住户内均需要安装计算机网络信息点、电话语音信息点、有线电视信息点。为了确保小区的安全，在每幢楼的四角各安装一个全方位的视频监控点，并能通过控制中心进行视频监控管理。

各楼宇信息点数量如表 9-1 所示。

表 9-1　各楼宇信息点数量

楼栋号	计算机网信息点数量	电话语音信息点数量	有线电视信息点数量
14 栋	144	96	96
15 栋	132	96	96
16 栋	72	48	48
21 栋	108	72	72
22 栋	120	96	96
总计	576	408	408

4. 小区计算机网络拓扑结构图

莲花苑小区采用星形网络拓扑结构，各楼宇交换机通过千兆光纤链路与中心交换机连接，各楼宇住户通过百兆以太网接入小区局域网络。小区的计算机网络拓扑结构如图 9-9 所示。

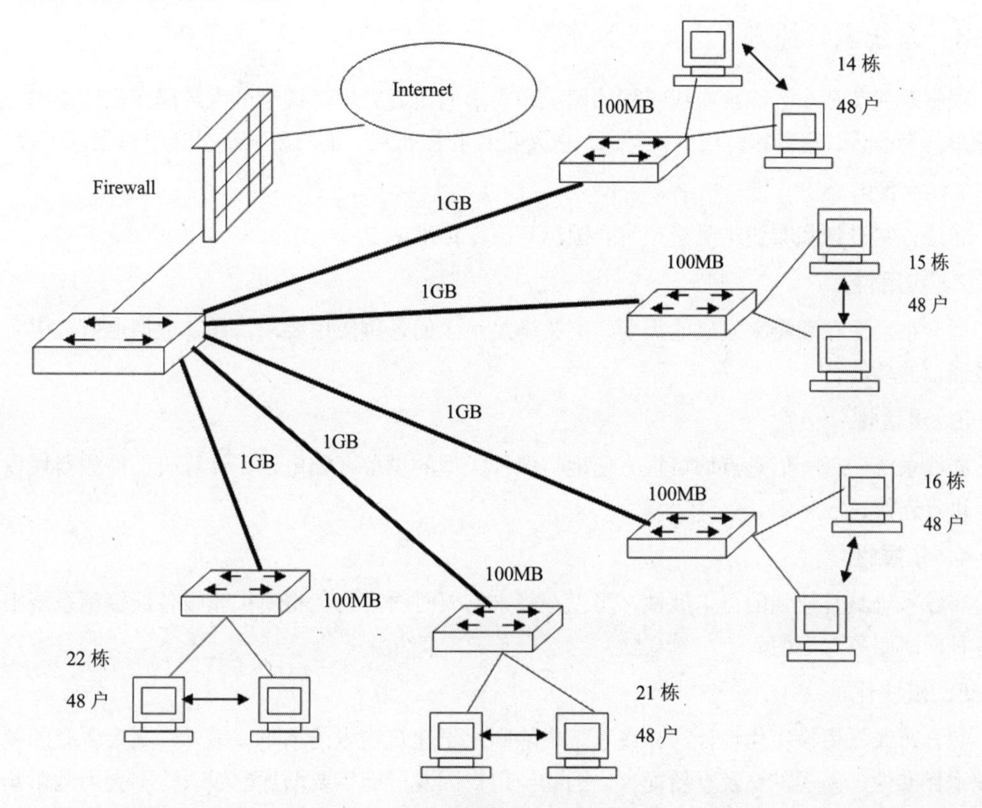

图 9-9　小区计算机网络拓扑结构

9.2.2　设计标准与依据

在设计小区综合布线系统设计方案时，应根据国家及行业相关的标准和规范进行设计，其具体的标准和规范如下：

- ANSI/EIA/TIA-568A 商用建筑通讯布线标准
- ANSI/EIA/TIA-569 商用建筑通讯布线及空间标准
- ANSI EIA/TIA-606 商用建筑通讯布线管理标准
- ANSI EIA/TIA-607 商用建筑通讯布线接地标准
- ISO/IEC 11801 用户楼宇通用布线标准
- TIA/EIA TSB-67 商用建筑通讯布线测试标准
- 综合布线系统工程设计规范 GB50311-2016
- 市内电话线路工程施工及验收技术规范（试行）YDJ38-85
- 《有线广播系统技术规范及电缆标准》（GY/T106-1999）
- 《有线广播电视网电缆分配网设计规范》
- 《有线电视 HFC 系统技术规范》

设计依据：

- 《莲花苑小区建筑平面图》
- 《莲花苑小区户型结构图》

9.2.3 系统设计原则

根据对莲花苑小区综合布线工程的概况和需求的研究分析，该小区人员居住比较集中，要求每家每户均有语音、宽带和有线电视接入，以及视频监控布局，我们在系统设计中确立以下设计原则：

1. 标准化

布线方案设计和布线产品必须符合国标和国家标准。

2. 实用性

适应小区现在和将来发展的需要，能够满足小区的各种应用要求，具备数据通信、语音通信和图像通信的功能。

3. 灵活性

布线系统中任一信息点均可很方便地与多种类型的设备（如电话、计算机、检测器件以及传真等）进行连接。

4. 扩展性

布线系统具有较强的可扩展性，可以在将来需要时很容易地将所扩充设备连接到系统中来，实现各种网络服务与应用。

5. 模块化

综合布线采用模块化设计，布线系统中除固定于建筑物内的水平线缆外，其余所有的接插件都是积木标准件，易于扩充及重新配置，因此当用户因发展而需要增加配线时，不会因此影响到整体布线系统，可以保证用户先前在布线方面的投资。综合布线为所有语音、数据和图像设备提供了一套实用的、灵活的、可扩展的模块化的介质通路。

6. 兼容性

对不同厂家的语音、数据设备均可兼容，且使用相同的电缆与配线架、相同的插头和模块插孔。因此，无论布线系统多么复杂、庞大，不再需要与不同厂商进行协调，也不再需要为不同的设备准备不同的配线零件，以及复杂的线路标志与管理线路图。

9.2.4 小区布线系统设计

设计小区布线系统主要包括工作区子系统、水平子系统、干线子系统、设备间子系统、建筑群子系统和闭路视频监控系统等方面，其具体内容如下。

1. 工作区子系统

为了不影响室内装修效果，所有信息点插座均暗埋在墙内，并距地面 30cm 以上的位置。计算机网络信息插座将安装一个超五类模块，并配一个 86 型的带防尘盖的单口面板。电话语音插座将安装一个 RJ-11 电话模块，并配有一个 86 型的带防尘盖的单口面板。有线电视插座将采用有线电视 CATV 插座。所有安装的插座应贴上明显的功能标志，以方便用户识别使用。如图 9-10 所示为计算机网络信息插座和有线电视 CATV 插座。

为了便于用户接入各种信息插座，应为用户配备与插座数量相当的 RJ-45-RJ-45 跳线、RJ11-RJ11 跳线。有线电视插线一般由用户自配。

图 9-10　计算机网络信息插座和有线电视 CATV 插座

2. 水平子系统

根据小区住户内安装的系统类型，分别选择相应的传输线缆。计算机网络系统将选用超五类非屏蔽双绞线电缆，以实现 100Mbit/s 以太网络接入的要求。电话语音系统将选用超五类非屏蔽双绞线电缆，为以后的数据和语音信息点互换做好准备。

有线电视点将布设 75Ω 视频同轴电缆，由于住户内有两个有线电视点，因此应安装一个二分分支器，分支器输入端与室外视频同轴电缆连接。

为了不影响室内的美观，室内的所有线缆均采用暗埋方式进行布设。在建筑施工时，各住户已将 PVC 管暗埋到墙内，并与暗埋在墙内的插座底盒相连接。数据和语音系统的 UTP 电缆将混合一起进行敷设，有线电视同轴电缆单独敷设。

3. 干线子系统

由于小区内每幢楼宇的楼层数都是 6 层，楼内用户信息点不算密集，因此从造价及维护管理角度考虑，将不设置楼层配线间，因此楼内各住户的线缆将直接从住房内引出，然后沿着已埋设好的垂直管道布设到一楼的设备间，不再配备专门的主干电缆。

各住户的 UTP 电缆将直接布设至一楼设备间，有线电视同轴电缆从房内分支器引出后，与楼道内的分配器相连，并通过一根视频同轴电缆布设至一楼设备间。

为了满足楼内主干线缆的布设，楼道内的垂直管道将预埋一根 100mm 的 PVC 管道。

4. 设备间子系统

由于小区内每幢楼宇内的信息点不算密集，因此楼层不设配线间，统一在一楼楼梯间预留设备间。小区的中心机房将作为整个小区的设备间，对小区的计算机网络、电话语音、有线电视系统、视频监控系统进行集中管理。

（1）楼宇的设备间

各楼宇的设备间内主要安装必备的线路管理器件及设备，以管理楼内的各系统的线路并提供接入服务。

设备间内将安装一个落地 9U 机柜，机柜内安装两台 100Mbit/s 以太网交换机、两个 IBDN 24 口的模块化数据配线架、两个 IBDN 理线架、一个光纤接线盒。楼内各住户的计算机网络信息点引出的 UTP 电缆将端接于数据配线架上，并通过 RJ-45-RJ-45 跳线连接于以太网交换机端口。理线架起到线缆的整理和固定作用。光纤接线盒用于连接从小区设备间布设过来的光缆，并转接为光纤跳线，以连接以太网交换机的光纤模块。

设备间的墙面上将安装一个50线对的IBDN BIX配线架，配线架上安装两条1A4的BIX条。楼内所有住户电话语音信息点引出的UTP电缆将端接于配线架的BIX条上。从小区设备间引至楼内设备间的3类大对数电缆将端接于配线架的BIX条上，以实现电话系统的连接。

设备间内还将安装一台有线电视的光接收器和放大器，小区设备间布设的有线电视光缆通过光接收器转为电信号，然后经放大器输送到各楼层的分配器，最终将有线电视信号送至各住户的电视机。

（2）小区设备间

为了对小区的计算机网络、电话语音、有线电视系统、视频监控系统进行集中管理，小区设备间安装相应的线路管理器件及设备，以为各系统提供服务。如图9-11所示为小区设备间。

图9-11　小区设备间

小区设备间内将安装一个落地40U机柜，机柜内将安装小区中心交换机、IBDN24口光纤配线架、IBDN 理线架。各楼宇布设的光缆经光纤配线架端接后，由光纤跳线连接至中心交换机，从而将小区各楼宇的局域网互连为小区宽带网络。

小区设备间还须另外安装一个落地40U机柜，机柜内将安装IBDN BIX配线架，各楼宇布设的3类大对数电缆将引至机柜内，然后端于配线架的BIX条。在机柜内安装电话程控交换机，该交换机与电信中继线路连接，配线架上BIX条通过跳线连接于电话程序控交换机，从而实现小区电话系统的接入管理。

小区设备间内安装了有线电视的放大器，放大器与市内有线电视网络连接。有线电视信号将通过光发射器，传输到各楼宇的设备间内。

为了确保小区设备间内设备的正常运行，设备间内必须敷设防静电地板，地板、设备外壳和机柜均进行接地处理。设备间内还安装了两台5匹的柜式空调，以控制设备间的温度和湿度。设备间内应安装必备的消防设施，以达到设备防火的要求。设备间内配备了1台10KVA UPS设备并配备足够数量的电池，以确保设备间内设备的稳定供电。

5．建筑群子系统

小区网络建筑群子系统选择两根多模光缆作为传输介质，并通过核心交换机连接至各建筑物汇聚交换机，从而实现小区的网络的互联。如图 9-12 所示为莲花苑小区的 5 幢楼宇到小区中心机房之间暗埋管道的距离示意图。

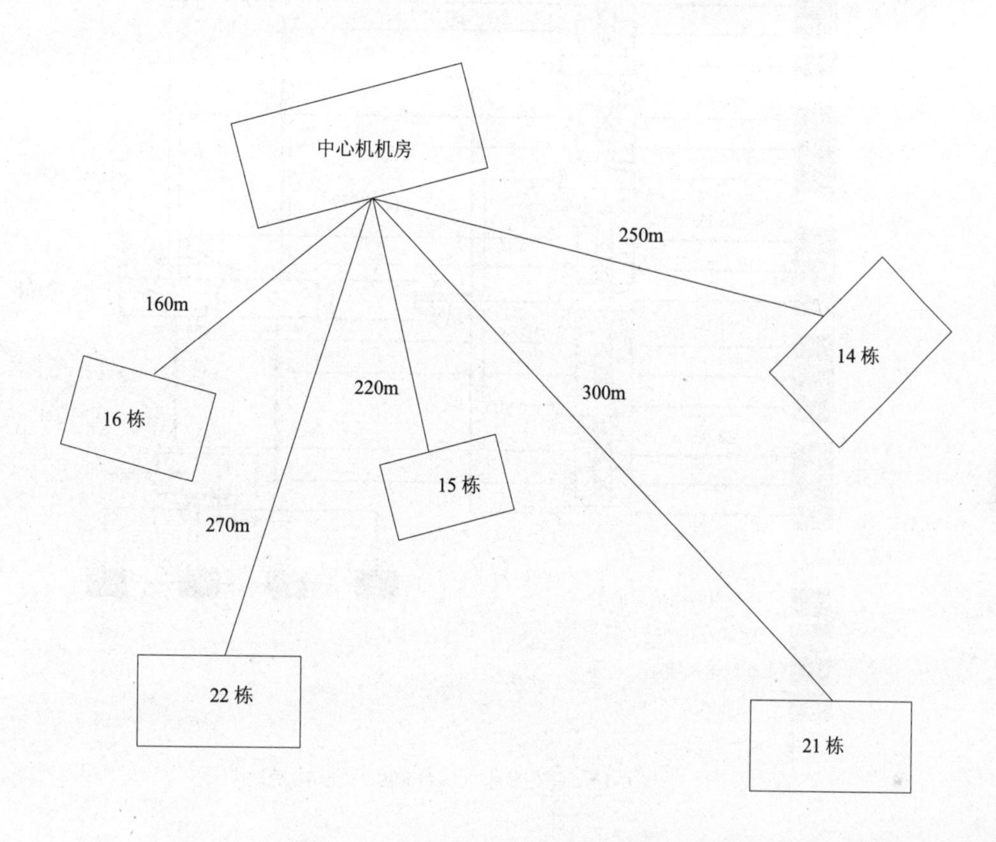

图 9-12　5 幢楼宇到小区中心机房之间暗埋管道的距离示意图

6. 闭路视频监控系统

根据用户需求可知，该小区需要在 5 幢楼宇的四角安装全方位的视频监控制点，因此共计需要安装 20 个视频监控点。

为了实现全方位的视频监控，除了配备 20 台摄像机外，还应配备 20 个可电动变焦镜头，20 个云台。每个摄像机将布设一根视频同轴电缆和一根 2 芯控制电缆至小区中心机房，对于距离较远的楼宇应再配备一台中继放大器，以便延长电缆连接。

小区中心机房作为小区视频监控中心。控制中心内将安装一个控制台、一台视频矩阵切换主机、1 个控制键盘、两台 12 画面的分割器、1 台监视器、1 台时滞录像机。各楼宇的监控点布设的同轴电缆和控制电缆应与控制台上的设备正确连接。监控人员可以通过 1 台监视器就可以监控所有监控点的图像，并通过控制键盘控制摄像机的变焦和移动。

莲花苑小区的综合布线系统结构如图 9-13 所示。从系统结构图来看，小区的综合布线系统采用星形拓扑结构，中心点为小区设备间。各楼宇内的住宅信息点，经楼内设备间设备转接后，最终连接至小区设备间的主设备，从而实现系统的集中控制和管理。

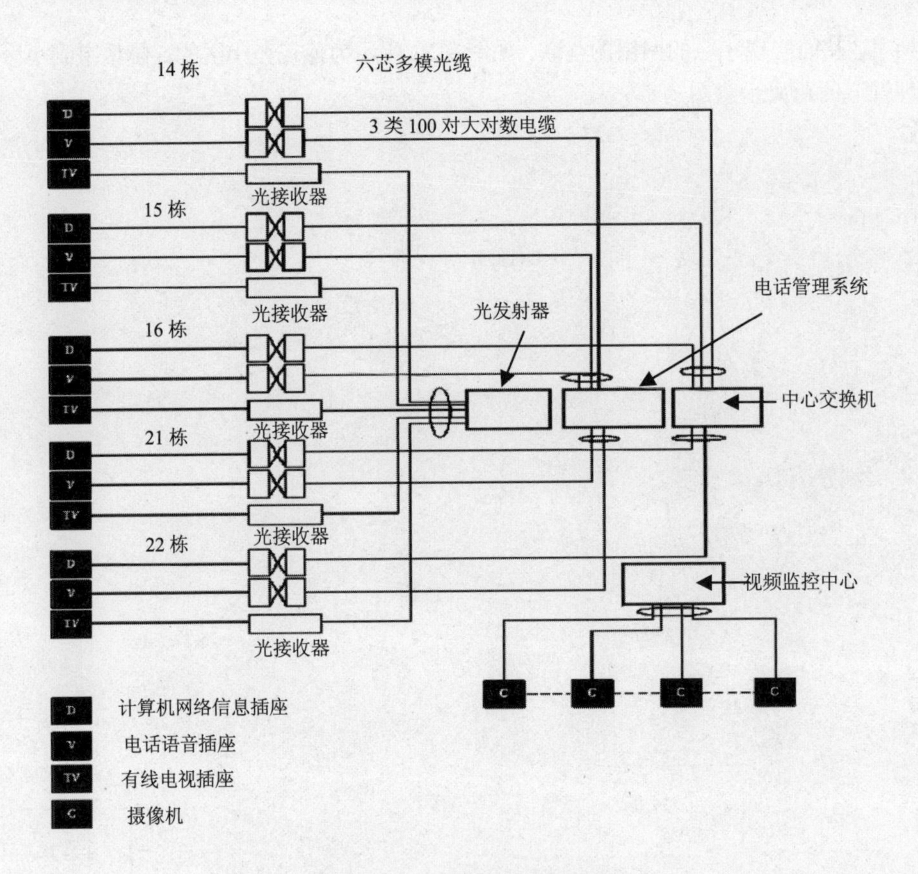

图 9-13　莲花苑小区综合布线系统结构图

9.3　某企业综合布线系统设计方案

企业局域网作为提高企业生产和营销效率，以及实现办公自动化和商务电子化的必要手段，无疑是企业最有价值的投资之一。作为搭建企业网络的基础，布线系统最终决定着网络能否提供稳定、安全、高效的数据传输，实现网络用户的所有应用需求。因此，在降低投入成本的同时，还必须确保企业网络布线系统的先进性和稳定性。

由于企业建筑一般由办公楼和工厂车间组成，因此，企业综合布线系统又分为办公楼综合布线系统和工厂区综合布线系统两部分。

9.3.1　企业办公楼综合布线设计

设计企业办公楼综合布线主要包括企业应用需求分析和综合布线设计等内容，其具体内容如下。

1．企业网络综合布线概述

（1）企业应用需求分析

企业网络布线应当满足以下需求：

1）满足主干 1000Mbit/s、水平 100Mbit/s 交换到桌面的网络传输要求。

2）主干光纤的配置冗余备份，满足将来扩展的需要。

3）满足与电信及自身专网的连接。

4）信息点功能可随需要灵活调整。

5）兼容不同厂家、不同品牌的网络设备。

同时，能够满足以下通信需要：

1）电话。

2）计算机网络。

3）具备实现 BAS、CAS、OAS、SCS 等系统网络集成的条件。

4）具备实现视频传输的条件。

5）其他符合布线标准的信号、数据传输。

为保证企业网络在服务质量、网络吞吐率、网络响应时间、数据传输速度、资源利用率、可靠性、性能价格比等方面符合用户的所有需求，根据企业网络布线工程的特殊性，所有语音点和数据点统一使用超五类 4 对双绞线，实现语音、数据相互备份；网络主干则全部使用光纤，从而实现水平 100Mbit/s、主干 1000Mbit/s 的网络带宽。为了保证未来扩展的需要，光缆和双绞线均应留有一定的冗余。

（2）网络综合布线设计目标

考虑到综合布线系统对一次性施工的要求较高，为保证企业网络综合布线系统的先进性、适用性、稳定性和可靠性，并适应未来计算机网络快速发展的要求，在规划设计中应当选择高品质的布线产品。

布线系统设计目标如下：

1）选择先进、高品质的综合布线产品，以高的性能指标、好的工艺性能确保综合布线系统能够满足智能化系统应用的要求。

2）使用光纤作为系统主干，冗余配置，提高系统带宽并防止电磁干扰，适应未来发展。

3）星形拓扑结构，支持各种形式的网络应用。

4）为办公楼提供全方位的应用平台，支持办公网络设备、各种采编设备及保安设备等的系统集成。

5）以机柜型配线系统为核心，努力提高系统的可靠性和安全性。

6）综合考虑各智能系统对综合布线系统的要求，为各弱电系统集成提供传输通道。

7）具有开放式的结构，能与众多厂家的产品兼容，具有模块化、可扩展、面向用户的特点。

8）能完全满足现在以及今后在语音、数据及影像通信方面的需求，能将语音、数据与影像等方面的通信融于一体；可应用于各种局域网（LAN）；能适应将来网络结构的更改或设备的扩充。

（3）网络布线设计标准概述

网络布线设计、施工及验收，符合以下标准或规范：

- ANSI/TIA/EIA 568-C.1《商业建筑通信布线标准》
- TIA/EIA-569-A《商业建筑电信通道及空间标准》
- TIA-570-A《住宅电信布线标准》
- TIA/EIA-606《商业建筑物电信基础结构管理标准》
- TIA/EIA-607《商业建筑物接地和接线规范》
- ISO/IEC 11801《信息技术—用户房屋的综合布线》
- ANSI/TIA/EIA TSB-67《非屏蔽双绞线布线系统传输性能现场测试》
- ANSI/TIA/EIA TSB-72《集中式光纤布线准则》

- ANSI/TIA/EIA TSB-75《开放型办公室水平布线附加标准》
- GB 50311—2016《综合布线系统工程设计规范》
- GB50312—2016《综合布线系统工程施工及验收规范》

（4）网络布线设计原则

在规划与设计布线时，应当以“满足客户的需求”为基本前提，适当超前、统一规划。强调以人为本的设计思想，为用户提供安全、舒适、方便、快捷、高效的工作环境。

2．企业办公楼综合布线设计

企业办公楼网络布线系统由工作区子系统、水平布线子系统、垂直干线子系统、管理子系统、设备间子系统和建筑群子系统 6 部分组成，如图 9-14 所示。

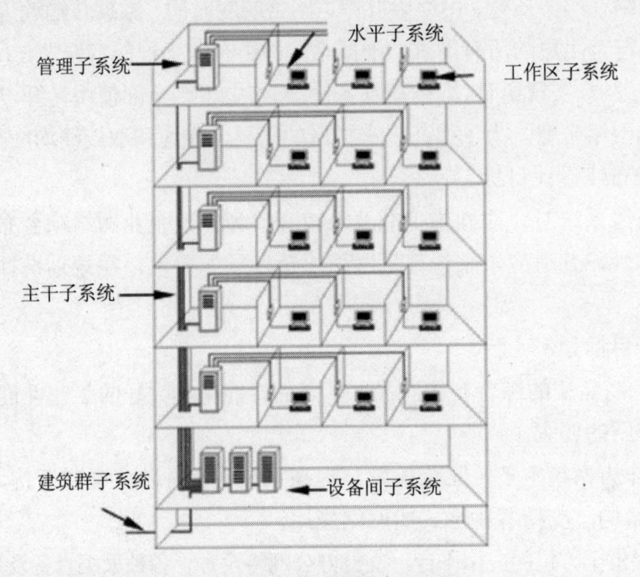

图 9-14　企业办公楼网络布线系统

整个系统共划分了 2 个配线间，楼层配线间设在 3 楼弱电井旁的控制室，主配线间设在 1 楼的中心机房。语音点和数据点的水平布线统一采用超五类非屏蔽双绞线，数据垂直主干采用 6 芯 50/125μm 室内多模光缆。

中心机房的主配线架至楼层配线架共配置了 2 条 6 芯室内光缆，分别用于连接至楼层交换机，保证每台接入交换机均可拥有一对独立的光纤通道，搭建 1000Mbit/s 网络主干，满足 100Mbit/s 交换到桌面的应用要求及未来扩容的要求，并留有一定余量。整个综合布线系统应支持语音（模拟和数字）、数据（计算机）、视频图像（数字），以及综合信息的高质量和高速率传输，适应不同厂商和不同类型的网络和计算机产品接入，并应符合规范中关于抗干扰的要求。

在办公楼的布线设计中，针对办公楼的建筑布局、信息点分布及弱电井位置等实际情况，在楼层配线间的设计上进行优化配置。既考虑楼层配线架的安装位置尽量不占用办公区域，以节约空间和投资，并便于设备管理。同时，也考虑了使用上的灵活性，以及水平线缆≤90m 的要求。布线设计优化后共设置了 2 个配线间，而不是在每个楼层各设置一个，从而既可以满足实际需求，同时又降低成本，便于网络维护。

（1）工作区子系统设计

工作区子系统由终端设备到信息插座的连线和信息插座组成，包括各种不同功能的工作区域。在相应办公区域的墙面或地面上安装信息插座，通过插座既可以引出电话，也可以连接数据终端及其他采编设备、弱电设备等。

信息出口采用双口墙面型面板和超五类模块。工作区内的每个信息插座都是标准的 8 芯 RJ-45 模块化超五类插座，支持 100Mbit/s 以上的带宽。不同型号的计算机、网络终端和电话等，通过 RJ-45 跳线和 RJ-11 跳线可方便地连接到通信插座上。如图 9-15 所示 RJ-45 跳线和 RJ-11 跳线。

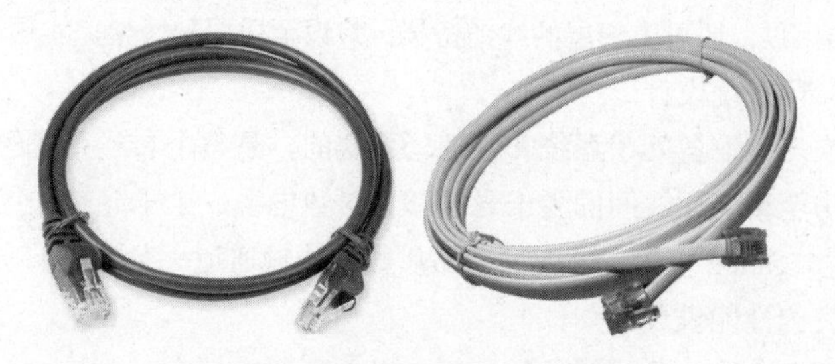

图 9-15　RJ-45 跳线和 RJ-11 跳线

普通办公室采用墙面型插座，网络中心机房采用地面弹起型插座。部分较大面积的办公室，根据具体使用情况（办公桌靠墙放置，还是位于房间中间位置），可以选用墙面型或地面弹起型插座。根据装修情况，建议将墙面型插座更换为地面弹起型插座。

地面弹起型插座，如图 9-16 所示。由全铜质制成，外观美观大方，经久耐用。不用时盖起，与地表平行成一体；使用时向上弹起，便可达到电话、计算机及电源连接的要求，且功能完备，最多可支持 3～4 个模块。

图 9-16　地面弹起型插座

为方便识别和管理，采用不同颜色的信息模块来区分语音和数据点。数据点采用白色的信息模块，语音点采用橙色的信息模块。

面板采用具有防尘功能的白色双孔斜口面板。如果两个信息点需要相距较远，则应当选择单孔面板。

（2）水平子系统设计

水平子系统是为连接工作区信息出口与管理子系统而水平敷设线缆。水平子系统采用超五类 4 对非屏蔽双绞线，完全支持将来千兆以太网的应用。每个信息点能够灵活应用，可随时转换接插电话、计算机、网络打印机、网络摄像头或其他数据终端，并可随着应用需求的增加，通过相应适配器或转换设备，满足门禁系统、网络监控，以及视频会议等系统的传输应用。

配线间内接线端子与信息插座之间均为点到点端接，任何改变布线系统的操作（如增减用户、用户地址改变等）都不影响整个系统的运行，增减用户只需在楼层配线架进行必要的跳线即可，使系统具有极强的灵活性和可扩展性，并为系统线路故障检修提供了极大的方便。

水平子系统完成由竖井到工作区信息出口线路的连接。根据具体情况，本系统信息出口选用了墙面型信息出口、地面型信息出口和屋顶型信息出口。

1）墙上型信息点采用走吊顶的轻型装配式槽形线缆桥架，结合墙内暗埋厚壁 PVC 管方式走线。

该方式适用于办公楼内的大多数普通办公室。

2）地面线槽走线方式适用于大开间的办公室，以及需要提供大量地面型信息出口，同时没有铺上地毯的情况。地面插座引出的线缆从地插位置穿楼板至下层吊顶，通过下一层的线缆桥架再敷设至楼层配线架。一层的地面插座引出线缆在本层地面下穿埋管至本层走廊吊顶上的线缆桥架，再敷设至二层配线间的配线架上。

3）小型会议室、总裁办公室以及营销部门，往往需要灵活的无线网络接入。因此，必须在房间的屋顶上设置1～2个无线接入点（理论上一个无线接入点可以提供30个无线连接）。层顶信息插座引出的线缆穿楼板至上层吊顶，通过上一层的线缆桥架再敷设至楼层配线架，实现无线AP的网络接入。

（3）垂直（主干）子系统设计

垂直子系统是用来连接设备间子系统和管理子系统的，是整个布线系统的主干。本方案的垂直子系统指连接中心机房至楼层配线间的主干光纤和大对数电缆。主干光缆采用8芯50/125μm多模室内光缆，带宽可高达1Gbit/s以上，可提供高品质数据传输通道：支持的千兆以太网的传输距离具有比国际标准更为优良的性能表现。

楼层配线间的主干光缆按2条配置，保证每台接入交换机都有1对独立光纤连接，并留有余量。垂直主干布线借助于弱电井中垂直固定在墙壁上的桥架敷设。双绞线或光缆应当使用扎带捆扎在一起，并在桥架上绑扎固定，如图9-17所示。

图9-17　垂直主干布线

在每层楼的弱电井中为水平布线系统预留长方形孔，位置设在靠近支持线缆的墙壁附近。预留线缆井的大小至少是欲通过线缆的3倍，并保留一定的空间余量，以确保在今后系统扩充时不用安装新的管线。

（4）管理子系统设计

管理子系统由交连、互连配线架组成，设在各楼层配线间内。管理间为连接其他子系统提供了连接手段，交连和互连允许将通信线路定位或重定位到建筑物的不同部分，以便能更容易地管理通信线路，在移动终端设备时能方便地进行插拔。

1）楼层配线间设计

楼层配线间是各管理子系统的安装场所，配线间所有网络系统配线架统一安装在19in标准机柜中，以达到保护、防尘的作用。

楼层配线间用于将工作区的水平线缆与自主配线间引出的垂直线缆相连接，或者形成网络链路。

楼层配线间用于安装模块配线架、光纤配线架及计算机网络通信设备。

2）管理间环境要求

由于管理间内要安装网络设备，因此需进行必要的装修或设在同等条件的办公室内，并配备照明设备以便于设备维护。同时为保证网络的可靠运行，管理间内应配备UPS独立供电回路及电源插座，每管理间功率不小于400W。

（5）设备间子系统设计

设备间子系统由主配线机柜中的线缆、连接模块和相关支持硬件组成，用于实现中心机房中的公共设备与各管理子系统的设备互连，从而为用户提供相应的服务。

主设备间设在一楼网络中心机房，安装一个 19in 的 1.8m 机柜，所有垂直主干布线和 1～2 层的水平布线全部连接到相应配线架上。除安装配线设备外，还可放置交换机、路由器等网络设备，以及机架式服务器，具有整齐美观、可靠性高、防尘、保密性好、安装规范等特点。机柜材料选用金属喷塑，并配有网络设备专用配电电源端接位置。

设备间布线采用防静电地板下走金属线槽的方式。线槽除用来安装和引导线缆外，还可以对线缆起到机械保护的作用，同时还可提供一个防火、密闭、坚固的空间，使线缆可以安全地延伸至各个定义的楼层机柜内进行端接。

（6）建筑群子系统设计

建筑群子系统是指将一个建筑物的线缆延伸到其他建筑物中的通信设备上，实现建筑物之间的网络互联，是结构化布线系统的重要组成部分。

建筑群子系统不仅包括与企业内其他建筑物的连接，也包括与电信部门的光缆连接，以及与职工住宅小区的连接。住宅小区通过光缆主干与办公楼连接，可使办公区、住宅区共享一条宽带，实现家庭办公的需要，节省网络费用。

9.3.2　企业厂区综合布线设计

厂区的工作环境往往比较恶劣，或者电磁干扰比较严重，或者腐蚀性气体浓度较高，或者温度、湿度较大。与此同时，对网络的稳定性要求较高，信息点的数量较少。因此，通常应当采用抗干扰、耐腐蚀的光缆作为布线产品。

1. 工作区子系统

工作区子系统由信息插座至终端设备的连线组成，一般是指用户的工作区域。

为保证连接冗余和扩展，每个工作区设计 2 个信息点。依据机器设备摆放位置的不同，可以选择采用墙面型（适用于靠墙摆放）或地面型（适用于居中摆放）信息插座。

信息插座采用模块化产品，只需选择不同的模块（双绞线模块或光纤模块），即可提供双绞线或光纤连接。

用于连接信息插座与计算机的跳线，必须与信息插座采用同一布线系统。或者全部为多模光纤产品，或者全部为超五类双绞线布线系统。

屏蔽双绞线系统的施工难度大、造价较高，且抗电磁干扰能力有限，因此选择多模光纤布线产品更加实用。

2. 水平子系统

水平布线子系统的作用是将干线子系统缆路延伸到用户工作区，范围是从各个子配线间至每个工作区的信息插座。

根据工作区所采用线缆的不同，水平布线线缆中应当既包括超五类 4 对非屏蔽双绞线，也包括多模光缆。每个工作区单独敷设 1 条 4 芯室内多模光缆或 2 条 4 对非屏蔽双绞线。

由于车间的空间通常都比较大，因此水平布线应借助固定于天花板或墙壁上的桥架来敷设。水平布线中位于墙面或地面的部分，借助预先暗埋于墙壁或地板内的 PVC 管敷设。

3. 垂直（主干）子系统

垂直（主干）子系统的作用是把主配线架与各分配线架连接起来。平房和 5 层以下的建筑不再设计垂直干线子系统，整座建筑只设置一个配线间，实现所有信息点的汇接，以及与企业网络的互联。高于5层的建筑，可以每3层设置一个配线间。

如果分设有若干配线间，垂直主干布线可使用分支光缆，实现主光缆配线架与分配线架的连接。水平布线的垂直部分借助电信间中的桥架来实现。如果没有设置单独的电信间，也可以选择居于建筑水平中心位置的房间兼作楼层电信间，居于建筑水平中心和垂直中心位置的房间兼作楼层设备间。

4．管理子系统

楼层分配线间中设置管理子系统，由交连、互连配线架组成，其作用是为连接其他子系统提供连接手段，交连、互连允许将通信线路定位或重新定位到建筑物的不同部分，以便能容易地管理通信线路，使移动设备时能方便地进行根据需要在建筑物的弱电室内设置若干分配线间，保证水平线缆平均长度在90m以内，满足规范要求。同时，根据信息点的数量配置若干双绞线和光纤配线架，并固定在机柜中。在分配线间内应根据需要安装若干个10～20A单相三孔电源插座。应当采用不同颜色的跳线、标签和扎带以区分来自不同楼层和部门的双绞线和光缆，以便于日后的维护和管理。如图9-18所示为用于标识双绞线序号的各色标签。

图9-18　不同颜色的标签

5．设备间子系统

主配线间内设有设备子系统，主要由设备间的电缆、连接器和相关支持硬件构成，用于将各公共系统的不同设备分别互连起来。主配线间设在建筑物的主设备间内。配线架采用模块化产品，统一安装在标准19in机柜中。计算机信息传输用主配线架也设在主机房中，采用机柜式光缆和双绞线配线架，用来端接来自各分配线间的光缆和双绞线，并通过光纤跳线与计算机中心交换机相连。

为了使设备间内的设备正常运行，设备间室温应保持在18℃~27℃，相对湿度保持在30%~50%之间，通风良好、亮度适宜、配备消防设备等。

6．建筑群子系统

建筑群子系统用于连接车间厂房与企业网络核心，采用8~12芯9/125μm室外单模光缆。如果厂区内已经采用架空方式敷设有其他线缆，建筑群布线也可以使用自承式架空光缆以架空方式敷设，如图9-19所示。否则应当采用直埋光缆以直埋方式敷设。

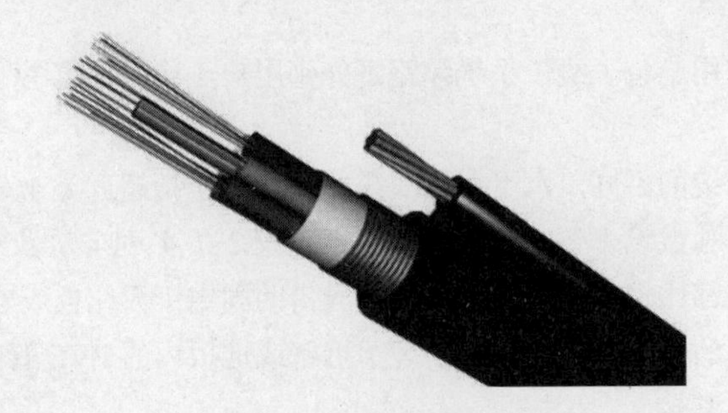

图9-19　自承式架空光缆

9.4　某学院校园网综合布线系统设计方案

校园网具有计算机数量多、网络应用丰富、拓扑结构复杂，以及对网络带宽要求较高等特点，因此校园网布线系统应当提供足够的连接带宽，以适应不断增长的计算机数量、新的网络应用对网络传输提出的越来越高的需求。

9.4.1　某学院校园网综合布线系统需求分析

校园网综合布线系统需求分析主要包括综合布线原则和布线需求分析等方面,其具体内容如下。

1. 项目概述

从某学院实际情况出发，校园网工程分为三个阶段完成。第一阶段实现校园网基本连接，第二阶段校园网将覆盖校园所有建筑，第三阶段完成校园网应用系统的开发。学院校园网建设的一期工程覆盖图书馆、行政楼、实验楼、教学楼、学生公寓和校园网中心，接入信息点约为 2600 个，投资 600 万元。为了实现网络高带宽传输，骨干网将采用千兆以太网，百兆光纤到楼，学生公寓、教职工宿舍 100MB 带宽到桌面。

2. 综合布线原则

为了满足校园网的需求，综合布线系统设计应当遵循以下原则：

（1）实用性：实施后的布线系统，能够在现在和将来适应技术发展，且实现数据通信和语音通信。

（2）灵活性：布线系统能够满足灵活应用的要求，即任意一个信息点能够连接不同类型的设备，如计算机、打印机、终端或电话、传真机。

（3）模块化：布线系统中，除去固定在建筑物内的线缆外，其余所有的接插件都是积木式的标准件，以方便管理和使用。

（4）扩充性：布线系统是可扩充的，以便将来有更大的发展时很容易将设备扩展进去。

（5）标准性：满足最新、最高的国际标准和国家标准。

（6）经济性：在满足应用要求的基础上，尽可能降低造价。

3. 布线需求分析

校园网布线方案的构思与设计非常重要。对于校园网而言，在设计网络布线方案前，应当着重分析以下几个方面：

（1）网络拓扑结构

在进行网络的总体设计前，应当首先搞清楚每座建筑物的功能区分（图书馆、教学楼、实验楼、科研楼还是办公楼），建筑物内所有房间的用途（教室、实验室、计算机机房、办公室还是阅览室），每个房间需要多少个信息点，以及信息点应当布设在哪个位置；了解建筑物之间的距离、每座建筑物楼层数量，以及不同楼层的垂直高度和楼道的水平长度。只有事先调查好这些内容，才能合理地设计网络拓扑结构，才能选择适当的从网络中心到各楼宇的路由，才能选择适当的位置作为设备间放置联网设备，才能有目的地选择组建网络所使用的通信介质和交换机。

（2）数据传输需求

用户对数据传输量的需求决定了网络应当采用何种联网设备和布线产品。现在多媒体已经成为校园网所必须支持的功能之一。基于这种大传输量的需求，以 1000Mbit/s 光纤作为主干和垂直布线，以 100Mbit/s 超五类非屏蔽双绞线作为水平布线，从而实现 100Mbit/s 交换到桌面的网络，已经成为最普通的网络架构。

（3）未来发展

网络布线作为一种长期的投资，不仅要容纳网络中当前的用户，而且还应当为网络保留 3～5 年的可扩展能力，保证满足 5～10 年内进一步提升网络带宽的要求，以适应未来网络技术发展和网络应用对传输速率的要求。因此，在埋设网线和信息插座时，一定要有足够的余量；在选择布线产品时，应当在现有需求的基础上适度超前。

现在，实现图书馆内、甚至校园网的无线漫游已经成为一种趋势，因此必须充分考虑无线漫游对网络布线的要求。如果资金允许，应当在图书馆实现无线漫游，甚至可以在每栋建筑物上安装无线天线，实现整个校园的无线漫游。

9.4.2 建筑群子系统设计

建筑群子系统包括建筑物间的主干布线及建筑物中的引入口设施，主要由楼群配线架与其他建筑物的楼宇配线架之间的线缆及配套设施组成。

如果校园内部原有电信沟，可以直接将光缆敷设其中。否则，可以采用暗埋方式，开挖深 1.2m 左右的电缆沟，敷设 7 孔 PVC 梅花管，并将光缆穿入其中。这样既可保护光缆，又便于在需要时穿入其他线缆（如电话电缆、有线电视电缆等）。

图 9-20　电缆沟

建筑群主干布线必须采用光缆。建筑群子系统应当采用优质 8～12 芯室外 9/125μm 单模光缆。

9.4.3 图书馆布线设计

图书馆内拥有大量计算机，用于实现电子检索和电子图书的阅览，甚至拥有专门的计算机机房；同时，网络内的普通数据和多媒体数据的传输量非常大。因此，应当采用六类非屏蔽布线系统与多模光缆布线系统相结合的方案，从而提供高达千兆甚至是万兆的网络主干，并保留进一步提高网络传输速率的能力。

1. 垂直主干子系统设计

图书馆主干布线应当采用光缆，以构建千兆或万兆网络，适应大量用户一齐访问，以及多媒体数据传输所导致的带宽需求。

如果图书馆预留有电信井或电信间，那么应当将主干光缆敷设在其中的桥架内，如图 9-21 所示。否则可以在建筑物水平中心位置垂直安装一个专用管道，用于楼层之间的光缆布线。电信管道应当选择在水平中心位置，以保证水平布线的距离最短，不会超过双绞线所允许的 100m 最大传输距离。

提示：如果图书馆建筑为“回”形结构。那么由于水平布线的距离过长，应当在东西或南北相对的两侧分别设置一个电信间，以保证水平布线距离小于 90m。

图书馆的垂直布线系统应当选择室内光缆。各楼层光缆配线架，如图 9-22 所示。主要用于连接垂直主干光缆（如果水平布线也使用光缆，也可并入该终端盒），因此需要的光纤端口数量较少，一般为 6～8 个。而建筑物主光缆配线架用于连接各楼层光缆配线架，因此需要的光纤端口数量较多，一般为楼层数×8。

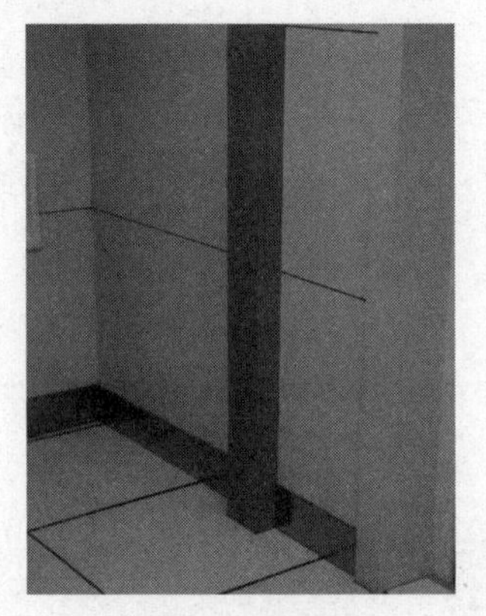

图 9-21　垂直桥架

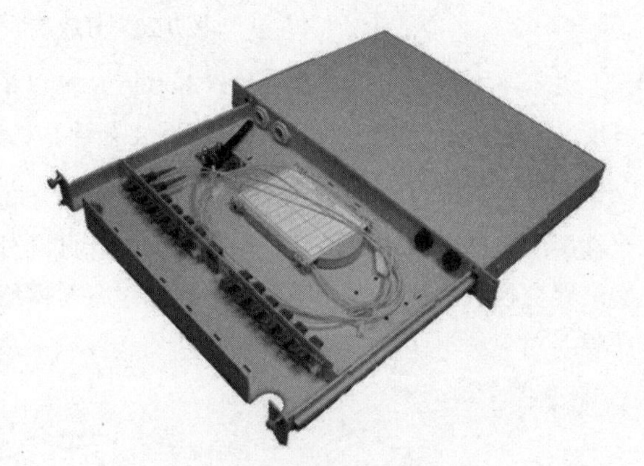

图 9-22　光缆配线架

2. 管理子系统设计

管理子系统设置在各楼层的设备间内，由配线架、接插软线和理线器、机柜等装置组成，主要功能是实现配线管理及功能变换，连接水平子系统和主干子系统。管理是针对设备间和工作区的配线设备和线缆按一定的规模进行标记和记录的规定，内容包括管理方式、标识、色标、交叉连接等。管理子系统采用交连和互连等式，管理垂直电缆和各楼层水平布线子系统的电缆，为连接其他子系统提供连接手段。

管理子系统采用单跳线方式，使用双绞线或光纤软跳线实现网络设备与跳线板之间的跳接。只要简单地跳一下线，就可以完成任何结构化布线的信息插座对任何一类智能系统的连接。“一插一拔”，既方便、稳定，又便于管理，所有切换、更改、扩展和线路维护均可在配线柜内迅速完成，极大地方便了线路重新布置和网络终端连接的调整。

图书馆各楼层均应设置电信间。电信间内使用标准机柜，并根据信息点的数量安装双绞线和光纤配线架。

3. 水平子系统设计

图书馆水平子系统建议采用六类 4 对非屏蔽双绞线，连接各工作区的信息插座与本层配线间的配线架。水平子系统应当按楼层各工作区的要求设置信息插座的数量和位置，设计并布放相应数量的水平线路。为了简化施工程序，水平子系统的管路和线缆的设计和施工应当与建筑物同步进行。

由于图书馆内楼道内装饰有天花板，并且信息点数量较多，因此应当借助开放式桥架以架空方式实施布线，如图 9-23 所示。

图 9-23　开放式桥架

提示：当水平布线被用于直接连接计算机时，可以采用超五类或六类非屏蔽双绞线。但是，如果水平布线用于连接骨干交换机或交换机堆栈（如计算机机房的交换机堆栈），则建议采用多模光纤。

4．设备间子系统设计

每个楼层的电信间事实上也是一个设备间。除此之外，图书馆还应当单独设置一个主设备间，用于安装汇聚交换机、网络服务器、网络存储设备等网络产品，如图 9-24 所示。

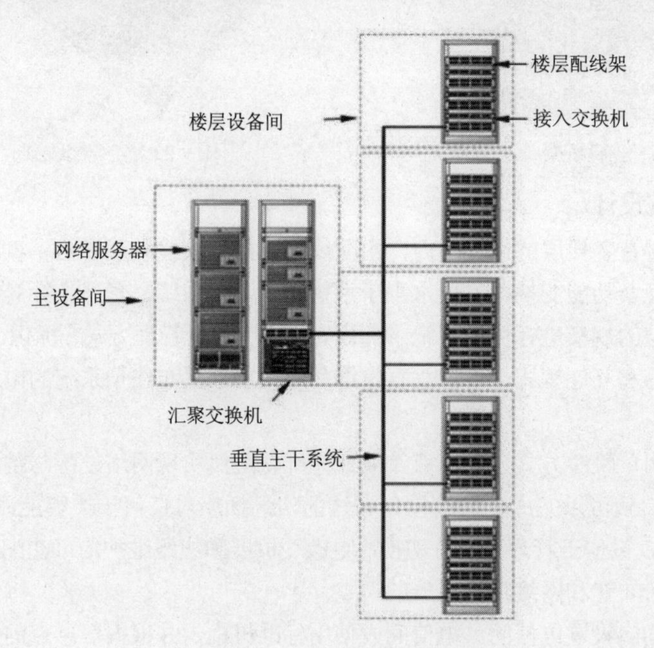

图 9-24　设备间示意图

楼层设备间的网络设备主要是接入交换机。由于垂直主干布线采用光缆，因此接入交换机必须拥有千兆光纤端口。

图书馆主设备间的网络设备主要是汇聚交换机，向下用于连接各楼层的接入交换机，向上实现与核心交换机的互连。由于图书馆内往往拥有数百台计算机，因此汇聚交换机应当选用模块化三层交换机。

另外，考虑到图书馆本身的特殊性，还应当配置认证服务器、Web 服务器、视频服务器、文件存储服务器、数据库服务器等网络服务器。

5．工作区子系统设计

图书检索大厅、学术报告厅等场所，应当在天花板设置若干信息插座，用于连接无线接入点，实现笔记本电脑的无线网络接入。

根据标准的综合布线系统设计，在每个信息插座旁边要求有 1 个单相电源插座，以备计算机或其他有源设备使用，信息插座与电源插座间距不得小于 20cm。墙面型信息插座通常安装在离地面 30cm 处。

图书馆主设备间、电子阅览室，以及其他安装昂贵电子设备的场合，应当采用高架防静电地板。图书馆施工时，必须在墙内预先设计并埋设布线管槽。对于大开间的办公场所或检索大厅，除了可以将信息插座埋入墙壁内，还可依据实际需要埋入地板中。

面积在 15m^2 左右的办公室，应当敷设 2 个信息点；每个书库内应当敷设 4 个信息点；大开间办公室，应当每 10m^2 敷设 2 个信息点；电子阅览室和学生机房，则根据具体需要决定敷设信息点的数量。

9.4.4　行政楼布线设计

随着网络技术的发展、办公人员计算机应用水平的提高，以及办公自动化系统应用的不断深入，大学校园中的行政人员几乎每人都拥有一台计算机，校园办公已经呈现出办公无纸化、网络化、集成化的特点。行政楼也采用多模光纤+六类非屏蔽双绞线布线系统，并采用高性能的布线产品。

1．垂直子系统设计

由于行政楼很少在每个楼层单独预留电信间，因此垂直主干布线应在普通办公室内以密闭桥架方式实现。垂直主干布线采用 6～8 芯 50/125μm 室内多模光纤，以确保接入交换机与汇聚交换机之间实现千兆连接，并保留未来升级至万兆网络连接的潜力。

2．管理子系统设计

行政楼的管理子系统，由机柜、双绞线配线架、光纤终端盒、光纤跳线和双绞线跳线组成。

机柜采用 19in 标准，应当根据配线架和网络设备的数量决定其高度。双绞线配线架采用 24 口或 48 口超五类非屏蔽系统，用于终结水平布线线缆。

3．水平子系统设计

行政楼的楼道内通常都会进行装修并吊顶，因此水平布线应当以开放桥架方式敷设于吊顶内，以便于日后维护和扩充。

由于每间办公室内的信息点数量都较少，每个楼层内的信息点数量也不大，因此不必在每个楼层都预留设备间，而是可以每 2～3 层预留一个设备间，既便于为网络设备提供稳定的电源，实现对网络设备的统一管理，又可以尽量少占用办公用房，最大限度地节约固定资产资源。水平布线中的垂直部分，借助垂直主干布线中的桥架实现。

4．设备间子系统设计

为了节约布线线缆，并保证水平布线距离小于 90m，用于充当电信间和设备间的办公室应当位于每个楼层的中心位置。主设备间则应当与楼层设备间共用，从而便于将相应的网络设备连接在一起。

行政楼的接入交换机应当选用拥有 1000Mbit/s 端口的快速以太网交换机。其中，1000Mbit/s 端口通过垂直布线的光纤链路连接至汇聚交换机，100Mbit/s 端口通过水平布线的双绞线链路连接至用户的计算机。行政楼的汇聚交换机可采用 2 层千兆交换机，借助建筑群布线的单模光纤，实现与校园网的核心交换机的千兆连接。

5.工作区子系统设计

15m² 以下的办公室中设置 2 个信息点，大开间办公室每 10m² 设置 2 个信息点。小型会议室内除主席台位置设置 6～8 个信息点外，还应当在天花板上设置 2～3 个信息点，用于连接无线接入点，实现与会者所携带笔记本电脑的无线网络接入。

工作区采用埋入式布线，经由楼道天花板引入房间，并沿预先埋入墙壁内的 PVC 管敷设，如图 9-25 所示。

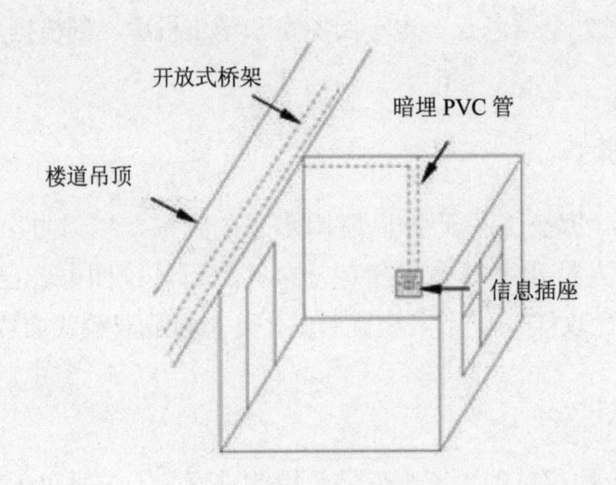

图 9-25　工作区布线设计

信息插座采用斜口双孔面板，信息模块均采用超五类非屏蔽产品，用于连接信息插座与计算机的跳线也采用超五类非屏蔽产品，从而使整个链路中的布线产品性能保持一致。

9.4.5　实验楼布线设计

根据实验楼的特点，可以将垂直布线与水平布线合二为一，只在楼内设置一个设备间，既提高了房间利用率，节约了设备购置费用，又可实现对网络设备的统一管理，便于提供稳定的电源和良好的运行环境。

由于实验楼的数据传输量较小，因此网络布线采用高性能超五类非屏蔽系统。设备间中用于与核心交换机相连接的建筑群布线，则仍然采用单模光纤。

实验楼布线设计如图 9-26 所示。楼层间采用封闭桥架相互连接，将水平布线直接引入楼宇配线架。

楼道内的水平布线采用埋入方式，即将 PVC 管埋入楼板垫层内，然后将双绞线穿入 PVC 管中，经由楼道引入各实验室，如图 9-27 所示。

根据实验室的不同用途，每个实验室内分别设置 2～8 个信息点，用于将实验数据通过网络发送至目标位置，实现与网络存储设备的数据交换，并借助网络摄像头实现对实验室的监控。

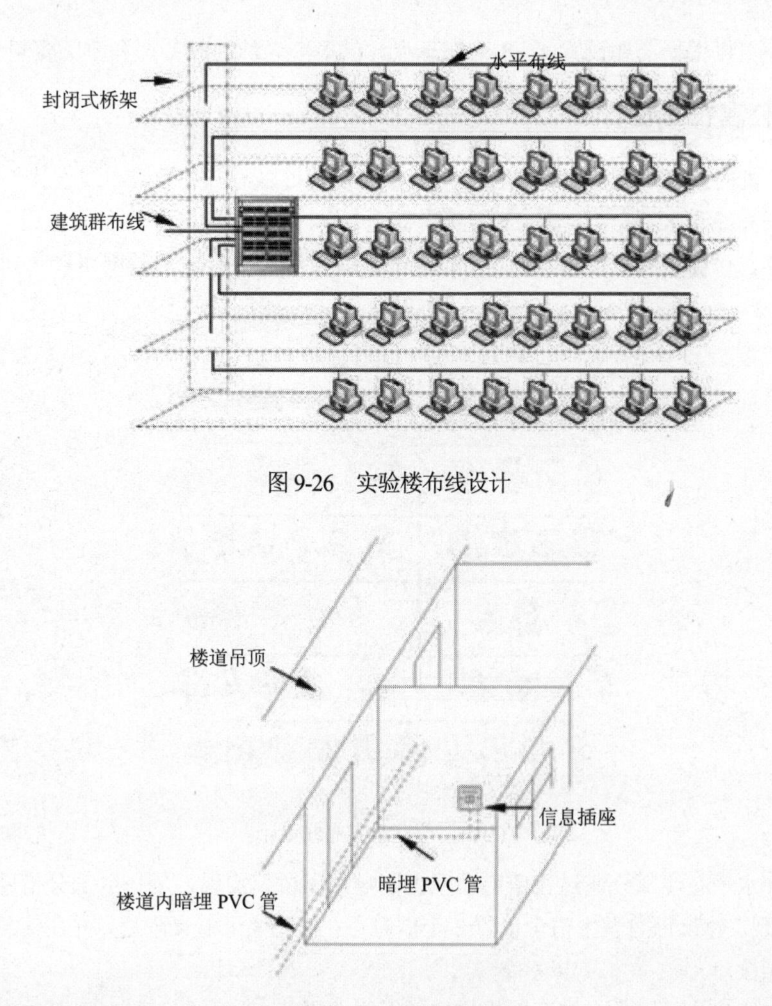

图 9-26　实验楼布线设计

图 9-27　实验楼布线设计

9.4.6　教学楼布线设计

教学楼内有两种类型的房间，一类是多媒体教室，另一类是教师备课室，信息点的数量都比较少。网络应用则主要是视频点播和课件播放，以及借助网络摄像头所实施的教学监控和观摩，因此，“千兆做主干，百兆到桌面”的网络结构应当完全够用了。

由于教学楼通常都在 6 层以下，而且每个楼层的信息点数量较少，从节约用房和便于管理的角度来看，应当每 2～3 层设置一个设备间。

如果建筑物为“工”或“匚”字结构，可以在同一楼层中设置 2 个设备间，以保证水平布线距离少于 90m。

教学楼的垂直（主干）布线系统采用 8～12 芯 50/125μm 多模光纤，水平布线系统采用超五类非屏蔽双绞线。

多媒体教室建议设置 6 个信息点，其中 4 个信息点位于教室前方（有讲台的一端），用于为多媒体教学系统、教师计算机、网络摄像头和无线接入点提供信息接口；2 个信息点位于教室后端，用于连接网络摄像头和无线接入点。

教师备课室可以根据需要设置 4～8 个信息点，供多个老师同时备课和查阅资料使用。

9.4.7 学生公寓布线设计

一般学生公寓的建筑规模都比较小，因此其布线设计可以与“实验楼布线设计”类似， 不再明确区分垂直主干布线和水平布线，每 2～3 层（甚至 3～4 层）设置一个设备间，用于汇接相应楼层的信息点。这样，一栋楼只需设置 1～2 个设备间，即可解决所有宿舍的网络接入问题，如图 9-28 所示。

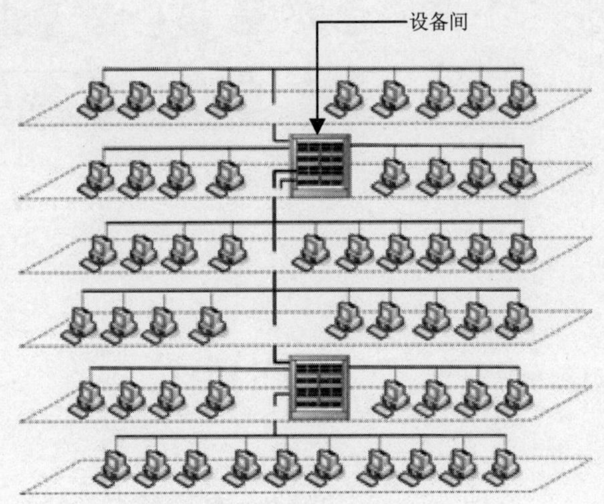

图 9-28 学生公寓布线设计

垂直布线和水平布线部分通过在楼道墙壁上固定封闭桥架实现，工作区部分借助墙壁内预先埋入的 PVC 管实现。建议每间学生宿舍设置 2 个信息点，使之位于书桌附近，并在信息插座附近提供相应数量的电源接口。

学生公寓布线建议采用具有较高性价比的超五类非屏蔽布线系统，既可以节约大量投资，又能充分满足学生所有的网络应用。

9.4.8 校园网中心设计

网络中心作为全校网络的汇聚核心和管理核心，是整个校园网的枢纽，安装有大量价格昂贵的网络设备、服务器，决定着网络能否正常安全、稳定地运转，为网络用户提供相应的网络服务。

考虑到千兆和万兆网络传输的需要，网络中心所处的建筑物与其他所有建筑物的距离都不应超过 1km，并尽量控制在 300m 以内。

由于网络中心所连接的设备几乎全部为核心交换机、汇聚交换机和网络服务器，对网络传输速率有着非常高的要求，因此应当采用高品质六类非屏蔽双绞线+50/125μm 多模光纤方式，为网络服务器和其他设备提供大量的高速率网络接口。信息插座也应当采用模块化产品，同时提供双绞线端口和光纤端口，以适应不同网络接口的连接需要，如图 9-29 所示。

网络中心机房内部的线缆全部敷设在防静电地板下的线槽中。由水平布线、垂直主干布线和建筑群布线引入的线缆，可以经由开放式桥架，如图 9-30 所示，连接至机柜进行配线管理，并实现与网络设备的连接。

图 9-29　双绞线和光纤接口

图 9-30　开放式桥架布线

9.5　智能家居布线系统设计方案

智能家庭综合布线系统是指将网络、电视、电话、多媒体影音等设计进行集中控制的电子系统。综合布线由家用信息接入箱（或称配线箱）、信号线和信号端口模块等组成，各种线缆被信息接入箱集中控制。

9.5.1　智能家居布线设计原则

在设计智能家居布线系统时，应遵循以下几点：

1．综合布线

在布线设计时，应当综合考虑电话线、有线电视电缆、电力线和双绞线的布设。双绞线和电力线不能离双绞线太近，以避免对双绞线产生干扰，但也不宜离得太远，相对位置保持 20cm 左右即可。

2．注重美观

家居布线更注重美观，因此，布线施工应当与装修时同时进行，尽量将电缆管槽埋藏于地板或装饰板之下，信息插座也要选用内嵌式，将底盒埋藏于墙壁内。

3．简约设计

由于信息占的数量较少，管理起来非常方便，所以家居布线无须再使用配线架。双绞线的一端连接至信息插座，另一端则可以直接连接至集线设备，从而节约开支，降低管理难度。

4．适当冗余

综合布线的使用寿命为 15 年，也许现在家庭拥有的计算机数量较少，或许不需要几年的时间，所有的家用电器都可以借助于互联网进行管理。所以，适当的冗余是非常有必要的。

9.5.2　智能家居布线设计

下面以常见的三室二厅户型为例，介绍智能家居布线设计的方法，如图 9-31 所示。

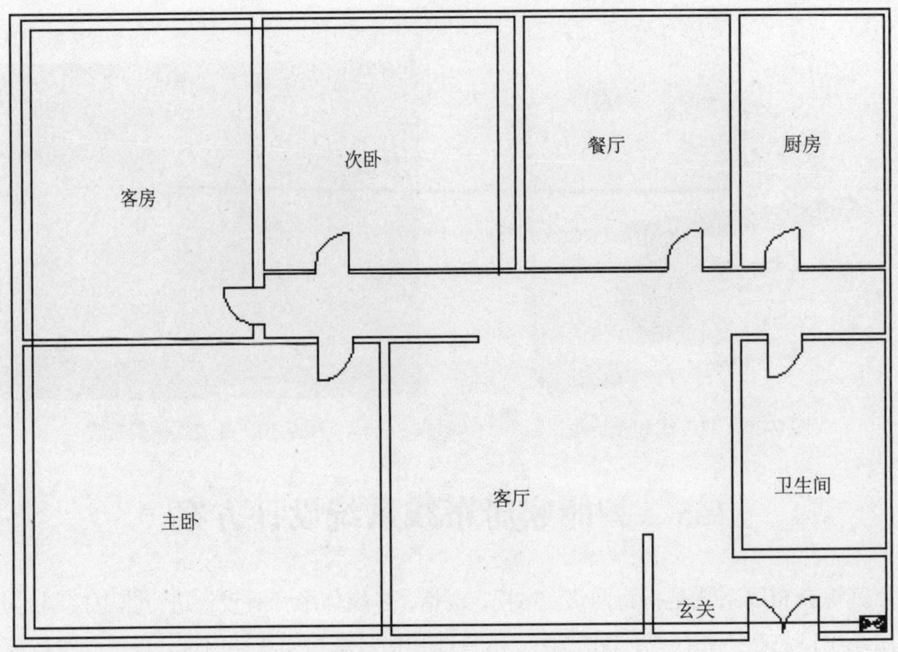

图 9-31　三室二厅户型图

1. 系统功能要求

（1）各个房间均能接入互联网，可以共享打印机等。

（2）客厅安装监控系统，随时可以查看家居情况。

（3）客厅、主卧均可以单独收看电视节目。

2. 布线系统设计

目前，所有的住宅均已经将小区安防、有线电视、宽带接入到户，并且安装了信息接入箱，如图 9-32 所示。用户装修时，只需要将所有的相应线缆连接到相应的位置。另外，随着智能设备的普及，在家居布线时应当将有线布线与无线布线结合起来。

图 9-32　信息接入箱

提示：一般的信息接入箱至少能控制有线电视信号、电话语音信号和网络数字信号这三种电子信号；而较高级的信息接入箱则能控制视频、音频信号，如果房子所在的小区提供相应的服务，还可以实现电子监控、自动报警、远程抄水电煤气表等一系列功能。各种信号在信息接入箱里都有相应的功能接口模块来管理各自线路的连接。

根据家居功能要求，将网络中心放置在客厅，安装一个无线路由器，将所有网络设备连接在一起，实现所有设备之间的互连，从而构建局域网。

家居布线一般采用暗线方式布线，如图 9-33 所示。将六类非屏蔽双绞线穿入预先埋设于墙壁内的 PVC 管中，从而将水平布线从网络中心延伸至各房间的信息插座。网络布线与其他电缆系统（如电话线、电源线等）应当分开敷设，并且间隔在 40cm 以上。

图 9-33　暗敷方式布线

根据网络中心到各个房间的距离，计算水平布线所需要的六类 UTP 电缆长度。

注意：如果入户宽带线为光缆，则需要在信息接入箱中安装光猫（也称为光调制解调器），六类双绞线应插入光猫的 LAN 端口。

各房间安装六类非屏蔽信息插座，所有的信息插座都必须暗埋。建议采用基于全封闭式设计的模块，面板要带闸门的防尘盖，使所有线路连接均隐藏保护，从而确保长期而良好的可靠性，以及非常稳定的传输性能。

双绞线跳线应当采用与水平布线完全相同的六类非屏蔽双绞线，以满足高速数据及语音信号的传输。跳线长度不能超过 5m。

由于目前互联网电视已经普及，因此使用双绞线跳线将互联网电视（或网络机顶盒）和无线路由器之间连接起来，可以观看更加丰富的电视节目。

在玄关处，安装一个无线监控设备，这样可以 24 小时监控家居安全，同时，在智能手机上可以随时查看家居安全。如图 9-34 所示为三室二厅家居综合布线系统结构图。

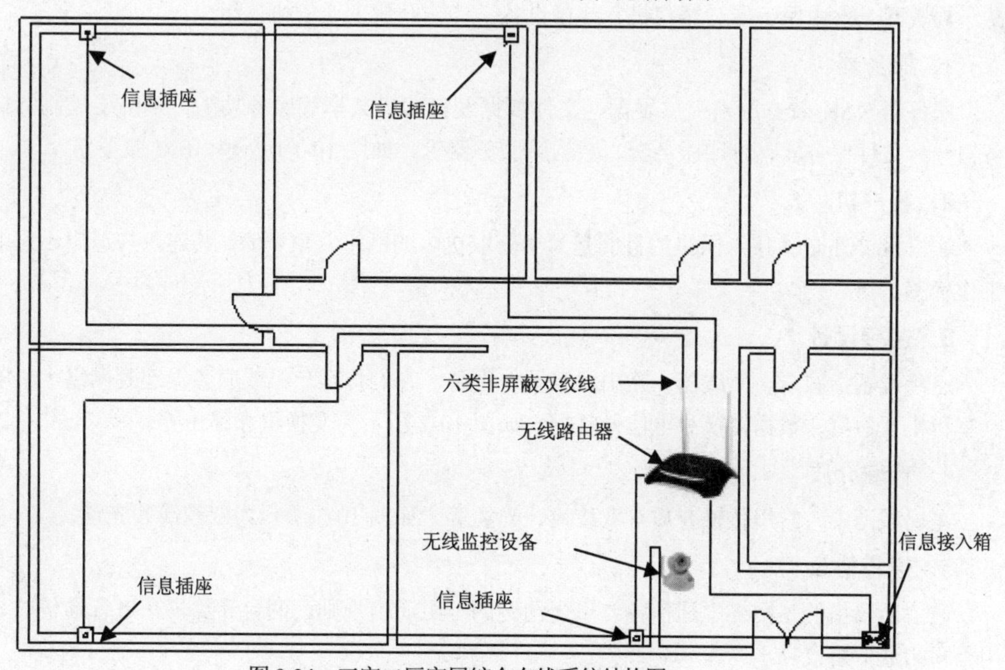

图 9-34　三室二厅家居综合布线系统结构图

第 10 章　局域网规划与组建

随着网络的不断发展，网络办公信息化和设备数字化越来越普及，企业网络的管理也越来越重要。目前，很多企业都已经搭建了局域网，以实现办公自动化和生产网络化，从而提供办公效率、缩短产品的研发和生产周期，为企业创造更多的效益。

局域网是计算机网络的一种，比较常见的局域网有家庭网络、企业局域网、校园网、集团网等。局域网的主要功能就是为指定区域或管辖范围内的用户提供网络服务，如资源共享、Internet 接入等。

10.1　局域网概述

局域网（Local Area Network）是在有限的地域范围内把分散在一定范围内的计算机、终端、大容量存储器的外围设备、控制器、显示器以及用于连接其他网络而使用的网间连接器等，通过通信链路按照一定的拓扑结构相互连接起来，进行高速数据通信的计算机网络。该网络上的任何设备可以与其他设备交互作用。

10.1.1　局域网的组成

局域网一般由服务器、客户机、连接设备、传输介质及通信协议组成。

1．服务器

服务器（Server）用来提供硬盘、文件数据及打印机共享等服务功能，是网络控制的核心。服务器分为文件服务器、打印服务器、数据库服务器等。如图 10-1 所示为 IBM 服务器。

2．客户机

客户机（Client）接入网络的目的是为了获取更多的网络共享资源，其连入与退出不影响网络的工作状态。

3．连接设备

连接设备指网卡、集线器、路由器等硬件设备，它们将客户机或服务器连到网络上，实现资源共享和相互通信、数据转换和电信号匹配。如图 10-2 所示为交换机和路由器。

4．传输介质

在局域网中，常用传输介质有双绞线、光缆等。如图 10-3 所示为双绞线和光缆。

5．通信协议

通信协议指的是网络中通信各方事先约定的一组通信规则。两台计算机在进行通信时，必须使用相同的通信协议。

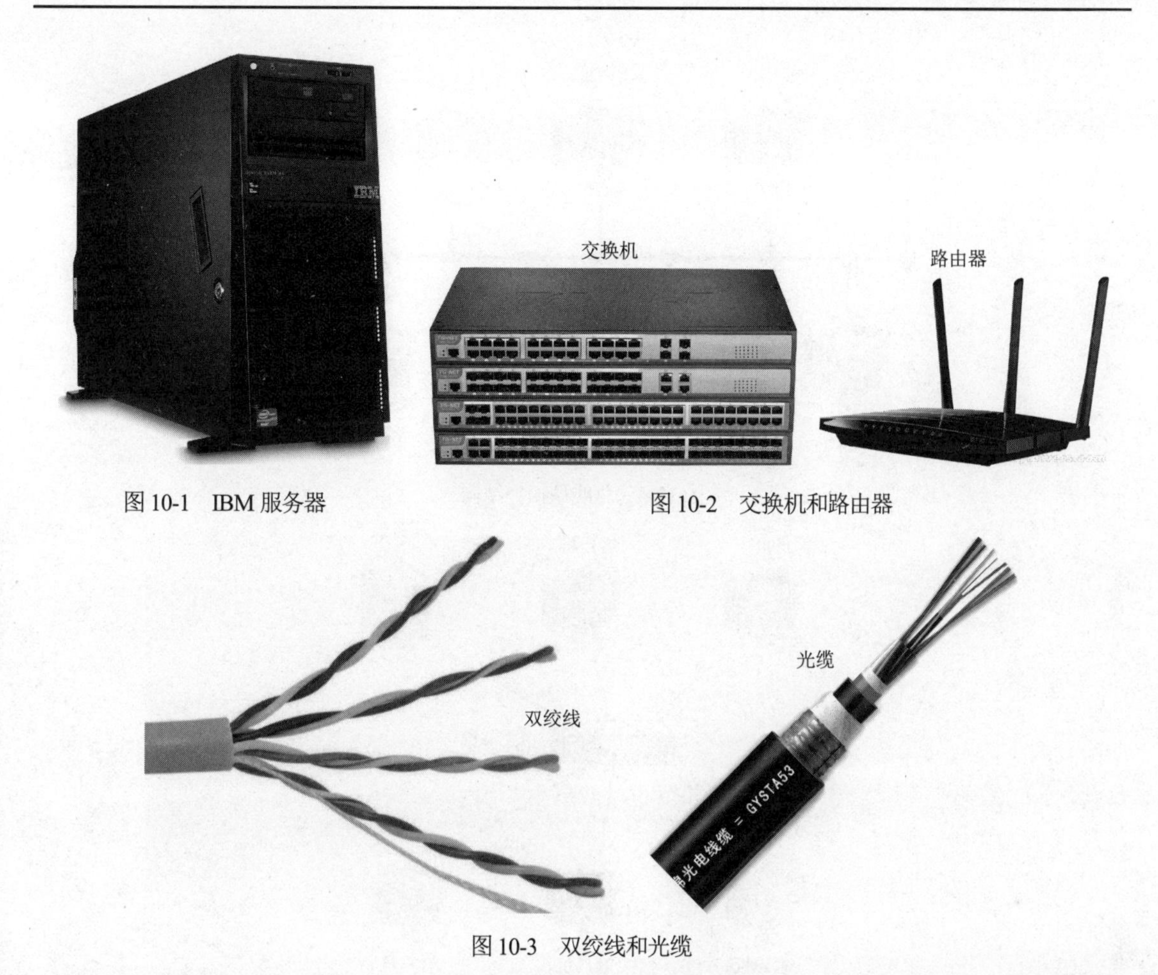

图 10-1　IBM 服务器

图 10-2　交换机和路由器

图 10-3　双绞线和光缆

10.1.2　局域网拓扑结构

拓扑结构（Topology）是指网络中各台计算机相互连接的方法和方式，它代表网络的物理布局，与计算机的实际分布位置以及电缆连接方式相关。

在局域网中常用的拓扑结构有总线型拓扑结构、星型拓扑结构和环型拓扑结构。

1．总线型拓扑结构

总线型拓扑结构（Bus Topology）是指由一根网线连接所有计算机的一种网络结构，如图 10-4 所示。在总线型拓扑结构中，各客户机的地位平等、无中心节点控制。传输信息时，各客户机将带有目的地址的信息包发送到公用电缆上，并传输给与总线相连的所有客户机，各客户机再对网络上的信息包的地址进行检查，看是否与自己的站点地址相符，如相符，则接收该信息。

总线型结构使用的电缆一般为细同轴电缆，各客户机和文件服务器只需通过网卡上的 BNC 接头与总线上的 BNC T 型连接器相连接，但是在总线主干两端必须安装终端电阻器。

2．星型拓扑结构

星型拓扑结构（Star Topology）是指各客户机以星形方式连接成网。星型拓扑的网络有一个中央节点，其他节点如客户机、服务器等都与中央节点直接相连，这种结构以中央节点为中心，因此又称为集中式网络，如图 10-5 所示。

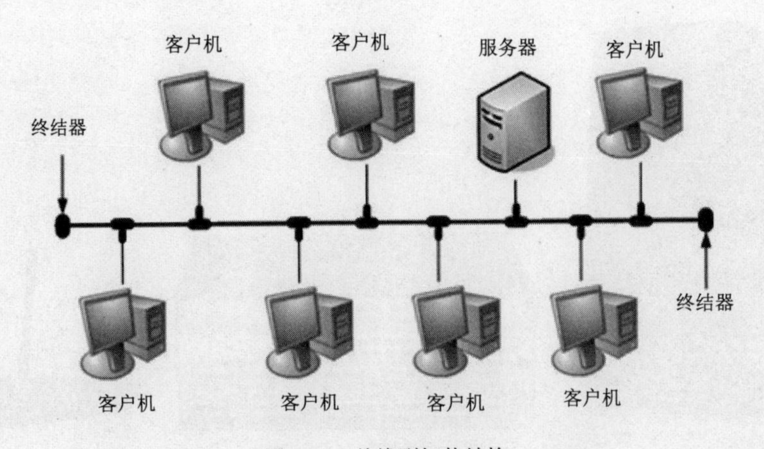

图 10-4　总线型拓扑结构

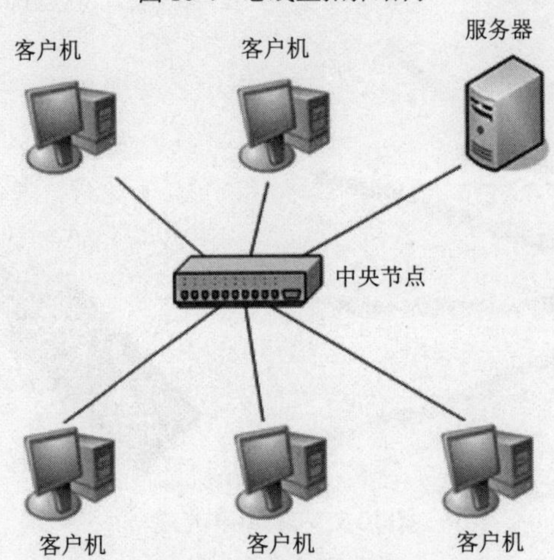

图 10-5　星型拓扑结构

星型拓扑结构的优点是查找引起网络故障的原因比较容易。集线器是诊断网络故障的一个最佳场所，使用智能集线器还可以实现网络的集中监视与管理。

3．环型拓扑结构

环型拓扑结构（Ring Topology）由网络中若干节点通过点到点的链路首尾相连，形成一个闭合的环，如图 10-6 所示。这种结构使公共传输电缆组成环形连接，数据在环路中沿着一个方向在各个节点间传输，信息从一个节点传到另一个节点。

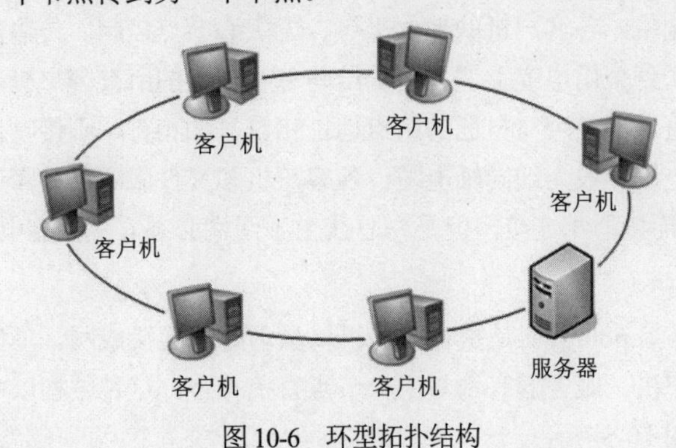

图 10-6　环型拓扑结构

环型网络中每台计算机都和相邻计算机首尾相连，而且每台计算机都会重新传输已收到的信息，信息在环里的流动方向是固定的。由于每台计算机都能重新转发收到的信息，所以环型网络是一种有源网络，不会出现信号减弱与丢失。在环型网络中，不必使用终结措施，因为环没有终点。

10.2　局域网组建方案规划

“谋定而后动”，无论是日常网络管理，还是局域网组建或网络扩建与升级，前期的规划工作都是必不可少的。本节以组建某中小企业有线局域网为例，介绍局域网组建方案规划的方法。

只有对网络用户需求、现有网络功能以及企业发展规划等有了充分的了解，才能确保合理利用一切网络资源，为用户提供最可靠、最快速、最稳定的网络服务。

10.2.1　网络拓扑结构设计

在进行网络的总体结构设计前，首先应搞清楚哪些建筑物需要布线，每座建筑物中的哪些房间需要布线，每个房间的哪个位置需要预留信息插座，以及建筑物之间的距离、建筑物的垂直高度和水平长度等。

只有事先调查好这些数据，才能合理地设计网络拓扑结构。不同的网络拓扑结构，各有其相应的网络适应范围，以及一些不可避免的设计缺陷，所以在选择网络拓扑结构时，要根据具体情况来选择相应的网络拓扑结构。

根据某中小企业的具体情况，选择如图 10-7 所示的星型网络拓扑结构。

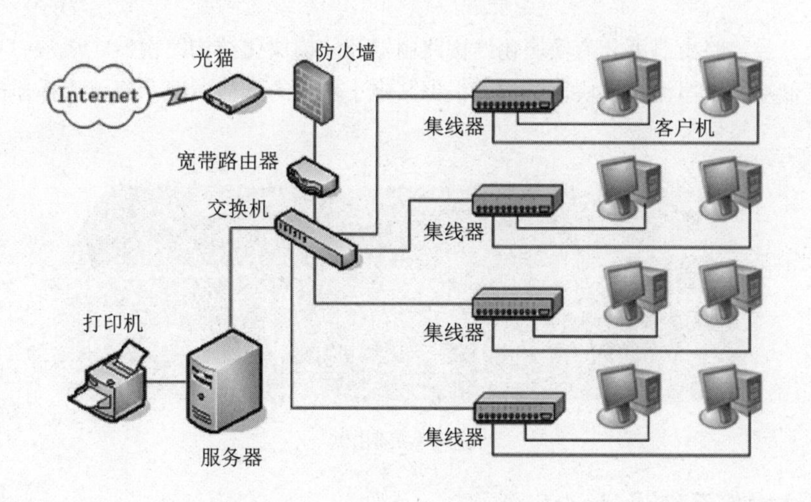

图 10-7　星型网络拓扑结构

10.2.2　网络设备设计

在确定组建企业局域网方向时，要根据“实用”和“够用”的原则，充分利用现有资源，结合应用和需要的变化制定相应的方案，不要一味追求高、新、难，避免使用不成熟的技术，某些过渡时期的技术很有可能导致网络建设的失败。

在网络设备的选择上，应尽量选用性能好、适用范围广的产品，网卡应尽量采用 10/100Mbit/s 的自适应网卡，主干交换机至少要用 100Mbit/s 交换机，这样既可充分利用现有的 10Mbit/s 网资源，又可以为以后支持大流量的多媒体信息提供足够的带宽。

1. 布线设备的选择

布线设备的选择应遵循以下几个原则：

（1）性价比高。选择的电缆、插件、电气设备应具有良好的物理和电气性能，而且价格适中。

（2）实用性强。设计、选择的系统应满足用户在现在和未来 10～15 年内对通信线路的要求。

（3）灵活性高。做到信息设备合理，可即插即用。

（4）扩充性好。尽可能采用易于扩展的结构和接插件，且便于升级。

2. 集线器（Hub）的选择

集线器的作用是用来将各计算机引出的双绞线连接在一起，常用集线器有 8 口、16 口和 24 口，根据所需接入的计算机数量进行选用。市场上常见的品牌有 D-Link、TP-Link、3COM 等，用户可根据具体情况选择购买。

3. 交换机的选择

交换机是一种高性能的集线器，它的带宽是独立的，它允许几个端口同时以相同速度传递数据，交换机通常还带有路由功能。

4. 路由器的选择

路由器（Router）是一种连接多个不同网络或多段网络的网络设备，如图 10-8 所示。它是互联网络的枢纽。

从结构上分类，路由器可分为模块化结构路由器和非模块化结构路由器。通常中高端路由器为模块化结构，低端路由器为非模块化结构。根据某中小企业的具体情况，建议选择非模块化结构的路由器。

图 10-8　路由器

10.2.3　网络操作系统设计

操作系统在网络中具有非常重要的作用。除硬件之外，操作系统将是确定网络工作方式和性能的决定性因素，操作系统的不同会导致网络的安全性和可靠性等方面的不同差异。

为了便于管理，在局域网中应有专门的服务器。目前可供选择的服务器操作系统有：Microsoft 公司的 Windows 系列，如 Windows Server 2008 R2、Windows 2010 Server、Windows 7/10 等；Novell 的 Netware；还有 Linux 等，但最常用的还是 Windows 系列操作系统。

办公局域网中的客户机可以选择使用的操作系统有：Windows 7、Windows 10 等操作系统。

根据选择操作系统的稳定安全、便易性和应用、开发支持等原则，在本例中，服务器采用 Windows Server 2008 R2 企业版作为网络操作系统，客户机采用 Windows 7、Windows 10 等 Windows 系列操作系统。

10.2.4　规划用户和 IP 地址

在网络中的管理单位通常是“工作组”，在网络中同一工作组中的用户可以实现互访，并能够共享对方的计算机资源，而不同工作组中的用户则不行。工作组的这种管理方式，如果能够在局域网中得到有效的应用，将会取得非常好的效果。

在局域网中，用户可以将每个部门分为一个工作组。在 IP 地址分配时，不但每个用户的计算机拥有一个独立的 IP 地址，而且网络中不同计算机上的 IP 地址是严格按照顺序来分配的。本小节以组建某公司办公局域网为例，介绍规划用户和 IP 地址的方法。

该公司有 3 层办公楼，第 1 层是销售部，共有 6 台计算机，第 2 层是技术部，共有 25 台计算机，第 3 层是人事部和财务部，其中人事部有 3 台计算机，财务部有 5 台计算机，将该公司所有计算机连入办公局域网中，要求网络中有 1 台服务器，并且不同的部门分在不同的工作组中。

因此，在该办公局域网中，将用户分为 4 个用户组，分别为销售部用户组、技术部用户组、人事部用户组和财务部用户组。其 IP 地址规划如表 10-1 所示。

表 10-1　用户及其 IP 地址规划表

用　户	IP 地址范围
服务器	192.168.0.1
销售部	192.168.0.2～192.168.0.7
技术部	192.168.0.8～192.168.0.32
人事部	192.168.0.33～192.168.0.35
财务部	192.168.0.36～192.168.0.40

10.3　连接网络设备

如今网络设备提供的端口非常丰富，完全可以满足不同企业的需求。网络设备在网络中的位置和连接方式是非常灵活的，其实这主要取决于网络设备提供的端口类型。每种端口的连接传输介质、应用条件都会有所不同。

因此，在部署网络设备之前，应了解不同端口的相关应用。

10.3.1　连接交换机

通常情况下，可以将交换机端口粗略地分为电口和光口两类，即双绞线端口和光纤端口。其中，双绞线端口主要用于连接终端设备，而光纤端口主要用于连接其他网络设备或特殊客户端。

1. 光纤端口的连接

由于光纤端口的价格仍然非常昂贵，所以光纤主要用于核心交换机和汇聚交换机之间的连接，或用于汇聚交换机之间的级联。需要注意的是，光纤端口均没有堆叠的能力，只能用于级联。

【实验 10-1】光纤跳线的交叉连接

所有交换机的光纤端口都是 2 个，分别是一发一收。同样，光纤跳线也必须是 2 根，否则端口之间将无法进行通信。

（1）当交换机通过光纤端口级联时，必须将光纤线两端的收发对调，当一端接“收”时，另一端接“发”；同理，当一端接“发”时，另一端接“收”，如图 10-9 所示。

提示：Cisco GBIC 光纤模块都标记有收发标志，左侧向内的箭头表示“收”，右侧向外的箭头表示“发”。

（2）如果光纤跳线的两端均连接“收”或“发”，则该端口的 LED 指示灯不亮，表示该连接失败。只有当光纤端口连接成功后，LED 指示灯才转为绿色。

（3）同样，当汇聚交换机连接至核心交换机时，光纤的收发端口之间也必须交叉连接，如图 10-10 所示。

图 10-9　光纤端口的级联

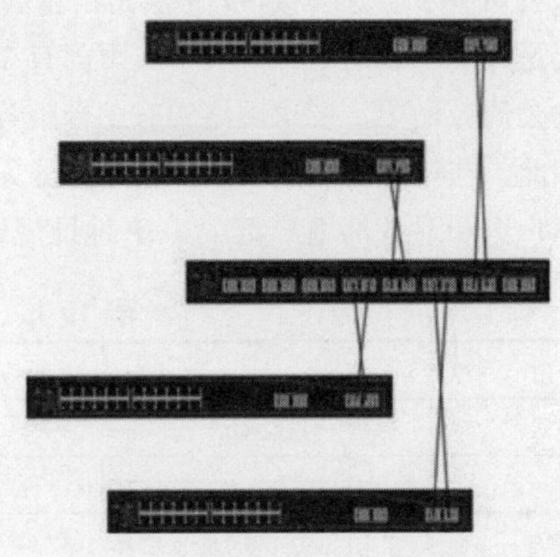

图 10-10　汇聚交换机与接入交换机的连接

【实验 10-2】光电收发转换器的连接

当建筑之间或楼层之间的布线采用光缆，而水平布线采用双绞线时，可以采用两种方式实现两种传输介质之间的连接。一是采用同时拥有光纤端口和 RJ-45 端口的交换机，在交换机之间实现光电端口之间的互连；二是采用廉价的光电转换设备，一端连接光纤，一端连接交换机的双绞线端口，实现光电之间的相互转换。如图 10-11 所示为 SC-to-RJ-45 收发转换器。

图 10-11　光电收发转换器

相较而言，模块化交换机的传输性能更高，而光电转换设备的价格更低。因此，应当根据网络的数据传输需要和投资额度决定采用哪种设备。

注意：并非所有光电收发转换器都支持全双工，部分产品只支持半双工，应当在选购时注意鉴别。另外，考虑到兼容性，建议选用相同品牌和类型的产品。

光电收发转换器的一端使用光纤跳线连接至光纤配线架，实现与远端光纤接口的连接；另一端使用双绞线跳线连接至交换机的 RJ-45 端口，实现与交换机上其他计算机间的连接，从而完成网络骨干的光纤传输。

当网络直径过大，已经远远超出双绞线所能支持的传输距离时，都会借助于光纤进行传输。如果网络用户数量较少，仅仅是为了实现远距离通信，对网络性能和数据传输速率没有太高要求，则可以在两端均采用光电收发转换器+普通 RJ-45 端口交换机的方式，从而大幅降低网络成本。网络设备的连接方式如图 10-12 所示。

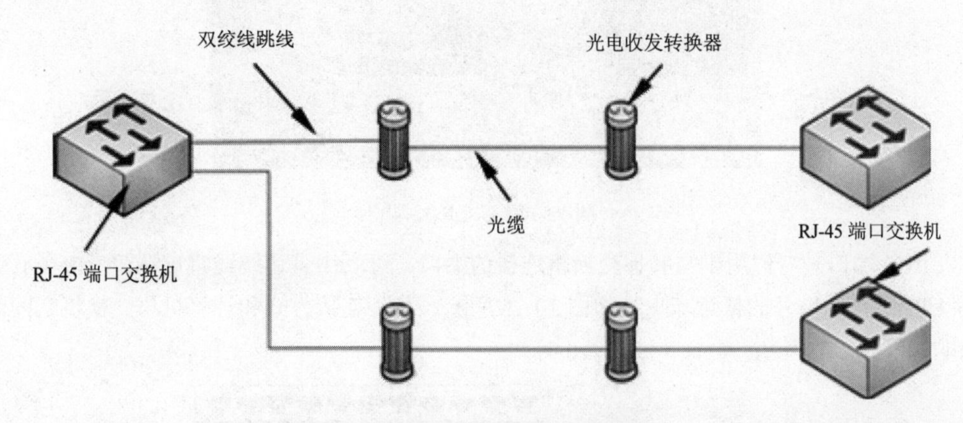

图 10-12　两端使用光电收发转换器

如果整个网络连接涉及多幢建筑，而且对数据传输性能要求较高，只是某个子网无须较高的性能，则可以只在一端使用光电收发转换器，如图 10-13 所示。而另一端使用带有光纤接口的中心或汇聚交换机，从而在保证整体网络性能的同时，提高网络性价比。

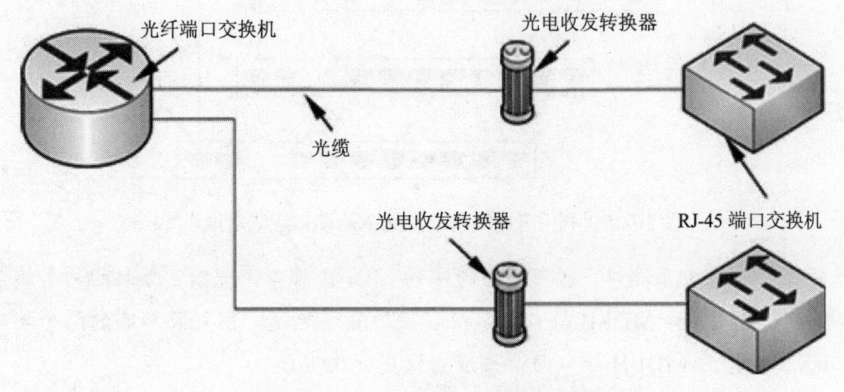

图 10-13　一端使用光电收发转换器

2．双绞线端口的连接

双绞线端口是普通交换机上数量最多的端口，可以直接连接客户端计算机。当借助双绞线端口实现与其他交换机的连接时（即级联），应注意端口类型和连接方式的选用。

（1）使用 UPLINK 端口级联

现在，许多品牌的交换机（Cisco 交换机除外）提供了 UPLINK 端口，如图 10-14 所示。使得交换机之间的连接变得更加简单。

图 10-14　UPLINK 端口

UPLINK 端口是专门用于与其他交换机连接的端口，可利用直通跳线将该端口连接至其他交换机上除 UPLINK 端口外的任意端口，如图 10-15 所示。这种连接方式和计算机与交换机之间的连接完全相同。

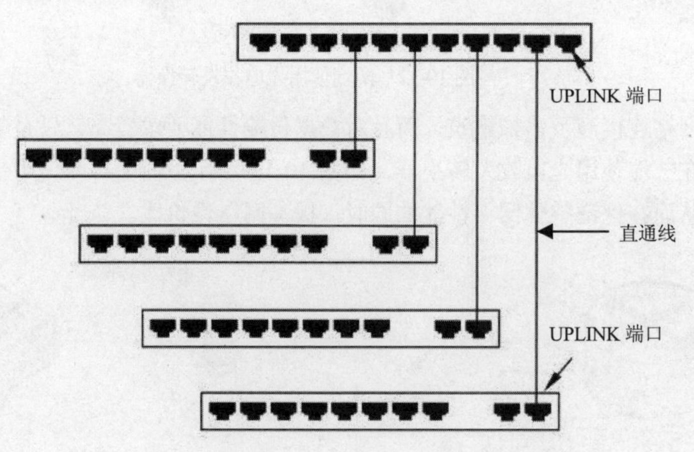

图 10-15　利用直通线通过 UPLINK 端口级联交换机

提示： 级联既可使用普通端口，也可使用特殊的 MDI-II 端口。当相互级联的两个端口分别为普通端口（即 MDI-X 端口）和 MDI-II 端口时，应当使用直通电缆。当相互级联的两个端口均为普通端口（即 MDI-X）或均为 MDI-H 端口时，则应当使用交叉电缆。

注意： 有些品牌的交换机使用一个普通端口兼作 UPLINK 端口，并利用一个开关（MDI/MDI-X 转换开关）在两种类型间进行切换。

（2）使用普通端口级联。

如果交换机没有提供专门的级联端口（UPLINK 端口），则只能使用交叉线，将两台交换机的普通端口连接在一起（可以扩展网络端口数量），如图 10-16 所示。

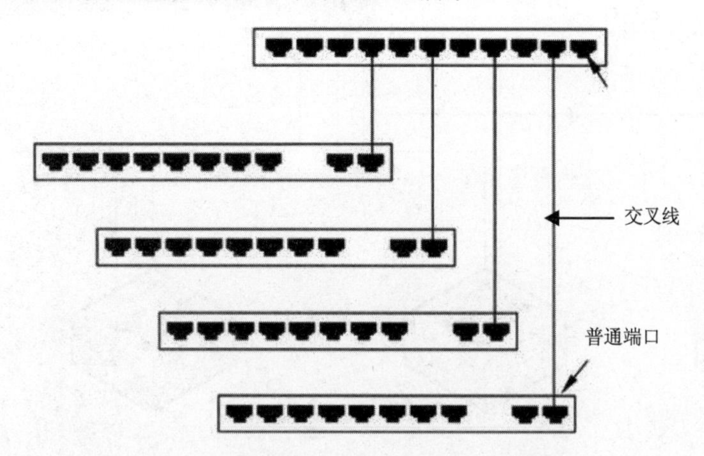

图 10-16　利用交叉线通过普通端口级联交换机

注意：当使用普通端口连接交换机时，必须使用交叉线而不是直通线。

（3）使用智能端口级联。

最新款的交换机（包括 Cisco 交换机在内）基本上都支持智能端口（智能端口通常不会在交换机面板上进行标记，必须通过查看产品的使用手册才能知晓）。

智能端口是交换机中的所有 RJ-45 端口都能够智能判断对端所连接的是普通网络终端，还是其他网络设备，并自动将端口的类型切换到与之相适应的类型（MDI-II 或 MDI-X），从而实现与对端设备的正常连接。因此，只需使用直通线即可实现网络设备之间的相互连接。

10.3.2　连接路由器

路由器主要用于实现网络互联，如局域网接入 Internet、分支机构与总部网络连接等，由于网络连接和传输方式多种多样，所使用的接口类型也有所不同，这就要求路由器必须能够提供尽可能丰富的网络接口，以满足不同环境的需求。

下面介绍使用最常用的 RJ-45 端口，将路由器和集线设备进行连接的方法。

如果路由器和集线设备均提供 RJ-45 端口，那么可以使用双绞线跳线将集线设备和路由器的两个端口连接在一起。

需要注意的是，与集线设备之间的连接不同，路由器和集线设备之间的连接不使用交叉线，而是使用直通线，也就是说，跳线两端的线序完全相同。

另外，路由器和集线设备的端口通信速率应当尽量匹配，否则宁可使集线设备的端口速率高于路由器的速率，并且最好将路由器直接连接至交换机，如图 10-17 所示。

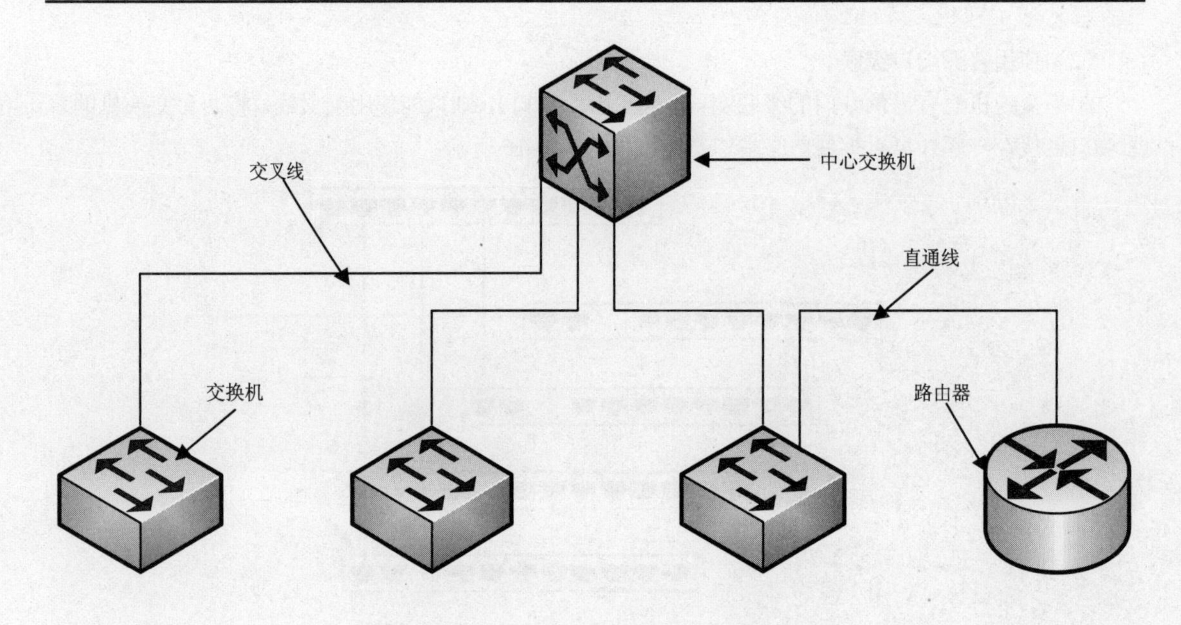

图 10-17　路由器与交换机之间的连接

10.3.3　连接安全设备

防火墙主要用于隔离不同安全需要求的网络。就连接方式而言，它与路由器类似，都是连接不同的网络或网段。通常情况下，网络防火墙的物理端口非常简单，因此，相对于路由器而言，防火墙的物理连接要简单得多。

1．双绞线端口的连接

使用双绞线跳线，将一端连接至 Cisco ASA 的以太网端口，另一端根据拓扑规划连接至路由器、交换机或其他网络设备。

2．光纤端口的连接

网络防火墙的光纤端口主要用于连接内网，实现高速传输。以 Cisco ASA 5500 系列产品为例，用户可以通过安装提供 SFP 模块插槽的业务板卡获得光纤端口。在连接之前，应当先安装 SFP 模块，然后使用 LC-LC 光纤跳线，并根据拓扑规划将 Cisco ASA 与交换机、路由器等其他网络设备连接在一起。

10.4　局域网布线系统的连接

无论工作区子系统、水平布线子系统或者是主干子系统和建筑群子系统，都必须借助于光纤或者双绞线，将网络设备、终端等连接在一起，才能构成一个完整的布线系统。

10.4.1　连接双绞线布线系统

综合布线完成以后，只有借助于跳线将每段链路完整地连接在一起，才能实现计算机之间彼此的通信。

1．双绞线链路的连接方式

通常情况下，每条链路中包括一段永久的水平链路和两条跳线。其中，一条跳线用于连接工作区的计算机与信息插座，另一条跳线则用于连接楼层配线架与接入交换机。双绞线整体链路的连接方式，如图 10-18 所示。

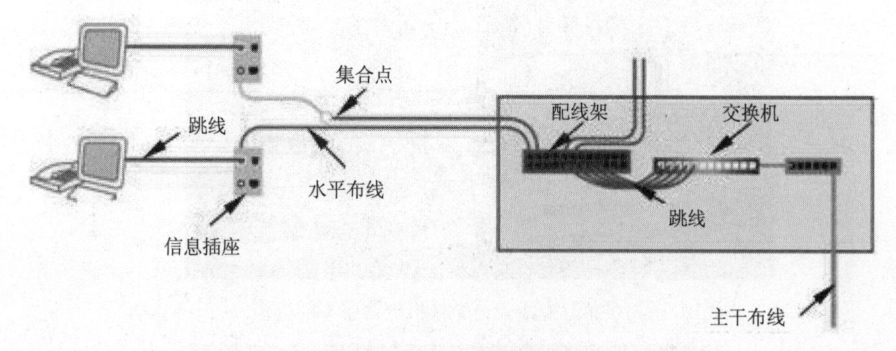

图 10-18　双绞线链路

当某台计算机想要接入局域网时，除了需要使用一条跳线连接至其工作区中的信息插座外，还应当由网络管理员使用一条跳线将该信息接口所对应的配线架端口连接至交换机，才能使该用户接入到网络。

2．配线架与交换机的放置

配线架与交换机的放置通常采用两种形式：一种是将配线架与交换机放置于同一机柜中，彼此间隔摆放，如图 10-19 所示。另一种是将配线架和交换机分别放置于不同的机柜中，机柜间隔摆放，如图 10-20 所示。

3．连接跳线

当几乎所有的信息端口都要连接至网络时，交换机的端口数量应当尽量与配线架的端口数量一致，从而便于实现配线架端口与交换机端口的一一对应，方便网络布线的日常维护和管理。以及网络连通性故障的排除。

为了便于区分不同楼层、房间或部门的连接，建议采用不同颜色的跳线连接配线架与集线设备，如图 10-21 所示。从而便于实现对网络连接的管理。

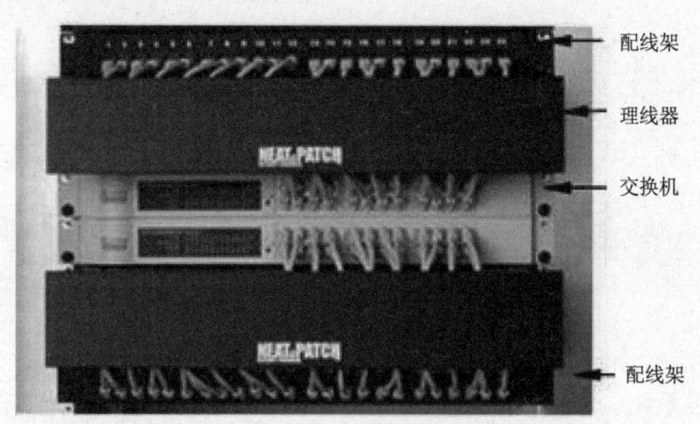

图 10-19　配线架与交换机放置于同一机柜

图 10-20 配线架与交换机放置于不同机柜

图 10-21 使用不同颜色的跳线

跳线的一端连接至信息插座，另一端连接至计算机网卡，从而将计算机连接至局域网。

提示：无论是连接信息插座与计算机的跳线，还是连接配线架与交换机的跳线，都应当采用直通线。同时，配线架和信息插座的端接，以及双绞线的跳线的制作都应当采用同一标准，或者全部为 TIA/EIA568A，或者全部为 TIA/EIA586B，从而保证整条双绞线链路的统一，如图 10-22 所示。

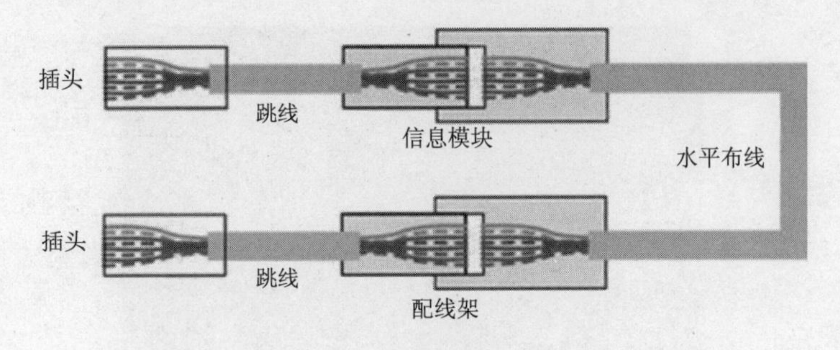

图 10-22 双绞线链路标准统一

4．整理布线系统

当线缆布放到位后应适当绑扎（每 1.5m 固定一次）。由于双绞线结构的原因，绑扎不能过紧，不要使线缆产生应力。要确保工程中绑扎力一致性，又要提高效率，就要依靠适当的工具。

（1）整理桥架中的线缆

通常情况下，楼层桥架中线缆只需理顺即可，无须进行捆扎。而主干桥架中的线缆则需要使用扎带进行简单的捆扎，如图 10-23 所示。以区别不同的楼层，并减少重力拉伸线缆，从而避免改变其物理属性（如绞合度、长度等）和电气性能。

（2）配线架线缆整理

我们通过一个实验来了解一下。

【实验 10-3】整理配线架中的线缆

（1）如果交换机与配线架位于同一机柜，只需选择适当长度的跳线，将跳线打个环，如图 10-24 所示。后置于理线器，然后将其两端分别连接至交换机和配线架端口。

图 10-23　主干桥架线缆捆扎

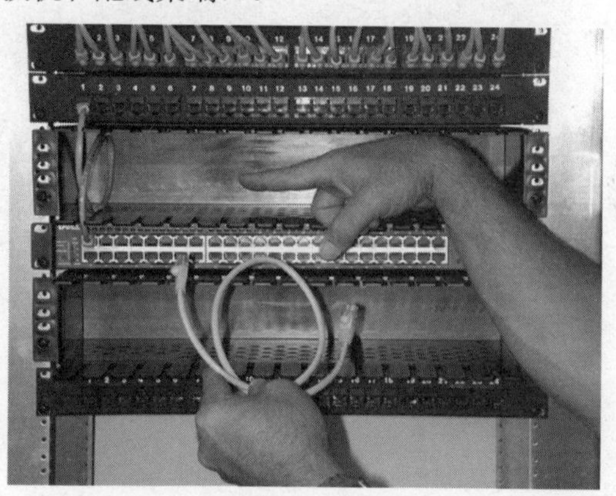

图 10-24　跳线打环

所有连接都完成后，盖上理线器的盖板即可，如图 10-25 所示。

（2）如果配线架与交换机位于不同的机柜，则需要使用较长的跳线（大致 5m 以上），并且必须对跳线进行整理。

（3）除了配线架和交换机的前面板需要使用理线器对线缆进行整理外，垂直部分也应当使用垂直理线器进行整理，如图 10-26 所示。

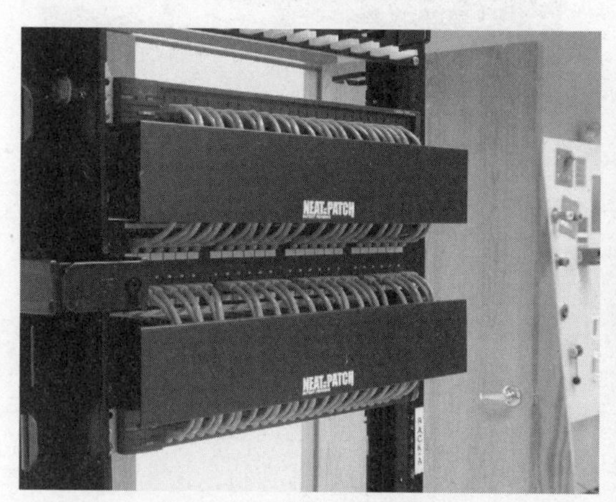

图 10-25　盖上理线器盖板

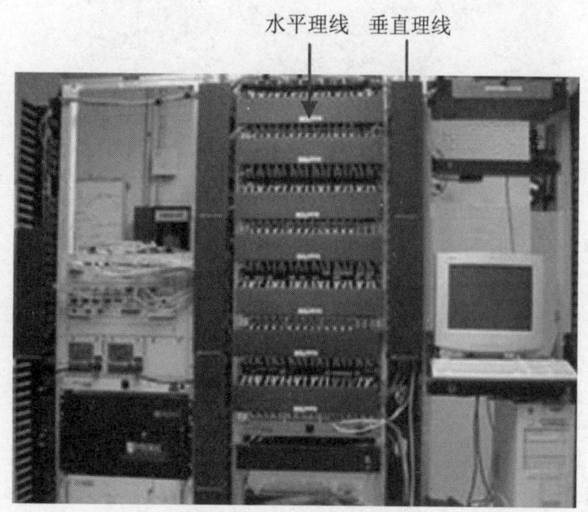

图 10-26　垂直理线器

（4）配线架后部集中网络布线系统中的所有水平布线，因此有大量的线缆需要进行整理。通常情况下，每一个配线架中的线缆在理顺之后，都应当使用尼龙扎带依次捆扎固定，如图 10-27 所示。水平线缆的捆扎固定方向应当左右交替，以便于垂直部分固定在机柜两侧。

（5）然后再将所有垂直部分线缆依次捆扎固定在机柜的两侧，如图 10-28 所示。在捆扎固定线缆时，应当注意不要过分折弯双绞线，并且扎带不要扎得过紧，以免影响线缆的电气性能。

图 10-27　捆扎固定水平线缆

图 10-28　捆扎固定垂直线缆

5．标签标记

在配线架端口、跳线两端和信息插座上，都应当使用标签进行标记，并且使每个链路的标记完全一致，从而便于布线系统的日常维护和故障排除。在配线架的标识上，还应当注明楼宇名称和相应的楼层。如果条件允许，可以借助标签打印机实现标签的标准化打印。双绞线跳线通常使用机打不干胶标签，如图 10-29 所示。

配线架则通常采用硬纸片式的插入标记，如图 10-30 所示。为了便于区分不同位置的线缆，建议使用不同颜色的标签进行标记。

图 10-29　双绞线跳线标签

图 10-30　配线架标签

注意：信息插座也采用硬纸片式的插入标记，信息插座的标签必须与配线架的相应端口一致。在布线实施过程中，一定要认真做好技术文档的记录，最后绘制布线图纸并存档。技术文档内容应当包括布线路由、信息插座的具体位置与编号、配线架端口与所对应信息点的位置等。除此之外，还应当对交换机和机柜等进行标识，以便于布线管理和维护。

10.4.2　连接光缆布线系统

在综合布线系统中，光缆主要被应用于垂直主干布线和建筑群主干布线，只有少量被应用于对安全性、传输距离和传输速率要求较高的水平布线。

1. 连接光缆的方式

（1）当水平布线采用双绞线而主干布线采用光缆时，通常应当采用带有光纤端口（或光纤插槽）的电口（即双绞线端口）有源设备（即交换机），实现光纤链路与双绞线链路的融合与通信。各种类型布线中光缆与双绞线的连接方式，如图 10-31 所示。

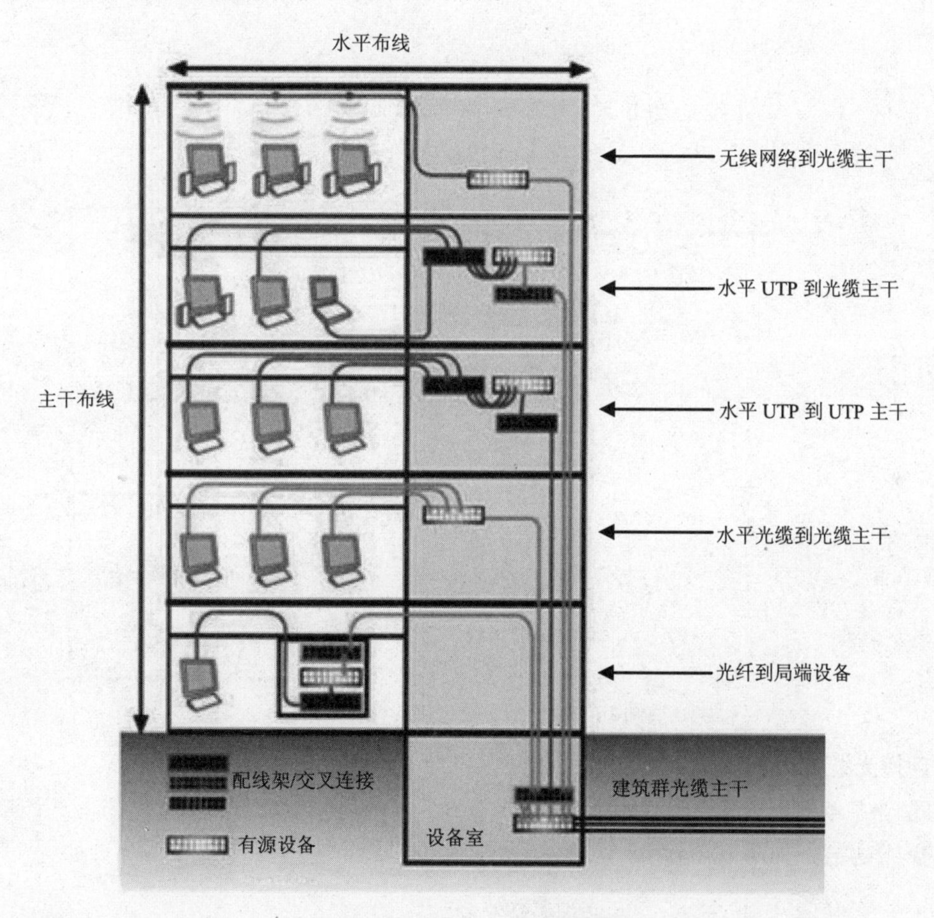

图 10-31　光缆与双绞线的连接

（2）如图 10-32 所示为光纤链路与双绞线链路连接的典型方式，光缆与双绞线的连接借助于同时拥有光纤端口和双绞线端口的交换机来实现。光纤跳线一端连接至光缆配线架，另一端连接至交换机的光纤端口。

（3）如图 10-33 所示为建筑中光纤链路连接的典型方式，所有电信室的光缆最终全部汇接到设备室，并借助于建筑群间的主干光缆实现与其他建筑物的连接。

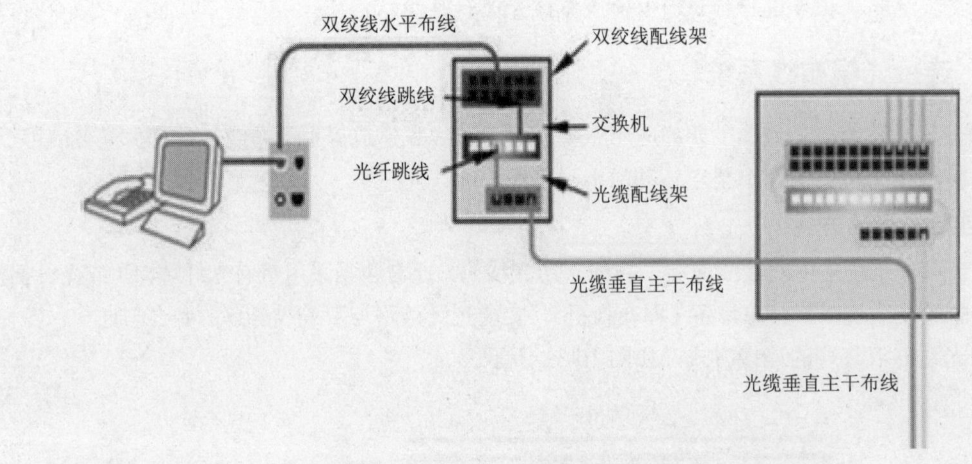

图 10-32　光缆与双绞线连接的典型方式

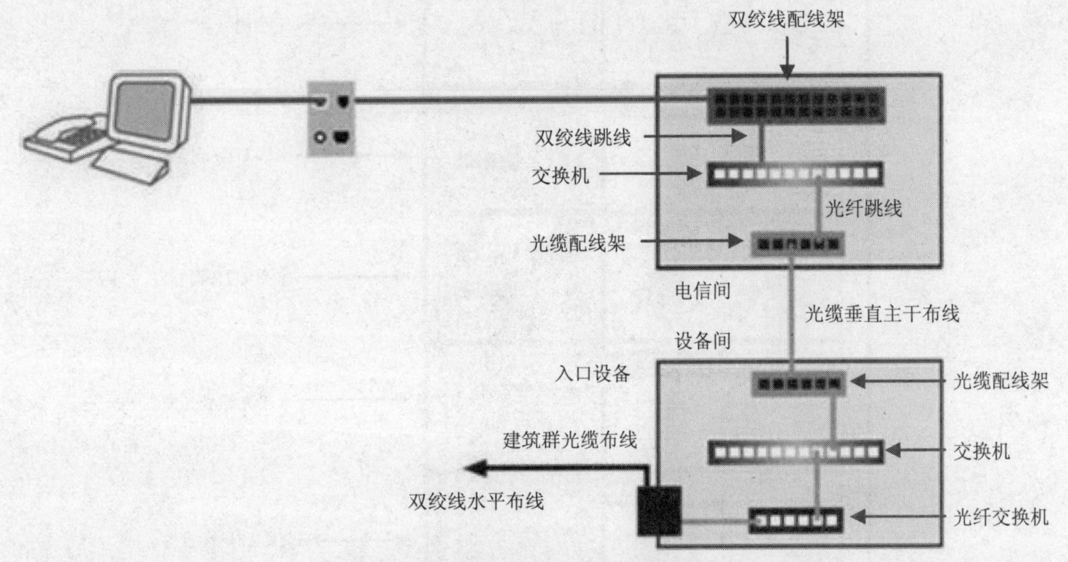

图 10-33　光纤链路连接的典型方式

2．连接光缆链路

光纤链路是单向传输的，因此在光纤链路连接时，必须特别注意 AB 端的连接。一个简单的光纤链路的连接方式，如图 10-34 所示。

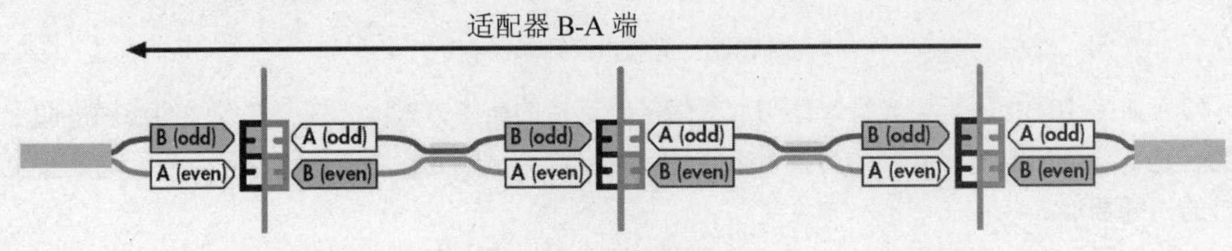

图 10-34　适配器 B-A 端

使用光纤跳线将光纤配线架与交换机的光纤端口相互连接。如图 10-35 所示为跳线一端连接至交换机的 SFP 模块，如图 10-36 所示为跳线一端连接至交换机的 GBIC 模块。

如图 10-37 所示为跳线一端连接至光纤配线架的 ST 接口，如图 10-38 所示为跳线一端连接至交换机的 SC 接口。

图 10-35　连接至 SFP 模块

图 10-36　连接至 GBIC 模块

图 10-37　光纤配线架的 ST 接口

图 10-38　光纤配线架的 SC 接口

3. 管理光缆

室内光缆和光纤跳线特别容易折断，因此在整理光缆布线时，要非常小心。由于光纤跳线非常细，因此标签不能缠绕在跳线上，而是应当将标签对折粘贴，如图 10-39 所示。

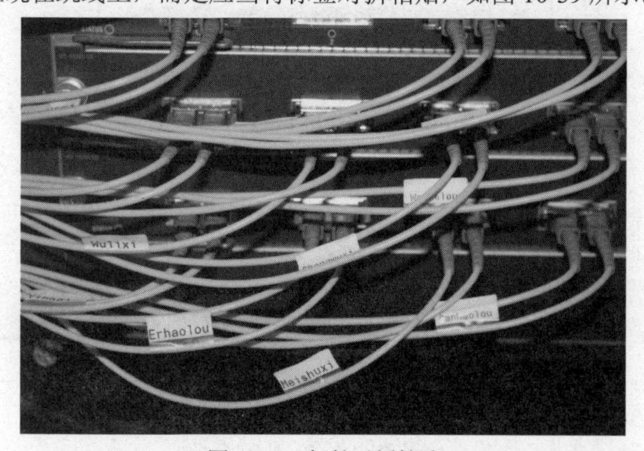

图 10-39　标签对折粘贴

光纤跳线的绑扎应当使用软质扎带，宽松地固定在机柜上即可。

10.5 网络设备连接检测

网络设备与计算机之间的连接完成后，还必须进行相应的测试，才能确定网络链路的连通性。尤其是网络较大、接入的计算机数量较多时，很难保证不会由于连接错误、拓扑结构问题而导致连通性故障。

当一台计算机或若干台计算机无法接入网络，或无法与其他计算机进行通信时，就需要对网络的连通性进行测试。

10.5.1 交换机/路由器工作状态判断

无论是交换机还是路由器，每个端口都有一个 LED 指示灯用于指示该端口是否处于工作状态，即连接至该端口的计算机或网络设备是否处于工作状态、连通性是否完好。无论该端口所连接的设备处于关机状态，还是链路的连通性有问题，都会导致相应端口的 LED 指示灯熄灭。只有该端口所连接的设备处于开机状态，并且链路连通性完好的情况下，指示灯才会被点亮。

【实验 10-4】通过 LED 指示灯判断交换机/路由器工作状态

（1）查看交换机 LED 指示灯

交换机因其品牌、类型、模块等差异，设备上的指示灯也存在不同，但是交换机前面板上一般都存在电源指示灯、连接指示灯，如图 10-40 所示。根据这些指示灯的异常，可以判断出交换机很多的故障原因，并快速采取相应的解决方法。

- PWR 指示灯（电源指示灯）：交换机接上电源后，此灯指示红色常亮。如果指示灯不亮，检查电源是否连接好。
- Link/Act 指示灯（连接指示灯）：当一个端口连上一个网络设备，相应的 LED 灯指示绿色常亮；当一个端口正常连接后，在收发数据时，相应的 LED 绿色指示灯闪烁。

图 10-40 交换机 LED 指示灯

（2）查看路由器 LED 指示灯

一般常见的路由器 LED 指示灯有下列几种：

一般常见的路由器 LED 指示灯，如表 10-2 所示。

表 10-2 常见路由器 LED 指示灯及含义

指示灯	含义
PWR 电源指示灯	常灭，表示未接通电源；常亮，表示已加电
SYS 系统状态指示灯	常灭，表示设备正在初始化；闪烁，表示工作正常
WLAN 无线状态指示灯	常灭，表示未启用无线功能；闪烁，表示已经启用无线功能

续表

指示灯	含义
LAN（1–4）局域网状态指示灯	常灭，端口未连接设备；闪烁，端口正在传输数据；常亮，端口已连接设备
WAN 广域网状态指示灯	常灭，端口未连接设备；闪烁，正在传输数据；常亮，端口已连接设备
QSS 一键安全设定指示灯	绿色闪烁，正在安全连接；绿色常亮，安全连接成功；红色闪烁，安全连接失败

注意：不同品牌型号的路由器，指示灯状态含意略有不同。建议参照对应的路由器产品说明书。如图 10-41 所示为 TL-WR941ND 路由器指示灯。

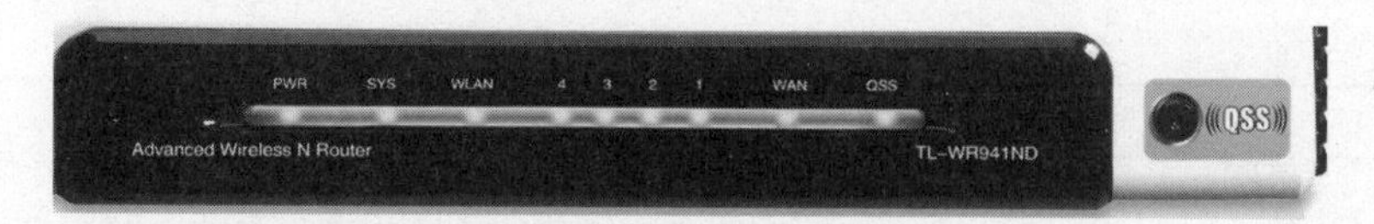

图 10-41　路由器 LED 指示灯

10.5.2　网卡工作状态判断

在使用网卡指示灯判断连通性时，一定要注意先将集线器或交换机的电源打开，并保证集线设备处于正常运行状态。当网卡没有指示灯被点亮时，表明计算机与网络设备之间没有建立正常连接，物理链路有故障发生。

【实验 10-5】通过 LED 指示灯判断网卡工作状态

通常情况下，集成网卡只有两个指示灯，如图 10-42 所示。黄色指示灯用于表明连接是否正常，绿色指示灯则表示计算机主板是否已经供电，正处于待机状态。

因此，当计算机正常连接至交换机时，即使计算机处于待机状态（绿色灯被点亮），黄色指示灯也应当被点亮；否则就表示发生了连通性故障。

图 10-42　网卡 LED 指示灯

提示：不同型号的网卡，其指示灯也不同。例如，Intel Pro/1000MT 指示灯通常有 4 个，分别用于表示连接状态（Link 指示灯）、数据传输状态（ACT 指示灯）和连接速率。当正常连接时，Link 指示灯呈绿色；有数据传输时，ACT 指示灯不停闪烁。当连接速率为 10Mbit/s 时，速率指示灯熄灭；连接速率为 100Mbit/s 时，速率指示灯呈绿色；连接速率为 1000Mbit/s 时，速率指示灯呈黄色。

注意：无论网卡是否安装了驱动程序，还是交换机是否设置了 VLAN 或其他功能，只要网卡与交换机之间的链路是畅通的，那么相应的指示灯就应当被点亮。否则可以简单地判断为网络连通性故障，应当使用专用工具对链路进行测试。

【实验 10-6】使用 ipconfig 命令判断网卡工作状态

使用 ipconfig 命令，也可以判断计算机链路是否正常，即网卡是否正确连接到交换机。

ipconfig 命令的格式：

```
ipconfig  [ /all ] [ /renew  adapter ] [ /release  adapter ] [ /flushdns ] [ /displaydns ]
[ /registerdns ] [ /showclassid adapter ] [ /setclassid adapter  [classid] ]
```

用户可以通过在命令提示符下运行“Tracert /? ”命令来查看 Tracert 命令的格式及参数，如图 10-43 所示，各种参数的含义如表 10-3 所示。

表 10-3　Tracert 命令参数的含义

参数	含　义
-d	不将地址解析成主机名
-h maximum_hops	搜索目标的最大跃点数
-w timeout	等待每个回复的超时时间（以毫秒为单位）
-R	跟踪往返行程路径（仅适用于 IPv6）
-S srcaddr	要使用的源地址（仅适用于 IPv6）
-4	强制使用 IPv4
-6	强制使用 IPv6

具体操作步骤如下：

（1）在命令行提示符下，输入 ipconfig 命令，按【Enter】键，显示已经配置的接口的 IP 地址、子网掩码和默认网关值，如图 10-44 所示。

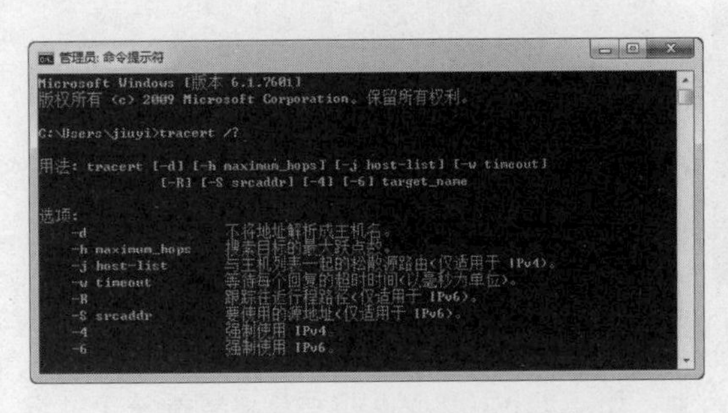

图 10-43　Tracert 命令的格式及参数

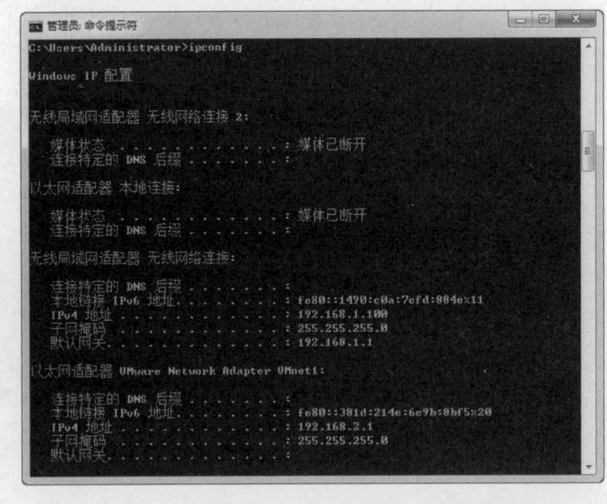

图 10-44　显示已经配置的接口信息

（2）在 DOS 提示符下，输入 ipconfig/all 命令，按【Enter】键，显示本地计算机的主机信息、DNS 信息、物理地址信息、DHCP 服务器信息等，如图 10-45 所示。

```
管理员: 命令提示符
C:\Users\Administrator>ipconfig/all

Windows IP 配置

   主机名  . . . . . . . . . . . . . : USERMIC-L8BADUG
   主 DNS 后缀 . . . . . . . . . . . :
   节点类型  . . . . . . . . . . . . : 混合
   IP 路由已启用 . . . . . . . . . . : 否
   WINS 代理已启用 . . . . . . . . . : 否

无线局域网适配器 无线网络连接 2:

   媒体状态  . . . . . . . . . . . . : 媒体已断开
   连接特定的 DNS 后缀 . . . . . . . :
   描述. . . . . . . . . . . . . . . : Microsoft Virtual WiFi Miniport Adapter
   物理地址. . . . . . . . . . . . . : 26-DB-30-4A-B3-36
   DHCP 已启用 . . . . . . . . . . . : 是
   自动配置已启用. . . . . . . . . . : 是

以太网适配器 本地连接:

   媒体状态  . . . . . . . . . . . . : 媒体已断开
   连接特定的 DNS 后缀 . . . . . . . :
   描述. . . . . . . . . . . . . . . : Realtek PCIe GBE Family Controller
   物理地址. . . . . . . . . . . . . : 20-1A-06-7A-BB-9E
   DHCP 已启用 . . . . . . . . . . . : 是
   自动配置已启用. . . . . . . . . . : 是

无线局域网适配器 无线网络连接:

   连接特定的 DNS 后缀 . . . . . . . :
```

图 10-45 显示本地计算机的所有信息

提示：如果没有正确连接到接入层交换机，表明水平布线或工作区布线链路有故障，或者交换机没有加电，如图 10-46 所示。

图 10-46 计算机未正常连接

10.5.3 网络连通性测试

尽管借助 LED 指示灯可以基本判断物理链路的连通性，但有时也会出现指示灯正常却无法实现网络通信的现象。故障原因是多方面的，如跳线或水平布线的瑕疵、交换机级联错误、网络拓扑结构问题、网络设备配置错误等。使用简单的工具软件，可以迅速判断网络的连通性，并定位网络故障的位置。

1. ping 命令测试

ping 是 Windows 7/10 中集成的一个专用于 TCP/IP 协议网络中的测试工具，ping 命令是用于查看网络上的主机是否在工作，它是通过向该主机发送 ICMP ECHO_REQUEST 包进行测试而达到目的。一般只要是使用 TCP/IP 协议的网络，当发生计算机之间无法访问或网络工作不稳定时，都可以使用 ping 命令来确定问题的所在。

ping 命令格式：

```
ping 目的地址 [-t][-a][-n Count][-l Size][-f][-i TTL][-v TOS][-r Count][-s Count]
[{-j HostList | -k HostList}][-w Timeout][-R][-S SrcAddr][-4][-6]
```

用户可以通过在命令提示符下运行 ping 或“ping/？”命令来查看 ping 命令的格式及参数，如图 10-47 所示。其中目的地址是指被测试计算机的 IP 地址或计算机名称。各种参数的含义如表 10-4 所示。

图 10-47 ping 命令的格式及参数

表 10-4 ping 命令参数的含义

参数	含 义
-t	ping 指定的主机，直到停止。若要查看统计信息并继续操作，则按 Control-Break 键；若要停止，则按 Control-C 键
-a	将地址解析成主机名
-n Count（计数）	要发送的回显请求数，默认值是 4
-l Size（长度）	发送缓冲区大小。默认值为 32。Size 的最大值是 65 527
-f	在数据包中设置“不分段”标志（仅适用于 IPv4）
-i TTL	生存时间
-v TOS	服务类型（仅适用于 IPv4。该设置已不赞成使用，且对 IP 标头中的服务字段类型没有任何影响）
-r Count	记录计数跃点的路由(仅适用于 IPv4)
-s Count	计数跃点的时间戳(仅适用于 IPv4)
-j HostList（目录）	与主机列表一起的松散源路由(仅适用于 IPv4)
-k HostList	与主机列表一起的严格源路由(仅适用于 IPv4)
-w Timeout（超时）	等待每次回复的超时时间(毫秒)

续表

参数	含　义
-R	同样使用路由标头测试反向路由(仅适用于 IPv6)
-S SrcAddr(源地址)	指定要使用的源地址（只适用于 IPv6）
-4	指定将 IPv4 用于 ping。不需要用该参数识别带有 IPv4 地址的目标主机，仅需要它按名称识别主机
-6	指定将 IPv6 用于 ping。不需要用该参数识别带有 IPv6 地址的目标主机，仅需要它按名称识别主机

（1）使用 Ping 命令测试网卡

如果计算机不能与其他计算机或 Internet 正常连接，首先需要检查本地网卡是否正常。网卡可能会由于驱动程序安装不正常、没有安装必需的通信协议等造成不能连接网络。此时，可以使用 Ping 命令进行测试。

使用 Ping 命令测试网卡的具体步骤如下：

1）在【命令行提示符】窗口中，输入“Ping 127.0.0.1”，按【Enter】键。

2）如果客户机上网卡正常，则会以 DOS 屏幕方式显示类似“来自 127.0.0.1 的回复：字节=32 时间<1ms TTL=64”信息，如图 10-48 所示。

3）如果网卡有故障，则会显示“请求超时”信息，如图 10-49 所示。

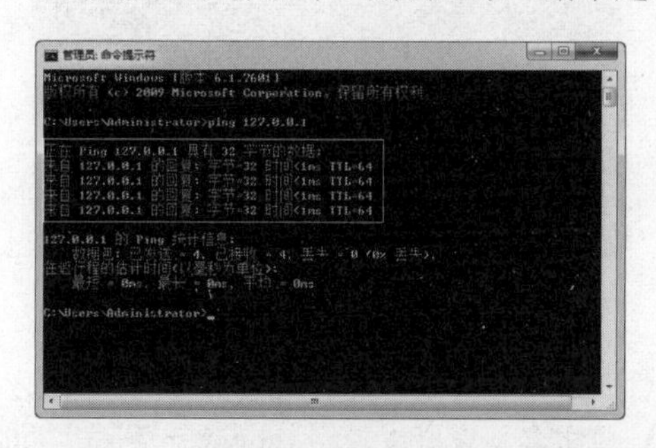

图 10-48　网卡正常

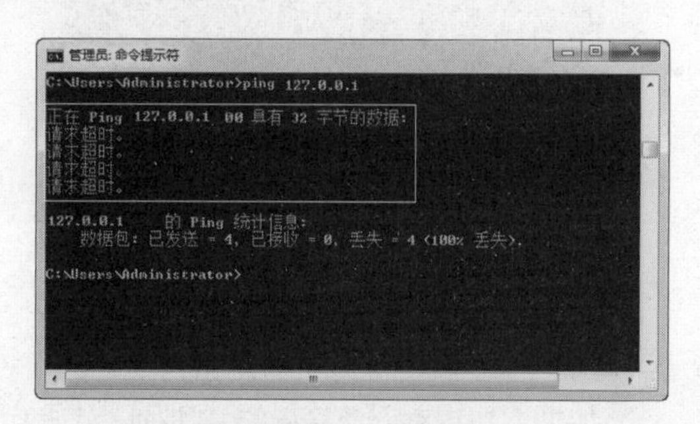

图 10-49　网卡有故障

对于具体的测试结果，我们可以从以下几个方面考虑接下来的应对策略。

1）是否正确安装了网卡

如果测试成功，说明网卡没有问题；如果测试不成功，说明该网卡驱动程序或 TCP/IP 没有正常安装。在“设备管理器”窗口中，查看网卡是否有一个黄色的“！”，如果有，就需要重新安装驱动程序。

提示：127.0.0.1 是本地网卡的默认回环地址，无论网卡中是否分配了 IP 地址，该地址都会存在，且仅在本地计算机中有效，在网络中无效。

2）是否正确安装了 TCP/IP

如果测试成功，说明网卡 TCP/IP 没有问题。如果测试不成功，但网卡驱动程序安装正常，则应检查本地网卡的“本地连接”属性，查看是否正确安装了 TCP/IP。

3）是否正确配置了 IP 地址和子网掩码

如果 Ping 127.0.0.1 测试成功，但 Ping 本地 IP 地址不成功，说明没有正确配置 IP 地址。应打开本地网卡的“本地连接”属性，检查 IP 地址和子网掩码是否设置正确，并进行正确配置。

（2）通过 Ping IP 地址测试与其他计算机的连通性

通过 Ping IP 地址的方法可以判断本地计算机与其他计算机的连通性，或者判断对方计算机是否在线等，这是局域网中最常用的操作。

（即扫即看）

【实验 10-7】通过 IP 地址测试与其他计算机的连通性

具体操作步骤如下：

1）在【命令行提示符】窗口中，输入“Ping 192.168.1.108”，按【Enter】键。

2）Ping 命令便开始测试，如果能够连通，就会返回一些数值，如时间（time）、字节（TTL）值等，如图 10-50 所示，说明对方计算机当前在线，并且能与该计算机连通。根据所返回的 time（时间）和 TTL（字节）值，还可以了解到网络的大致性能，time 值越大，则说明 Ping 的时间越长，网络延时越大，网络性能也就越不好；如果 time 值越小，则说明网络状况越好。

3）如果返回信息为请求超时（Request timed out），则表示不能与该计算机连通，如图 10-51 所示。这种情况说明可能是对方计算机设置了不返回 ICMP 包，或者与对方计算机的网络不通，或者测试计算机不在线，也有可能安装了防火墙。

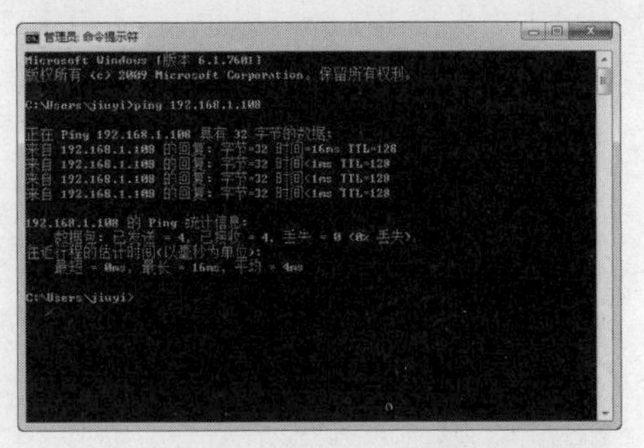

图 10-50　Ping IP 地址正常

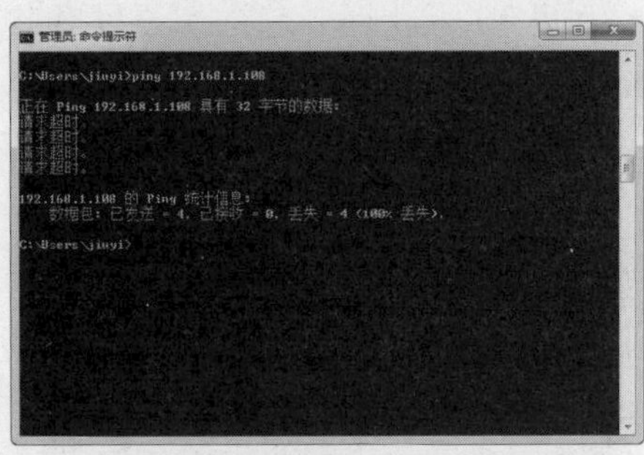

图 10-51　不能 Ping 通

（3）通过 Ping 计算机名测试与其他计算机的连通性

如果不知道对方计算机的 IP 地址，只知道对方的计算机名，也可以使用 Ping 命令测试，同时，还可以得到对方计算机的 IP 地址。具体操作步骤如下：

1）在【命令行提示符】窗口中，输入“Ping 计算机名”，例如“ping PC-08”，按【Enter】键，Ping 命令便开始测试。

2）如果能够连接，就会返回相应数值，如图 10-52 所示，说明与该计算机的连接正常，在返回值中还会显示对方计算机的 IP 地址，即 192.168.1.108。

3）如果在 Ping 计算机名时返回无法访问目标主机信息，则说明无法与该计算机连通，或者该计算机没有正确接入网络，如图 10-53 所示。

图 10-52　Ping 计算机名

图 10-53　无法访问目标主机

4）如果在 Ping 计算机名时，返回 Ping 请求找不到主机 PC-8.请检查该名称，然后重试信息，则说明网络中没有此 IP 地址，或者是输入的计算机名有误，如图 10-54 所示。

图 10-54　请求找不到主机

（4）测试与路由器的连通性

通过 Ping 路由器的 IP 地址，可以查看路由器是否正常工作。路由器的 IP 地址根据不同产品而不同，这里假定为 192.168.1.1。

【实验 10-8】无法上网后的路由器连通性测试。

（即扫即看）

具体操作步骤如下：

1）在【命令行提示符】窗口中，输入“Ping 192.168.1.1”，按【Enter】键，Ping 命令便开始测试。

2）如果能够连接，就会返回相应数值，如图 10-55 所示，说明与该路由器的连接正常。

3）如果不能连接，则会返回传输失败或请求超时的信息，如图 10-56 和图 10-57 所示，说明与该路由器的连接不正常，需要检查网线、网卡和路由器是否正常。

图 10-55　Ping 路由器

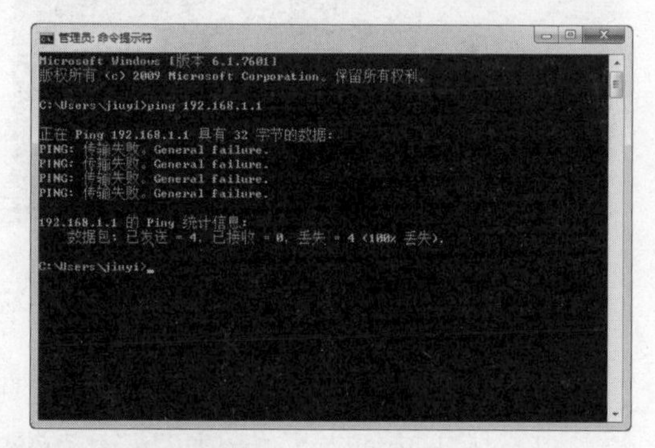

图 10-56　传输失败

图 10-57　请求超时

（5）测试与 Internet 的连通性

用户在浏览网页时，经常会遇到网页不能正常打开的情况。此时可以使用 Ping 命令检查本地计算机到 Internet 的连通性，同时也可以获得该网站的 IP 地址。

【实验 10-9】测试与百度网站的连通性

具体操作步骤如下：

1）在【命令行提示符】窗口中，输入“Ping　www.baidu.com”，按【Enter】键，Ping 命令便开始测试，显示如图 10-58 所示的测试结果。

2）首先会返回该网站的主机头名 www.baidu.com，IP 地址为 183.232.231.174，然后返回与该网站的连通信息，说明可以解析域名并与百度网站连通。

提示：许多网站设置了不返回 ICMP 包，在使用 Ping 命令时也会返回“请求超时”的信息，因此，测试时应多 Ping 几个网站。如果此时仍然可以解析出该网站的 IP 地址，说明本地计算机可以连接 DNS 服务器。如果网络中没有专用的 DNS 服务器，则说明计算机可以上网。

3）在测试与 Internet 的连通性，如果网站禁 Ping 入，在“命令行提示符”窗口中显示提示信息，但是可以获得该网站的 IP 地址。

4）打开 IE 浏览器，在地址栏中输入网站的 IP 地址，按回车鍵打开网站，如图 10-59 所示。

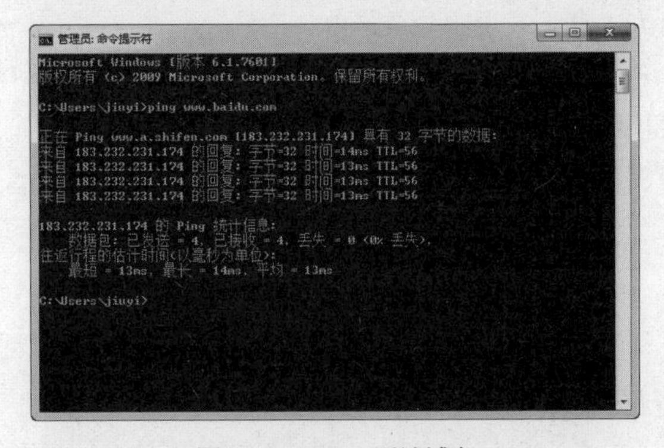

图 10-58　Ping 网站域名

图 10-59　百度网站首页

2. Tracert 命令测试

Tracert 是一个用于数据包跟踪的网络工具，运行在 DOS 提示符下，它可以跟踪数据包到达目的主机经过哪些中间节点。一般可用于广域网故障的诊断，检测网络连接在哪里中断。

Tracert 命令的格式：

```
Tracert [-d] [-h Maxinum_Hops] [-j Host-List] [-w Timeout] TargetName
```

用户可以通过在命令提示符下运行“Tracert /? ”命令来查看 Tracert 命令的格式及参数，如图 10-60 所示，各种参数的含义如表 10-5 所示。

表 10-5　Tracert 命令参数的含义

参数	含　义
-d	不将地址解析成主机名
-h maximum_hops	搜索目标的最大跃点数
-w timeout	等待每个回复的超时时间（以毫秒为单位）

续表

参数	含　义
-R	跟踪往返行程路径（仅适用于 IPv6）
-S srcaddr	要使用的源地址（仅适用于 IPv6）
-4	强制使用 IPv4
-6	强制使用 IPv6

```
管理员: 命令提示符
Microsoft Windows [版本 6.1.7601]
版权所有 (c) 2009 Microsoft Corporation。保留所有权利。

C:\Users\jinyi>tracert /?

用法: tracert [-d] [-h maximum_hops] [-j host-list] [-w timeout]
               [-R] [-S srcaddr] [-4] [-6] target_name

选项:
    -d                 不将地址解析成主机名。
    -h maximum_hops    搜索目标的最大跃点数。
    -j host-list       与主机列表一起的松散源路由(仅适用于 IPv4)。
    -w timeout         等待每个回复的超时时间(以毫秒为单位)。
    -R                 跟踪往返行程路径(仅适用于 IPv6)。
    -S srcaddr         要使用的源地址(仅适用于 IPv6)。
    -4                 强制使用 IPv4。
    -6                 强制使用 IPv6。
```

图 10-60　Tracert 命令的格式及参数

通过追踪路由，可以判断发生故障的路由设备或网关，以及发生故障的区段，从而便于查找和排除故障。如图 10-61 所示为运行追踪到百度（www.baidu.com）的路由，局域网和 Internet 连接均正常。

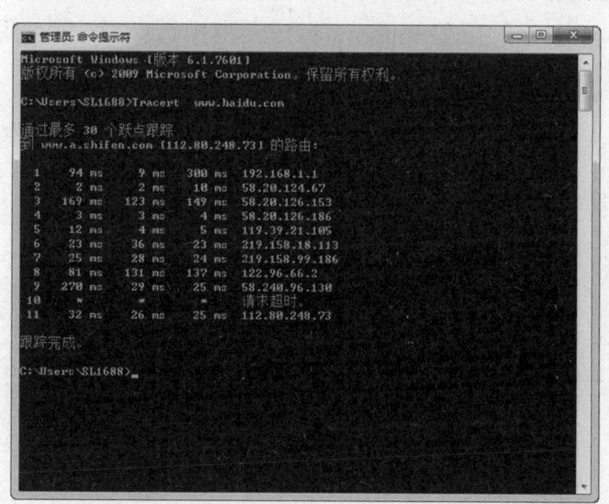

图 10-61　使用 Tracert 命令测试

10.6　配置服务器和客户端

综合布线完成后，用户还需要配置服务器和客户端，才能完成局域网的组建。本节以 Windows Server 2008 R2 和 Windows 7/10 操作系统为平台，介绍配置服务器和客户端的方法。

10.6.1　配置服务器

配置服务器的操作包括安装 Windows Server 2008 R2 企业版、配置域控制器、配置 DNS 服务器、创建用户账户和用户组等。

1. 安装 Windows Server 2008 R2 企业版

【实验 10-10】安装 Windows Server 2008 R2 企业版（全新安装方式）

（即扫即看）

为了保证服务器的稳定性，避免出现不兼容或其他故障，建议尽量使用全新安装方式来安装 Windows Server 2008 R2。安装 Windows Server 2008 R2 企业版的具体操作步骤如下：

（1）启动计算机，进入 BIOS 界面中设定 CMOS 启动顺序为光驱启动，保存退出，同时将 Windows Server 2008 R2 企业版安装光盘放入光驱中。

（2）重新启动计算机后，在出现如图 10-62 所示的界面时按 Enter 键从光盘启动。

Press any key to boot from CD or DVD...._

图 10-62　从光盘引导启动

（3）按 Enter 键，在弹出的“安装 Windows”对话框中选择要安装的语言、时间和货币格式、键盘和输入方法等，一般保持默认设置，如图 10-63 所示，然后单击“下一步”按钮。

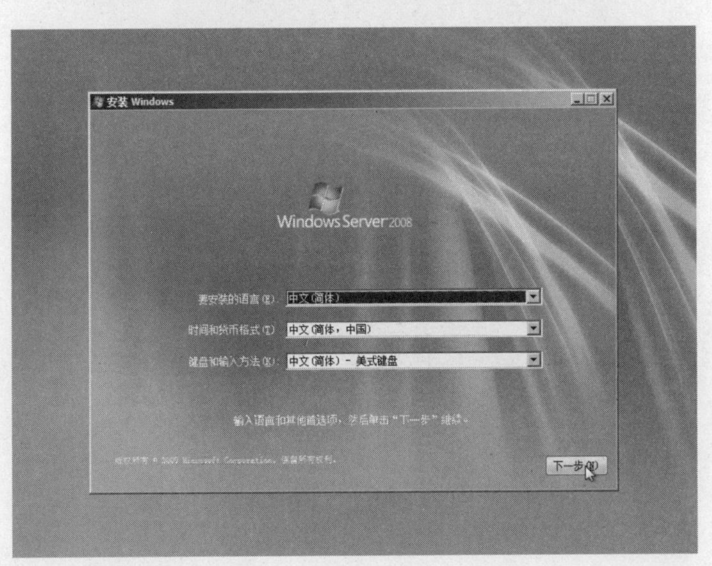

图 10-63　单击“下一步”按钮

（4）在弹出如图 10-64 所示的对话框中单击“现在安装”按钮。

（5）在弹出如图 10-65 所示的对话框中选择“Windows Server 2008 R2 Enterprise（完全安装）”操作系统，然后单击“下一步”按钮。

（6）在弹出如图 10-66 所示的对话框中选中“我接受许可条款”复选框，然后单击“下一步”按钮。

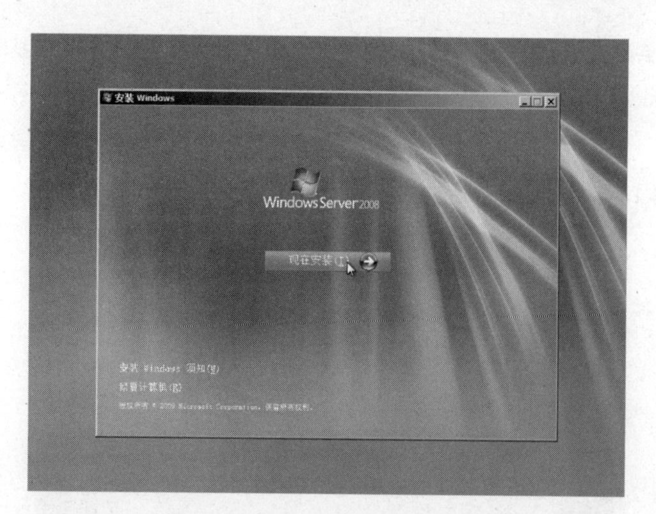

图 10-64　单击“现在安装”按钮

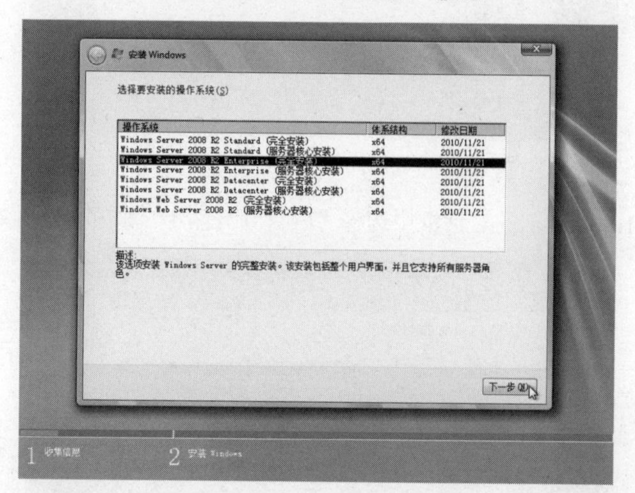

图 10-65　单击“下一步”按钮

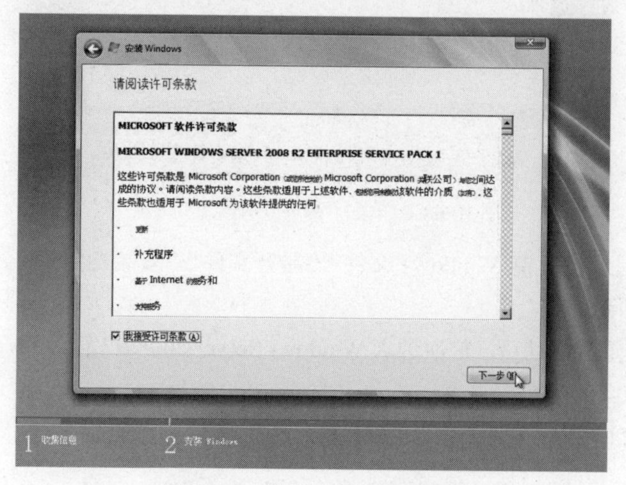

图 10-66　单击“下一步”按钮

提示： 在“操作系统列表框”中列出了可以安装的各种版本，用户可以根据运行环境和需求进行选择，这里选择“Windows Server 2008 R2 Enterprise（完全安装）”操作系统，即安装 Windows Server 2008 R2 企业版。

（7）在弹出如图 10-67 所示的对话框中单击“自定义（高级）”选项。

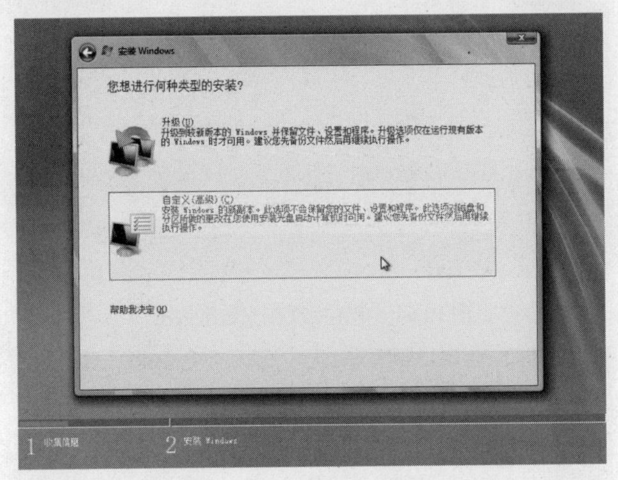

图 10-67　单击“自定义（高级）”按钮

（8）在弹出如图 10-68 所示的对话框中选择“磁盘 0 分区 1”选项，然后单击“下一步”按钮。

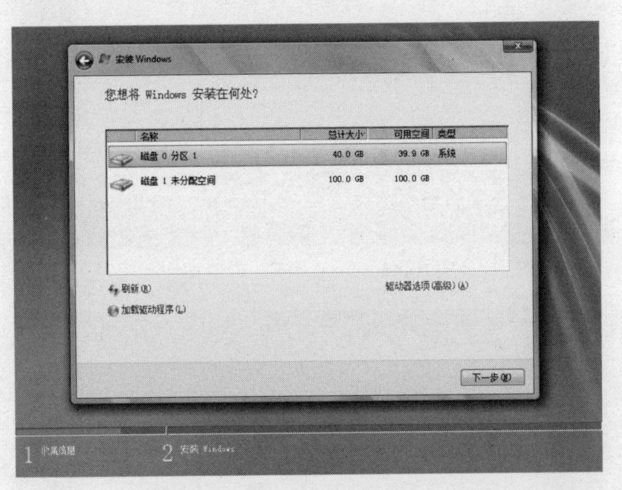

图 10-68　单击“磁盘 0 分区 1”选项

（9）计算机自动进行“复制 Windows 文件”“展开文件”“安装功能”“安装更新”和“完成安装”等，如图 10-69 所示。

（10）安装完成并重新启动后，首次进入 Windows Server 2008 R2 窗口时，需要更改密码，单击“确定”按钮，如图 10-70 所示。

（11）在弹出的窗口中输入 Administrator 账户的密码然后单击向右形状的按钮，如图 10-71 所示。

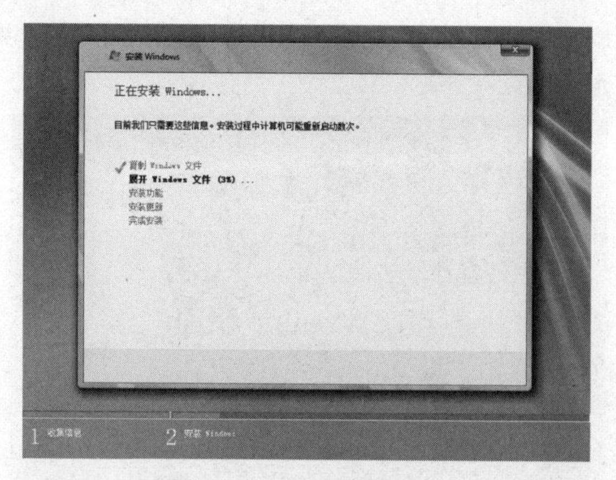

图 10-69　系统开始复制文件

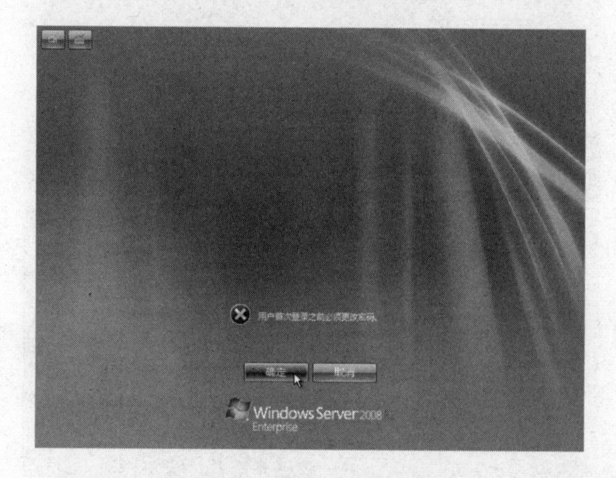

图 10-70　系统开始复制文件

提示：和以往的 Windows Sever 2003 系统只建议使用强密码但在非域环境中仍允许为用户账户设置简单密码不同，在 Windows Server 2008 R2 系统中，必须设置强密码，但不一定太复杂。

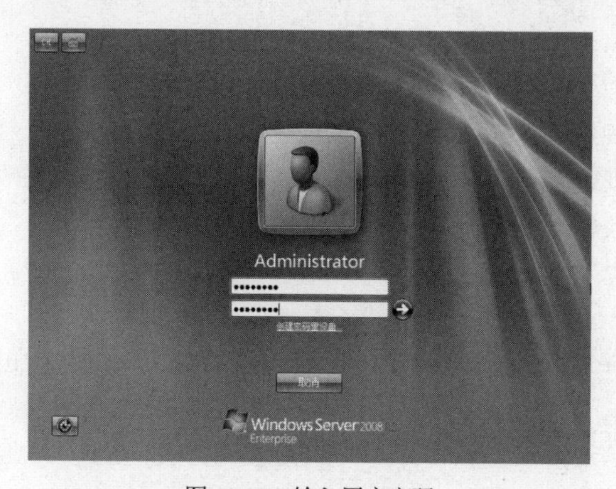

图 10-71　输入用户密码

（12）密码更改成功后，单击“确定”按钮即可，如图 10-72 所示。

（13）单击“确定”按钮后，进入 Windows Server 2008 R2 窗口中，如图 10-73 所示。此时，Windows Server 2008 R2 企业版安装完成。

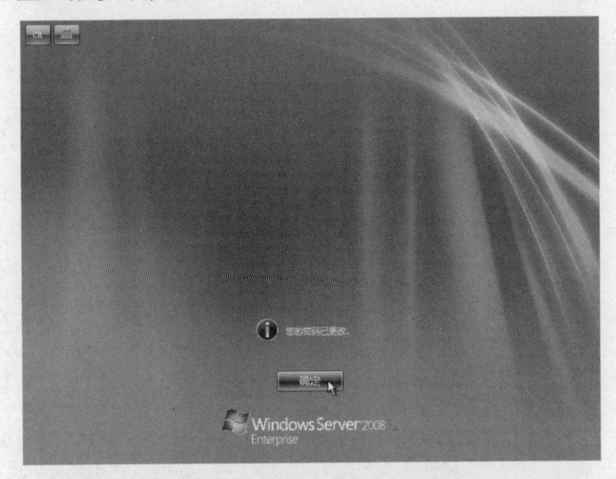

图 10-72　单击“确定”按钮

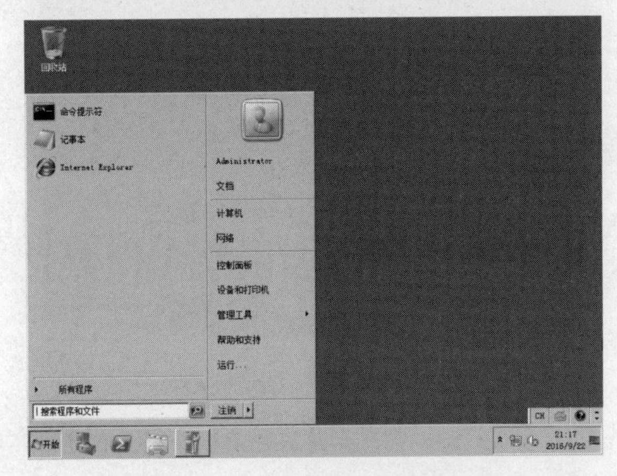

图 10-73　Windows Server 2008 R2 窗口

2．配置域控制器

在 Windows Server 2008 R2 系统中配置域控制器时，需要先安装域服务，且在安装之前必须做好相应的规划设计，如规划域名等准备。然后通过运行 Dcpromp.exe 命令启动安装向导进行安装。安装完成后，为避免因服务器故障而影响网络的正常使用，还应做好备份。我们通过一个实验来系统说明。

【实验 10-11】配置域控制器

具体操作步骤如下：

（1）单击“开始”→“控制面板”命令，打开“控制面板”窗口，双击“网络和共享中心”选项，打开“网络和共享中心”窗口，如图 10-74 所示。

（2）单击“管理网络连接”链接，打开“网络连接”窗口，选择“本地连接”图标并右击，在弹出的快捷菜单中选择“属性”命令，如图 10-75 所示。

注意：由于域控制器必须安装在 NTFS 分区，所以对于 Windows Server 2008 R2 所在的分区也要求必须是 NTFS 文件系统。而为了便于用户加入域以及解析 DNS 域名，正确安装网卡驱动程序，安装并启用 TCP/IP 协议则是必要前提。

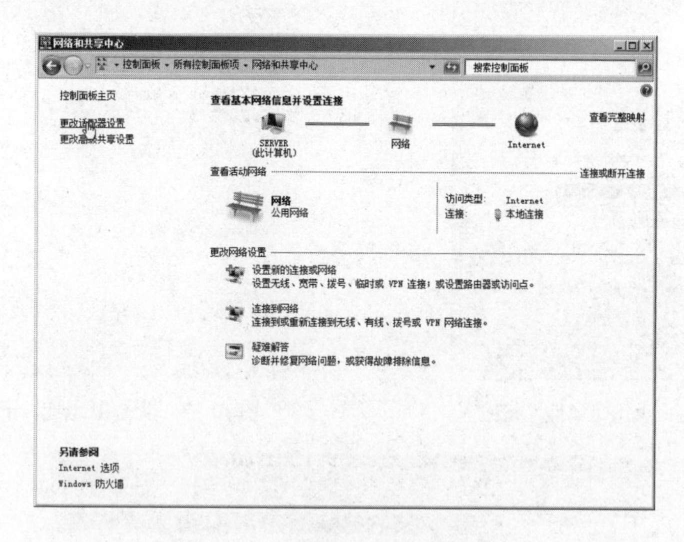

图 10-74　“网络和共享中心”窗口

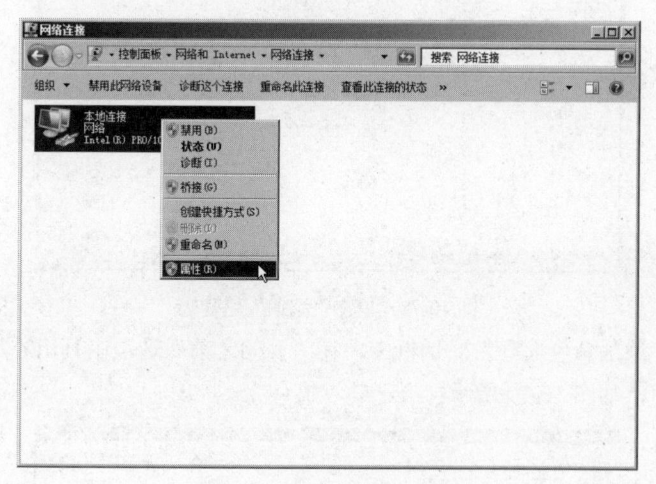

图 10-75　选择“属性”命令

（3）在弹出的“本地连接 属性”对话框中，选择“Internet 协议版本 4（TCP/IP）”选项，单击“属性”按钮，如图 10-76 所示。

（4）在弹出的“Internet 协议版本 4（TCP/IP）属性”对话框中，选择“使用下面的 IP 地址”和“使用下面的 DNS 服务器地址”单选按钮，输入 IP 地址、子网掩码、默认网关、首选 DNS 服务器和备用 DNS 服务器，如图 10-77 所示。

（5）单击“确定”按钮，然后关闭该对话框，完成 IP 地址的设置。

注意：对于将要安装域控制器的计算机来说，首选的 DNS 服务器必须设置为本身的 IP 地址，且必须是一个静态地址。

（6）单击“开始”→“所有程序”→“管理工具”→“服务器管理器”命令，打开“服务器管理器”窗口，选择“角色”选项，单击“添加”超链接，如图 10-78 所示。

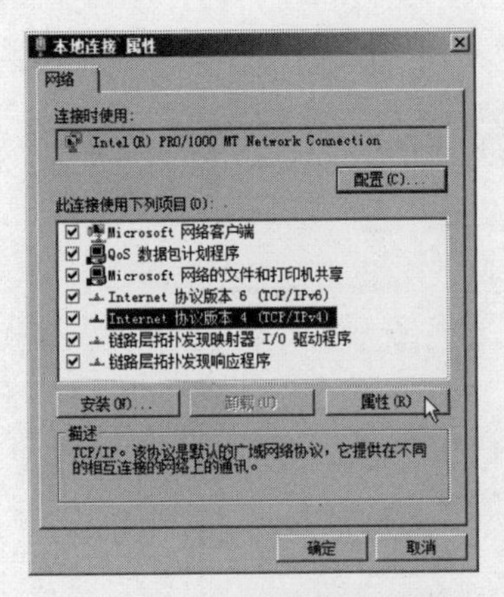

图 10-76　单击“属性”按钮

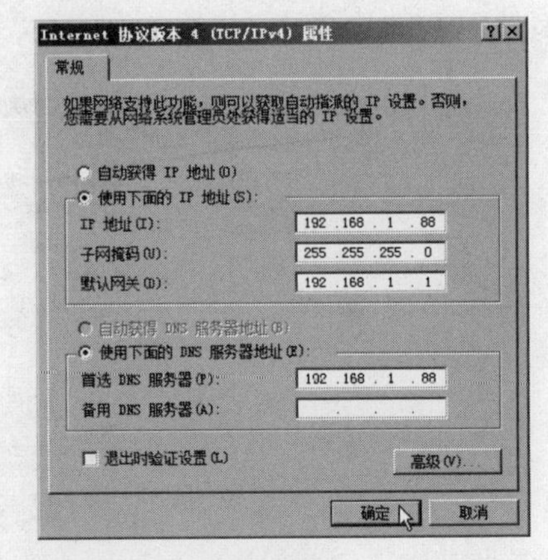

图 10-77　设置 IP 地址、子网掩码等

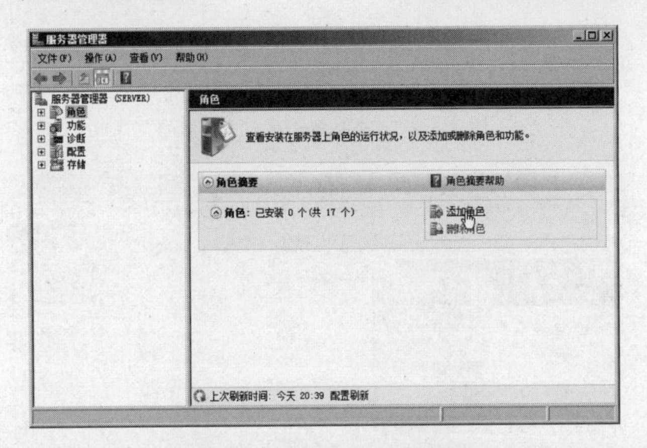

图 10-78　单击“添加”超链接

（7）在弹出的“添加角色向导”对话框中，在“开始之前”选项中列出添加角色的前提条件，单击“下一步”按钮，如图 10-79 所示。

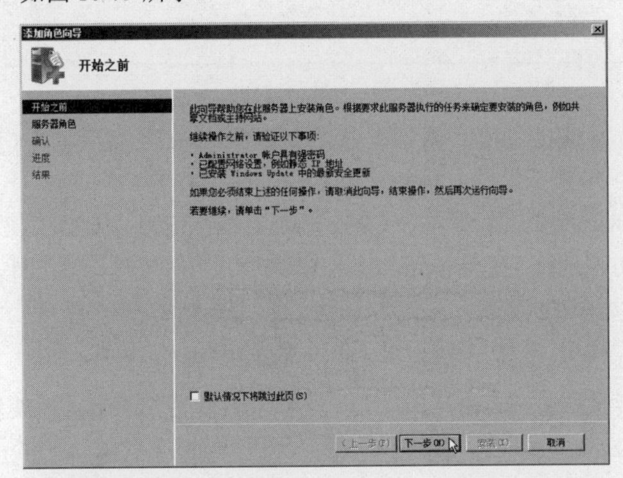

图 10-79　单击“下一步”按钮

（8）在弹出的“选择服务器角色”列表框中，选中“Active Directory 域服务”复选框，如图 10-80 所示。

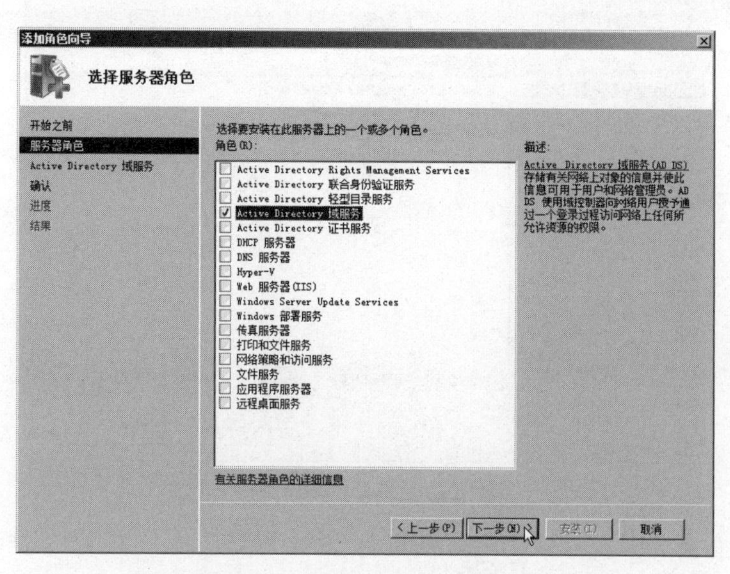

图 10-80　选中“Active Directory 域服务”复选框

（9）单击“下一步”按钮，在弹出的“Active Directory 域服务简介”对话框中，显示 Active Directory 域服务的相关信息，如图 10-81 所示。

（10）单击“下一步”按钮，在弹出的“确认安装选择”对话框中，单击“安装”按钮，如图 10-82 所示。

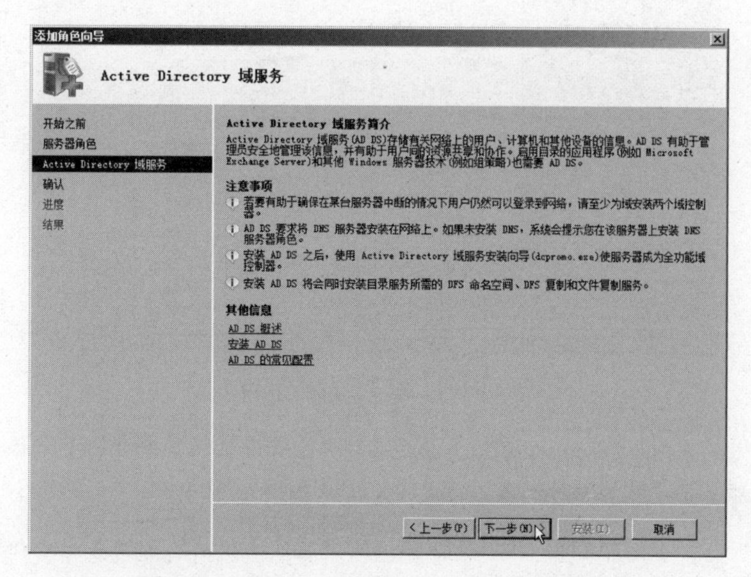

图 10-81　显示 Active Directory 域服务的相关信息

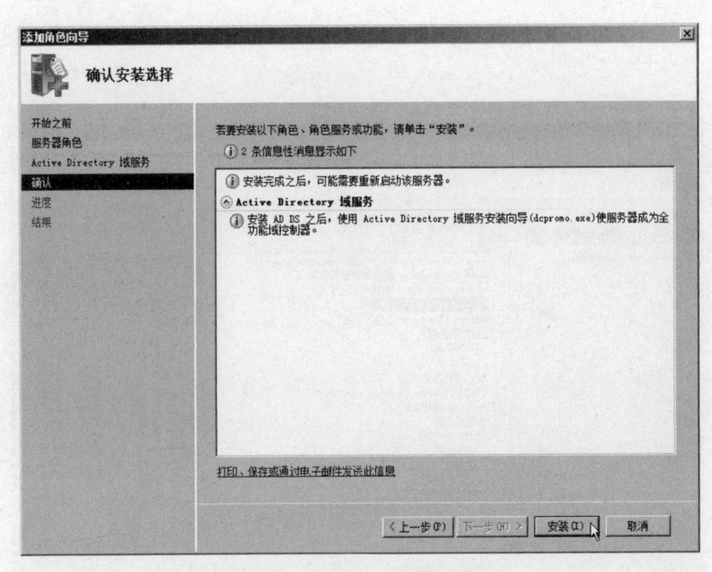

图 10-82　单击“安装”按钮

（11）单击“安装”按钮，系统开始添加角色，安装完成后，在弹出的对话框中，单击“关闭”按钮，如图 10-83 所示。

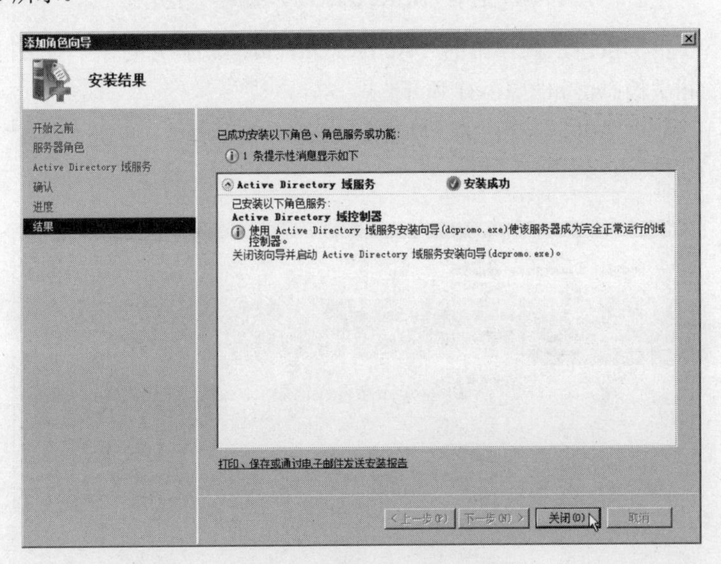

图 10-83　单击“关闭”按钮

注意：安装完成 Active Directory 域服务角色后，并没有安装域，必须运行 Active Directory 安装向导工具将独立服务器安装为域控制器。

（12）单击“开始”→“运行”命令，在弹出的“运行”对话框中输入 Dcpromo.exe 命令，如图 10-84 所示。

（13）单击“确定”按钮，在弹出的对话框中，单击“下一步”按钮，如图 10-85 所示。

（14）在弹出的“操作系统兼容性”对话框中，显示 Windows Sever 2008 域控制器兼容性的相关信息，如图 10-86 所示。

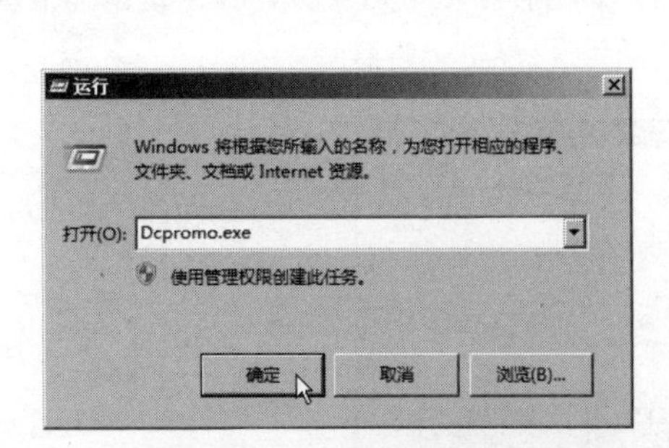

图 10-84　“运行”对话框

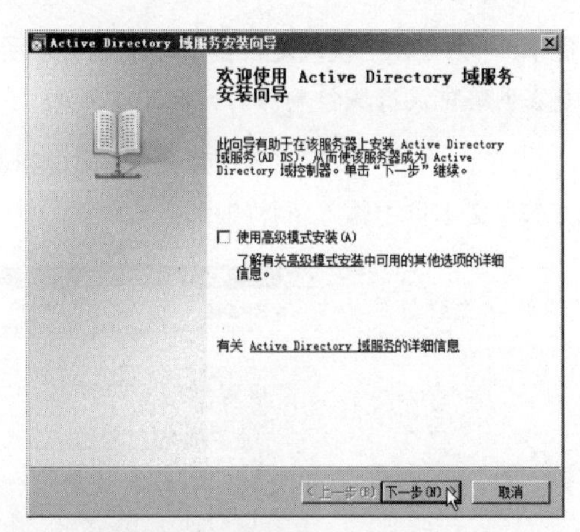

图 10-85　单击“下一步”按钮

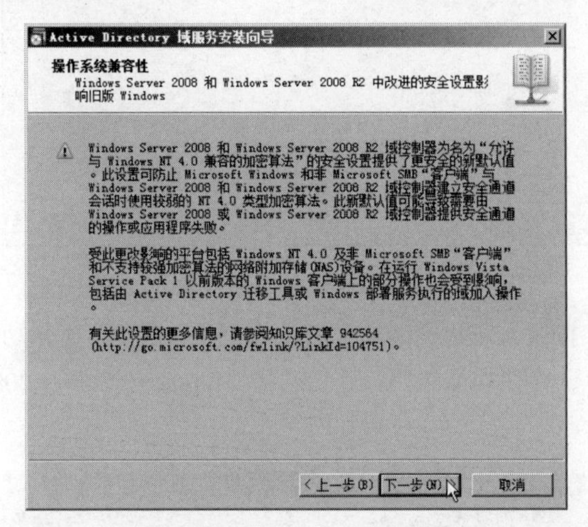

图 10-86　单击“下一步”按钮

（15）单击“下一步”按钮，在弹出的“选择某一部署配置”对话框中，选中“在新林中新建域”单选按钮，如图 10-87 所示。

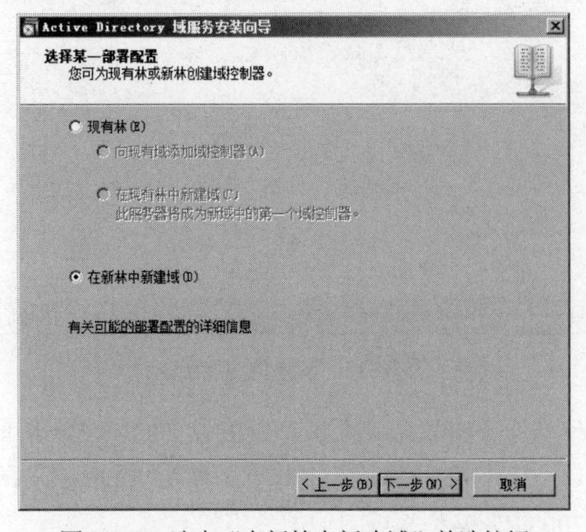

图 10-87　选中“在新林中新建域”单选按钮

提示："现有林"模式是指在网络中已安装了域控制器的情况下添加的，而"在新林中新建域"模式是在网络中没有域控制器的情况下安装的。

（16）单击"下一步"按钮，弹出如图 10-88 所示的"命名林根域"对话框，在"目录林根级域的 PQDN"文本框中输入新林的根域。

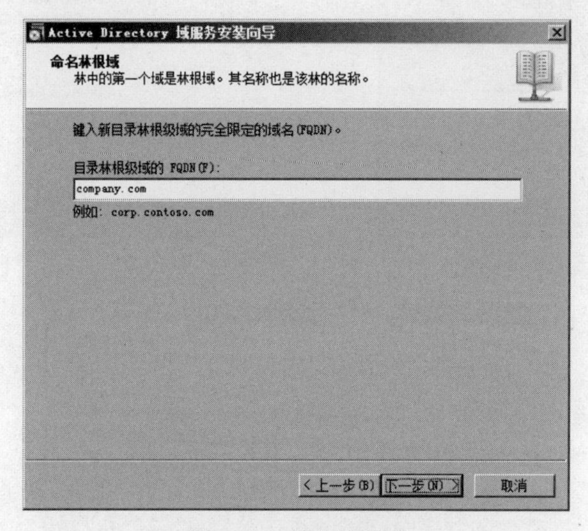

图 10-88　输入林根域

（17）单击"下一步"按钮，开始检测林根域状态，并弹出"设置林功能级别"对话框，在"林功能级别"下拉列表框中设置林功能级别，这里选择"Windows Server 2008 R2"选项，如图 10-89 所示。

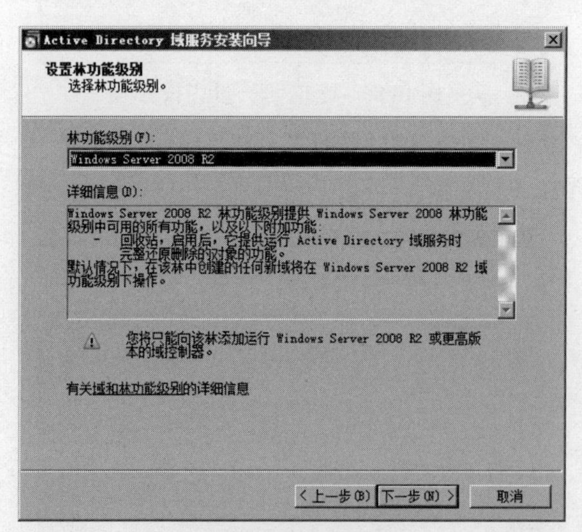

图 10-89　设置林功能级别

注意：Active Directory 域服务安装向导提供 Windows 2000、Windows Server 2003 和 Windows Server 2008、Windows Server 2008 R2 四种模式。如果全都是 Windows Server 2008 R2 域控制器，则建议使用 Windows Server 2008 R2 模式。

（18）单击“下一步”按钮，弹出“其他域控制器选项”对话框，显示其他域控制器选项，如图 10-90 所示。

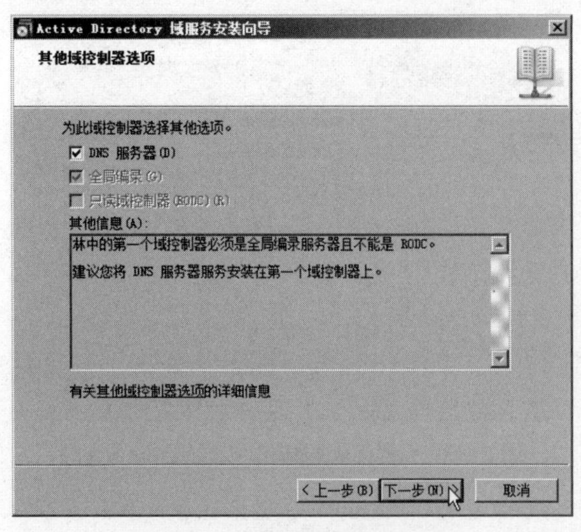

图 10-90　显示其他域控制器选项

（19）单击“下一步”按钮，弹出如图 10-91 所示的提示框，该 DNS 服务器是网络中的第一台 DNS 服务器，因此会提示无法创建该 DNS 服务器委派。

（20）单击“是”按钮，弹出如图 10-92 所示的“数据库、日志文件和 SYSVOL 的位置”对话框。建议用户将数据库、日志文件以及 SYSVOL 文件存储在不同的物理磁盘中或是其他非系统分区中，这样可以获得更好的性能和可恢复性。

图 10-91　安装提示框

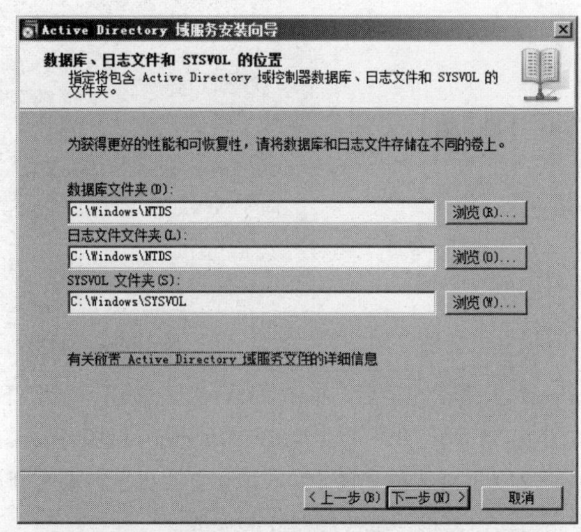

图 10-92　设置数据库、日志文件和 SYSVOL 的位置

（21）单击“下一步”按钮，弹出如图 10-93 所示的“目录服务还原模式的管理员密码”对话框。如果域控制器出现故障，可利用该还原模式修复。需要注意的是，该密码不同于管理员账户的密码，它必须符合强密码策略设置原则。

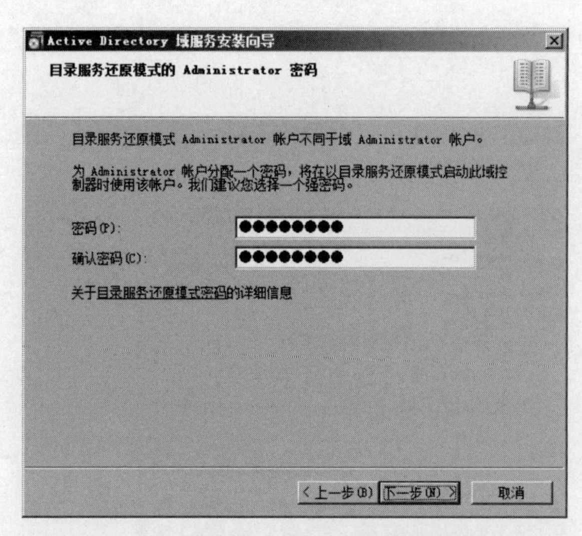

图 10-93　设置目录服务还原模式的管理员密码

注意：如果遗忘了密码可以通过“Ntdsutil”工具来还原目录服务密码，并重新设置。

（22）单击“下一步”按钮，在弹出的如图 10-94 所示的“摘要”对话框中，检查设置是否正确。

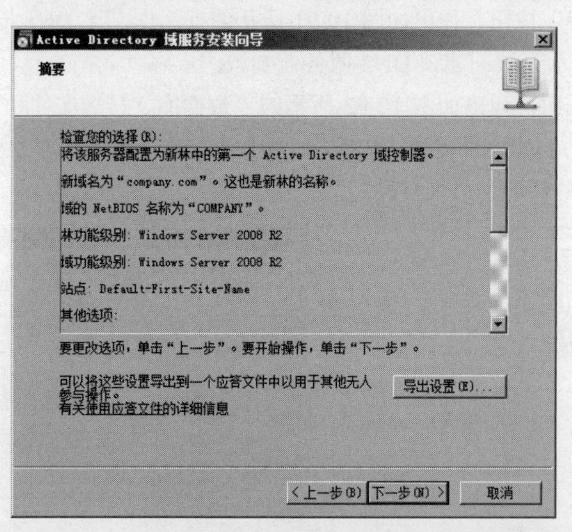

图 10-94　检查设置是否正确

（23）确认无误后，单击“下一步”按钮，系统开始安装域控制器服务。安装完成后，在弹出的如图 10-95 所示的“完成 Active Directory 域服务安装向导”对话框中，单击“完成”按钮。

（24）在弹出的如图 10-96 所示的“提示需要重新启动”对话框中，单击“立即重新启动”按钮，重新启动计算机，域控制器安装完成。

3．配置 DNS 服务器

在 Windows Server 2008 R2 系统中，默认情况下并没有安装 DNS 服务，需要管理员手动进行安装和配置，从而能提供域名解析服务；请看下面的具体实验。

（即扫即看）

【实验 10-12】配置 DNS 服务器

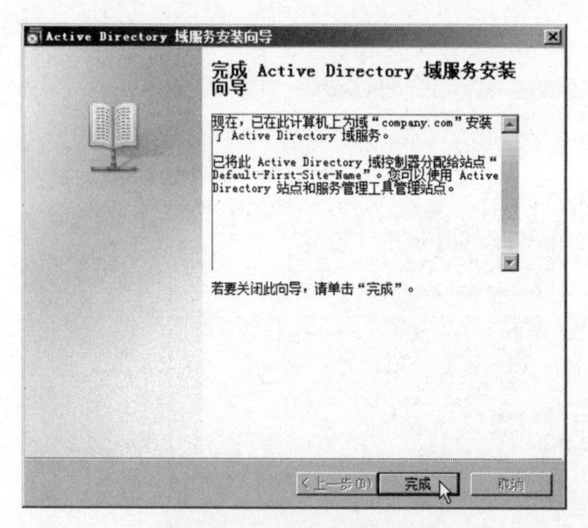

图 10-95　单击"完成"按钮

图 10-96　单击"立即重新启动"按钮

注意：Active Directory 中的 DNS 服务器是不需要配置的，系统会自动配置，但如果是专门用作 DNS 的服务器，就需要手动安装 DNS 服务器，并配置 DNS 正向和反向查找区域，添加各种记录，从而实现域名解析。

具体操作步骤如下：

（1）在"服务器管理器"窗口中，选择"角色"选项，单击"添加角色"超链接，打开"添加角色向导"对话框。

（2）单击"下一步"按钮，在弹出的"选择服务器角色"对话框中，选中"DNS 服务器"复选框，如图 10-97 所示。

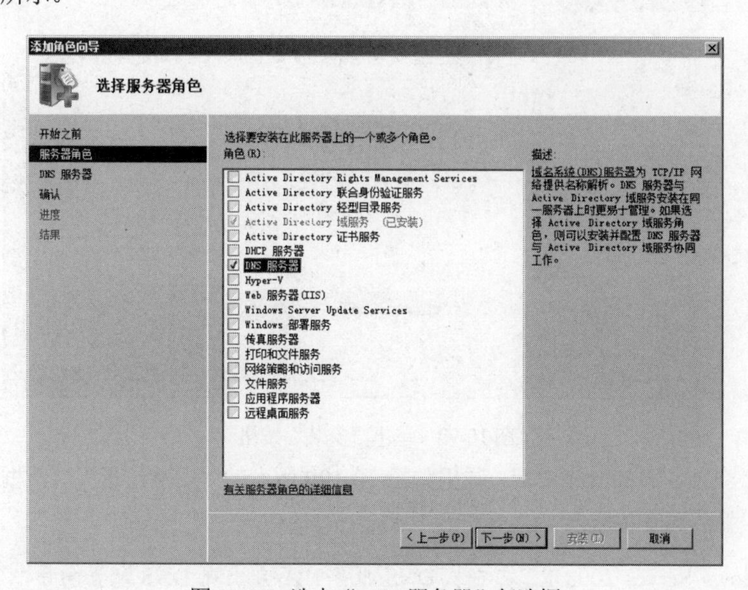

图 10-97　选中"DNS 服务器"复选框

（3）在弹出的如图 10-98 所示的"DNS 服务器简介"对话框中，显示了 DNS 服务器的相关信息。

（4）单击"下一步"按钮，在弹出的如图 10-99 所示的"确认服务器选择"对话框中，单击"安装”按钮。

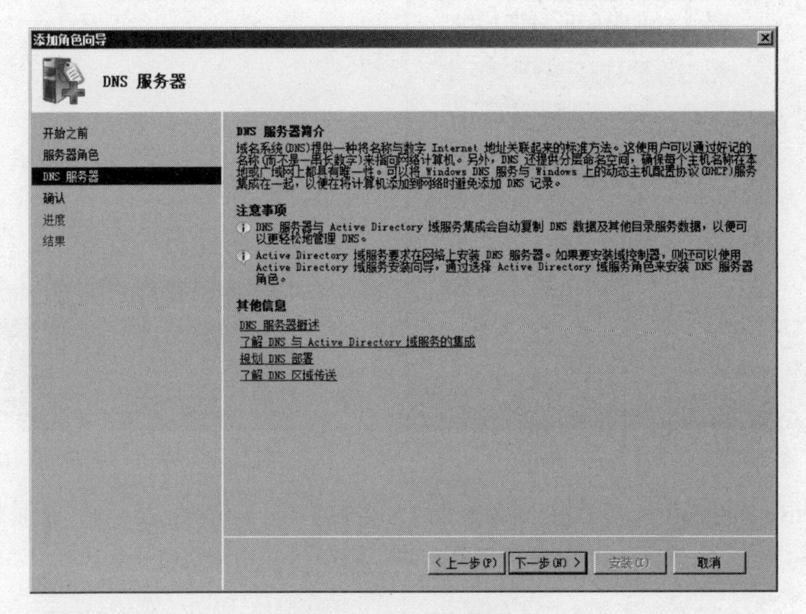

图 10-98　DNS 服务器简介

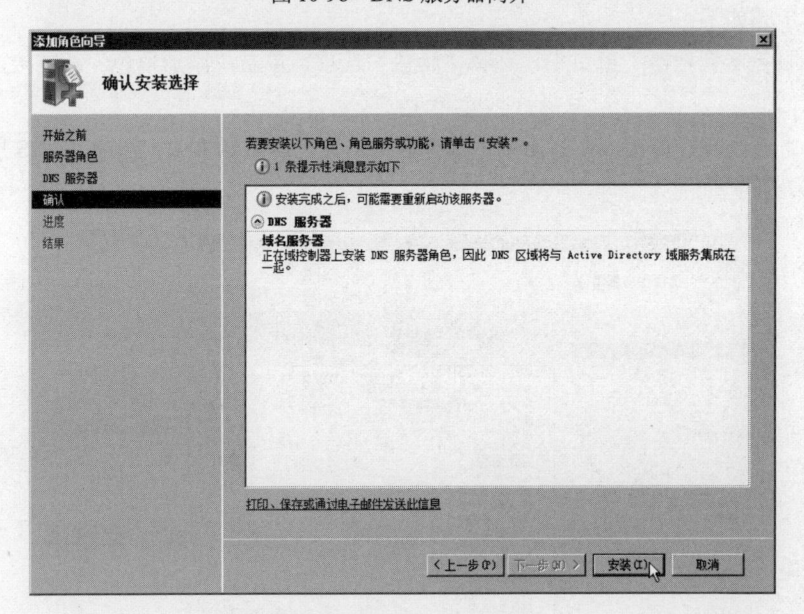

图 10-99　单击“安装”按钮

（5）系统安装 DNS 服务器完成后，弹出如图 10-100 所示的“安装结果”对话框，然后单击“关闭”按钮，DNS 服务器安装成功。

注意：Windows Server 2008 R2 在安装 DNS 服务时不会出现 DNS 配置向导，需要在安装完成后对其配置。DNS 服务器安装完成以后，需要对其进行配置，否则就不能向网络提供 DNS 服务。

（6）单击“开始”→“管理工具”→“DNS”命令，打开“DNS 管理器”窗口，依次展开“DNS”→“Server”选项，如图 10-101 所示。

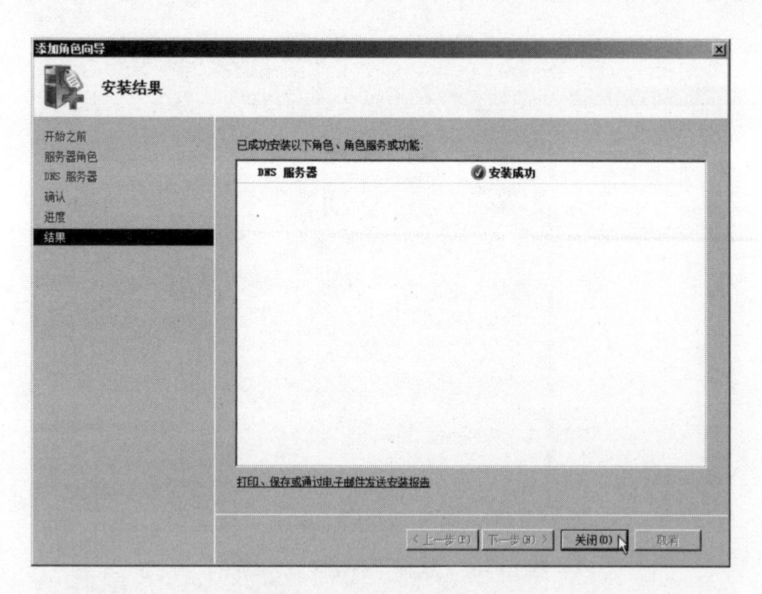

图 10-100　单击“关闭”按钮

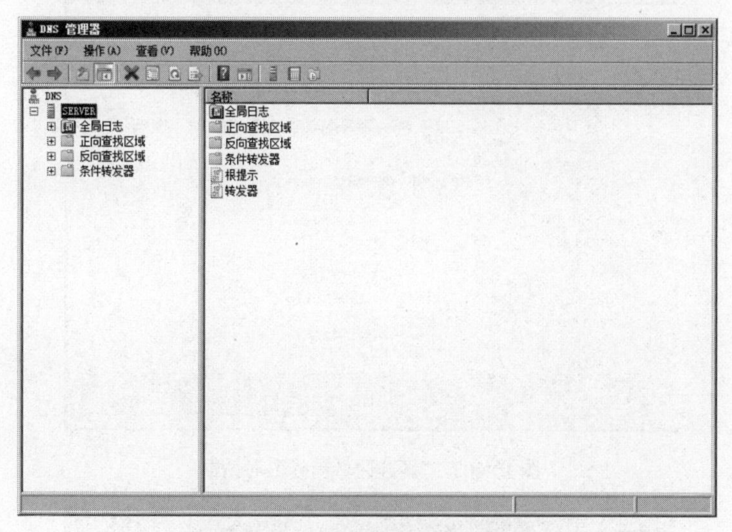

图 10-101　“DNS 管理器”窗口

（7）选择窗口右侧的“正向查找区域”文件夹并右击，在弹出的快捷菜单中选择“新建区域”命令，如图 10-102 所示。

（8）在弹出的如图 10-103 所示的“新建区域向导”对话框中，单击“下一步”按钮。

（9）在弹出的如图 10-104 所示的对话框中，选中“主要区域”单选按钮，然后单击“下一步”按钮。

（10）在弹出的“区域名称”对话框中，输入区域名称，如图 10-105 所示，然后单击“下一步”按钮。

（11）在弹出的如图 10-106 所示的“区域文件”对话框中，输入区域文件，然后单击“下一步”按钮。

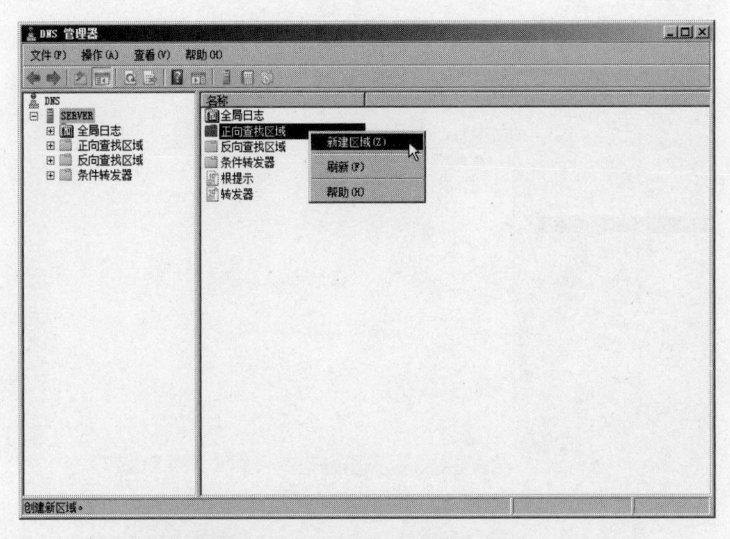

图 10-102 选择“新建区域”命令

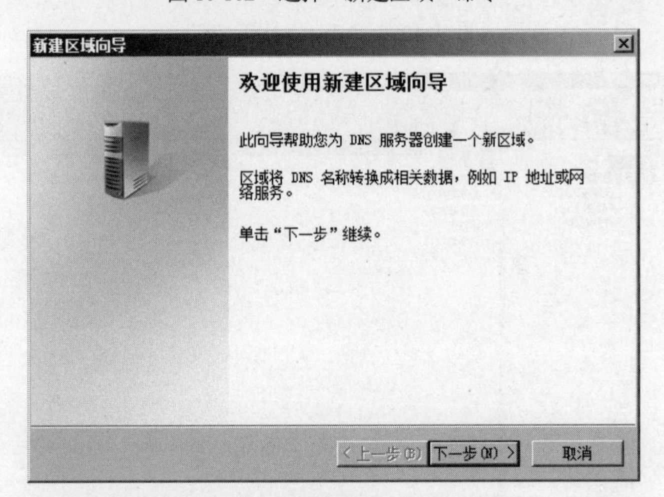

图 10-103 “新建区域向导”对话框

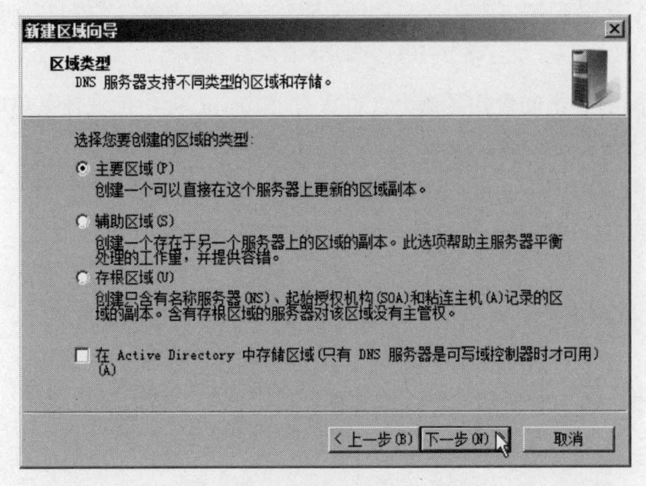

图 10-104 单击“下一步”按钮

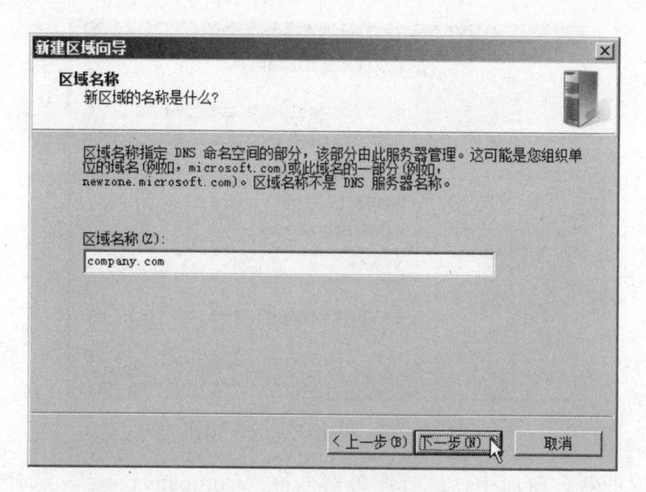

图 10-105　输入区域名称

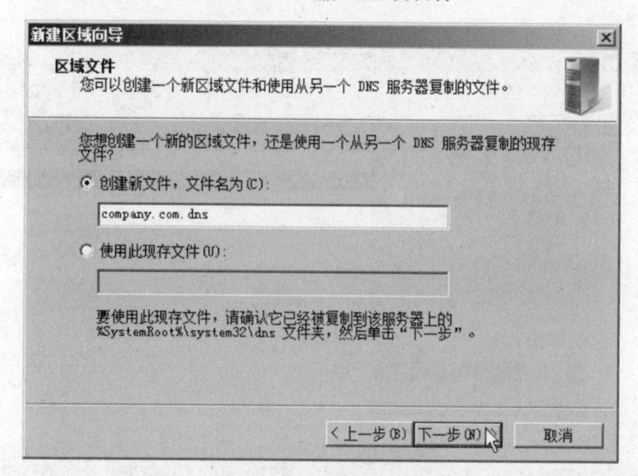

图 10-106　输入区域文件

（12）在弹出的如图 10-107 所示的“动态更新”对话框中，选中“不允许动态更新”单选按钮，然后单击“下一步”按钮。

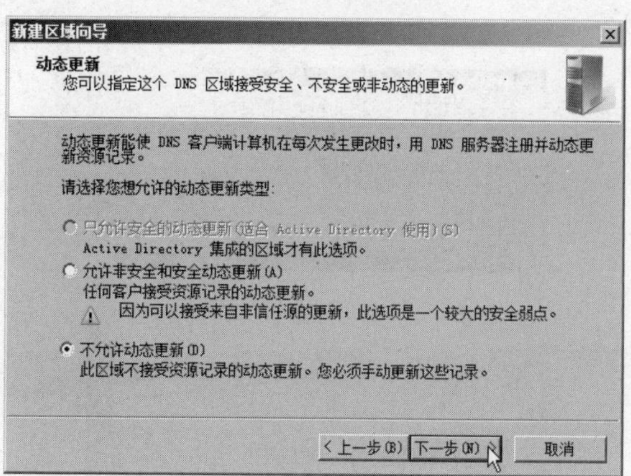

图 10-107　选中“不允许动态更新”单选按钮

（13）在弹出的如图 10-108 所示的“正在完成新建区域向导”对话框中，单击“完成”按钮，完成 DNS 主要区域设置。

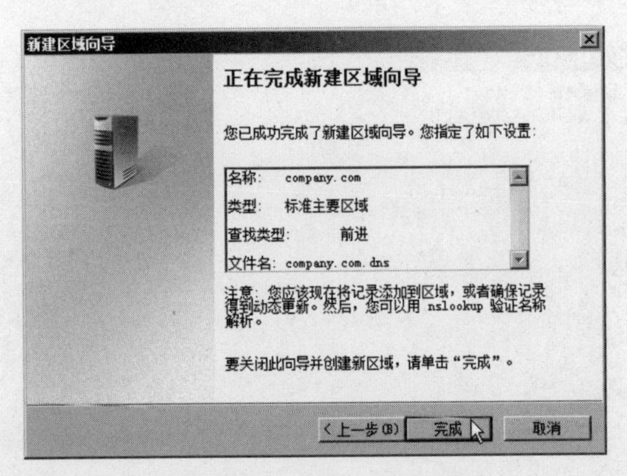

图 10-108　单击“完成”按钮

（14）在“DNS 管理器”窗口中，选择服务器名称“Company.com”，选择“操作”→“属性”命令，如图 10-109 所示。

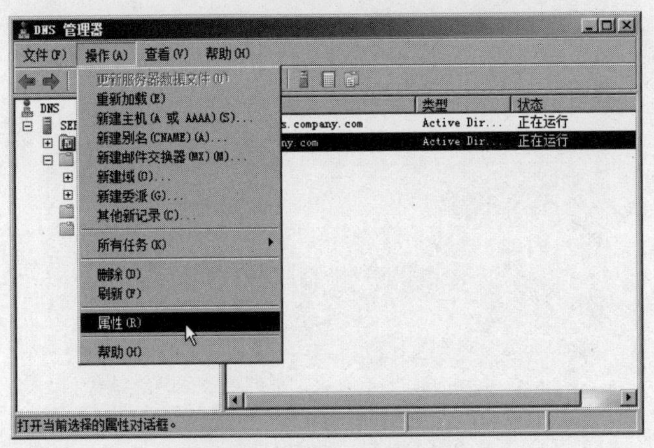

图 10-109　选择“属性”命令

（15）在弹出的“Company.com 属性”对话框中，选择“名称服务器”选项卡，然后单击“编辑”按钮，如图 10-110 所示。

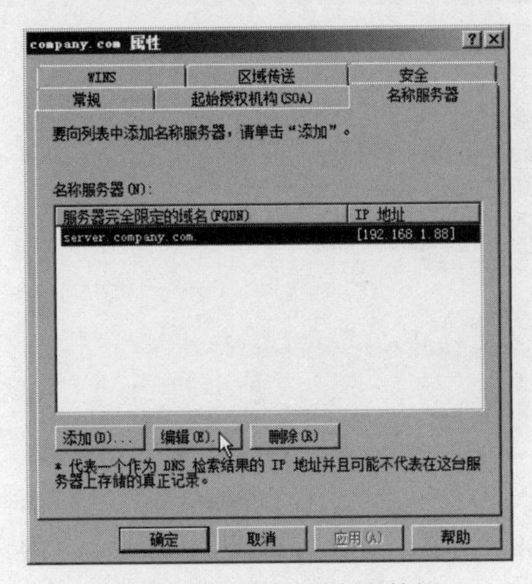

图 10-110　单击“编辑”按钮

（16）在弹出的如图 10-111 所示的“编辑名称服务器记录”对话框中，单击“解析”按钮，将自动解析服务器名称到对应的 IP 地址上。

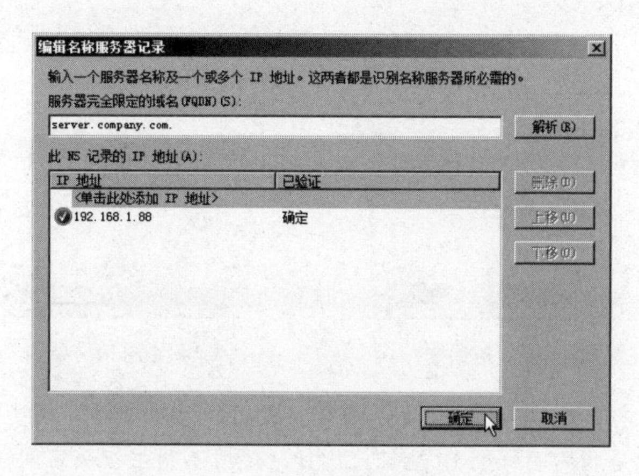

图 10-111　“名称服务器记录”对话框

（17）依次单击“确定”按钮，返回并保存设置。

提示：DNS 服务器配置完成以后，只能对自己所属的域名（Company.com）提供解析服务了。如果要对网络中的其他计算机提供域名解析服务，必须向所属的域中为其他计算机添加各种 DNS 记录。A 记录也就是主机记录，Web 服务器、FTP 服务器的域名都是一条 A 记录。在 DNS 服务器中，A 记录的使用率最高。

（18）在“DNS 服务器”窗口中，选择服务器名“Company.com”，选择“操作”→“新建主机（A 或 AAAA）”命令，如图 10-112 所示。

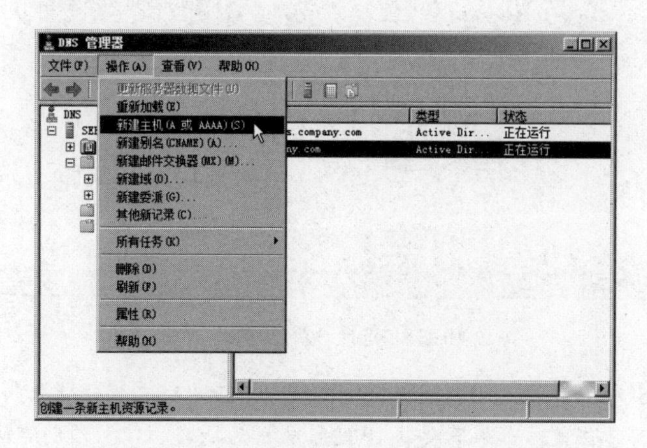

图 10-112　选择“新建主机（A 或 AAAA）”命令

（19）在弹出的如图 10-113 所示的“新建主机”对话框中，在“名称”文本框中输入 www，在“IP 地址”文本框中输入 IP 地址。

（20）单击“添加主机”按钮，弹出如图 10-114 所示的“DNS”对话框，提示成功创建了主机记录，单击“确定”按钮，www 主机记录创建成功。

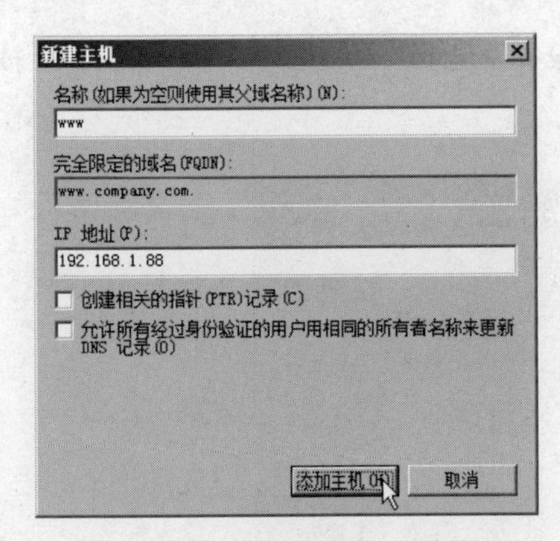

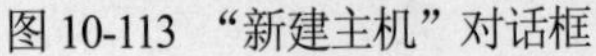
图 10-113 “新建主机”对话框

图 10-114 单击“确定”按钮

提示：可用同样的方法添加 FTP、Mail、POP、SMTP 等服务器，创建相应的主机记录。很多情况下，多个 A 记录都是指向同一个 IP 地址。例如，使用不同主机头名同一 IP 地址创建多个虚拟网络时，就可以使用“泛域名”解析功能。所谓的泛域名，是指将多个 A 记录都指向同一个默认的 IP 地址，并且使用"*"表示，其他创建方法与创建 A 记录相同。

（21）在“DNS 管理器”窗口中，选择“反向查找区域”文件夹并右击，在弹出的快捷菜单中选择“新建区域”命令，如图 10-115 所示。

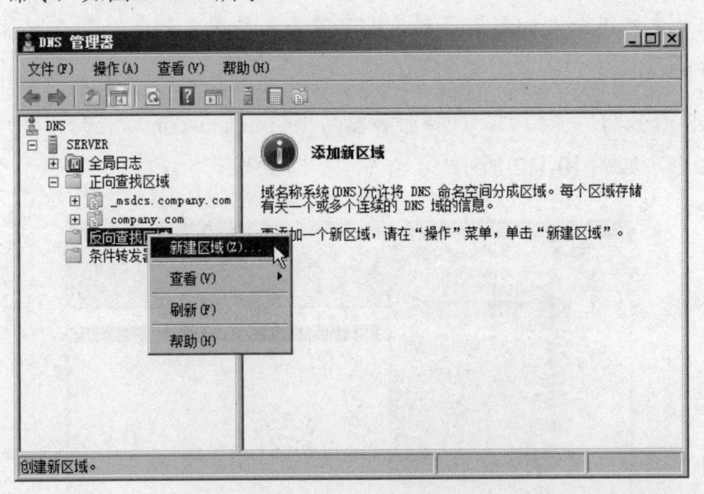

图 10-115 选择“新建区域”命令

注意：如果 DNS 服务器只是向网络提供域名解析服务，就无须创建反向查找区域，只需创建一个正向查找区域即可。但是，如果需要将 IP 地址解析为域名，就必须创建反向查找区域。

（22）在弹出的“欢迎使用新建区域向导”对话框中，单击“下一步”按钮，显示如图 10-116 所示的“区域类型”对话框，选中“主要区域”按钮，然后单击“下一步”按钮。

（23）在弹出的如图 10-117 所示的“反向查找区域名称”对话框中，选中“IPv4 反向查找区域”单选按钮，然后单击“下一步”按钮。

（24）在弹出的对话框中，选中“网络 ID”单选按钮，并在文本框中输入 DNS 服务器所属的网段，如图 10-118 所示，然后单击“下一步”按钮。

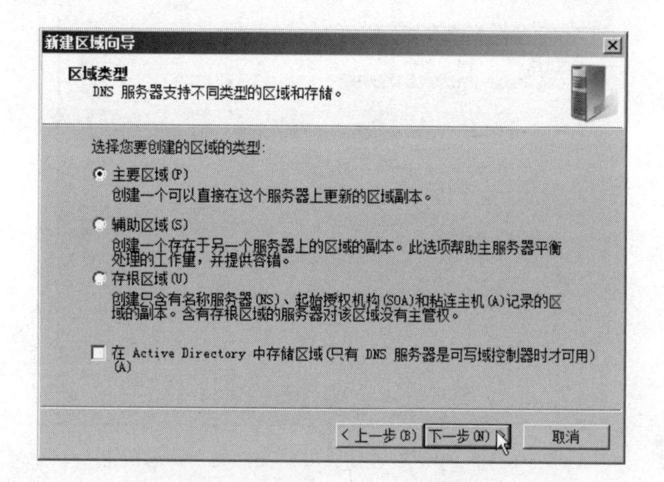

图 10-116　单击“下一步”按钮

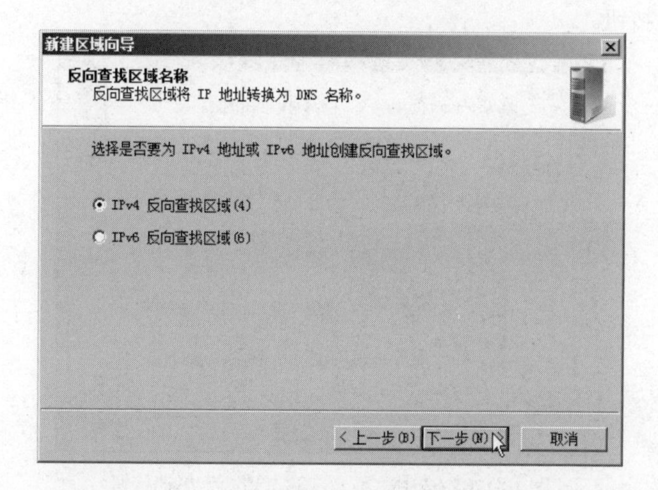

图 10-117　选中“IPv4 反向查找区域”单选按钮

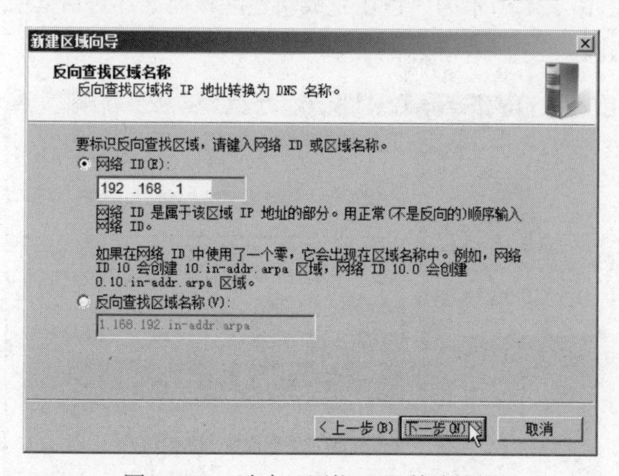

图 10-118　选中“网络 ID”单选按钮

（25）在弹出的如图 10-119 所示的“区域文件”对话框中，选中“创建新文件，文件名”单选按钮，并输入文件名，然后单击“下一步”按钮。

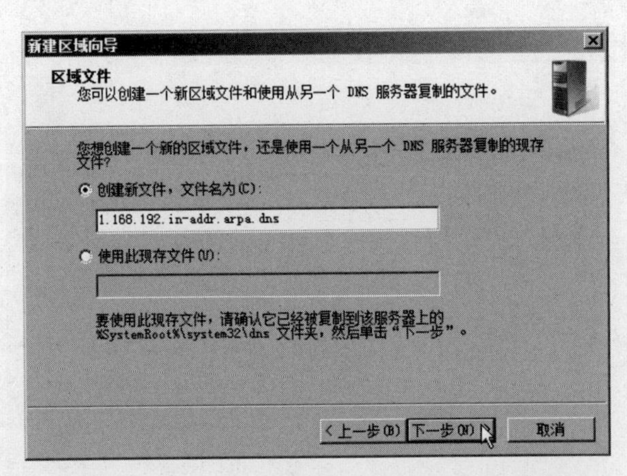

图 10-119 中“创建新文件，文件名”单选按钮

（26）在弹出的如图 10-120 所示的“动态更新”对话框中，选中“不允许动态更新”单选按钮，然后单击“下一步”按钮。

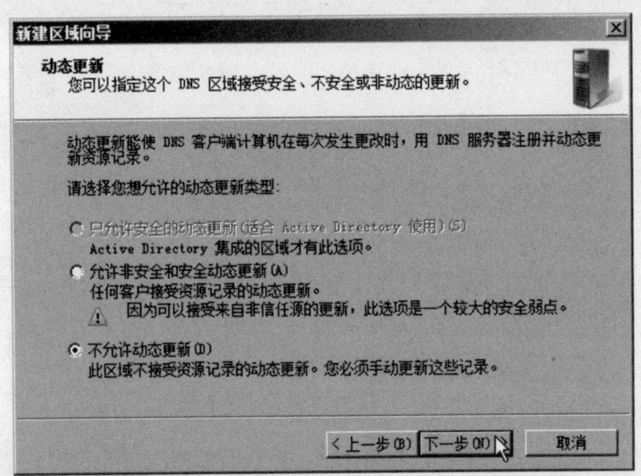

图 10-120 选中“不允许动态更新”单选按钮

（27）在弹出的如图 10-121 所示的“正在完成新建区域向导”对话框中，单击“完成”按钮，完成“反向区域”的创建。

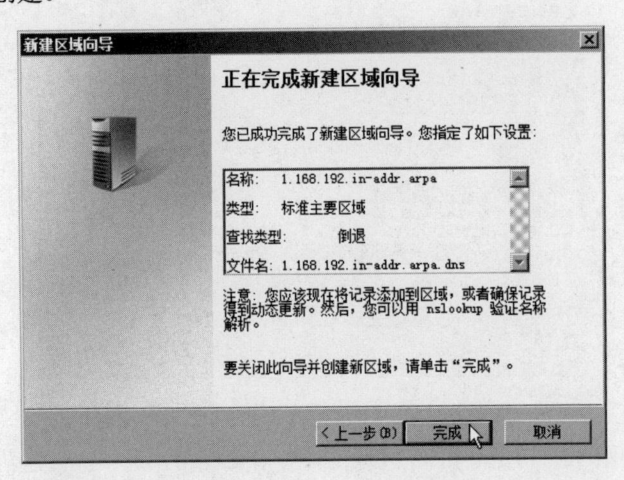

图 10-121 单击“完成”按钮

（28）在“DNS 管理器”窗口中，依次展开“反向查找区域”，选择已创建的“1.168.192. in-addr.arpa.”选项，选择“操作”→“新建指针（PTR）”命令，如图 10-122 所示。

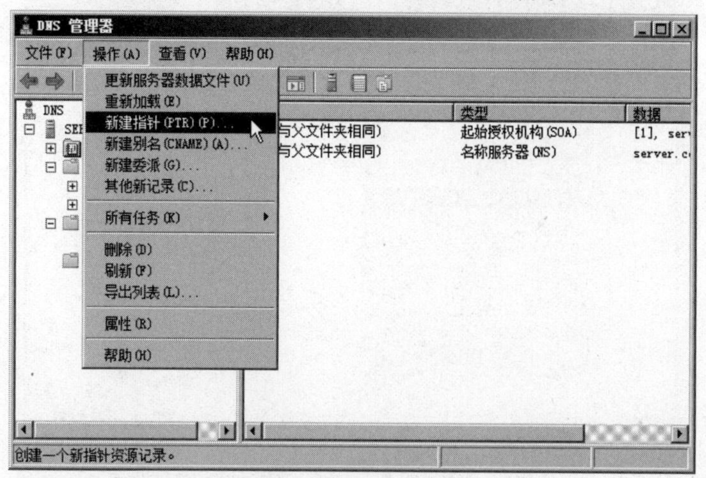

图 10-122　选择“新建指针（PTR）”命令

提示：创建“反向查找区域”后，可以反向查找区域中添加 PTR 指针记录。PTR 指针记录支持反向查找过程，可以通过计算机的 IP 地址查找计算机，从而解析出计算机的 DNS 域名。

（29）在弹出的“新建资源记录”对话框中，单击“浏览”按钮，如图 10-123 所示。

（30）单击“浏览”按钮后，弹出“浏览”对话框，在“记录”列表中选择目标主机名称，如图 10-124 所示。

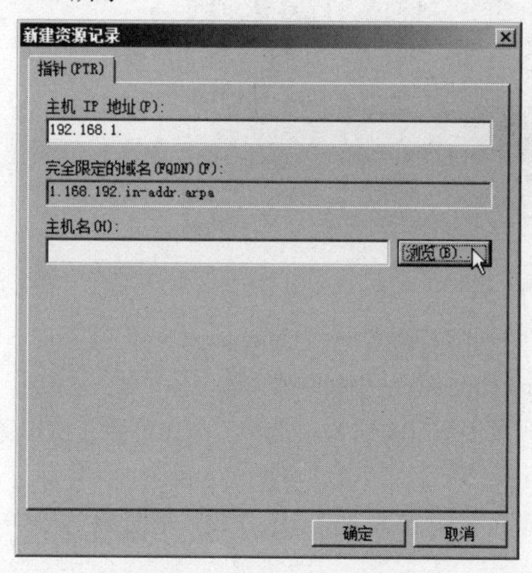

图 10-123　单击“浏览”按钮

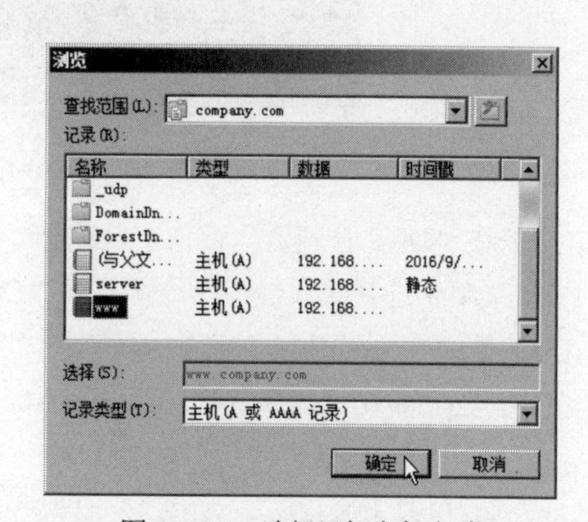

图 10-124　选择目标主机名称

（31）单击“确定”按钮，返回“新建资源记录”对话框，然后单击“确定”按钮，PTR 记录创建完成。

注意：nslookup 命令是一个监督网络中 DNS 服务器是否能正确实现域名解析的命令行工具。使用 nslookup 命令可以对 DNS 服务器进行排错，或者检查 DNS 服务器的信息。在“DNS 服务器”窗口中，选择“操作”→“启动 nslookup”命令，如图 10-125 所示，在弹出的命令行窗口中输入 Server 192.168.1.88

命令，按【Enter】键，命令成功执行，即可解析出该 IP 地址所指向的 DNS 域名，如图 10-115 所示。

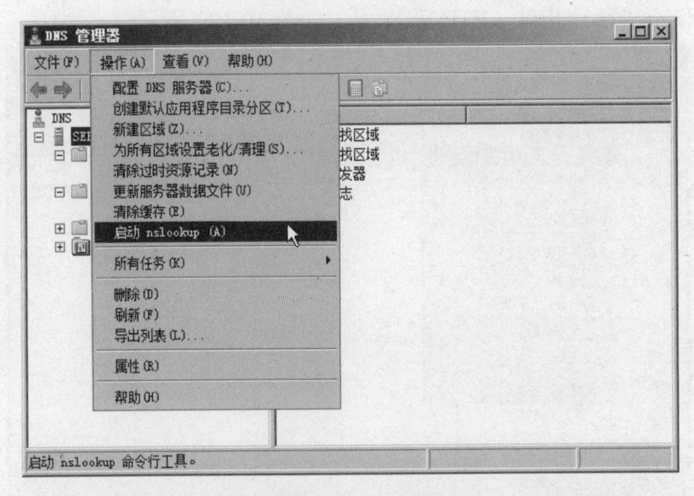

图 10-125　选择“操作”→“启动 nslookup”命令

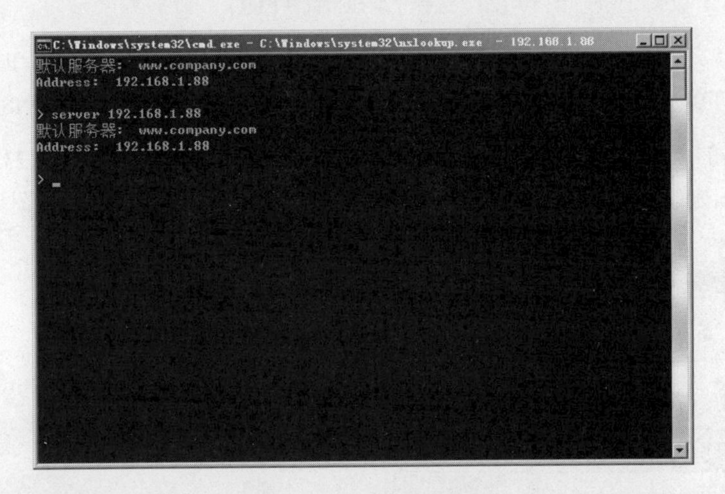

图 10-126　解析 IP 地址

（32）在“DNS 管理器”窗口中，选择“DNS”→“Server”→“Company.com”并右击，在弹出的快捷菜单中选择“属性”命令，打开“Company.com 属性”对话框。

（33）选择“区域传送”选项卡，选中“允许区域传送”复选框，选中“只允许到下列服务器”单选按钮，然后单击“编辑”按钮，如图 10-127 所示。

（34）弹出“允许区域传送”对话框，在“辅助服务器的 IP 地址”列表中输入辅助 DNS 服务器的 IP 地址，如“192.168.1.97”，如图 10-128 所示。

注意：在网络中通常会安装两台 DNS 服务器，以避免由于 DNS 服务器故障而导致 DNS 服务解析失败。其中一台作为主服务器，另外一台作为辅助服务器。主服务器正常时，辅助服务器从主 DNS 服务器上获取 DNS 数据，起到备份作用。当主服务器出现故障时，辅助服务器便会代替主服务器承担起 DNS 解析服务。只有先在主 DNS 服务器上添加允许传送辅助的 DNS 服务器 IP 地址，才能对辅助 DNS 服务器进行设置。

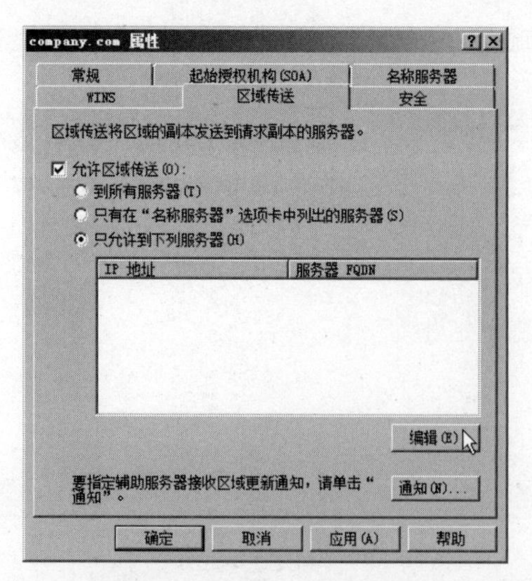

图 10-128 单击“编辑”按钮

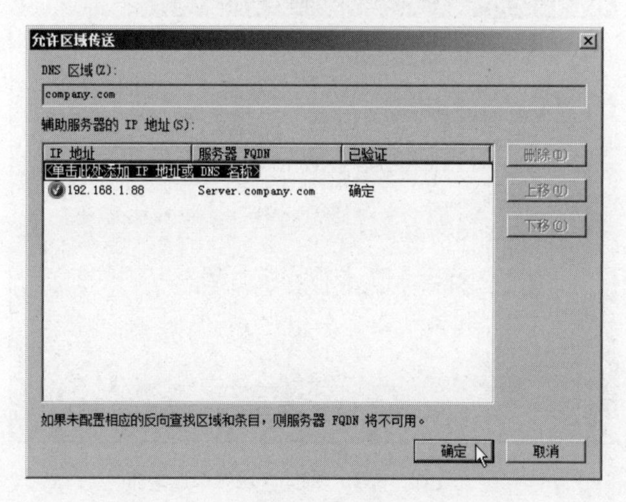

图 10-129 输入辅助 DNS 服务器的 IP 地址

（35）单击“确定”按钮，返回“Company.com 属性”对话框中，然后单击“确定”按钮，完成区域设置。

（36）登录到辅助 DNS 服务器上，并安装 DNS 服务角色，步骤与在主服务器上安装 DNS 服务角色一样。

（37）单击“开始”→“管理工具”→“DNS”命令，打开“DNS 管理器”窗口，选中“正向查找区域”文件夹并右击，在弹出的快捷菜单中选择“新建区域”命令，弹出“新建区域向导”对话框，如图 10-130 所示。

（38）单击“下一步”按钮，在“区域类型”对话框中，选中“辅助区域”单选按钮，如图 10-131 所示。

（39）单击“下一步”按钮，在弹出的“区域名称”对话框中，输入 Company.com，如图 10-132 所示。

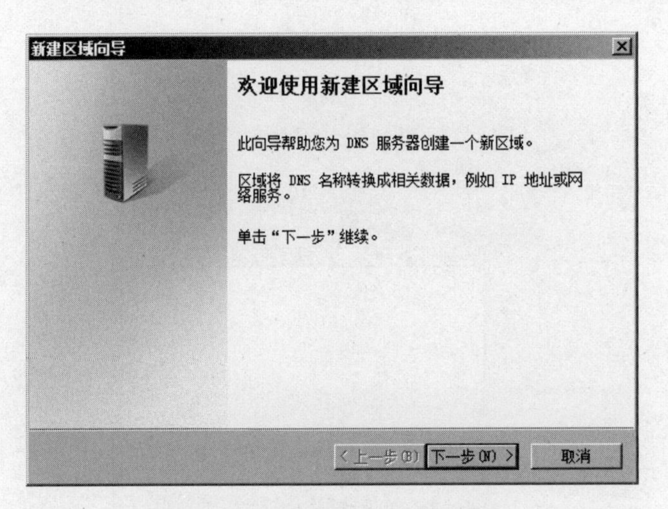

图 10-130 “新建区域向导”对话框

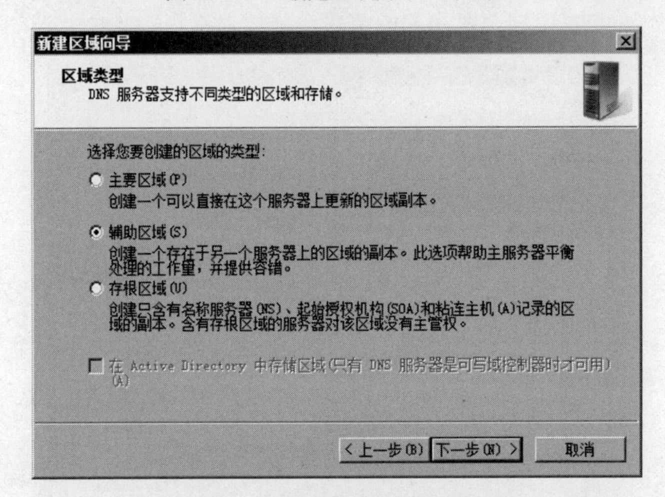

图 10-131 选中“辅助区域”单选按钮

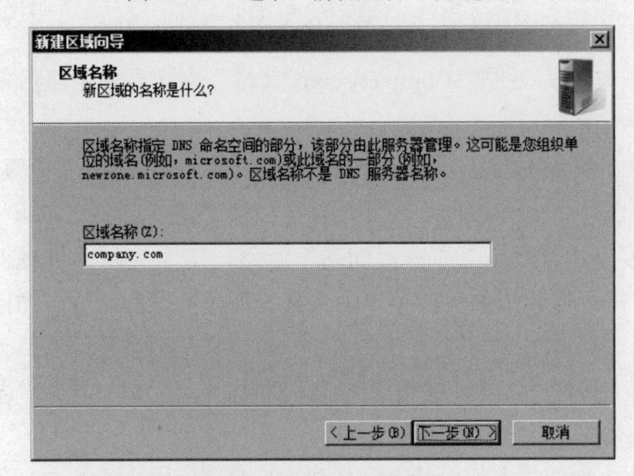

图 10-132 输入区域名称

（40）单击“下一步”按钮，在弹出的对话框中输入主 DNS 服务器的 IP 地址，如图 10-133 所示，按回车键进行验证。

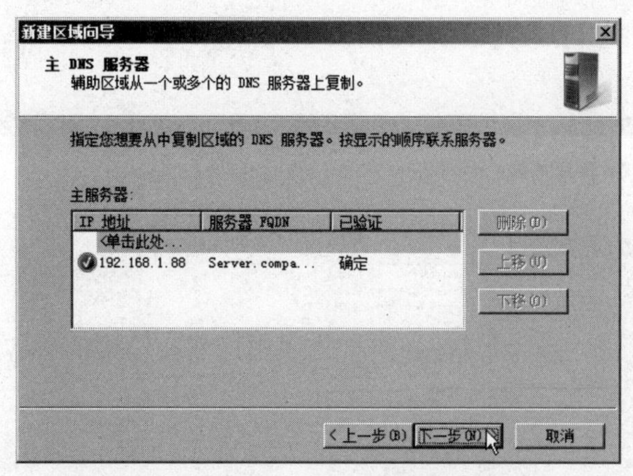

图 10-133　输入主 DNS 服务器的 IP 地址

（41）单击“下一步”按钮，在弹出的“正在完成新建区域向导”对话框中，单击“完成”按钮，完成 DNS 辅助服务器的设置。

4．配置 DHCP 服务器

DHCP 是一个简化主机 IP 地址分配管理的 TCP/IP 标准协议。网络管理员可以利用 DHCP 服务器动态地为客户端分配和管理 IP 地址信息，包括 IP 地址、子网掩码、默认网关及 DNS 服务器。这极大地减轻了网络管理员的工作负担，提高了网络效率。

DHCP 服务器是 Windows Server 2008 R2 的内置功能，但默认情况下并没有安装，需要管理员手动安装。而且在安装过程中可以根据系统提示创建作用域，安装完成后可以立即为网络提供 IP 地址服务。当然，事先要规划好想要分配的 IP 地址范围。

【实验 10-13】配置 DHCP 服务器

具体操作步骤如下：

（1）单击“开始”→“管理工具”→“服务器管理器”命令，打开“服务器管理器”窗口，选择“角色”选项，单击右侧窗口中的“添加角色”超链接，如图 10-134 所示。

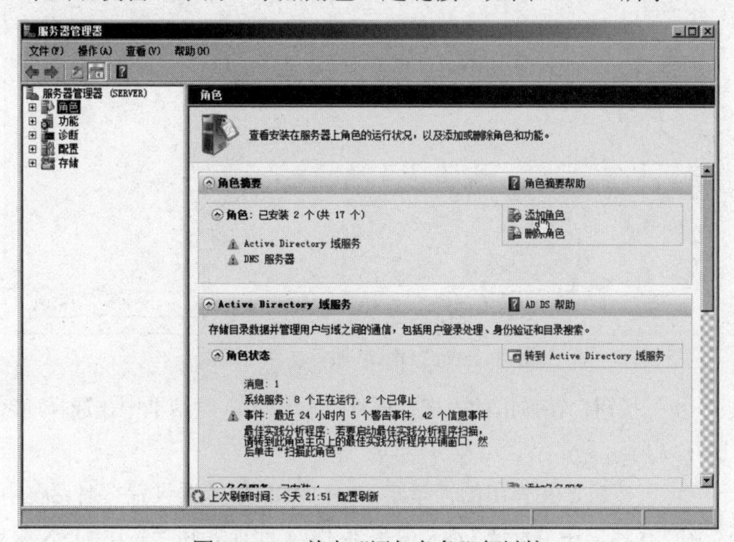

图 10-134　单击“添加角色”超链接

（2）在弹出的“选择服务器角色”对话框中，选中“DHCP 服务器”复选框，如图 10-135 所示。

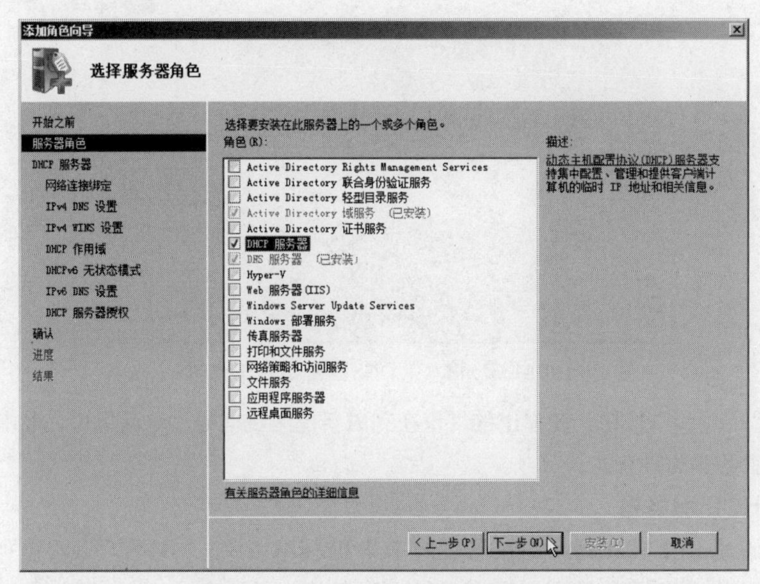

图 10-135　选中“DHCP 服务器”复选框

（3）单击“下一步”按钮，在弹出的“DHCP 服务器”对话框中，介绍了 DHCP 服务器的相关信息以及注意事项，如图 10-136 所示。

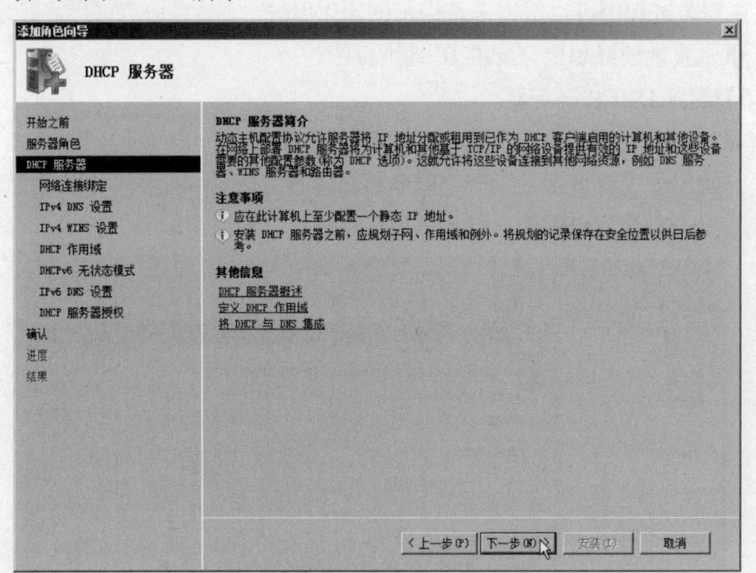

图 10-136　“DHCP 服务器”对话框

（4）单击“下一步”按钮，在弹出的“选择网络连接绑定”对话框中，选择向客户端提供服务的网络连接，如图 10-137 所示。

（5）单击“下一步”按钮，在弹出的“指定 IPv4 DNS 服务器设置”对话框中，在“父域”文本框中输入活动目录的域名，在“首选 DNS 服务器 IPv4 地址”和“备用 DNS 服务器 IPv4 地址”文本框中输入本地网络中所使用的 DNS 服务器的 IPv4 地址，如图 10-138 所示。

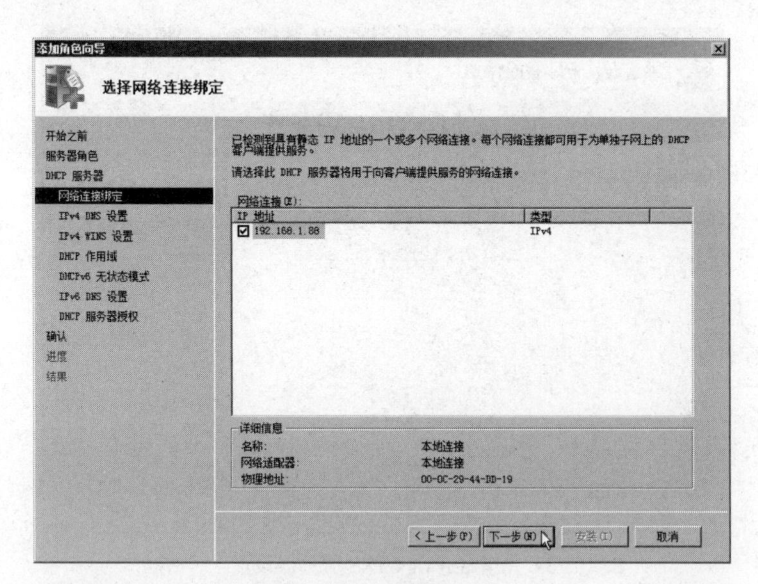

图 10-137　选择网络连接

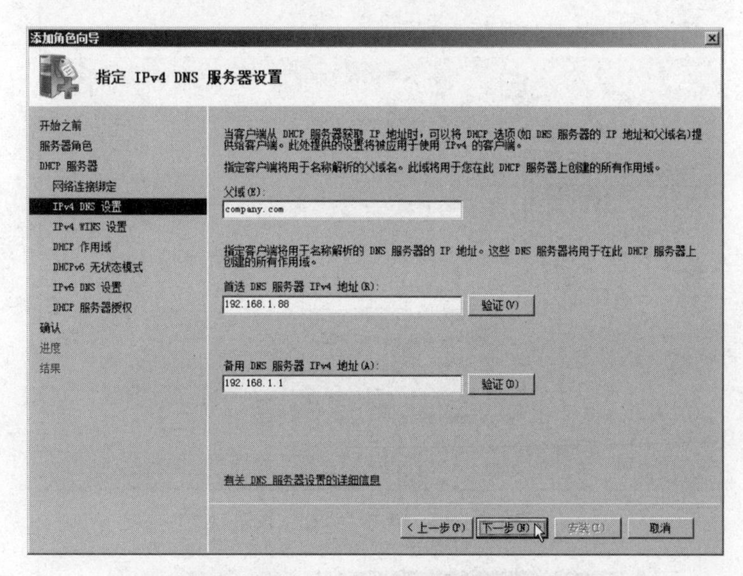

图 10-138　“指定 IPv4 DNS 服务器设置”对话框

（6）单击“下一步”按钮，在弹出的“指定 IPv4 WINS 服务器设置”对话框中，选择是否要使用 WINS 服务，如图 10-139 所示。

注意：选择“此网络上的应用程序需要 WINS”单选按钮时，需要在“首选 WINS 服务器 IP 地址”文本框中，输入 WINS 服务器的 IP 地址。

（7）单击“下一步”按钮，在弹出的“添加或编辑 DHCP 作用域”对话框中，单击“添加”按钮，如图 10-140 所示。

（8）在弹出的“添加作用域”对话框中，分别输入作用域名称、起始和结束 IP 地址、子网掩码、默认网关以及子网类型，并选中“激活此作用域”复选框，如图 10-141 所示。

添加角色向导
指定 IPv4 WINS 服务器设置
开始之前
服务器角色
DHCP 服务器
网络连接绑定
IPv4 DNS 设置
IPv4 WINS 设置
DHCP 作用域
DHCPv6 无状态模式
IPv6 DNS 设置
DHCP 服务器授权
确认
进度
结果
此网络上的应用程序不需要 WINS(W)
此网络上的应用程序需要 WINS(S)
有关 WINS 服务器设置的详细信息
< 上一步(P)
下一步(N) >
安装(I)
取消

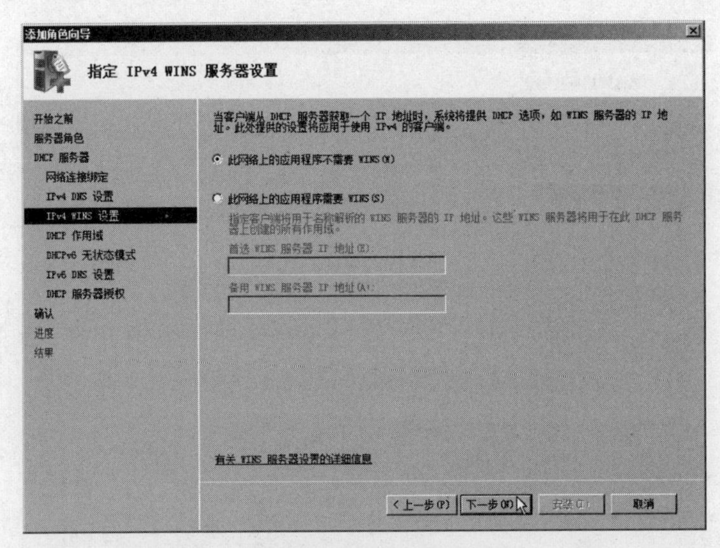

图 10-139 “指定 IPv4 WINS 服务器设置”对话框

添加角色向导
添加或编辑 DHCP 作用域
作用域是网络中可能的 IP 地址的范围。只有创建作用域之后，DHCP 服务器才可以将 IP 地址分发到客户端。
作用域(S):
名称
IP 地址范围
添加(A)...
编辑(E)...
删除(D)
属性
添加或选择一个作用域以查看其属性。
有关添加作用域的详细信息
< 上一步(P)
下一步(N) >
安装(I)
取消

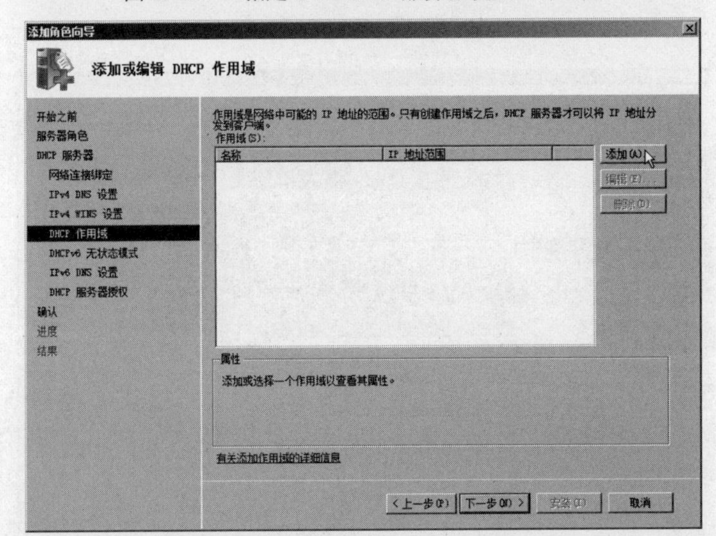

图 10-140 单击“添加”按钮

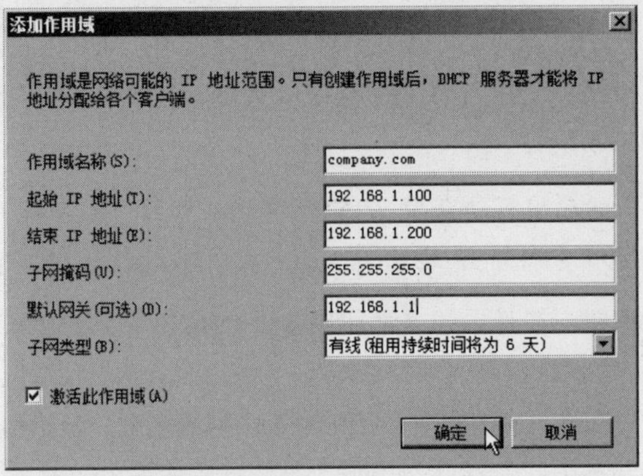

添加作用域
作用域是网络可能的 IP 地址范围。只有创建作用域后，DHCP 服务器才能将 IP 地址分配给各个客户端。
作用域名称(S):
company.com
起始 IP 地址(T):
192.168.1.100
结束 IP 地址(E):
192.168.1.200
子网掩码(U):
255.255.255.0
默认网关(可选)(D):
192.168.1.1
子网类型(B):
有线(租用持续时间将为 6 天)
激活此作用域(A)
确定
取消

图 10-141 “添加作用域”对话框

（9）单击“确定”按钮，一个作用域添加成功。单击“下一步”按钮，弹出“配置 DHCPv6 无状态模式”对话框。由于现在不配置 IPv6，因此，选中“对此服务器禁用 DHCPv6 无状态模式”单选按钮，如图 10-142 所示。

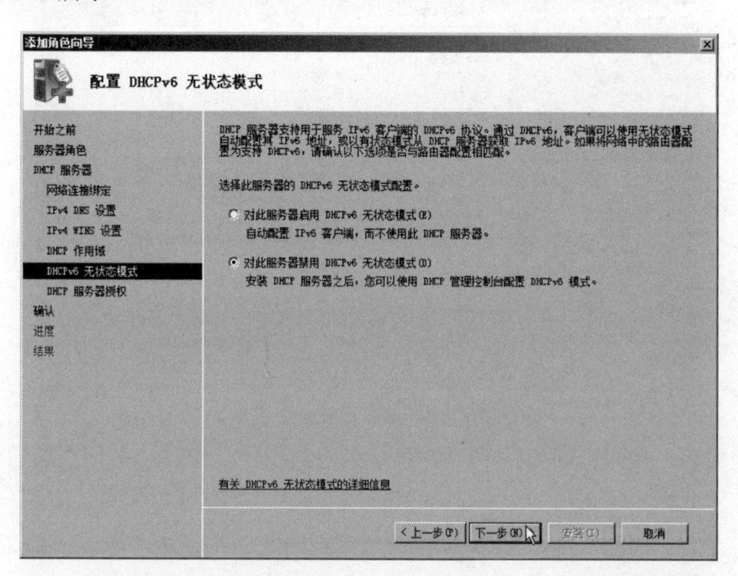

图 10-142　“配置 DHCPv6 无状态模式”对话框

（10）单击“下一步”按钮，弹出“授权 DHCP 服务器”对话框，指定用于授权 AD DS 中此 DHCP 服务器的凭据，如图 10-143 所示。

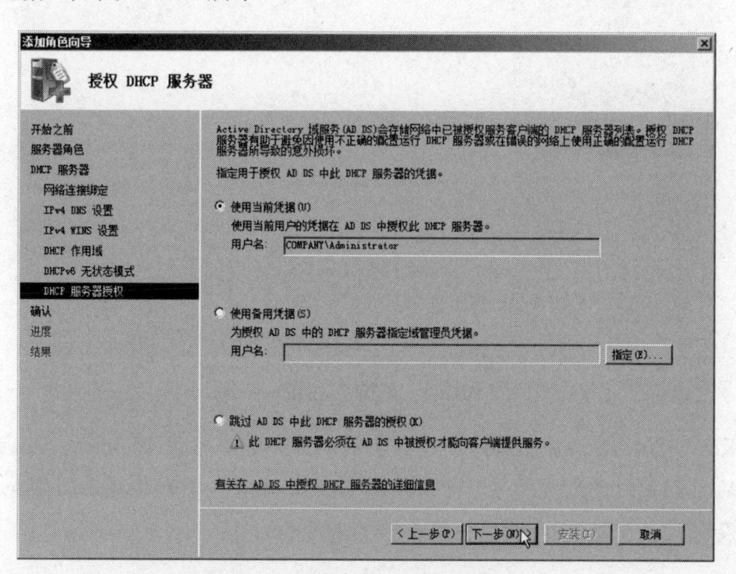

图 10-143　“授权 DHCP 服务器”对话框

注意：如果现在不授权 DHCP 服务器，则需要在安装完成后，在 DHCP 窗口中进行授权。

（11）单击“下一步”按钮，在弹出的“确认安装选择”对话框中，确认无误后，单击“安装”按钮，如图 10-144 所示。

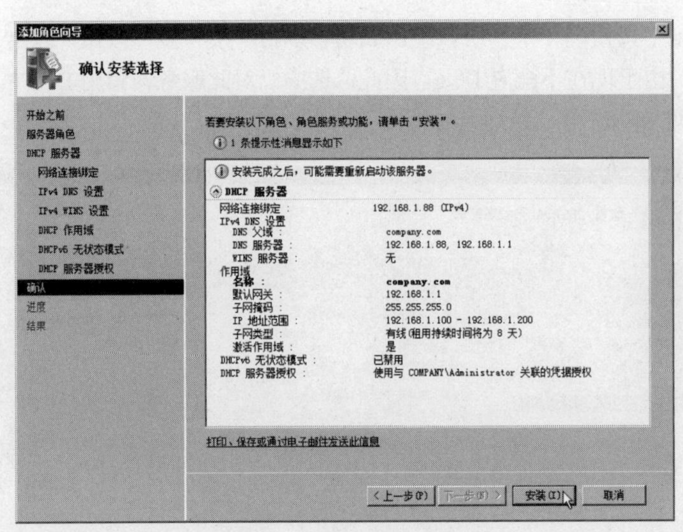

图 10-144　单击"安装"按钮

（12）安装完成后，在弹出的如图 10-145 所示的对话框中，单击"关闭"按钮，完成 DHCP 服务器的安装。

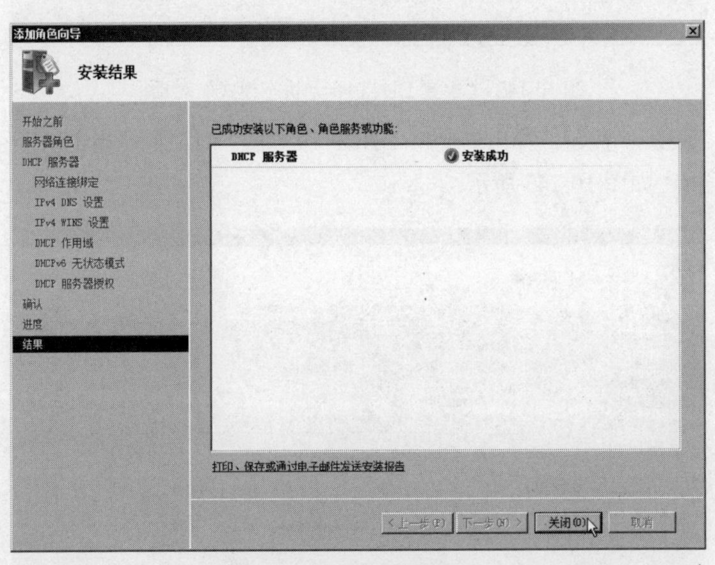

图 10-145　单击"关闭"按钮

注意：在安装 Windows Server 2008 R2 域控制器的网络中，无论 Windows Server 2008 R2 DHCP 服务器是否加入域，都必须经过"授权"才能提供 DHCP 服务，否则将提示必须先授权 DHCP 服务器。如果网络中没有域控制器，则 DHCP 服务器不需授权。

提示：对于规模较大、用户数量多的大型企业网络，可以采取搭建多台 DHCP 服务器的方法，以提高网络效率。在 Windows Server 2008 R2 中，作用域可以在安装 DHCP 服务的过程创建，也可以在安装完成后在 DHCP 窗口中创建。一台 DHCP 服务器可以创建多个不同的作用域。

（13）单击"开始"→"管理工具"→"DHCP"命令，打开"DHCP"窗口，选择"IPv4"选项并右击，在弹出的快捷菜单中选择"新建作用域"命令，如图 10-146 所示。

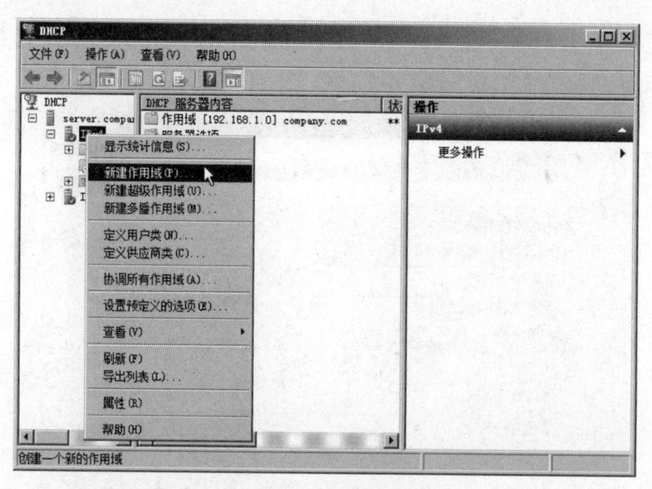

图 10-146　选择"新建作用域"命令

（14）在弹出的如图 10-147 所示的"新建作用域向导"对话框中，单击"下一步"按钮。

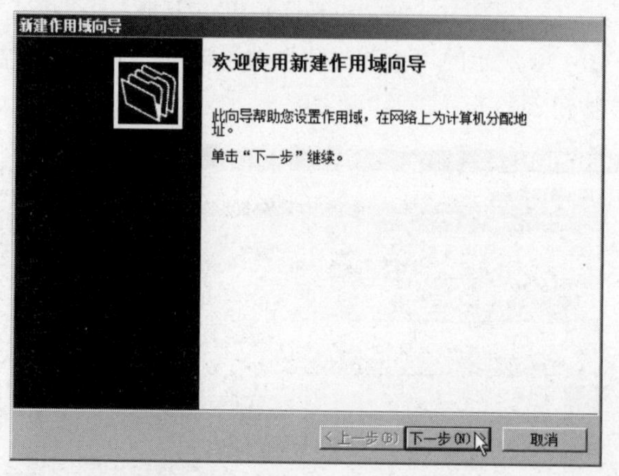

图 10-147　单击"下一步"按钮

（15）在弹出的"作用域名称"对话框中，输入新作用域的名称，如图 10-148 所示，然后单击"下一步"按钮。

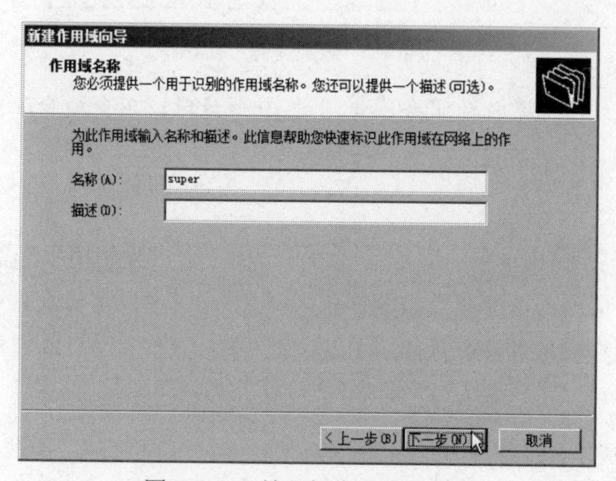

图 10-148　输入新作用域的名称

（16）在弹出的“IP 地址范围”对话框中，设置新作用域的起始和结束 IP 地址、子网掩码等，如图 10-149 所示，然后单击“下一步”按钮。

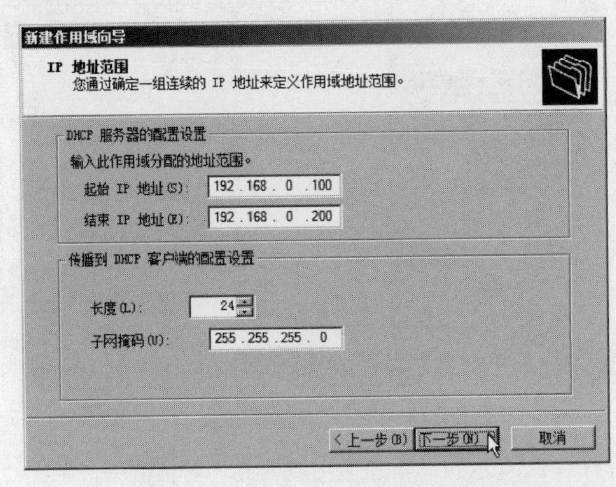

图 10-149 “IP 地址范围”对话框

（17）在弹出的如图 10-150 所示的“添加排除”对话框中，设置想要排除的 IP 地址或 IP 地址段，然后单击“下一步”按钮。

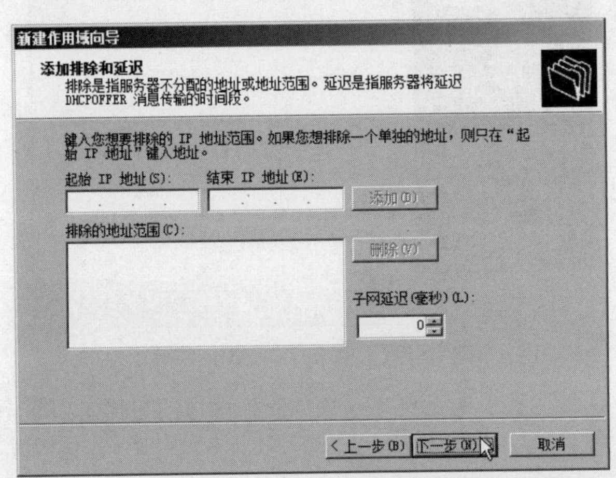

图 10-150 “添加排除”对话框

提示： 排除的 IP 地址段通常作为服务器专用的 IP 地址段，不会被分配给客户端。

（18）在弹出的“租用期限”对话框中，设置租用期限，然后单击“下一步”按钮，如图 10-151 所示。

（19）在弹出的“配置 DHCP 选项”对话框中，选中“否，我想稍后配置这些选项”单选按钮，如图 10-151 所示，然后单击“下一步”按钮。

（20）在弹出的“正在完成新建作用域向导”对话框中，单击“完成”按钮，如图 10-152 所示，新建作用域完成。

注意： 新建的作用域不能正常使用，需要“激活”后才可以使用。如果一台 DHCP 服务器（只有一个网卡）设置了多个不同的作用域，则客户机一般获取的是最上面的一个作用域分配的 IP 地址。

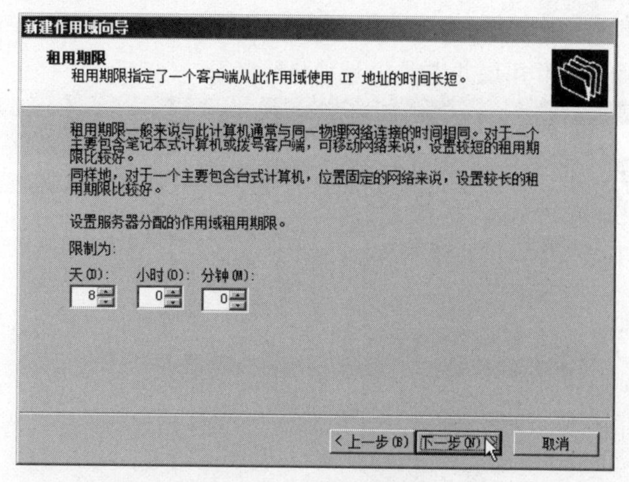

图 10-151　设置租用期限

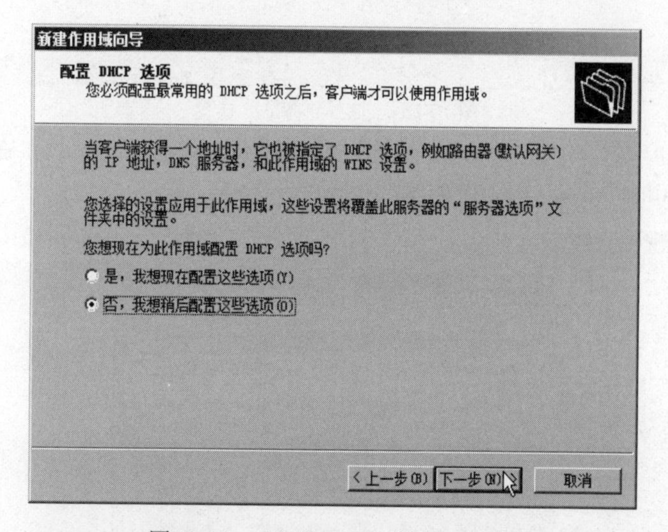

图 10-152　"配置 DHCP 选项"对话框

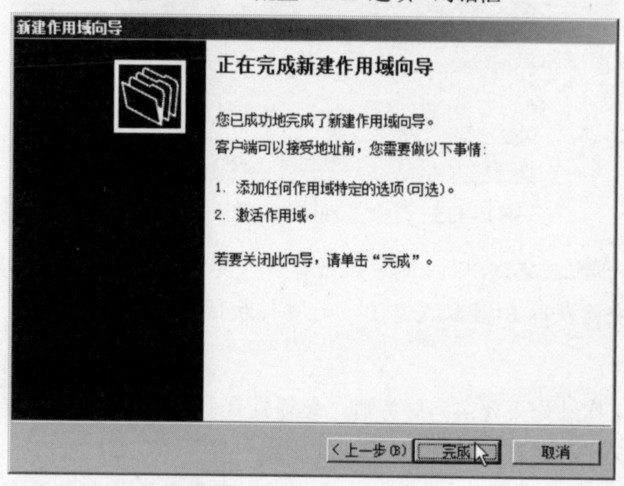

图 10-153　单击"完成"按钮

（21）在“DHCP”窗口中，选择新建的作用域并右击，在弹出的快捷菜单中选择“激活”命令，如图 10-154 所示，即可激活作用域并提供 IP 地址分配服务。

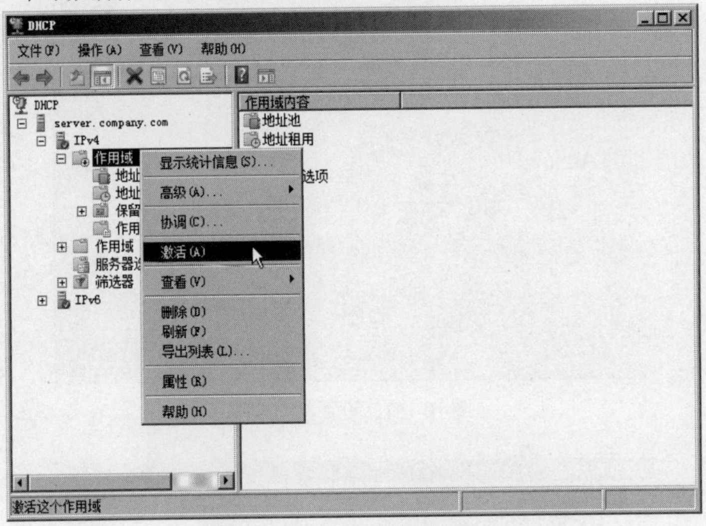

图 10-154　选择“激活”命令

（22）在“DHCP”窗口中，选择“IPv4”→“服务器选项”选项并右击，在弹出的快捷菜单中选择“配置服务器选项”命令，打开“服务器选项”对话框。

（23）选择“常规”选项卡，并选中“006 DNS 服务器”复选框，如图 10-155 所示。

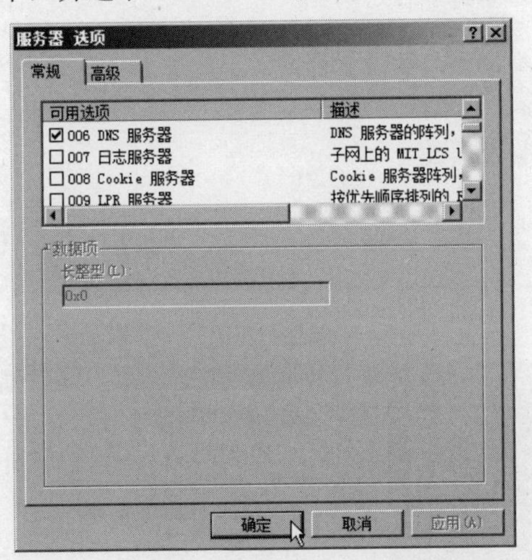

图 10-155　选中“006 DNS 服务器”复选框

注意：DHCP 服务器配置完成以后，客户端计算机只要接入网络，并设置为“自动获取 IP 地址”即可自动从 DHCP 服务器获取 IP 地址信息了，无须人为干预。

5. 创建用户账户

企业局域网中的工作站如果要访问服务器，必须具有一定的用户权限，这就需要在服务器上创建这些工作站的用户账户，并且赋予它们一定的权限。

Windows Server 2008 R2 提供了内置用户账户、域用户账户和本地用户账户三种不同的用户账户类型。在局域网中给用户所创建的账户一般都是本地用户账户。当本地用户账户登录网络时，服务器

（即扫即看）

便在本地安全数据库中查询该账户，并对照其密码，完全相符后才允许该用户账户登录服务器。

【实验 10-14】创建用户账户

具体操作步骤如下：

（1）单击“开始”→“所有程序”→“管理工具”→“Active Directory 用户和计算机”命令，打开“Active Directory 用户和计算机”窗口，如图 10-156 所示。

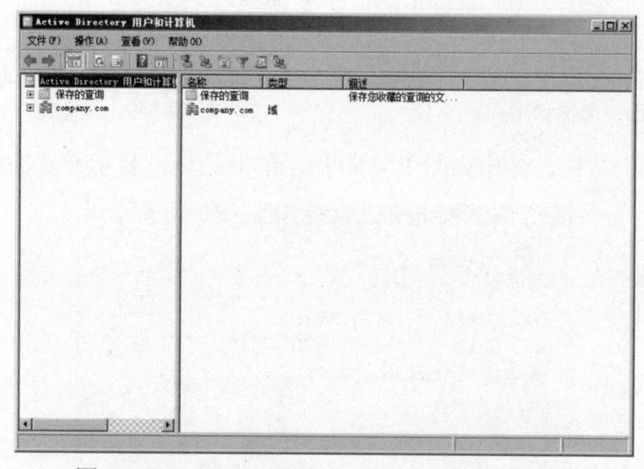

图 10-156　“Active Directory 用户和计算机”窗口

（2）选择 company.com，在该窗口中选择 Users 并右击，在弹出的快捷菜单中选择“新建”→“用户”选项，如图 10-157 所示，打开“新建—用户”选项。

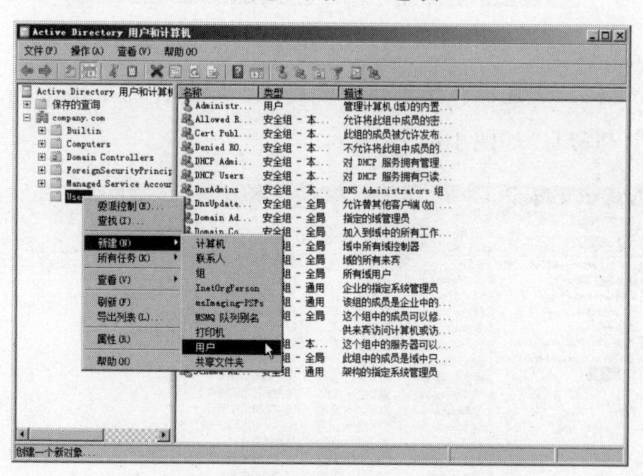

图 10-157　选择“新建”→“用户”选项

（3）在“新建对象—用户”对话框中，输入用户名称和用户登录名，如图 10-158 所示。

（4）单击“下一步”按钮，弹出如图 10-159 所示的对话框，设置用户密码及登录期限。

提示：选择“用户下次登录时须更改密码”复选框，用户每一次登录域之前都要更改由管理员指定的密码，从而使自己成为唯一知道密码的人。选择“用户不能更改密码”复选框，用户就没有权力更改自己的登录密码。选择“密码永不过期”复选框，密码将不会失效。选择“账户已停用”复选框，用户就不能使用这个账户来登录到域。

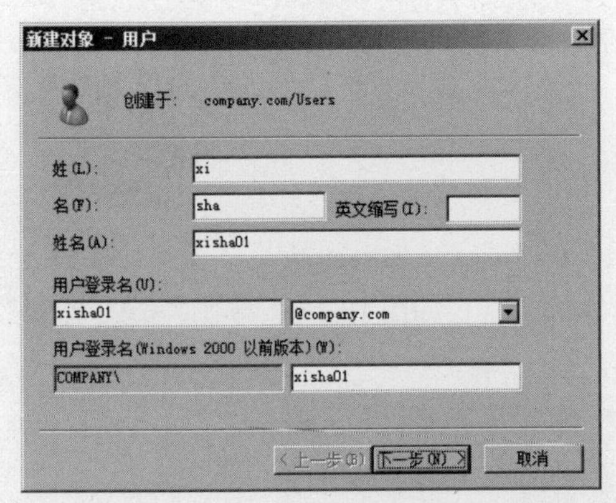

图 10-158　输入用户名称和用户登录名

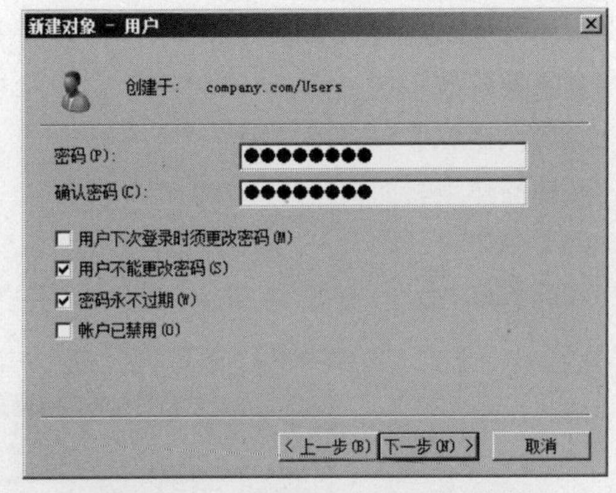

图 10-159　设置用户密码及登录期限

（5）单击“下一步”按钮，弹出如图 10-160 所示的对话框，显示设置的用户账户信息。

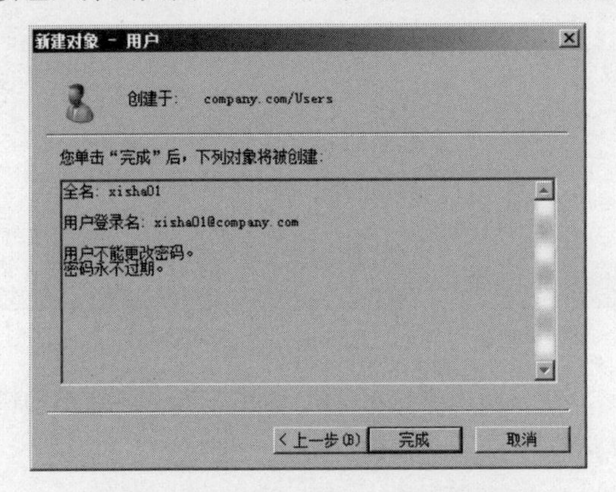

图 10-160　显示设置的用户账户信息

（6）单击“完成”按钮，完成创建用户账户的操作，同时在“Active Directory 用户和计算机”窗口，将显示新建的用户账户，如图 10-161 所示。

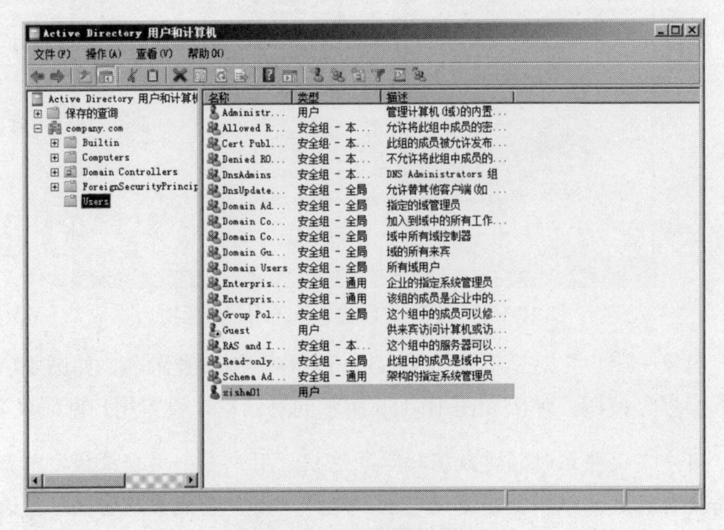

图 10-161　创建的用户账户

提示：用户根据需要，按照创建用户账户方法创建其他用户账户。同时，用户也可以采用使用复制用户账户的方法进行快速创建账户。

6．创建用户组

在组中的对象一般是用户，所以组也称为用户组。在创建一个新的用户组之前，首先要对组的管理方式进行规划：应该创建多少个用户组，每一个用户组中应该包括哪些用户，需要给用户组赋予哪些权限？

（即扫即看）

【实验 10-15】创建用户组

具体操作步骤如下：

（1）单击“开始”→“所有程序”→“管理工具”→“Active Directory 用户和计算机”命令，打开“Active Directory 用户和计算机”窗口。

（2）展开 company.com，选择 Users，单击“操作”→“新建”→“组”命令，如图 10-162 所示。

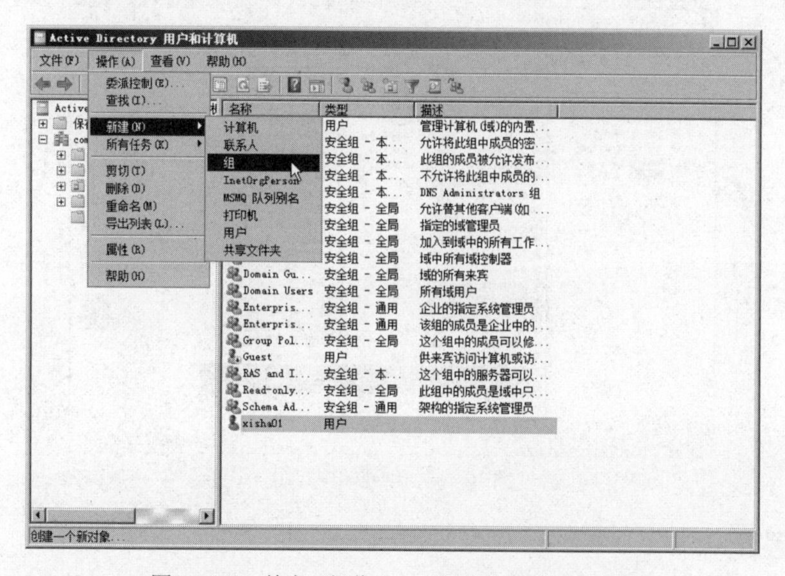

图 10-162　单击“操作”→“新建”→“组”命令

（3）在“新建对象—组”对话框中，设置组名、组作用域类型和组类型，如图 10-163 所示。

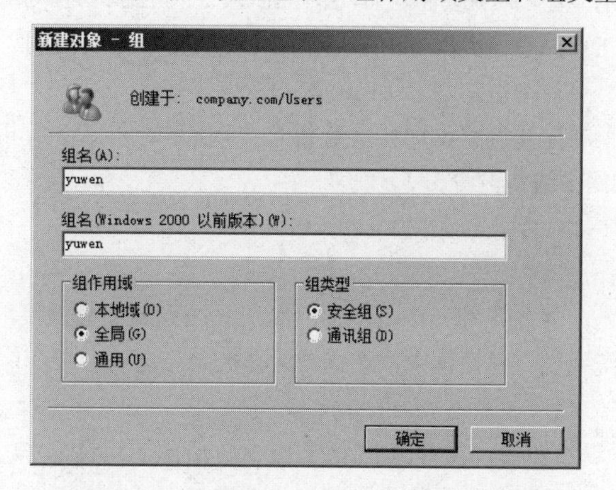

图 10-163　设置组名、组作用域类型和组类型

注意：在“组作用域”区域中，“本地域”指的是这类组可以添加其他域的用户账户，但是只能访问该类组所在域的资源；“全局”指的是这类组只能添加该类组所在域的用户账户，不能添加别的域的账户，但是可以访问其他域的资源对象；“通用”指的是该类组可以添加任何域的用户账户，可以访问任何域的资源对象。

（4）单击“确定”按钮，完成创建用户组的操作，同时在“Active Directory 用户和计算机”窗口，将显示新建的组，如图 10-164 所示。

注意：创建用户组后，用户可以向用户组添加用户。向用户组中添加用户的操作是右击刚创建的用户组名称，在弹出的快捷菜单中选择“属性”选项，在属性对话框中选择“成员”选项卡，单击“添加”按钮。在弹出的“选择用户、联系人或计算机”对话框中，选择需要添加到用户组的用户账户，单击“确定”按钮即可。

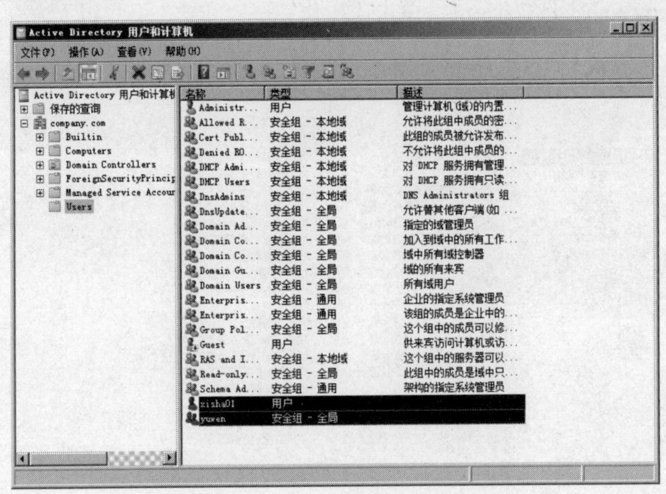

图 10-164　创建的用户组

10.6.2　设置客户端

在局域网中，需要把工作站登录到服务器，才能访问服务器并共享资源。因此，当 Windows Server 2008 R2 安装并设置好后，接下来就要将运行不同操作系统的工作站连入服务器。

下面以 Windows 7 工作站登录到 Windows Server 2008 R2 服务器为例，介绍设置客户端的方法。

1．设置网络 ID

网络 ID 指的是我们在连接网络的时候所看到的一个名称，即该计算机的名称，通过设置不同的网络 ID，以便在局域网中进行区分。

【实验 10-16】设置网络 ID

具体操作步骤如下：

（1）在 Windows 7 的“系统”窗口中，单击“高级系统设置”超链接，如图 10-165 所示。

（2）在弹出的“系统属性”对话框中，选择“计算机名”选项卡中，单击“网络 ID”按钮，如图 10-166 所示。

（3）单击“网络 ID”按钮后，在弹出的如图 10-167 所示的对话框中，选中“这台计算机是商业网络的一部分，用它连接到其他工作中的计算机”单选按钮。

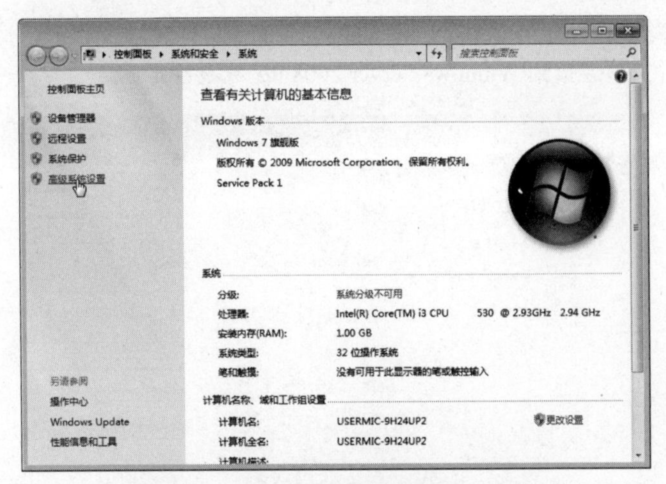

图 10-165　单击“高级系统设置”超链接

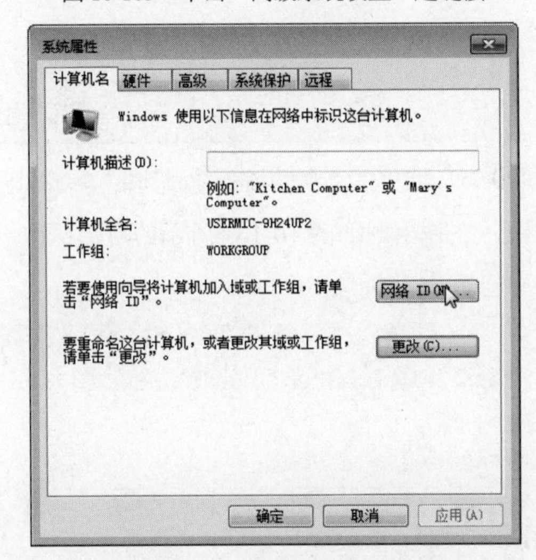

图 10-166　单击“网络 ID”按钮

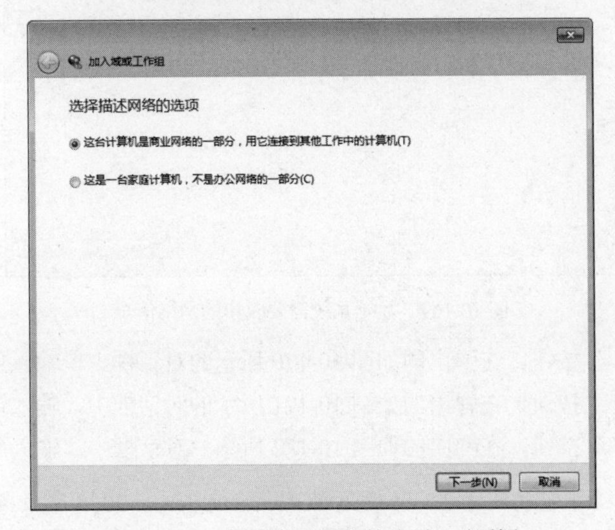

图 10-167　“选择描述网络的选项”对话框

（4）单击“下一步”按钮，在弹出的如图 10-168 所示的对话框中，选中“公司使用带有域的网络”单选按钮，将计算机连接到 Windows Server 2008 R2 域服务器上。

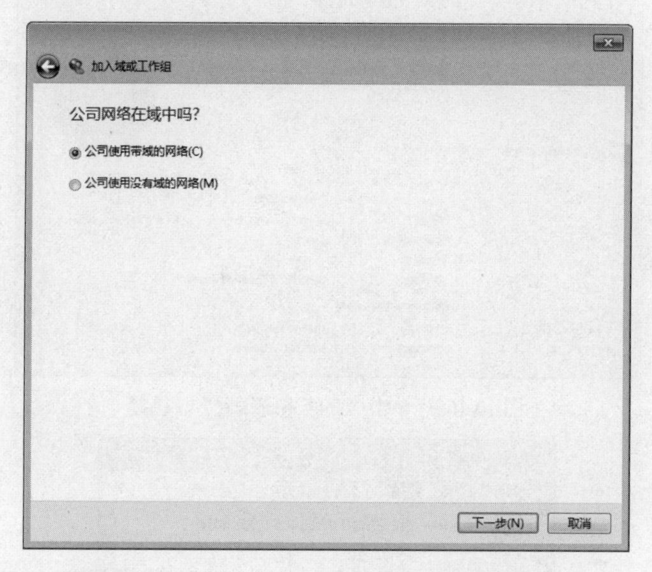

图 10-168　选中“公司使用带有域的网络”单选按钮

（5）单击“下一步”按钮，在弹出的如图 10-169 所示的对话框中，显示系统需要收集的网络信息。

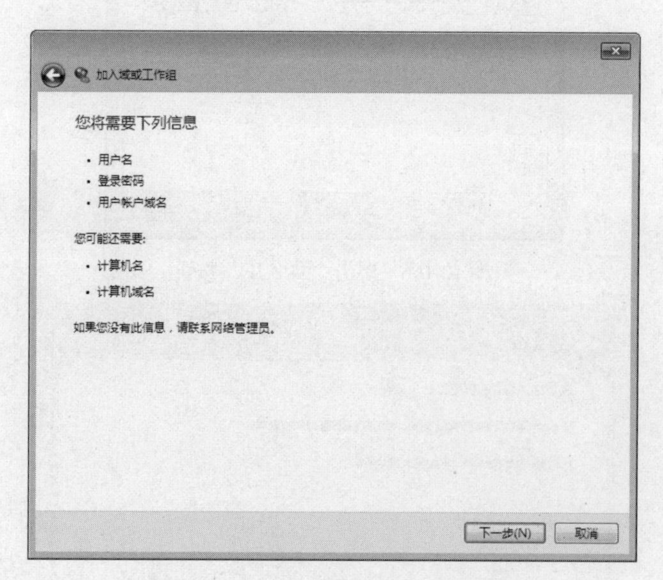

图 10-169　显示系统需要收集的网络信息

（6）单击“下一步”按钮，在弹出的如图 10-170 所示的对话框中，输入用户名、密码及域名。

（7）单击“下一步”按钮，在弹出的如图 10-171 所示的对话框中，输入计算机名和计算机域。

（8）单击“下一步”按钮，在弹出的如图 10-172 所示的对话框中，输入用户名、密码及域名。

注意：输入的用户名、密码及域名，必须是在 Windows Server 2008 域服务器中存在的合法的用户名、密码及域名，否则将会出现错误提示。一般情况下，由网络管理员提供给用户。所输入的计算机名必须是唯一的，不能与网络中其他计算机相同。

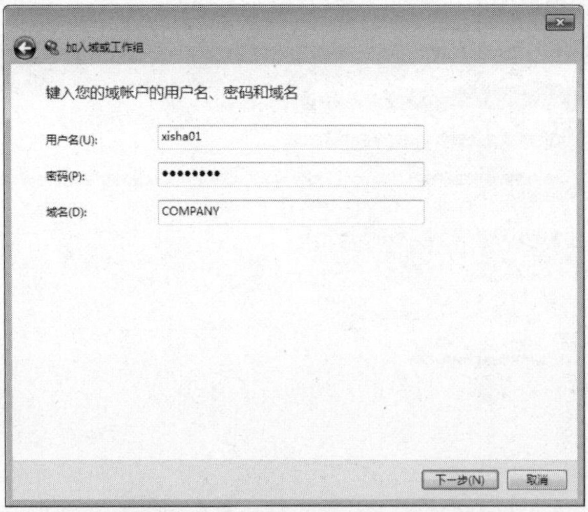

图 10-170　输入用户名、密码及域名

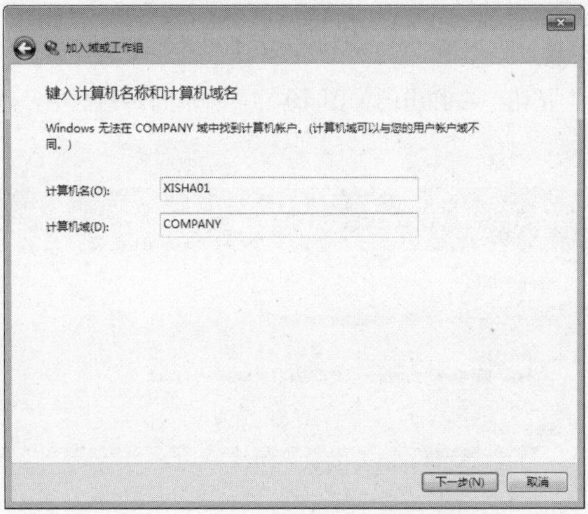

图 10-171　输入计算机名和计算机域

图 10-172　输入用户名、密码及域名

（9）单击“确定”按钮，在弹出的如图 10-173 所示的对话框中，选中“添加以下域用户账户”单选按钮，输入用户名和用户域。

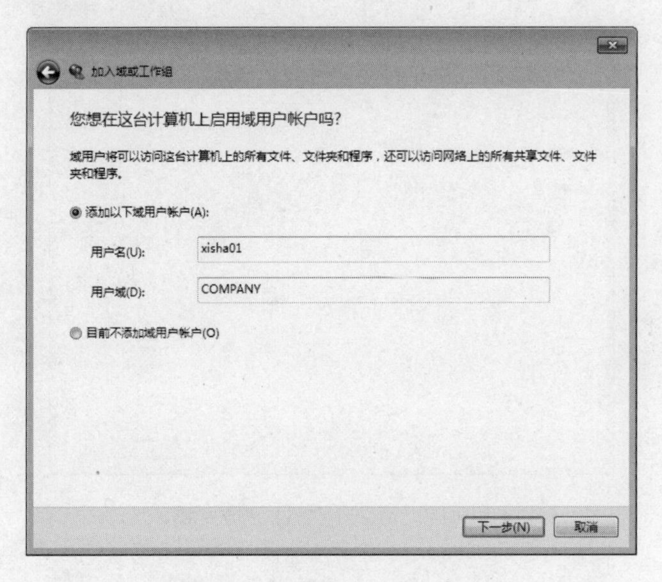

图 10-173　输入用户名和用户域

（10）单击“下一步”按钮，在弹出的如图 10-174 所示的对话框中，选中“标准用户”单选按钮，设置用户访问级别。

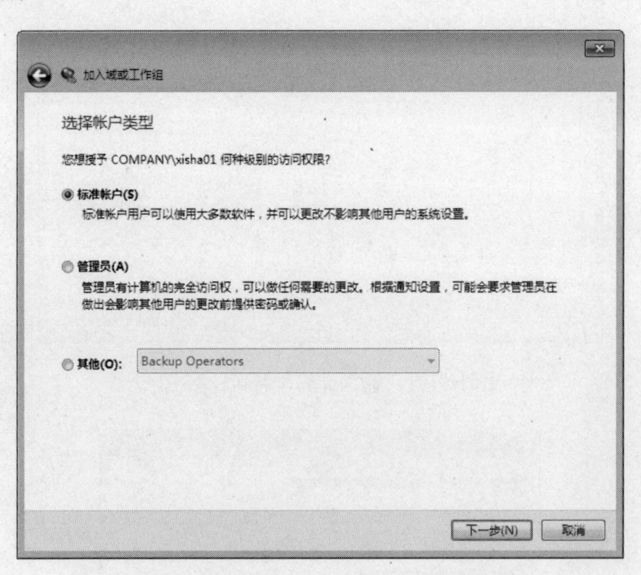

图 10-174　选中“标准用户”单选按钮

（11）单击“下一步”按钮，在弹出的如图 10-175 所示的对话框中，提示用户必须重新启动计算机才能应用这些更改。

（12）单击“完成”按钮，返回到“系统属性”对话框，然后单击“确定”按钮。

（13）单击“确定”按钮后，弹出如图 10-176 所示的对话框，单击“立即重新启动”按钮，重新启动计算机。

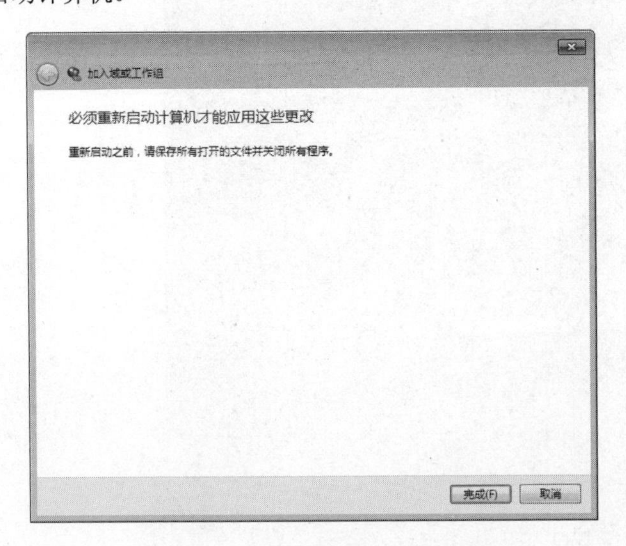

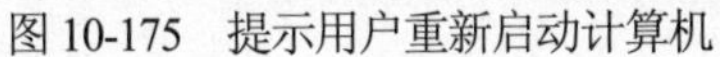
图 10-175　提示用户重新启动计算机

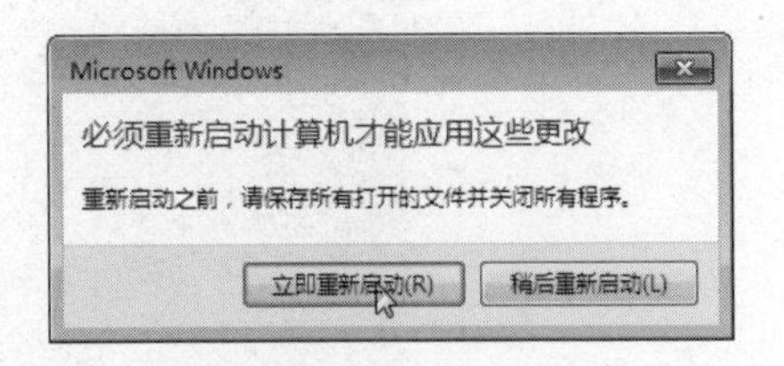

图 10-176　单击“立即重新启动”按钮

2．登录服务器

重新计算机后，就可以使用用户账户登录 Windows Server 2008 R2 服务器，具体操作步骤如下：

（1）重新启动计算机后，系统弹出如图 10-177 所示的对话框中，单击 Ctrl+Alt+Delete 组合键。

图 10-177　“欢迎使用 Windows”对话框

（2）在弹出的如图 10-178 所示的对话框中，输入用户名、密码和域名。

图 10-178　输入用户名、密码和域名

（3）按 Enter 键，如果用户名和密码及域名无误，网络畅通，那么计算机将登录到 Windows Server 2008 R2 域服务器中，如图 10-179 所示。

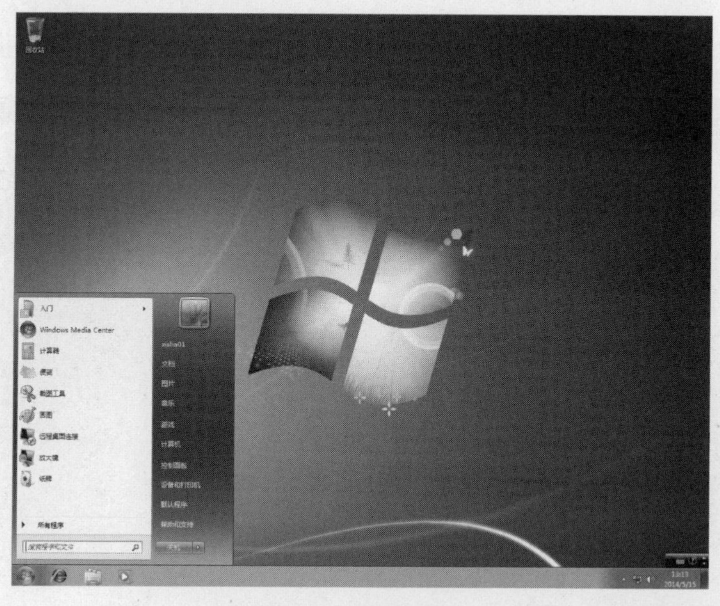

图 10-179　登录后的窗口

提示： Windows 7 工作站不仅可以登录到 Windows Server 2008 R2 中，还可以使用不同本地账户登录到本地计算机。单击“切换用户”按钮，可以使用其他用户名登录到本地计算机，如图 10-180 所示。

图 10-180　选择其他用户登录

10.6.3　共享 Internet

目前宽带入网主要有 4 种方式：以太网技术（小区宽带）、Cable Modem（有线通）、上网卡和 PON（光猫）。这 4 种宽带接入方式在安装条件、所需设备、数据传输速率和相关费用等多方面都有很大区别，直接决定了不同的宽带接入方式只适合不同的用户。

1．安装光猫

下面以安装 EPON 光猫为例，介绍安装光猫的方法。

具体操作步骤如下：

（1）首先将光猫电源插入电源插座中，然后将电源适配器的插孔插入光猫的电源孔中。

（2）将入户光纤线插入光猫的光纤接口 PON，然后将网线的一端插入光猫的网线接口 LAN，网线的另一端插入计算机主机的 RJ-45 接口或者插入无线路由器的 WAN 端口中即可，如图 10-181 所示。

2．配置有线宽带路由器

目前，绝大部分用户都是采用路由器共享 Internet 的。路由器根据是否支持无线功能，分为有线路由器和无线路由器。

下面以配置 TP-Link SOHO 宽带路由器为例，介绍有线宽带路由器的配置方法。在配置 TP-Link SOHO 宽带路由器之前，用户需要将局域网中的 DHCP 服务器或 ICS 服务关闭。TP-Link SOHO 宽带路由器默认的局域网端口 IP 地址为“192.168.1.1”（不同品牌的宽带路由器默认的 IP 是不同的，一般在产品说明书中会标注出来）。因此，若想访问 TP-Link SOHO 宽带路由器就必须先将计算机的 IP 地址设置为 192.168.1.x（x 取值范围为 2～254），子网掩码为 255.255.255.0，或者将计算机设置为自动获取 IP 地址。

使用直通双绞线将计算机直接连接至 TP-Link SOHO 宽带路由器内置的以太网端口（WAN），或者将 TP-Link SOHO 宽带路由器与计算机连接至同一网络。

【实验 10-17】配置有线宽带路由器

具体操作步骤如下：

（1）在 Windows 7 系统中打开 IE 浏览器，在地址栏中输入“http://192.168.1.1”后按 Enter 键，弹出如图 10-182 所示的对话框。

（2）TP-Link SOHO 宽带路由器默认的用户名为 admin，密码为 admin。单击“确定”按钮，打开 TP-Link SOHO 宽带路由器配置主页面，如图 10-183 所示。

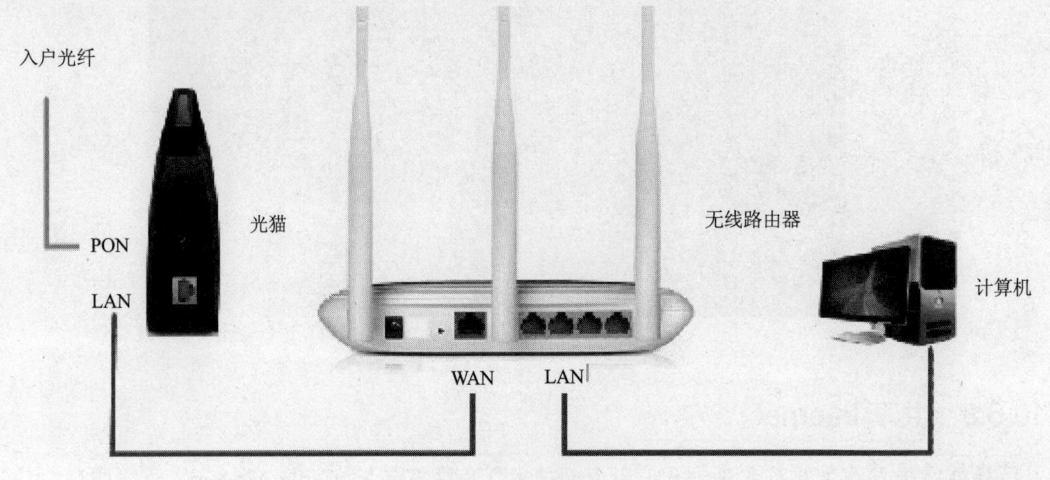

图 10-181　安装光猫

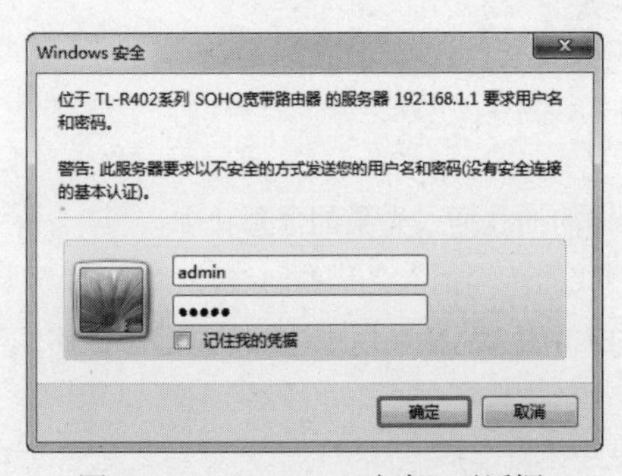

图 10-182 “Windows 安全”对话框

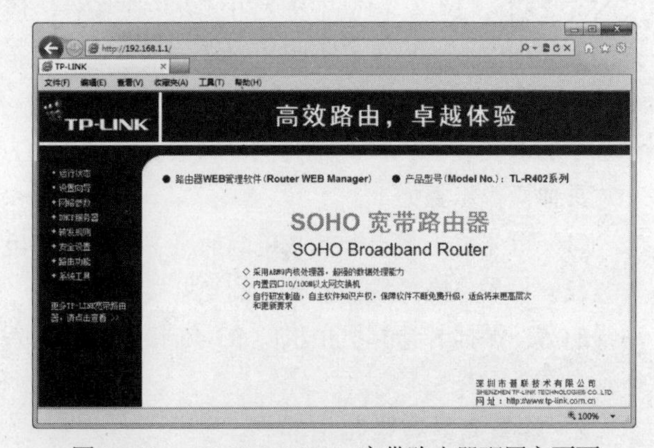

图 10-183　TP-Link SOHO 宽带路由器配置主页面

（3）单击窗口左侧的“设置向导”超链接，运行设置向导，然后单击“下一步”按钮，如图 10-184 所示。

（4）在弹出的窗口中，根据实际情况选择相应的网络连接，在这里选中“ADSL 虚拟拨号（PPPoE）”单选按钮，如图 10-185 所示。

（5）单击“下一步”按钮，在弹出的窗口中，输入上网账号和口令，如图 10-186 所示。

（6）单击“下一步”按钮，在弹出的窗口中，显示网络参数设置完成，单击“完成”按钮即可，如图 10-187 所示。

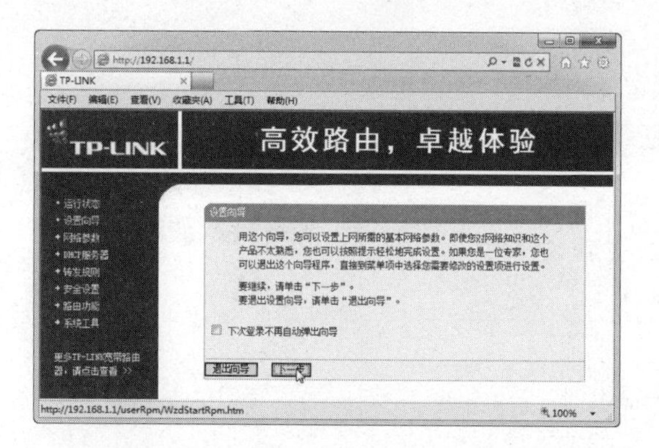

图 10-184　单击“下一步”按钮

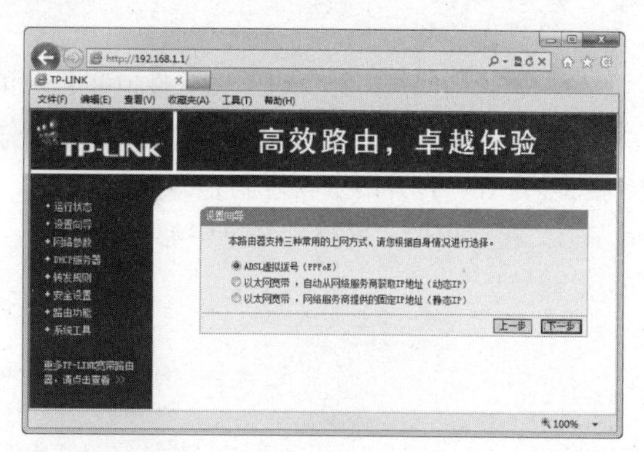

图 10-185　选中“ADSL 虚拟拨号（PPPoE）”单选按钮

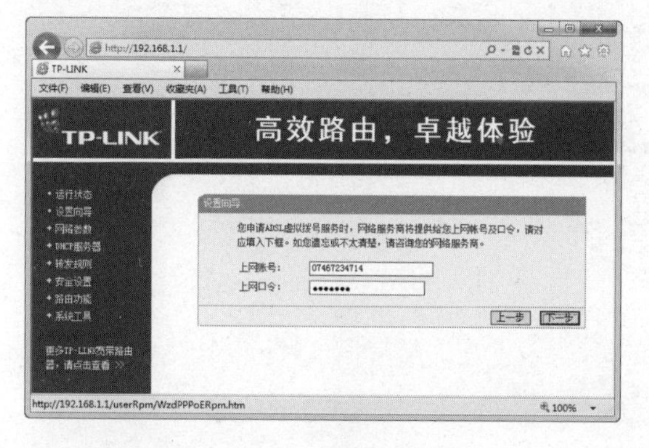

图 10-186　输入上网账号及口令

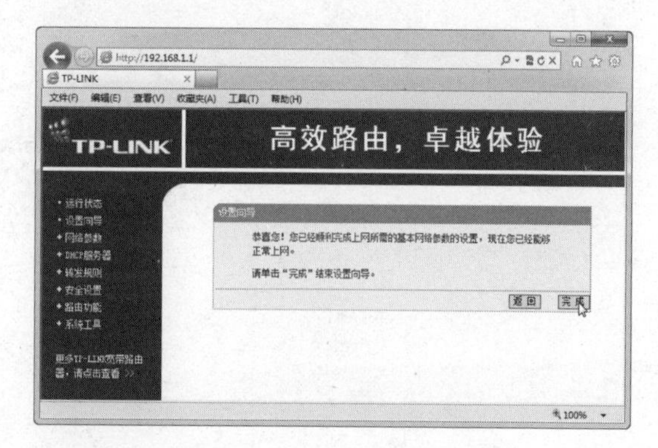

图 10-187　单击“完成”按钮

（7）单击“完成”按钮后，在 TP-Link SOHO 宽带路由器配置主页面中，单击“运行状态”超链接，即可看到 ADSL 已经连接，如图 10-188 所示。

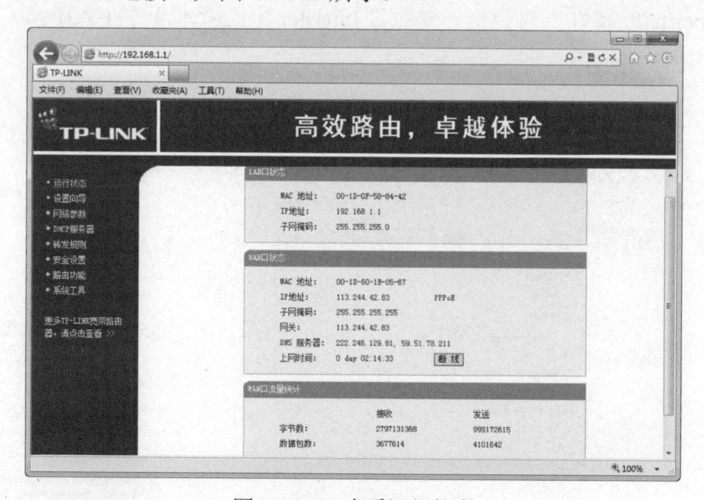

图 10-188　查看运行状态

3. 配置客户端

下面以配置 Windows 10 客户端为例，介绍配置客户端的方法。

具体操作步骤如下：

（1）首先用网线将计算机的网卡接口和公司预留的网络接口连接起来。

（2）在 Windows 10 系统中，选择任务栏通知区域中的“网络连接”图标并右击，在弹出的快捷菜单中选择“打开网络和共享中心”命令。

（3）在弹出的“网络和共享中心”窗口中，单击“更改适配器设置”超链接，如图 10-189 所示。

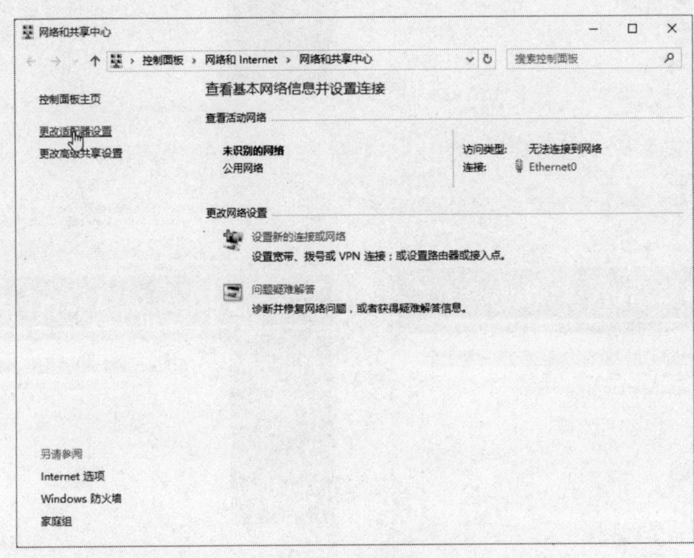

图 10-189　单击“更改适配器设置”超链接

（4）在弹出的“网络连接”窗口中，选择“本地连接”图标并右击，在弹出的快捷菜单中选择“属性”命令，如图 10-190 所示。

（5）打开“Ethernet0 属性”对话框，选择“Internet 协议版本 4（TCP/IPv4）”选项，单击“属性”按钮，如图 10-191 所示。

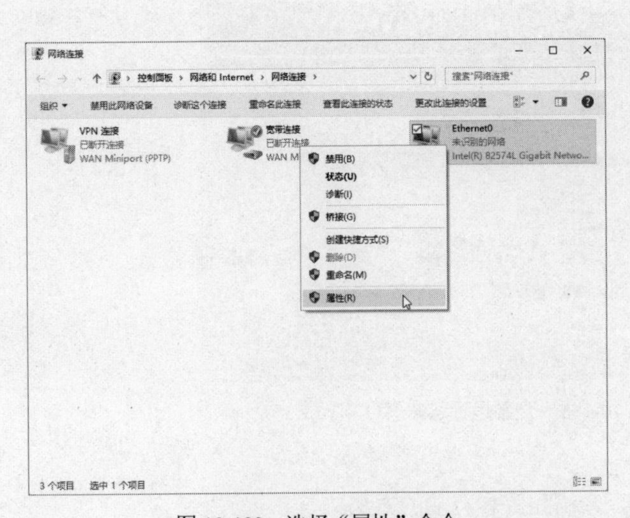

图 10-190　选择“属性”命令

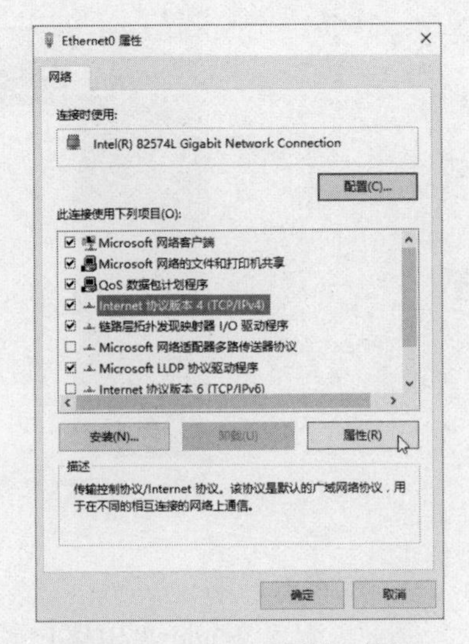

图 10-191　单击“属性”按钮

（6）打开“Internet 协议版本 4（TCP/IPv4） 属性”对话框，选中“使用下面的 IP 地址”单选按钮，然后分别输入公司或学校分配的 IP 地址、子网掩码、网关、DNS 服务器地址等，如图 10-192 所示。

（7）单击“确定”按钮完成设置，打开 Microsoft Edge 即可上网，如图 10-193 所示。

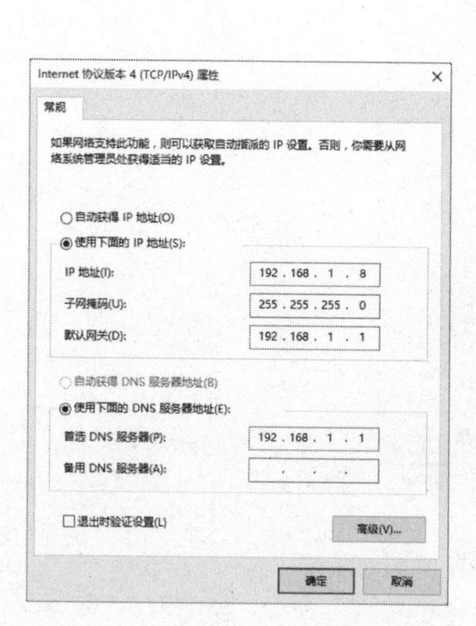

图 10-192　设置 IP 地址及默认网关

图 10-193　打开的 IE 浏览器

10.6.4　文件夹共享

组建局域网的主要目的一般是为了资源共享和数据通信，用户可以根据需要授权他人来访问自己计算机中的部分或全部资源。

在 Windows Server 2008 R2 中，用户可以通过以下 4 种方式建立共享文件夹。

（1）通过“Windows 资源管理器”创建。

（2）通过共享文件夹插件创建。

（3）通过命令行创建。

（4）通过文件服务器创建

通过 Windows 资源管理器，仅能管理本地计算机上的共享资源；通过共享文件夹插件，用户可以管理本地和远程计算机上的共享资源。

1．通过“Windows 资源管理器”创建

Windows Server 2008 R2 只能共享文件夹，而不能共享单独的文件。共享文件夹通常位于文件服务器上，但其实它们有可能位于网络中的任何一台计算机上。当文件夹被共享后，用户就可以通过网络远程连接到该文件夹上，并对该文件夹包含的文件进行访问。

在 Windows Server 2008 R2 中，“Windows 资源管理器”是创建共享文件夹最主要的方式，具体操作步骤如下：

（1）单击“开始”→“所有程序”→“附件”→“Windows 资源管理器”命令，如图 10-194 所示，打开“Windows 资源管理器”。

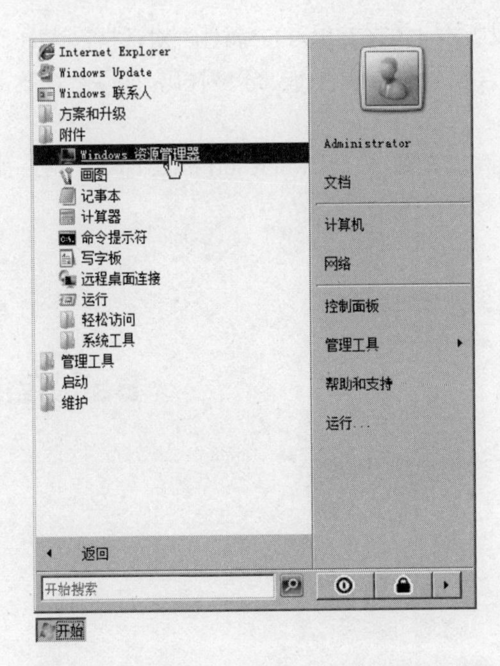

图 10-194　选择“Windows 资源管理器”命令

（2）选择要共享的文件夹并右击，在弹出的快捷菜单中选择“共享”命令，如图 10-195 所示。

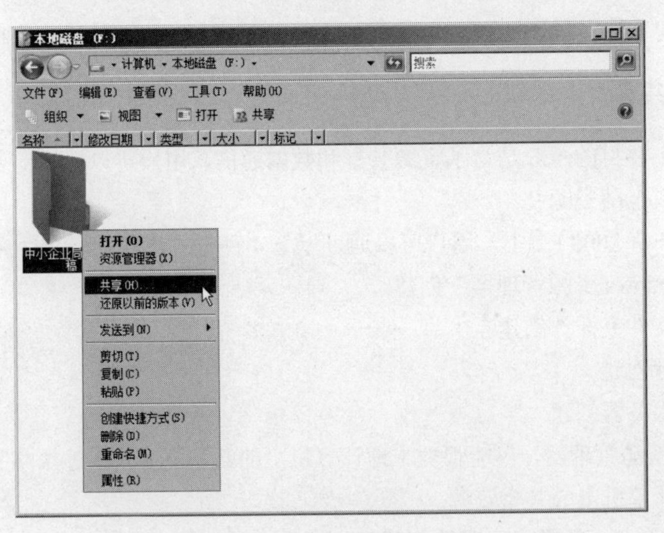

图 10-195　选择“共享”命令

（3）打开“文件夹共享”对话框，在文本框中选择要与其共享的用户，单击“添加”按钮，将其添加到用户列表中，然后单击“共享”按钮，如图 10-196 所示。

（4）在弹出的如图 10-197 所示的对话框中，显示文件夹已共享，然后单击“完成”按钮即可。

注意：读者、参与者和共有者，相当于读取、更改和完全控制权限。选择“删除”选项则可删除用户账户。

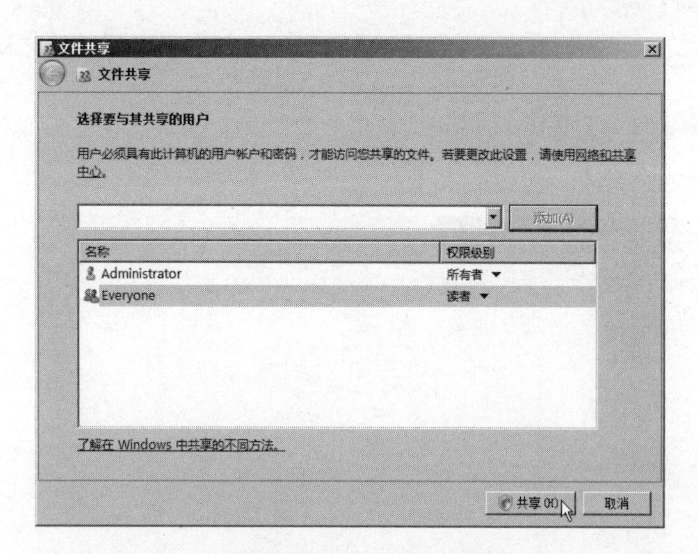

图 10-196　单击“共享”按钮

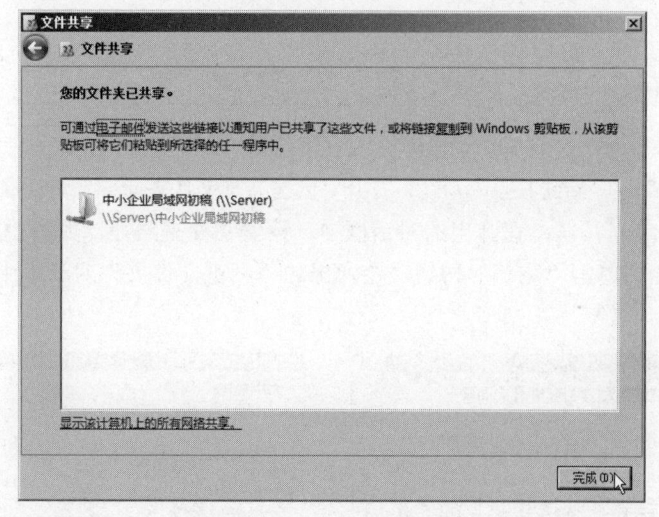

图 10-197　显示文件夹已共享

提示：有时出于安全考虑，有必要将一些重要的共享文件夹隐藏起来。要想使共享文件夹具有隐藏性，其设置非常简单：在共享名中填入共享文件夹的名称，然后在后面加上美元符“$”，例如“共享文件$”即可。如果别人要访问隐藏的共享的文件，必须在地址栏中输入“\\计算机名称（或者是 IP 地址）\共享文件$”，按 Enter 键，才能访问用户的文件夹。

下面以无共享标志共享 D 盘为例介绍去掉共享标志的方法：首先利用隐藏共享文件夹的方法设置 D 盘为隐藏共享，然后打开注册表编辑器，依次打开“HKEY_LOCAL_MACHINE\SoftWare\Microsoft\Windows\CurrentVersion\ Network\LanMan\d$”（也可以利用注册表的查找功能直接查找主键“d$”）。将 DWORD 值 Flags 的键值由“192”改为“302”，重新启动 Windows 就能生效。如果要访问，只要在地址栏中输入“\\计算机名\d$”，就可以看到 D 盘共享的内容了。

2. 通过共享文件夹向导创建

通过“共享文件夹向导”创建共享文件夹是在“计算机管理”窗口中进行的，操作步骤如下：

（1）单击“开始”→“所有程序”→“管理工具”→“计算机管理”命令，打开“计算机管理”窗口。

（2）在该窗口中的控制目录树中，选择“系统工具”中的“共享文件夹”，单击“共享”子节点，在窗口右边空白区内打开该系统中的共享内容，如图 10-198 所示。

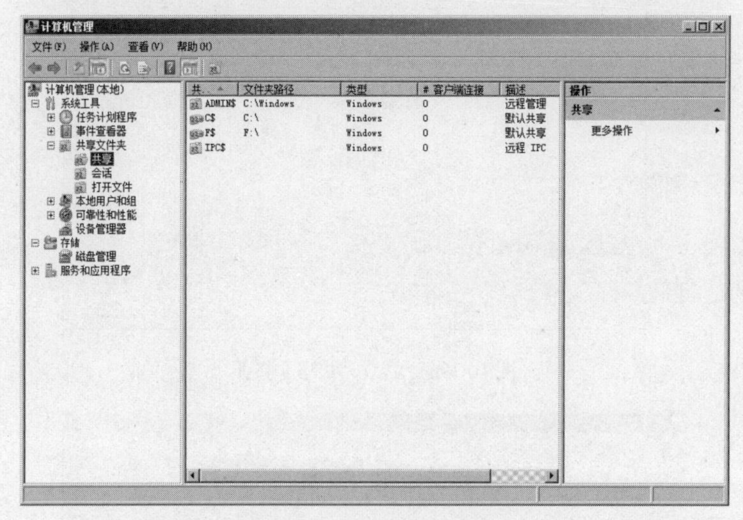

图 10-198 “计算机管理”窗口

（3）单击“操作”→“新建共享”命令，打开“创建共享文件夹向导”对话框，如图 10-199 所示。

（4）单击“下一步”按钮，在弹出的对话框中，设置文件夹路径，如图 10-200 所示。如果不确定文件夹的位置，则单击“浏览”按钮，在弹出的“浏览文件夹”对话框中，选择要共享的文件夹。

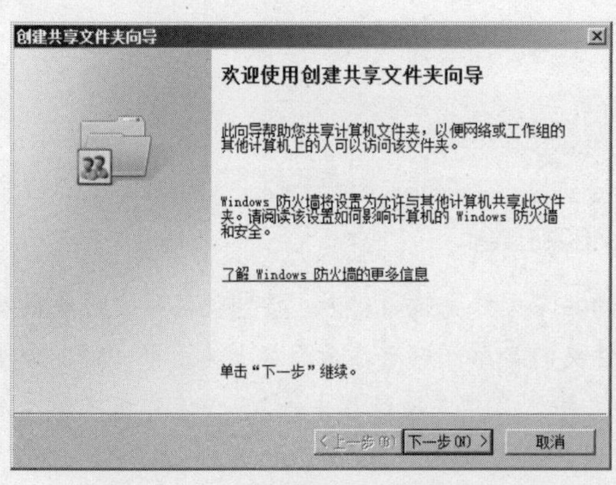

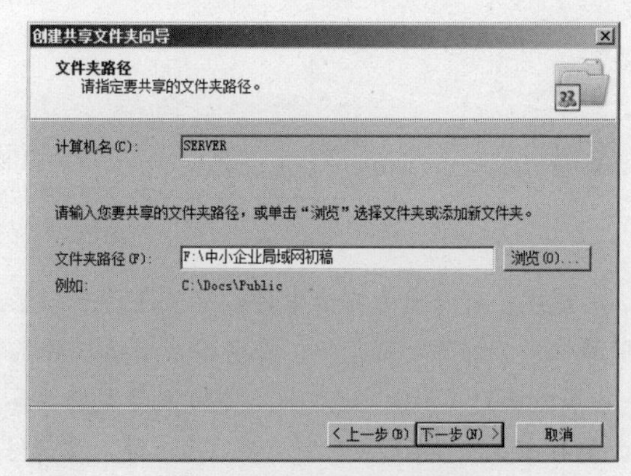

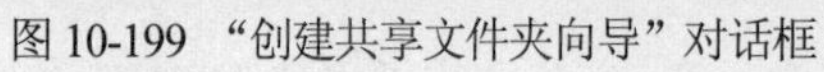
图 10-199 “创建共享文件夹向导”对话框

图 10-200 设置文件夹路径

（5）单击“下一步”按钮，在弹出的对话框中，设置共享名和描述信息，如图 10-201 所示。

（6）单击“下一步”按钮，在弹出的对话框中，设置共享文件夹权限，如图 10-202 所示。

（7）单击“完成”按钮，在弹出的对话框，提示用户创建共享文件夹成功，单击“关闭”按钮即可完成创建共享文件夹的操作。

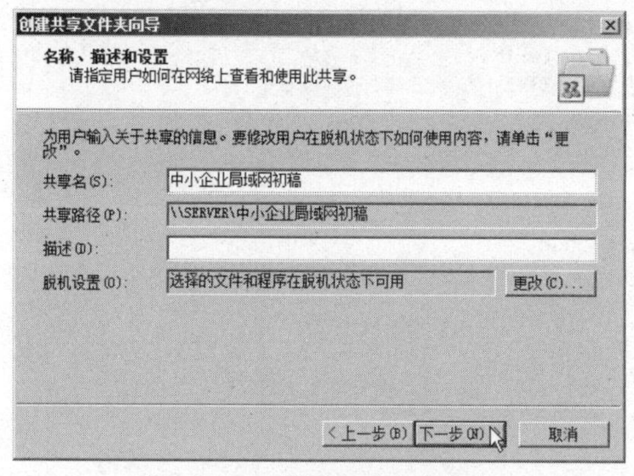

图 10-201　设置文件夹共享名

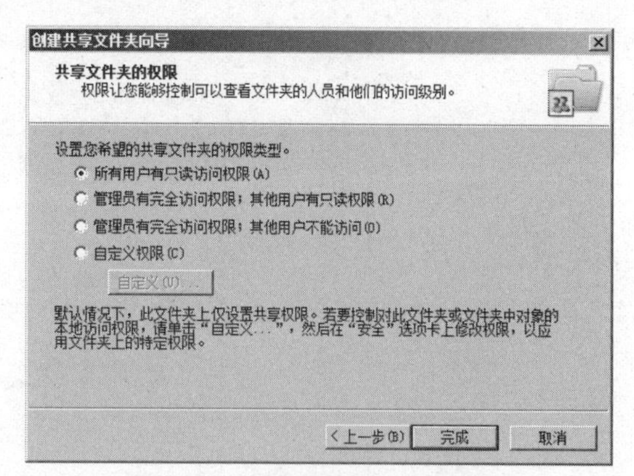

图 10-202　设置共享文件夹权限

3. 通过命令行创建共享文件夹

在 Windows Server 2008 R2 中，也可以在命令提示符下使用 NET 命令来创建共享文件夹。

操作步骤如下：

（1）单击“开始”→“所有程序”→“附件”→“命令行提示符”命令，打开“命令行提示符”窗口。

（2）在命令行提示符下，输入格式为“net share 共享名=驱动器名：路径”，如 net share xisha=f:\xisha，如图 10-203 所示。按 Enter 键就可以将要共享的文件夹共享出去。如果只输入“net share”命令，系统将显示所有的共享资源，如图 10-204 所示。

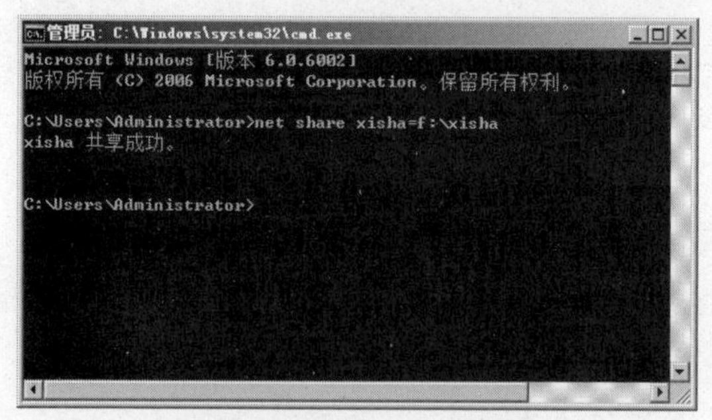

图 10-203　设置文件夹共享

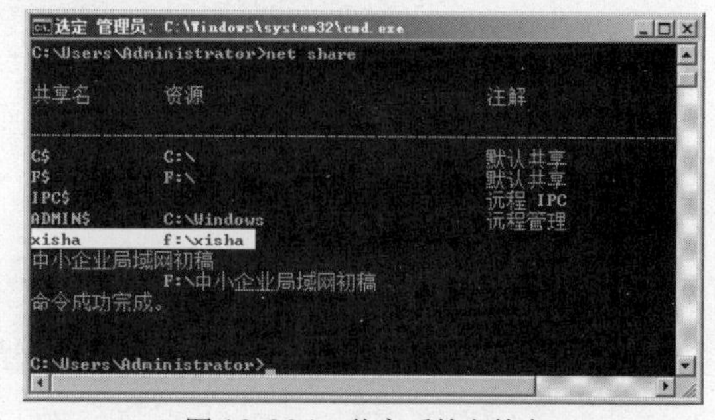

图 10-204　共享后的文件夹

提示：在 Windows Server 2008 R2 中，默认情况下是没有安装文件服务的，需要手动进行安装。为了方便管理，充分发挥文件服务器的功能，通常应先将文件服务器加入域。

4. 通过文件服务器创建共享文件夹

在 Windows Server 2008 R2 中，也可以在通过文件服务器来创建共享文件夹。

具体操作步骤如下：

（1）在“服务器管理器”窗口中，单击“添加角色”超链接，如图 10-205 所示。

（2）在弹出的“添加角色向导”对话框中，单击“下一步”按钮，打开“选择服务器角色”对话框，选中“文件服务”复选框，如图 10-206 所示。

（3）单击“下一步”按钮，在弹出的“选择角色服务”对话框中，选择所要安装的服务组件，接下来连续单击“下一步”按钮，即可安装文件服务器。

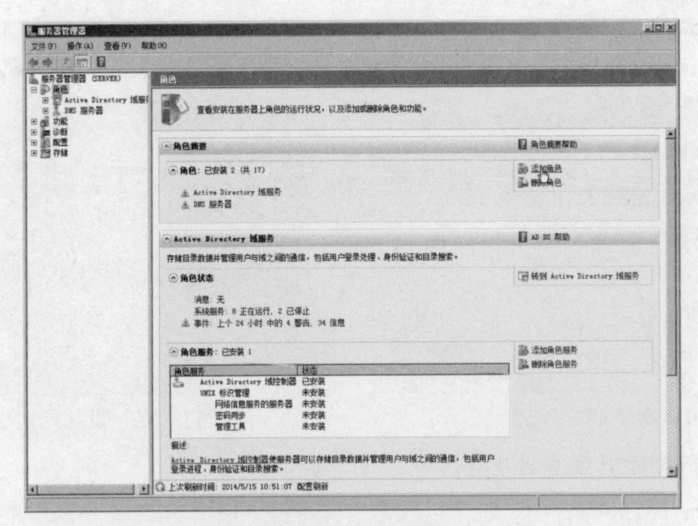

图 10-205 单击“添加角色”超链接

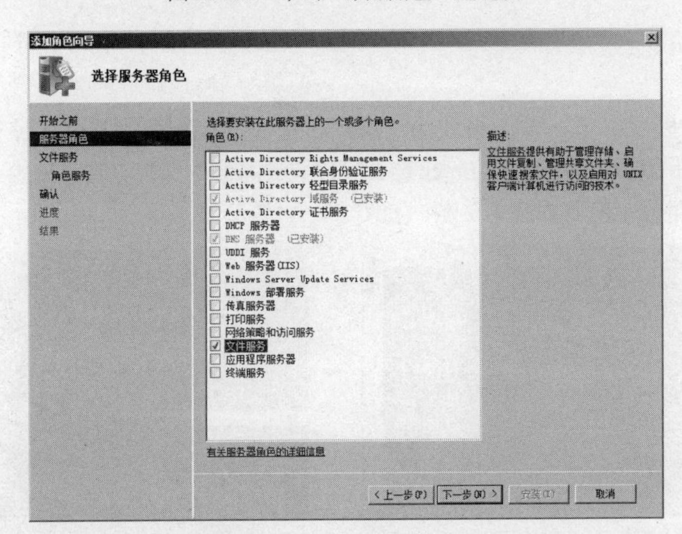

图 10-206 选中“文件服务”复选框

提示：即使不安装文件服务器，当用户在 Windows Server 2008 R2 中设置文件共享以后，系统也会自动安装“文件服务器”，但不会安装其他相关组件。

10.6.5 打印机共享

打印机共享是局域网提供的基本服务之一，网络中拥有本地打印机的用户可按要求提供不同位置的共享打印机。如果有专门的打印服务器，那么所有打印任务可以集中在打印服务器上进行打印和管理，这样既可以节约购买打印机的费用，也可以有效地控制打印成本，可谓一举两得。

1. 将客户端打印机设置为共享

如果网络中的某台计算连接有打印机，也可以将该打印机共享，供网络中的其他打印机使用。在 Windows 7 系统中将打印机共享和安装共享打印机为例，说明设置打印机共享和安装共享打印机的方法。

【实验 10-18】将客户端打印机设置为共享

具体操作步骤如下：

（1）在“设备和打印机”窗口中，选择打印机图标并右击，在弹出的快捷菜单中选择“打印机属性”命令。

（2）在弹出的打印机属性对话框的“共享”选项卡中，选中“共享这台打印机”单选按钮，然后在“共享名”文本框中输入打印机共享名称，如图 10-207 所示。

（3）单击“确定”按钮，打印机图标上出现了一个双人图标，说明这台打印机已经被设置为共享，如图 10-208 所示。

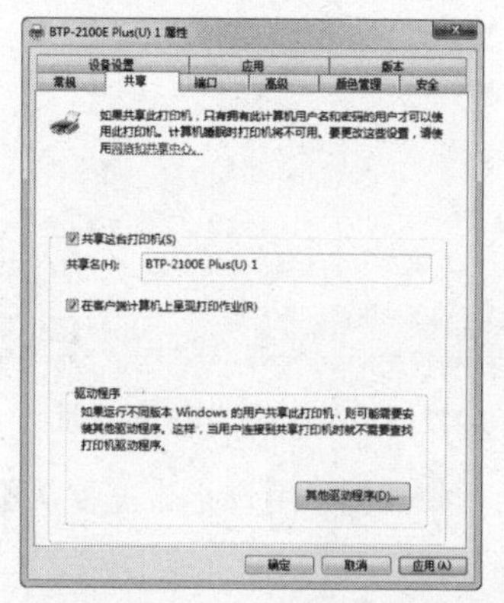

图 10-207　输入打印机共享名称

图 10-208　共享后的打印机

2. 客户端安装共享打印机

在客户端计算机上，用户也可以手动安装网络打印机。不同操作系统中添加网络打印机的方式略有不同，这里以在 Windows 7 为例说明客户端计算机安装共享打印机的方法。

【实验 10-19】在客户端手动安装网络打印机

具体操作步骤如下：

（1）在“设备和打印机”窗口中，单击“添加打印机”按钮，如图 10-209 所示。

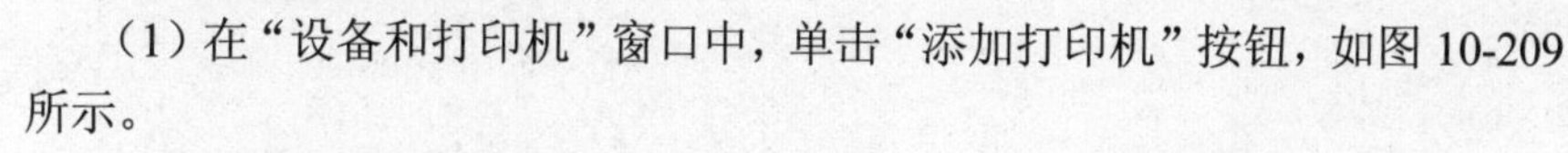

（2）在弹出的“添加打印机”对话框中，单击“添加网络、无线或 Bluetooth 打印机”选项，如图 10-210 所示。

图 10-209　单击“添加打印机”按钮

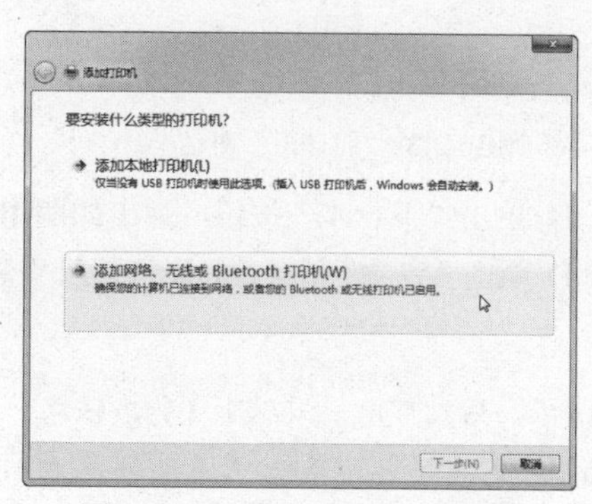

图 10-210　“添加打印机”对话框

（3）系统开始搜索局域网中的共享打印机，如果没有搜索到，则可以单击“我需要的打印机不在列表中”按钮，如图 10-211 所示。

（4）在弹出的“按名称或 TCP/IP 地址查找打印机”对话框中，选中“按名称选择共享打印机”单选按钮，并输入网络打印机的地址，如图 10-212 所示。

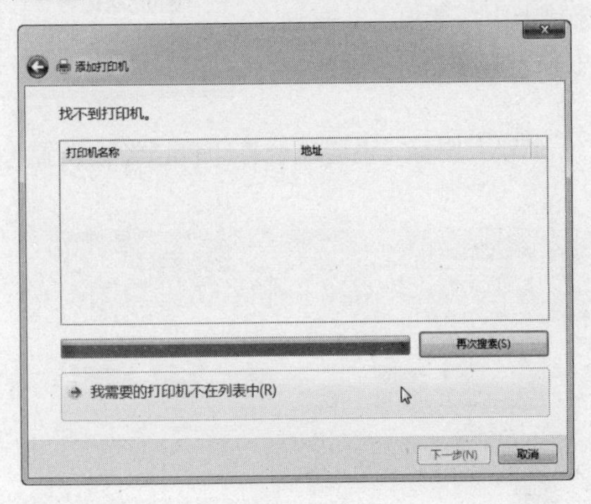

图 10-211　单击“我需要的打印机不在列表中”按钮

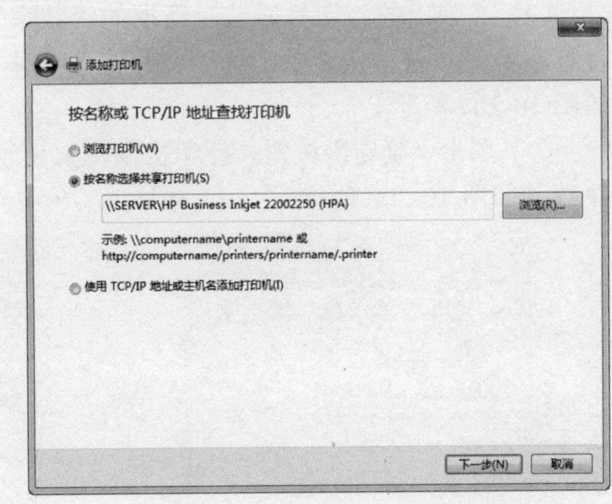

图 10-212　输入网络打印机的地址

（5）单击“下一步”按钮，在弹出的如图 10-213 所示的对话框中，提示用户是否需要从服务器上下载打印机驱动程序并安装。

（6）单击“安装驱动程序”按钮后，弹出如图 10-214 所示的对话框，提示用户输入打印机名称。

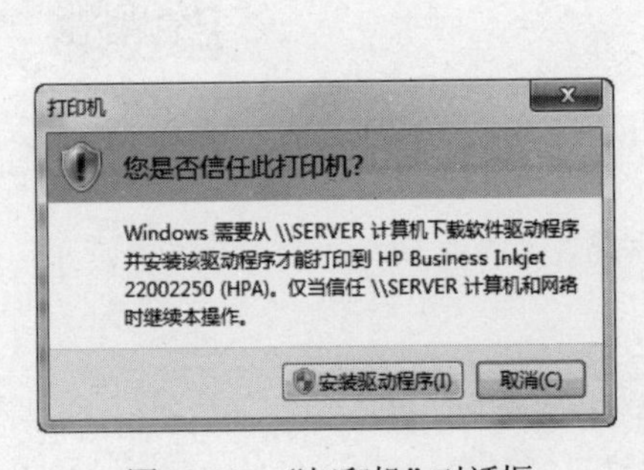

图 10-213　“打印机”对话框

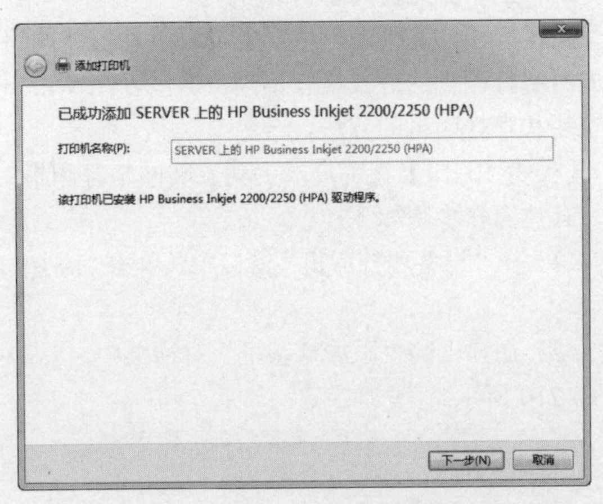

图 10-214　提示用户输入打印机名称

（7）单击“下一步”按钮，弹出如图 10-215 所示的对话框，提示用户已成功添加网络打印机。

（8）单击“完成”按钮，共享打印机安装成功，并显示在“设备和打印机”窗口中，如图 10-216 所示。

提示：用户可以采用以下 3 种方法之一连接到所选的打印机：浏览打印机、输入打印机名称或者通过浏览找到它。单击“连接到这台打印机”单选按钮，使用如下格式输入打印机名称：\\server\printer。单击“连接到 Internet、家庭或办公网络上的打印机”按钮，使用如下格式输入打印机的 URL：http://server/printers/myprinter/.printer。

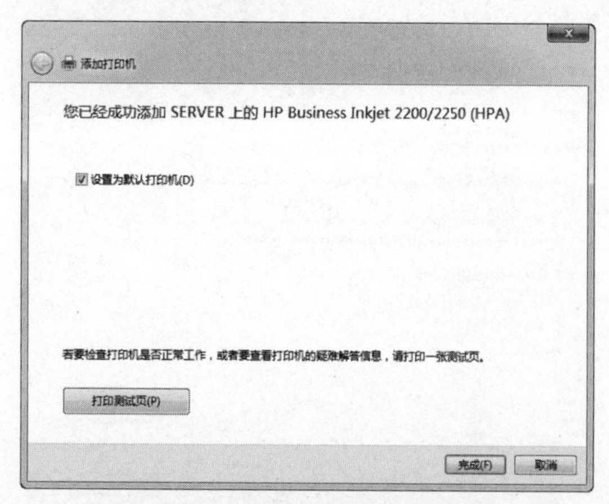

图 10-215　提示用户已成功添加网络打印机

图 10-216　共享打印机安装

3. 安装 Web 共享打印机

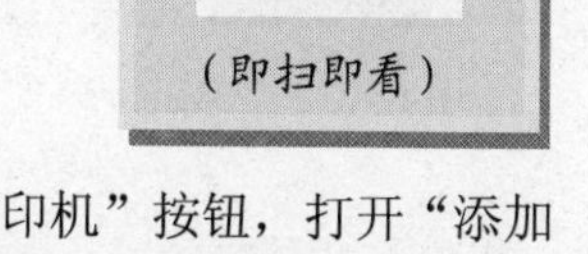

（即扫即看）

如果打印服务器上安装了“Internet 打印”功能，用户就可以借助“添加打印机”向导或者 Web 浏览器，通过 Internet 远程连接到打印服务器并使用网络打印机打印。

【实验 10-20】安装 Web 共享打印机

具体操作步骤如下：

（1）在 Windows 7 系统中，单击“设备和打印机”窗口中的“添加打印机”按钮，打开“添加打印机”对话框，单击“添加网络、无线或 Bluetooth 打印机”选项。

（2）在弹出的对话框中，单击“我需要的打印机不在列表中”按钮，打开“按名称或 TCP/IP 地址查找打印机”对话框，选中“按名称选择共享打印机”单选按钮，输入 Web 共享打印机路径，格式为：“http://打印服务器的 IP 地址”或“DNS 名称/Printers/打印机共享名/.Printer”，如图 10-217 所示。

（3）单击“下一步”按钮，按照向导提示即可成功添加该打印机。

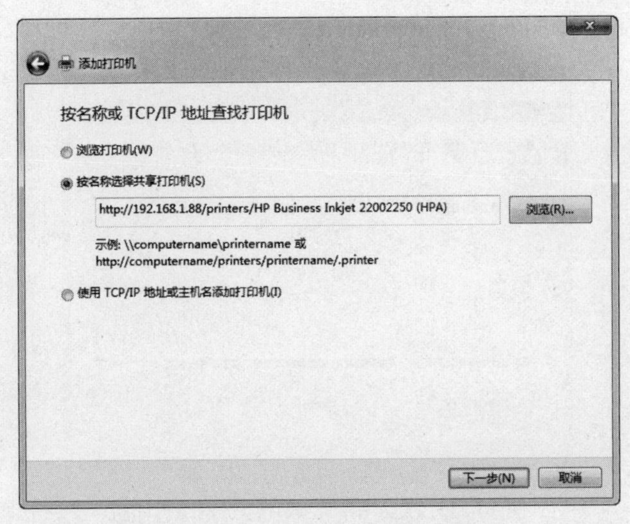

图 10-217　输入 Web 共享打印机路径

（4）如果在 Web 浏览器中添加，则可以打开 IE 浏览器，在地址栏中输入打印服务器的 Web 地址，格式为“http://打印服务器的 IP 地址”或“DNS 名称/Printers”，按 Enter 键，弹出如图 10-218 所示的对话框。

（5）输入具有访问权限的用户名和密码，单击“确定”按钮，连接到打印服务器，显示该打印服务器上连接的所有打印机，如图 10-219 所示。

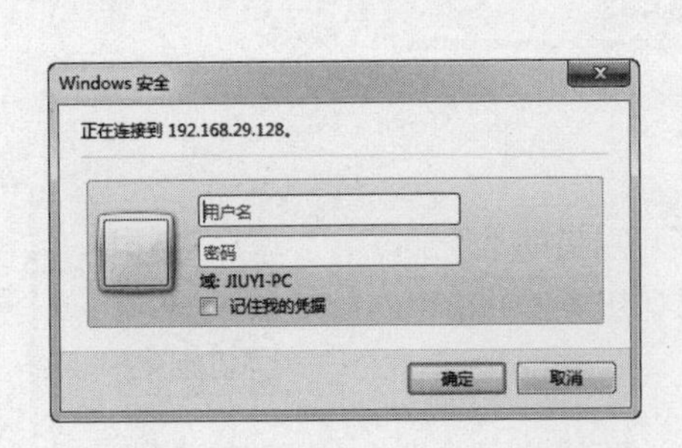

图 10-218 “Windows 安全”对话框

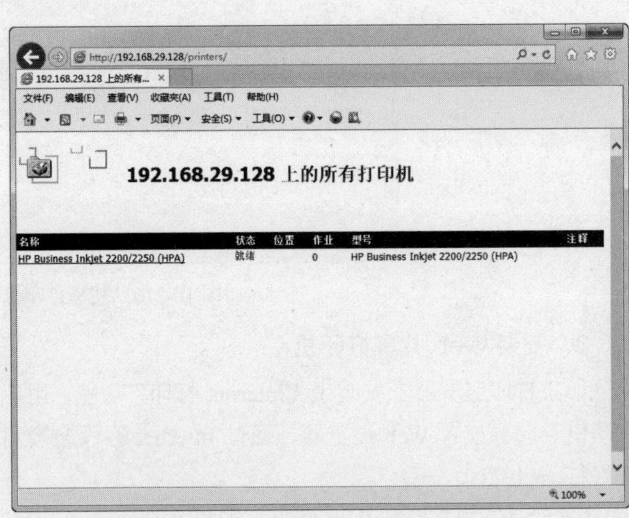

图 10-219　显示服务器上的所有打印机

第11章　无线局域网规划与组建

无线局域网（Wireless Local Area Networks，简称WLAN）是指利用射频（Radio Frequency，简称RF）技术，以无线电波、激光、红外线等无线媒介，取代有线局域网中的部分或全部传输媒介而构成的网络。

无线局域网技术应用范围十分广泛，包括从允许用户建立全球语音和数据远距离无线连接，到建立红外线和无线电频率技术的近距离无线连接。与有线局域网相比较，无线局域网更灵活、更方便、适应性更强、操作也更简单，让人能够真正体会到网络无处不在的奇妙感觉。

11.1　无线局域网典型连接方案

根据无线局域网的特点及用户需求，无线局域网连接主要有对等无线局域网、独立无线局域网、无线局域网接入以太网、无线漫游和局域网连接等方案。

11.1.1　对等无线局域网方案

对等无线局域网方案只使用无线网卡。对等工作组是一组无线客户机工作站设备，它们之间可以直接通信，无须基站或网络基础架构干预。由于无线局域网无须使用集线设备。因此，仅仅在每台计算机上插接无线网卡，即可实现计算机之间的连接。构建最简单的无线局域网，如图11-1所示。其中一台计算机可以兼作文件服务器、打印服务器和代理服务器，并通过Modem接入Internet。这样只需使用诸如Windows 7/8/10等操作系统，就可以在服务器的覆盖范围内，不用使用任何电缆，在计算机之间共享资源和Internet连接了。

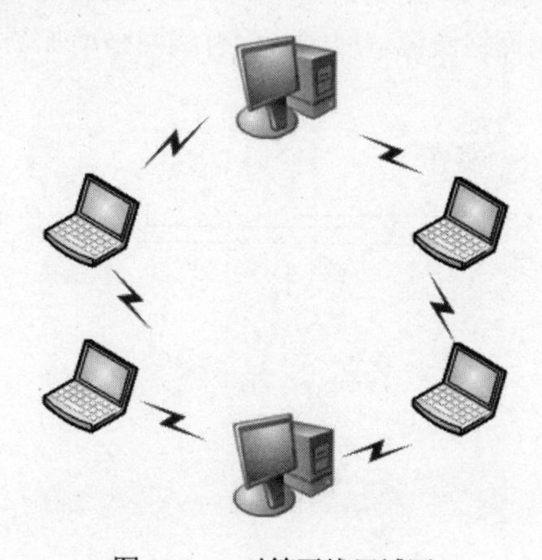

图11-1　对等无线局域网

11.1.2　独立无线局域网方案

独立无线局域网是指无线局域网内的计算机之间构成一个独立的网络，无法实现与其他无线局域网和以太网络的连接，如图 11-2 所示。

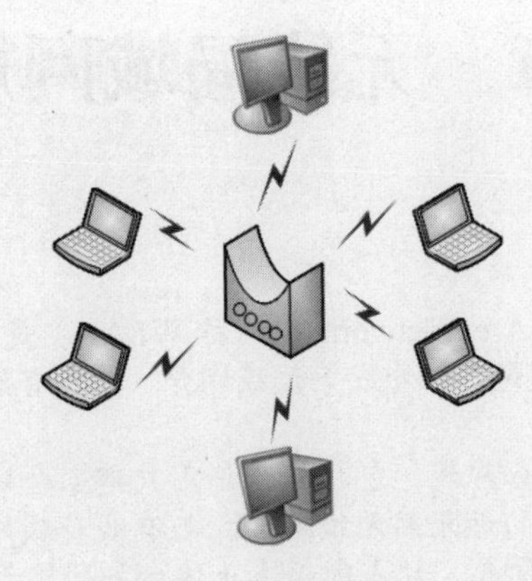

图 11-2 独立无线局域网

独立无线局域网方案与对等无线局域网非常相似，所有的计算机中都安装一块网卡。所不同的是，独立无线局域网方案中加入了一个无线接入点（AP，Access Point）。无线访问点类似于以太网中的集线器，可以对网络信号进行放大处理，一个工作站到另一个工作站的信号都可以经由该 AP 放大并进行中继。因此，拥有 AP 的独立无线局域网的网络直径将是无线局域网有效传输距离的一倍，在室内通常为 60m 左右。

注意：该方案仍然属于共享式接入，也就是说，虽然传输距离比对等无线局域网增加一倍，但所有计算机之间的通信仍然共享无线局域网带宽。由于带宽有限，因此，该无线局域网方案仍然只能适用于小型网络。

11.1.3 无线局域网接入以太网

当无线局域网用户足够多时，应当在有线网络中接入一个无线接入点，从而将无线局域网连接至有线网络主干。无线接入点在无线工作站和有线主干之间起网桥的作用，实现了无线与有线的无缝集成，既允许无线工作站访问网络资源，同时又为有线网络增加了可用资源，如图 11-3 所示。

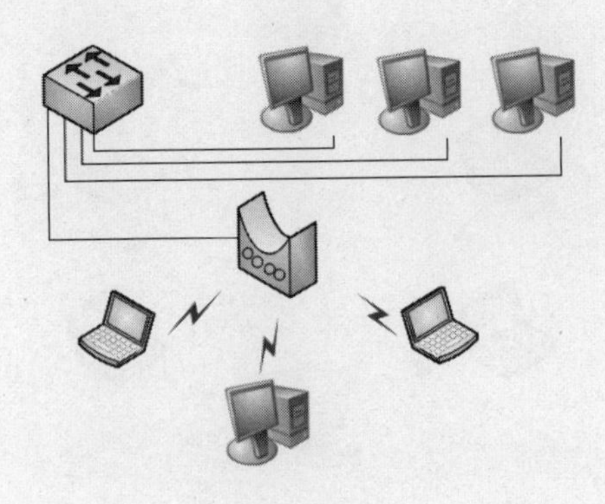

图 11-3 无线局域网接入以太网

该方案适用于将大量的移动用户连接至有线网络，从而以低廉的价格实现网络直径的迅速扩展，或为移动用户提供更灵活的接入方式，也适合在原有局域网上增加相应的无线局域网设备。

11.1.4　无线漫游方案

要扩大总的无线覆盖区域，可以建立包含多个基站设备的无线局域网。要建立多单元网络，基站设备必须通过有线基站连接。

基站设备可以在网络范围内各个位置之间漫游的移动式客户机工作站设备服务。多基站配置中的漫游无线工作站具有以下功能：

（1）在需要时自动在基站设备之间切换，从而保持与网络的无线连接。

（2）只要在网络中的基站设备的无线范围内，就可以与基础架构进行通信。

（3）要增大无线局域网的带宽，可以将基站设备配置为使用其他子频道（受当地的无线电规定约束）。多基站网络中的任何无线客户机工作站漫游都将根据需要自动更改使用的无线电频率。

在网络跨度很大的大型企业中，某些员工可能需要完全的移动能力，此时，可以在网络中设置多个 AP，使装备有无线网卡的移动终端实现如手机般的漫游功能，如图 11-4 所示。使用无线漫游方案，移动办公的员工可以自由地在公司设施内（可以是建筑群）活动，并完全能够稳定地保持与网络的连接，随时访问他们需要的网络资源。

当员工在设施内移动时，虽然在移动设备和网络资源之间传输的数据的路径是变化的，但他却感觉不到这一点，这就是所谓的无缝漫游，在移动的同时保持连接。原因很简单，AP 除了具有网桥功能外，还具有传递功能。这种传递功能可以将移动的工作站从一个 AP“传递”给下一个 AP，以保证在移动工作站和有线主干之间总能保持稳定的连接，从而实现漫游功能，如图 11-5 所示。需要注意的是，实现漫游所使用的 AP，是通过有线网络连接起来的。

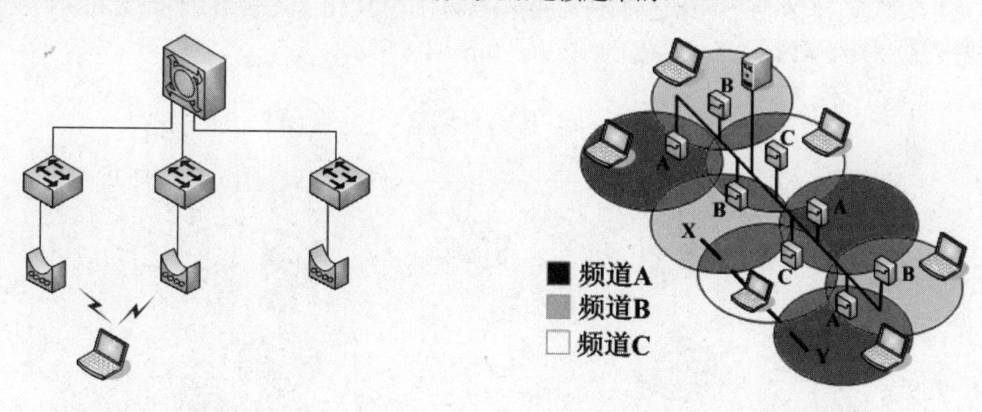

图 11-4　无线漫游方案 A　　　图 11-5　无线漫游方案 B

11.1.5　局域网连接方案

局域网连接方案是包括点对点连接方案、点对多点连接方案、无线接力方案等，下面分别介绍这几种方案。

1. 点对点连接方案

当两个局域网之间采用光纤或双绞线等有线方式难以连接时，可采用点对点的无线连接方式。只需在每个网段中都安装一个 AP，即可实现网段之间点到点连接，也可以实现有线主干的扩展，如图 11-6 所示。

在点对点连接方式中，一个 AP 设置为 Master（主节点），一个 AP 设置为 Slave（从节点）。在点对点连接方式中，无线天线最好全部采用定向天线。

2．点对多点连接方案

当三个或三个以上的局域网之间采用光纤或双绞线等有线方式难以连接时，可采用点对多点的无线连接方式。同样只需在每个网段中都安装一个 AP，即可实现网段之间点到点连接，也可以实现有线主干的扩展，如图 11-7 所示。

在点对多点连接方式中，一个 AP 设置为 Master（主节点），其他 AP 则设置为 Slave（从节点）。在点对多点连接方式中，主节点必须采用全向天线，从节点则最好采用定向天线。

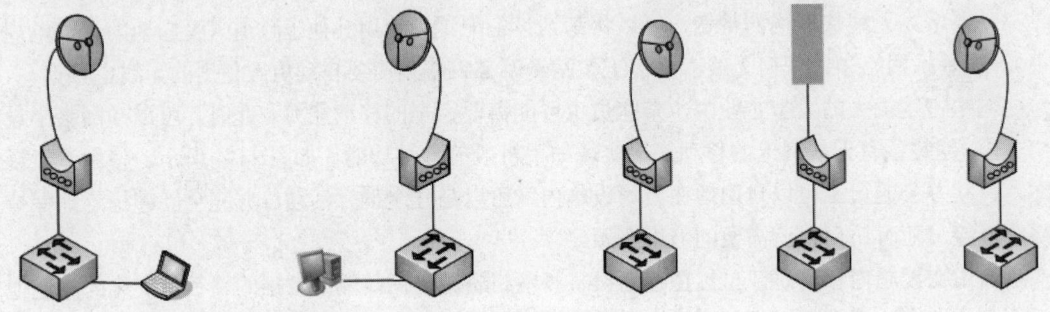

图 11-6　点对点连接方案　　图 11-7　点对多点连接方案

3．无线接力方案

当两个局域网络间的距离已经超过无线局域网产品所允许的最大传输距离时，或者两个网络间的距离并不遥远，但在两个网络之间有较高的阻挡物时，可以在两个网络之间或者在阻挡物上架设一个户外无线天线 AP，实现传输信号的接力，如图 11-8 所示。

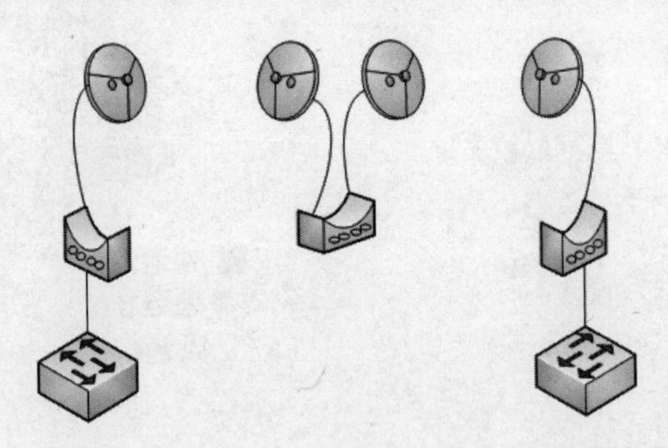

图 11-8　无线接力方案

11.2　无线局域网拓扑结构和组网硬件设备

前面介绍了无线局域网连接方案，本节主要介绍无线局域网的拓扑结构以及组网硬件设备，通过了解无线局域网的拓扑结构和组网硬件设备，在以后的设计组网方案时，才能做到有的放矢。

11.2.1　无线局域网拓扑结构

无线局域网的拓扑结构可分为两类：无中心拓扑（对等式拓扑）和有中心拓扑结构。无中心拓扑的网络要求网中任意两点均可直接通信；有中心拓扑结构则要求一个无线站点充当中心站，所有站点对网络的访问均由该中心站控制。

对于不同局域网的应用环境与需求，无线局域网可采取网桥连接型、基站接入型、集线器接入型、无中心结构等不同的网络结构来实现互联。

1. 网桥连接型

不同的局域网之间互联时，由于物理上的原因，如果采取有线方式不方便，则可采用无线网桥方式实现两者的点对点连接。无线网桥不仅提供两者之间的物理与数据链路层的连接，还为两个网络的用户提供较高层的路由与协议转换，如图 11-9 所示。

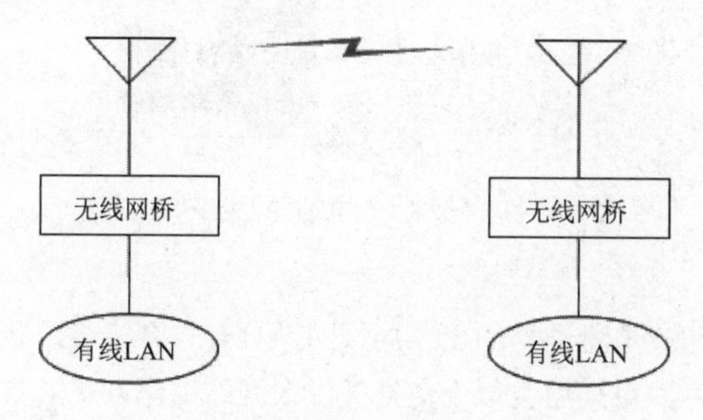

图 11-9　网桥连接型

利用一对无线网桥连接两个有线或无线局域网网段，实现两个局域网之间资源的共享。如使用放大器和定向天线可以覆盖距离增大到 50km，图 11-10 为采用网桥连接的远程监控无线网络。

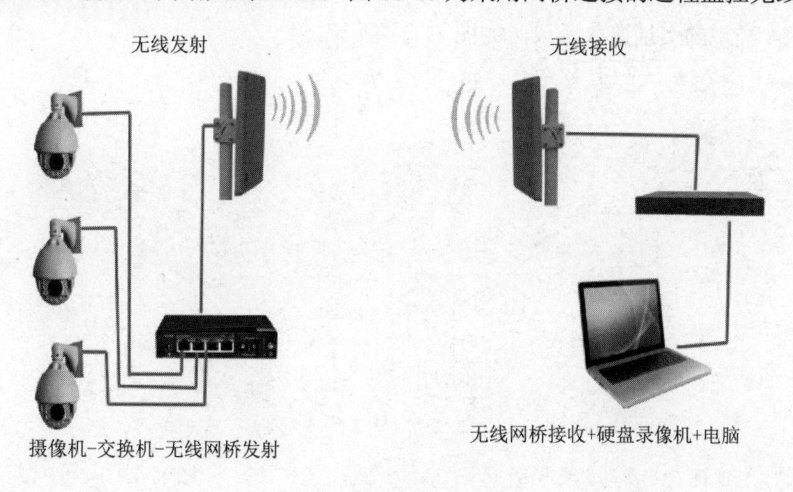

图 11-10　远程无线网络监控

2. 基站接入型

当采用移动蜂窝通信网接入方式组建无线局域网时，各站点之间的通信是通过基站接入、数据交换方式来实现互联的。各移动站不仅可以通过交换中心自行组网，还可以通过广域网与远地站点组建自己的工作网络。基站接入型一般用于室外无线网络，图 11-11 所示为某公园基站接入型远程无线网络监控。

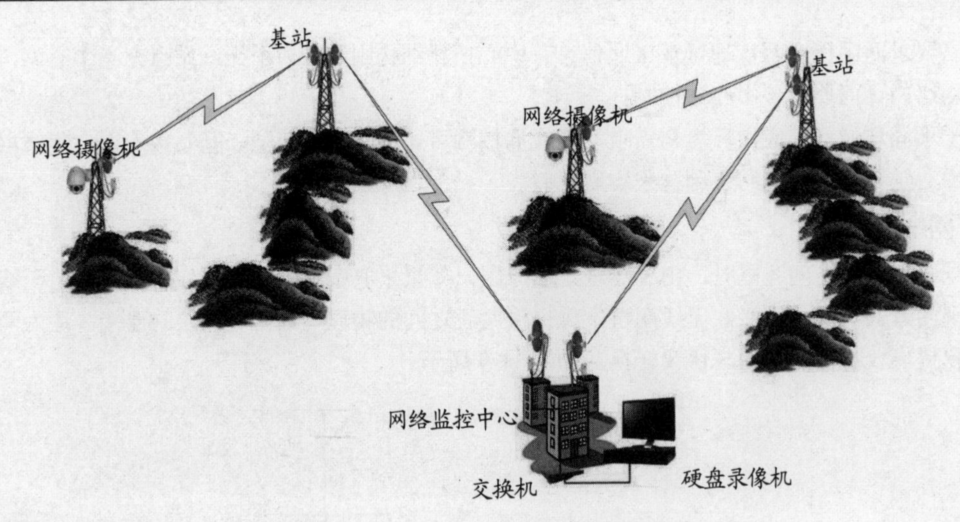

图 11-11　基站接入型远程无线网络监控

3. 集线器接入型

利用无线集线器可以组建星型结构的无线局域网，具有与有线集线器组网方式类似的优点。在该结构基础上的无线局域网，可采用类似于交换型以太网的工作方式，要求集线器具有简单的网内交换功能，如图 11-12 所示

4. 无中心结构

要求网络中任意两个站点均可直接通信。此结构的无线局域网一般使用公用广播信道，MAC 层采用 CSMA 类型的多址接入协议，如图 11-13 所示。

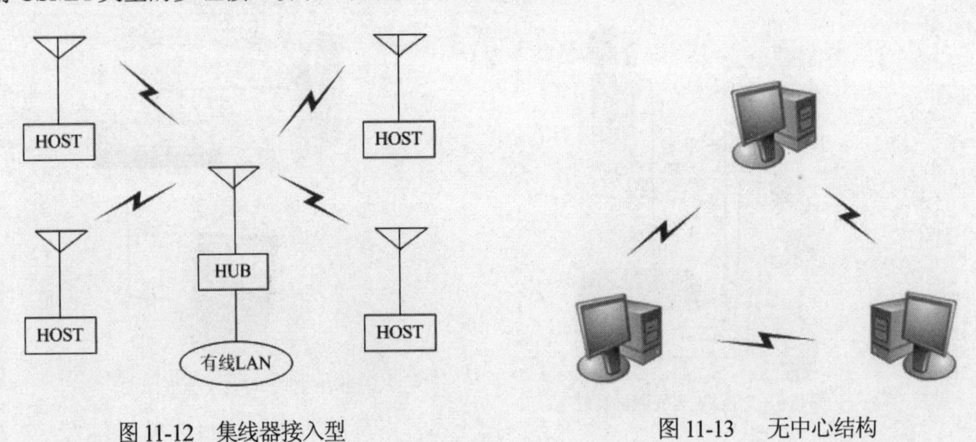

图 11-12　集线器接入型　　　　图 11-13　无中心结构

11.2.2　组网硬件设备

目前市面上无线局域网的相关产品很多，如无线网卡、无线访问接入点、无线路由器等。

1. 无线网卡

无线网卡根据接口类型的不同，主要分为 PCI 无线网卡和 USB 无线网卡等两种类型。图 11-14 所示为 USB 无线网卡。

2. 无线访问接入点

无线访问接入点，也称为无线网关或无线 AP（Access Point），其作用类似于以太网中的集线器，无线访问接入点又分为桌面式、吸顶式、面板式、室外式几种类型，图 11-15 所示为室外式无线访问接入点。当网络中增加一个无线 AP 之后，即可成倍地扩展网络覆盖直径。另外，也可使网络中容纳更多的网络设备。

图 11-14　USB 无线网卡

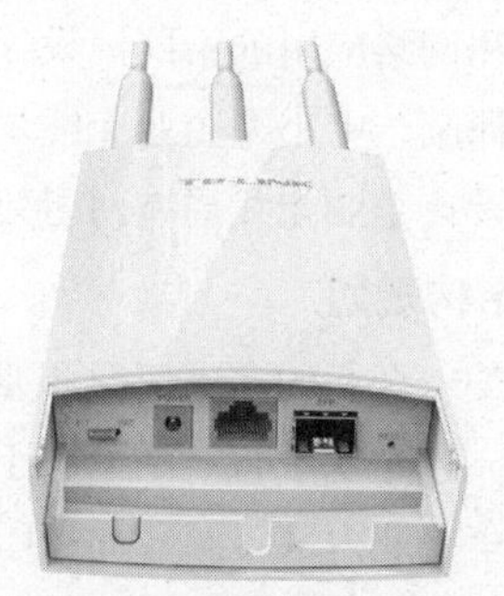

图 11-15　无线访问接入点

3. 天线

当计算机与无线访问接入点或其他计算机相距较远时，随着信号的减弱，传输速率会明显下降，或者根本无法实现与无线访问接入点或其他计算机之间通信。此时，就必须借助无线天线对所接收或发送的信号进行增益。

无线天线有多种类型，常见的有两种，一种是室内天线，另一种是室外天线。室外天线的类型比较多，一种是锅状的定向天线，如图 11-16 所示，另一种是棒状的全向天线。

4. 无线路由器

无线路由器属于一种典型的网络层设备，如图 11-17 所示，是两个局域网之间按帧传输数据的中介系统，负责完成网络层中继或第三层中继的任务。近年来为了提高通信能力和效率，不少无线路由器还整合了交换机、防火墙等功能。

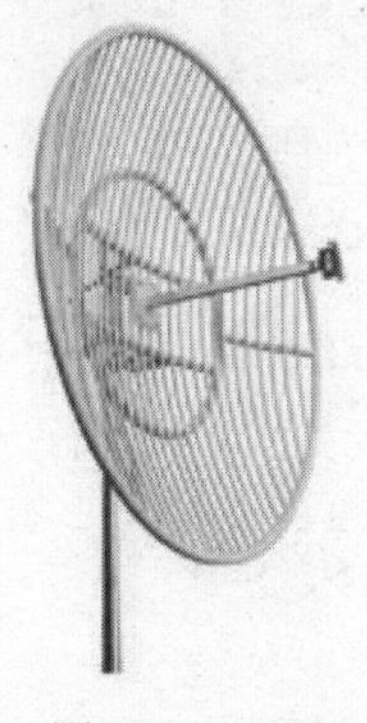

图 11-16　天线

图 11-17　无线路由器

11.3　无线局域网组建方案规划

根据不同的环境，其无线局域网组建方案不同，本节以规划企业无线局域网组建方案和家居无线局域网组建方案为例，介绍无线局域网组建的两种常用方案，即有线局域网与无线局域网相结合、独立无线局域网。

11.3.1 企业无线局域网组建方案设计

一个合理的组建方案能够使网络在今后的工作中发挥最大的利用价值。因此，用户应该根据企业规划的不同和网络应用的不同，设计其相应的组建方案。

下面以设计某一中小型企业无线局域网组建方案为例，通过介绍网络结构规划和硬件设备规划等内容来讲述设计企业无线局域网组建方案的操作。

1. 网络结构规划

根据下面某一企业的实际情况和要求，设计该企业无线局域网组建方案。

（1）背景：该企业中有一部分员工有固定的办公场所，使用双绞线将办公室内固定的计算机连接起来，并共享企业内部资源（如打印机等），同时采用宽带路由器来共享 Internet 连接。但是另一部分员工是销售人员，每个人都配置了笔记本电脑，经常出差，没有固定的办公场所。如果企业集中开会时，销售人员则共享企业内部资源。

（2）要求：在该企业中，既要满足销售人员的移动办公需求，同时又便于用户随时加入或离开企业网络。

按常规网络结构设计无法满足该企业的实际情况和要求。结合无线局域网网络结构的特点，采用有中心网络拓扑结构来设计组建方案，能够满足该企业的要求。

采用有中心网络拓扑结构来组建局域网，可以将大量的移动用户连接至现有的有线网络，从而为移动用户提供更为灵活的接入方式。该企业无线局域网组建方案如图 11-18 所示。

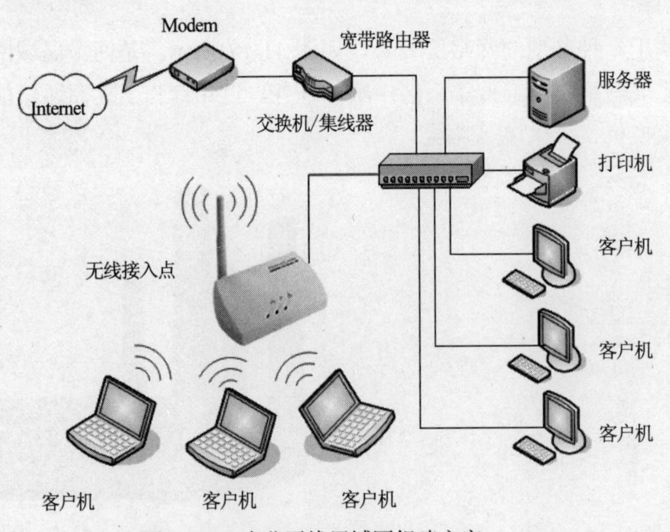

图 11-18　企业无线局域网组建方案

2. 硬件设备规划

根据该企业无线局域网组建方案，组建该企业无线局域网时，需要以下硬件设备：

（1）无线网卡：用于笔记本电脑和无线接入点的连接。

（2）无线接入点（Access Point，简称 AP）：其作用是提供无线和有线网络之间的桥接。任何一台装有无线网卡的计算机均可通过 AP 去分享有线局域网络甚至广域网络的资源。

（3）交换机或集线器：用于将有线网络和无线网络的连接。

（4）宽带路由器：用于企业无线局域网中 Internet 连接共享。

11.3.2　家居无线局域网组建方案设计

与传统的家居布线组建局域网相比，采用无线方式来组建家居无线局域网具有很多优点，如安装便捷、使用灵活、经济节约、易于扩展等。

下面以组建三室二厅二卫无线局域网为例，介绍设计家居无线局域网组建方案的方法。

1. 网络结构规划

根据家居的实际情况和要求，设计该家居无线局域网组建方案。

（1）背景：该家居有三室二厅二卫，空间比较大。另外，宽带入户线已经放置在信息接入箱中。

（2）要求：在家居中智能手机、平板电脑、笔记本电脑能随时随地接入互联网，并且互联网电视机能连接互联网。

根据以上要求，设计该家居无线局域网组建方案如图 11-19 所示。

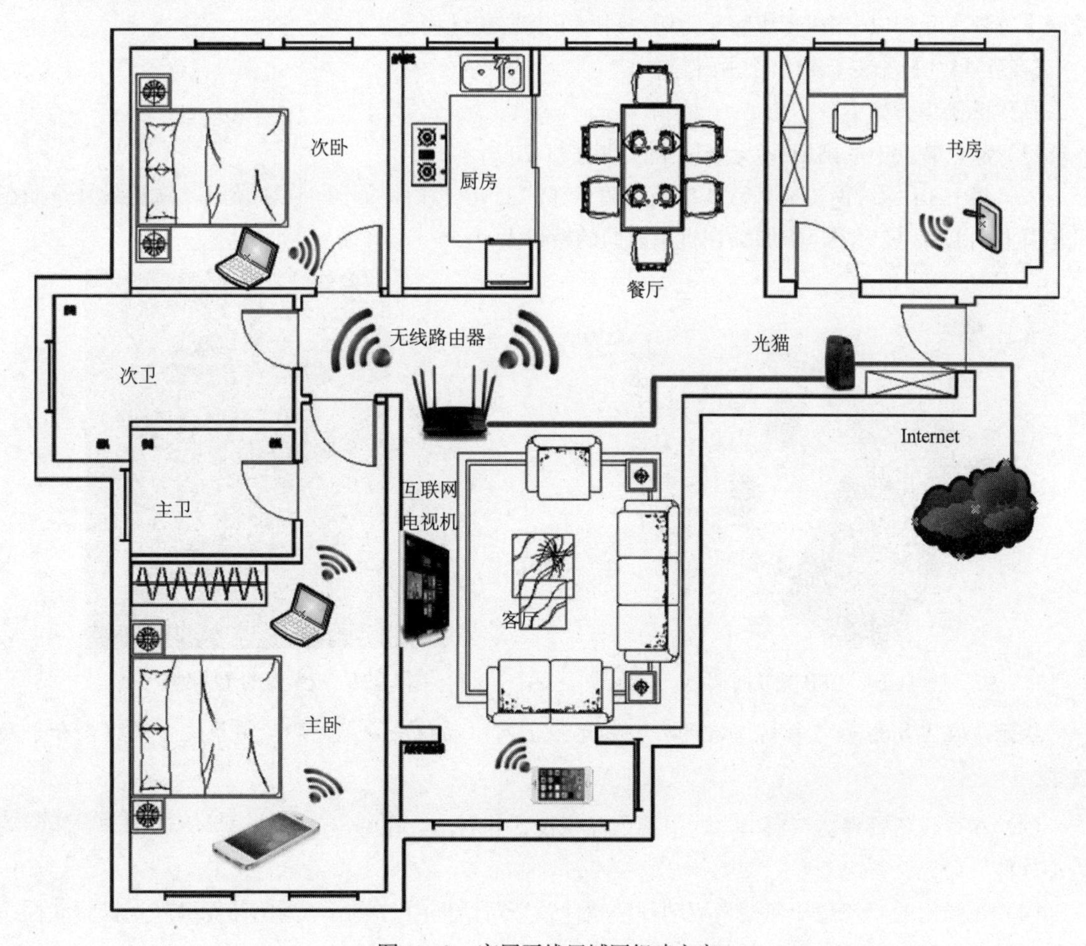

图 11-19　家居无线局域网组建方案

2．硬件设备规划

根据该家居无线局域网组建方案，组建该家居无线局域网时，需要以下硬件设备：

（1）无线网卡：用于笔记本电脑和无线接入点的连接。

（2）无线路由器：是扩展型无线 AP，是宽带路由器与无线 AP 的集合体。在小型无线局域网中，无线路由器通常用于接入 Internet 共享。

11.4　网络设备的连接

通过对现有网络资源的了解并分析用户对无线网络的需求，制定出合理的布线方案；接下来就是对布线方案进行实施的过程。相比有线网络的布线方案的实施不同，无线网络布线方案的实施主要是正确安装和调试网络设备，如安装和调试无线网卡、安装和调试无线路由器等。

11.4.1　连接无线网卡

根据无线网卡的类型不同，又分为安装 PCMCIA 无线网卡、安装 PCI 无线网卡和安装 USB 无线网卡三种，我们以 USB 无线网卡为例，讲一下其安装过程。

【实验 11-1】安装 USB 无线网卡

具体操作步骤如下：

（1）从包装盒中取出 USB 无线网卡，如图 11-20 所示。

（2）将 USB 无线网卡插入台式电脑机箱背部的 USB 接口，如图 11-21 所示，注意最好是插在机箱背面的 USB 接口上，不要插在机箱前面的接口上。

图 11-20　USB 无线网卡

图 11-21　安装好的无线网卡

提示：在 Windows 7 系统下有两种安装无线上网驱动程序方式，即使用系统自动搜索和手动安装。

（3）在“设备管理器”窗口，选中黄色标识设备并右击，在弹出的快捷菜单中选择“更新驱动程序软件”命令。

（4）在弹出的“您想如何搜索驱动程序软件？”对话框中，单击“浏览计算机以查找驱动程序软件（R）”按钮，如图 11-22 所示。

（5）在弹出的“浏览计算机上的驱动程序软件”对话框中，单击“浏览”按钮，如图 11-23

所示。

（6）在弹出的“浏览文件夹”对话框中，选择网卡驱动程序所在的文件夹，如图 11-24 所示，单击“确定”按钮。

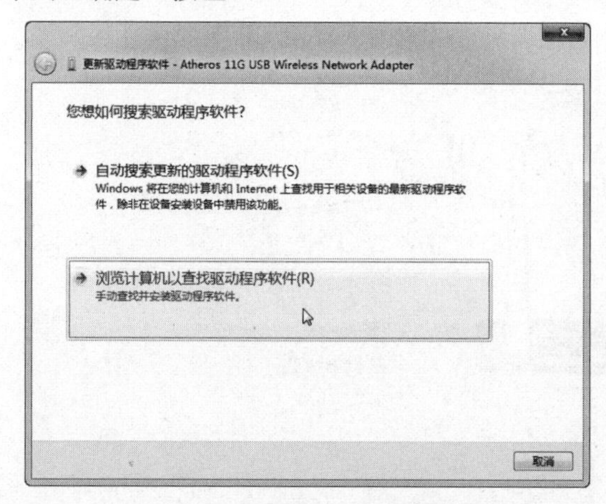

图 11-22　单击“浏览计算机以查找驱动程序软件”按钮

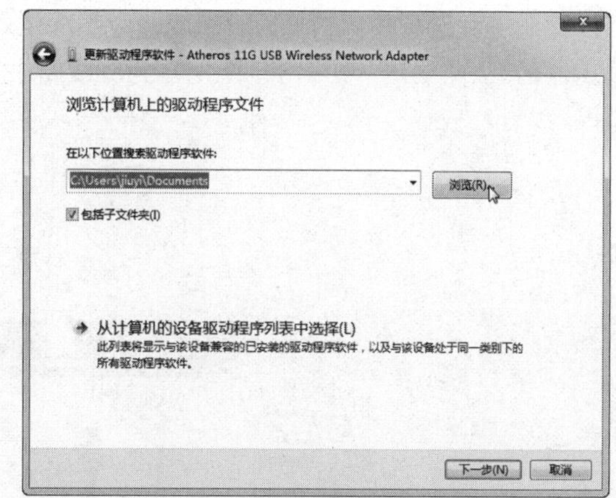

图 11-23　单击“浏览”按钮

（7）单击“确定”按钮后，返回“浏览计算机上的驱动程序软件”对话框中，然后单击“下一步”按钮。

（8）系统开始安装网卡驱动程序，安装完成后，弹出如图 11-25 所示的“已安装适合设备的最佳驱动程序软件”对话框，单击“关闭”按钮即可。

图 11-24　单击“确定”按钮

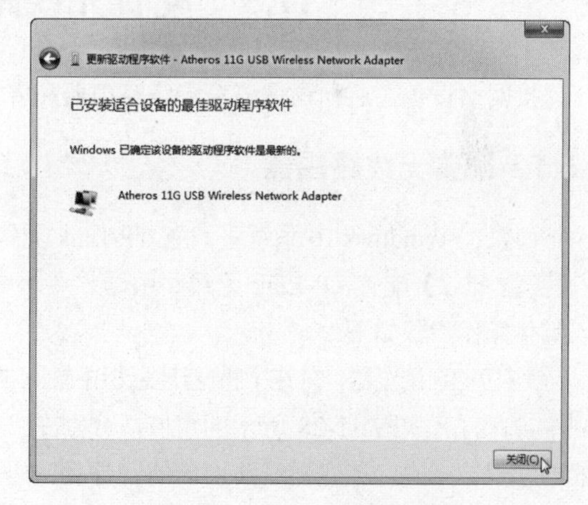

图 11-25　单击“关闭”按钮

11.4.2　连接无线路由器

无线路由器属于一种典型的网络层设备，如图 11-26 所示，是两个局域网之间按帧传输数据的中介系统，负责完成网络层中继或第三层中继的任务。近年来为了提高通信能力和效率，不少无线路由器还整合了交换机、防火墙等功能。

图 11-26　无线路由器

具体操作步骤如下：

（1）首先将无线路由器的电源适配器一端插入电源插孔中，另一端插入电源插座，接通电源。然后将网络接入商提供的入户网线插入无线路由器的 WAN 端口。

（2）将一根有两个水晶头的网线，一端连接到电脑主机背面的网卡接口上，另一端连接到无线路由器的 LAN 端口。如图 11-27 所示为无线路由器连接示意图。

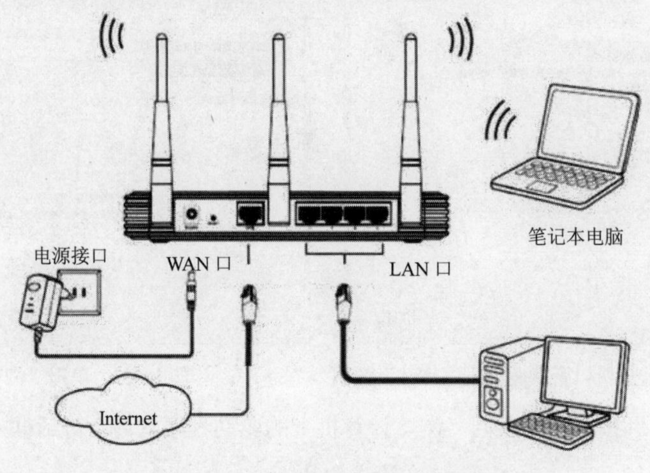

图 11-27　无线路由器连接示意图

11.5　配置无线路由器和客户端

连接网络设备之后，还需要对无线路由器和客户端进行相应的设置。

11.5.1　配置无线路由器

下面以在 Windows 10 系统下设置 TP-Link 无线路由器为例，介绍无线路由器的设置方法。

【实验 11-2】配置 TP-Link 无线路由器

具体操作步骤如下：

（1）打开 IE 浏览器，在 IE 浏览器地址栏中输入 TP-Link 无线路由器的 IP 地址（默认是 192.168.1.1），按回车键，打开如图 11-28 所示的窗口，分别在“设置密码”和“确认密码”文本框中输入无线路由器的管理员密码，创建无线路由器的管理员密码。

（2）单击“确定”按钮，打开如图 11-29 所示的“上网设置”窗口，选择“上网方式”为宽带拨号上网，然后分别在“宽带账号”和“宽带密码”文本框中输入宽带账号和密码。

（3）输入完成后，单击“下一步”按钮，打开如图 11-30 所示的“无线设置”窗口，分别在“无线名称”和“无线密码”文本框中输入无线网络名称（即 Wi-Fi 名称）和无线网络密码。

（4）单击“确定”按钮，无线路由器设置向导进行设置，设置完成后，打开如图 11-31 所示的“网络状态”窗口，显示当前网络状态。

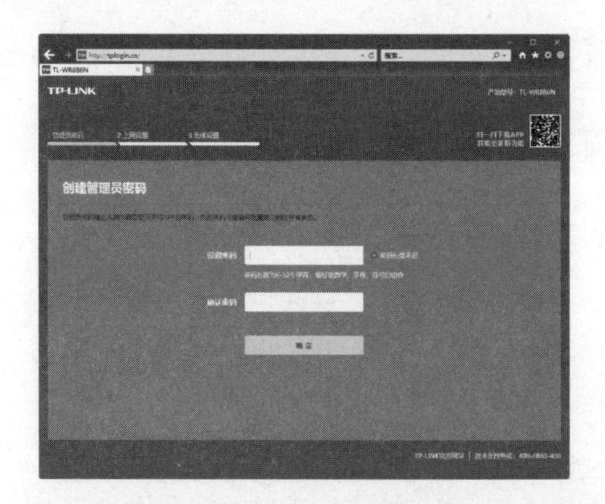

图 11-28　创建管理员密码

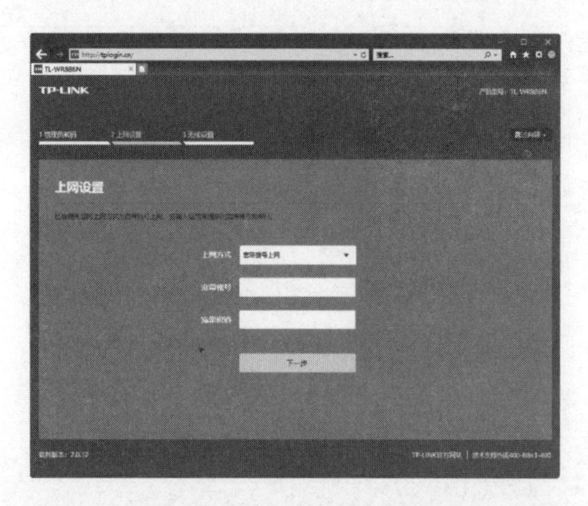

图 11-29　输入宽带账号和密码

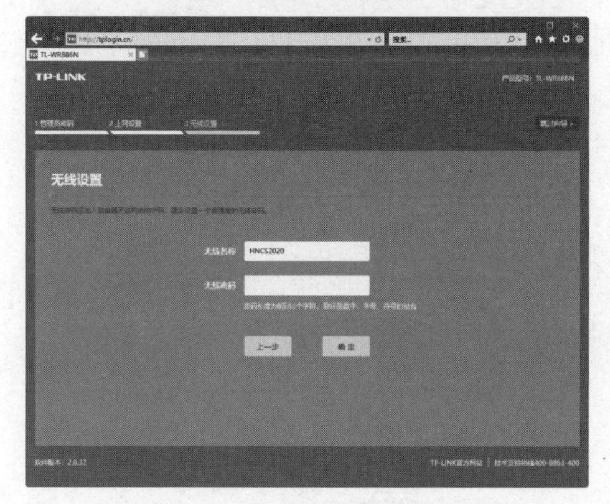

图 11-30　设置无线名称和密码

图 11-31　显示网络状态

11.5.2　配置客户端

根据操作系统的不同，连接无线网络的方法略有不同，下面分别介绍在以 Windows 7/10 系统中连接无线网络的方法。

下面以一个具体实例来说明在 Windows 7 系统中连接无线网络的方法。

【实验 11-3】 在 Windows 7 系统中连接无线网络

具体操作步骤如下：

（1）单击“开始”→“控制面板”命令，打开“控制面板”窗口，然后单击“查看网络状态和任务”超链接，打开“网络和共享中心”窗口，单击“更改适配器设置”超链接，如图 11-32 所示。

（2）在弹出的“网络连接”窗口中，选择“无线网络连接”快捷图标并右击，在弹出的快捷菜单中选择“属性”命令，如图 11-33 所示。

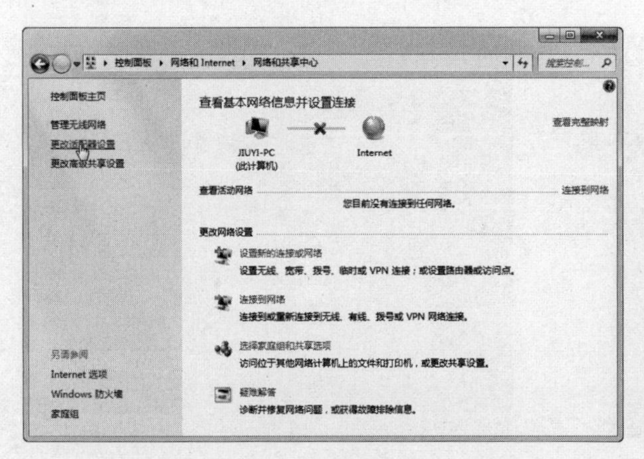

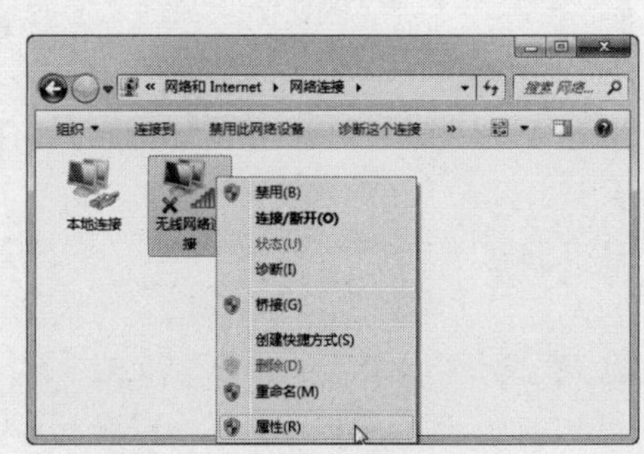

图 11-32　单击“更改适配器设置”超链接

图 11-33　选择“属性”命令

（3）在弹出的“无线网络连接属性”对话框中，选中“Internet 协议版本 4（TCP/IPv4）”选项，然后单击“属性”按钮，如图 11-34 所示。

（4）在弹出的“Internet 协议版本 4（TCP/IPv4） 属性”对话框中，选中“自动获取 IP 地址”单选按钮，如图 11-35 所示。

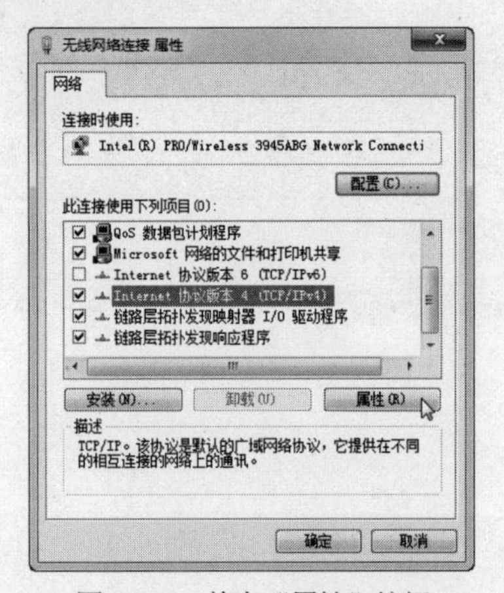

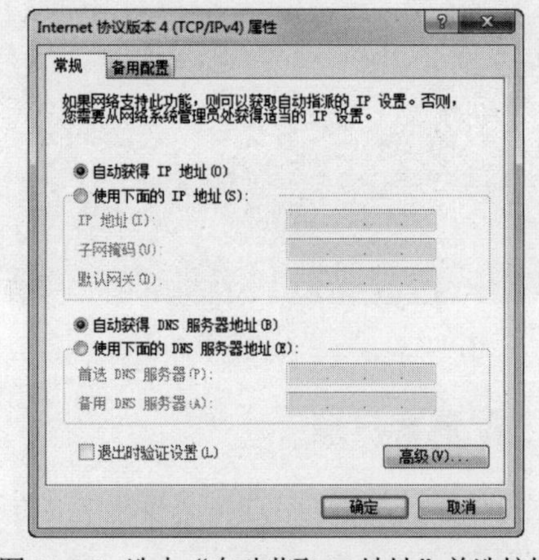

图 11-34　单击“属性”按钮

图 11-35　选中“自动获取 IP 地址”单选按钮

（5）单击“确定”按钮，返回“无线网络连接属性”对话框，然后单击“关闭”按钮，关闭该对话框。

（6）在 Windows 7 桌面右下角单击无线网络连接图标，在弹出的无线网络列表框中选择需要连接的无线网络，在这里选择 HNCS2020，然后单击“连接”按钮，如图 11-36 所示。

（7）在弹出的“连接到网络”对话框中，输入安全密钥（此处输入的网络密钥即为如图 11-30 所示输入的共享密码），如图 11-37 所示。

（8）单击“确定”按钮，系统将自动连接到网络，连接成功后，在 Windows 7 桌面右下角单击无线网络连接图标，在弹出的无线网络列表框中，可以看到无线网络连接已连接，如图 11-38 所示。

图 11-36　单击“连接”按钮

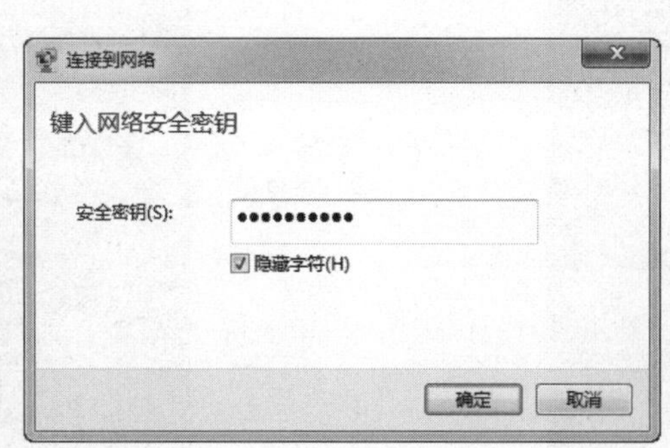

图 11-37　输入安全密钥

图 11-38　无线网络连接已连接

下面以一个具体实例来说明在 Windows 10 系统中连接无线网络的方法。

【实验 11-4】在 Windows 10 系统中连接无线网络

（即扫即看）

具体操作步骤如下：

（1）在 Windows 10 系统中，单击桌面右下角的无线连接图标，在打开的信号列表中找到路由器的无线信号，选择信号名，选中“自动连接”复选框，然后单击“连接”按钮，如图 11-39 所示。

（2）单击“连接”按钮后，在弹出的列表框中输入网络安全密钥，然后单击“下一步”按钮，如图 11-40 所示。

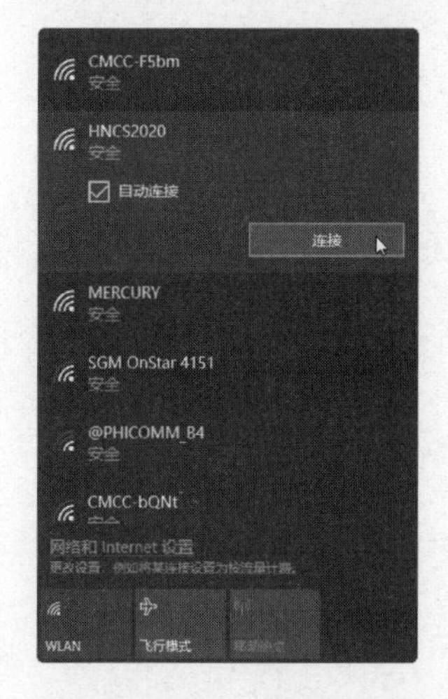

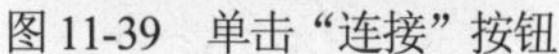

图 11-39　单击“连接”按钮

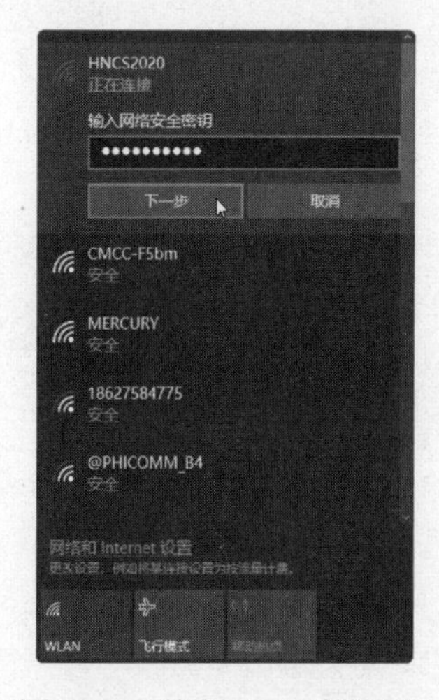

图 11-40　单击“下一步”按钮

（3）在弹出的提示用户电脑是否允许被此网络上的其他电脑或设备发现，在这里单击“是”按钮，如图 11-41 所示。

（4）确认 Wi-Fi 密码没有问题后，系统将自动连接到 Wi-Fi 中，并显示已连接，如图 11-42 所示。

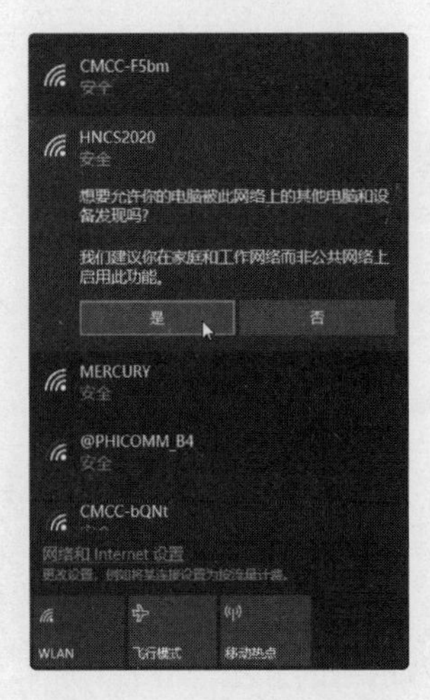

图 11-41　单击“是”按钮

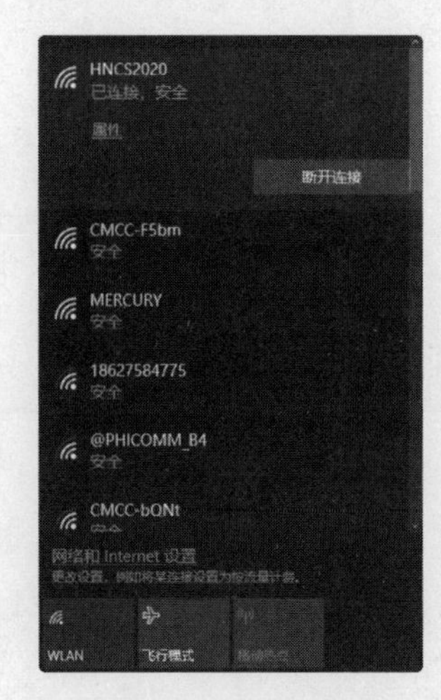

图 11-42　已连接